書系緣起

早在二千多年前，中國的道家大師莊子已看穿知識的奧祕。莊子在《齊物論》中道出態度的大道理：莫若以明。

莫若以明是對知識的態度，而小小的態度往往成就天淵之別的結果。

「樞始得其環中，以應無窮。是亦一無窮，非亦一無窮也。故曰：莫若以明。」

是誰或是什麼誤導我們中國人的教育傳統成為閉塞一族？答案已不重要，現在，大家只需著眼未來。

共勉之。

THE IMAGINEERS OF WAR

THE UNTOLD HISTORY OF DARPA,
THE PENTAGON AGENCY THAT CHANGED THE WORLD

軍事科技幻想工程

五角大廈不公開的DARPA，從越戰、冷戰到太空計畫、網際網路和人工智慧。

Sharon Weinberger
莎朗・魏因貝格——著

蔡承志——譯

推薦序

從 DARPA 的角度重新認識戰爭與科研

洪士灝

很多人認為美國之所以在軍事國防和科技發展如此強大，與國防高等研究計畫署（DARPA）有絕對的關係。眾人所熟知的網際網路（Internet）和衛星定位系統（GPS）的發源地、橫跨美國的自駕車競賽，乃至於人工智慧的重大進展，都可以回溯到 DARPA 數十年前的前瞻研究，因此所謂的「DARPA 研發模式」也在近年被眾人稱揚的成功典範。但事實恐怕距離大眾的想像頗遙遠：DARPA 基於滿足大小戰事的需要，或是避免美國捲入戰事的預先準備，塑造出許多本書稱之為「幻想工程」（Imagineering）的研發計畫，其實失敗遠多於成功。本書道出其內部許多不為人知的祕辛，讓自幼對於軍事科技有極大興趣的我不由得心蕩神馳，甚至比大多數的研發成果更加驚艷！我利用一個週末花費十多個小時閱讀本書，發現內容包羅萬象，提到眾多的人事物，相信是非常值得科技人士、政府單位、政治人物借鏡，值得一讀再讀的好書。

無論成敗，DARPA 經歷了半世紀的大風大浪後如何能夠存活了下來，本身就是一件極為耐人尋味的事情。作者透過整理分析許多才解密不久的黑歷史，不只揭開DARPA的面紗，還巧妙且有系統地在本書中編織出DARPA的全貌。極度諷刺的是，這個匯集了眾多一流人才的單位，擁有許多科技智慧結晶而成為當今軍事界與科技界首屈一指的藏寶地，竟然時時刻刻要為單位的存在辯護，即使在今天也不例外，這大概是該單位創始之初難以預料的宿命。隸屬國防部的DARPA，手上掌握鉅額可不受監督迅速運用的研發預算，卻往往也是政府其他軍事、國安、科技部門所欲除之而後快的眼中釘、想分而食之的大餅。有時禍起於蕭牆之內，內部成員之間時常有矛盾對立的看法，或是犯了聰明人常有的大頭症，為了自己的幻想工程而誇大成效、隱藏事實、違反規定，甚至成為所謂的科學狂人（Mad Scientists）。看著這些黑歷史，讓在美國攻讀博士時曾經與DARPA計畫沾上邊、在台灣學術江湖打滾十多年的我不由得瞠目結舌，原來在保國衛民的大義表象之下有這麼多不光彩的成功！

DARPA的前身ARPA創立的契機，源自於蘇聯在一九五七年領先美國發射人造衛星，美國政府因此大驚失色而成立專責機構來挽回劣勢。美國不愧為資本主義國家，每個軍種都想掌控重要的研發項目和龐大的採購預算，若非獨裁但在軍事研發上極為專注、極有效率的蘇聯在太空和飛彈領域上給予當頭棒喝，也不會有ARPA這樣的怪胎出現。當時在核子戰爭和共產主義蔓延的陰影下，國防部擁有龐大研發預算，為了攔截洲際彈道飛彈和偵測深海核子潛艇，賦予ARPA儘速在軍事科技上超越蘇聯的任務。若非ARPA的努力，阿姆斯壯的登月壯舉恐怕會因為陸海空三軍的本位主義而延宕多年。但原本只是一個臨時成立、以祕密行動來達成政治使命的單位，如何在成立幾年後被迫放棄最重要的太空計畫、轉手讓給NASA

之後，在國防本部和三軍的夾殺下存活下去呢？

有趣的是，當時 ARPA 為了避免共產黨勢力在越南的擴大所投入的祕密行動「敏捷計畫」和為了偵測蘇聯核子試爆的地震分析研究「維拉計畫」，還有之後族繁不及備載的幻想工程，雖然多數以失敗收場，計畫主持人甚至入獄服刑，但無心插柳的技術研發，像是 ARPANET 和戰場模擬技術，成為現在家家戶戶使用的 Internet 和參謀部門定策控軍決勝於千里之外的憑藉。無論是 ARPA 以及後來改名的 DARPA，總是有辦法在重大時機出現的時候提出有可能解決問題的大手筆。為何會如此呢？

如本書所提及的，美國總是有敵人要對付，隨時要做好打贏戰爭所需的準備。與蘇聯進行長時間有可能毀滅人類的軍備競賽，在蘇聯解體之後必須尋找另外的敵人，三不五時要找理由出兵教訓一下不聽話的國家。不滿美國的恐怖組織，以及支持恐怖組織的國家，當然也需要教訓。而任何想與美國爭世界霸主地位的國家，如八〇年代經濟強盛的日本，近年迅速崛起的中國，也都是美國的敵人。而戰爭的形式，已經從大型武器的戰場延伸到巷弄戰、經濟貿易戰、網路資訊戰，甚至進化到以人工智慧支援作戰的時代。

看完這本書，讀者應該可以體會到打贏戰爭的代價何其之大！不僅僅只計算軍備武器的採購維運以及人員的傷亡損失，幕後軍事科技的鉅額研發成本更是天文數字，「DARPA 研發模式」不見得是美國政府對外宣稱的或是一般人所認知的成功方程式。諷刺的是，DARPA 在冷戰時期所推動的各種幻想工程（雷根的星戰計畫）所浪費的公帑之多，也被某些人視為耗損蘇聯經濟、造成蘇聯解體的大戰略而沾沾自喜。而且在正面表列各種對世人有益的研發成果的同時，究竟有多少不為人知、不應該存在的黑計畫正在執行中？

脫離不了戰爭，是 DARPA 的宿命，為了贏得戰爭而不擇手段編織幻想工程，似乎也成為 DARPA 擅長的工作，而 DARPA 存在的價值為何？作者並沒有明確的解答，筆者在此也不想提出我的看法來影響閱讀者的心情，畢竟軍事科技、人工智慧和水一般，可以載舟亦可覆舟，端看如何利用。從本書所描述的人物和事件，我們知道歷任 DARPA 首長的思維南轅北轍，計畫主持人的構想天馬行空，但即便是有瘋狂的傾向，所幸似乎是好人居多——或許這就是 DARPA 沒有影響戰爭的實質大作為，卻能夠持續從事前瞻研發的 DNA。往好處看，DARPA 所構思的許多幻想工程至今仍未實現，未嘗不是一件好事。與其擔心 DARPA 正在做的幻想工程會如何影響未來，筆者期待人民和科技界透過開放與分享去形成正面的力量，以提升社會的境界和型塑大家所希望的未來。

（本文作者為台大資訊工程系暨網路及多媒體研究所教授）

推薦序

美國軍事科技的前瞻推手——DARPA

鄭繼文

美國得天獨厚、國富民強，做為世界最大的經濟體，擁有充沛財力和物力，以及龐大的工業體系和先進的科技實力，特別是傲視全球的國防工業和軍事科技，打造出全世界最強大的軍事力量。

這當今世界公認的唯一超級強國，憑藉雄厚政治影響力和強大的軍事力量，長期扮演世界警察的角色。自冷戰結束以來，美軍參與了國際間的主要衝突，包括兩次波灣戰爭、科索沃衝突、阿富汗和伊拉克反恐戰爭等，而且毫無例外的是，美軍都能在戰場上完勝對手。美軍的武器裝備精良，性能先進且威力強大，不僅在戰場屢屢擊敗對手，甚至還能引領時代潮流，以新科技和新戰法、戰術改變了現代戰爭的型態。

世人常讚嘆美軍配備有世界最先進的武器裝備，從水下、水面、陸地、空中到太空，都擁有配套的完整武器系統，像是海軍的「尼米茲級」航空母艦、神盾巡洋艦和驅逐艦、「維吉尼亞級」核子動力攻擊潛艦、「戰斧」巡弋飛彈，空軍的 F-22 和 F-35 匿蹤戰鬥機和 B-2 匿蹤轟炸機、「全球之鷹」無人偵察機、「死神」無人攻擊機，陸軍的M1A2戰車、「阿帕契」攻擊直升機、「愛國者三型」和「薩德」反飛彈武器，以及在太空中的各類型衛星等，這些美製武器裝備藉由高效率的指管通資情監偵（C4ISR）整合，成為高效制敵的戰爭體系。

之所以能夠擁有性能超越對手的上述武器裝備，主要是拜先進的軍事科技之賜，這不僅是因為美國擁有世界上體系最完整的國防工業體系，能夠製造最精良的武器，更重要的是美國長期致力於研發工作，設置了許多國家級研究和試驗機構，長期投資進行前瞻性的科技研究，得以在國際間獨霸軍事科技，對比於其他國家擁有巨大的軍事科技優勢。

在美國的軍事科技研究機構中，國防高等技術計畫署（DARPA）是軍方重鎮，在研究前瞻性科技和技術創新方面貢獻卓著。國防高等技術計畫署的前身是高研署，這個機構誕生於美蘇展開太空競賽的一九五〇年代中後期，當時美蘇兩強正進行軍備競賽，特別是集中發展高當量核子武器以及發展火箭、飛彈、衛星等技術，而蘇聯拔得頭籌把衛星送入太空軌道，讓美國人深受刺激。美國為此決定加強對軍事科技的研究，特別是在前瞻性科技方面，促成了高研署於一九五七年成立。

美國為多民族融合國家，具有開創、進取、極富冒險精神的國家性格。眾所周知的是，那是一個高度開放的社會，教育靈活，人民鼓勵創新和進取的精神，因此往往能打破窠臼，社會常有許多新創意和新發明。這樣的環境為高研署提供了很好的發展養分，加上政府向來重視研發和創新，長期投入大量資源用於相關研究，使得軍事科技能夠引領世界風潮，研製的先進武器總是成為各國模仿和學習的標的。

事實上，早在高研署成立之前，美國軍方就已經致力於創新科技的研究。舉雷達為例子，雷達雖是由英國人發明，當美國人在一九四〇年從英國獲得雷達技術後，很快就開始發展對抗雷達的科技。美國軍方在一九四三年推動「費城實驗計畫」盛傳就是進行船艦的反雷達試驗。雖然「費城實驗計畫」迄今仍是神祕莫測，但可確定的是美軍很早就發展反雷達技術，算是現今「匿蹤」技術的濫觴。從獲得雷達技術的一九四〇年迄今，美國研發「匿蹤」技術已有超過八十年的歷史，無怪乎目前在這方面擁有領先各國的絕對技術優勢。

對抗雷達的「匿蹤」技術只是美國軍事科技研發的冰山一角，他們從事的前瞻性軍事技術研究範圍廣泛。筆者近期有幸拜讀《軍事科技幻想工程》，這本書揭開了美國研發先進軍事科技的許多不為人知的祕辛，尤其難得的是作者實際採訪一百多位曾參與過高研署、國防高等技術計畫署相關研究計畫的美國國防部官員與科學家，並且整理從全美各地檔案室獲得的解密記錄、根據「資訊自由法」取得的文件，以及消息來源所提供的獨家資料，書中披露的內容大都是首度公開，極為珍貴。書中的一段內容尤其讓筆者感到特別有趣，那就是高研署曾構想研發高能電子屏蔽來防禦洲際彈道飛彈的攻擊，這應該是美國人最早構想的飛彈防禦系統。

眾所周知的是，飛彈防禦系統目前是美國軍事力量非常重要的部分，整套系統緣起於從冷戰時期的一九八〇年代由雷根政府提出的「星戰計畫」（SDI）開始，冷戰結束後美國曾減緩相關建設，但隨著對手國家快速精進彈道飛彈技術，迫使美國大幅加強飛彈防禦系統建設。飛彈防禦系統耗資驚人，現今的整個體系是由陸基的「愛國者三型」系統、「薩德」系統、中途防禦系統、陸基神盾系統，以及海基神盾系統所組成，並輔以複雜的陸基雷達、空基衛星對來襲飛彈進行探測、追蹤。此外，美國軍方正研究利用無人機和衛星加裝雷射來擊毀來襲飛彈的可行性，並且為F-35匿蹤戰鬥機建立更完整的追蹤和攔截飛彈功能，希望藉由這型戰機的優異匿蹤性能有效滲透到敵人空域，把尚處於加力上升階段的來襲飛彈予以擊毀。

從一九五〇年代末期提出的天馬行空構想，到現今的成果豐碩，美國的飛彈防禦系統歷經了漫長的發展歷程。事實上，除了反飛彈和之前提到的「匿蹤」技術之外，前瞻性軍事科技研究成果非常多，像是人造衛星、落葉劑、將網際網路用於作戰、無人作戰系統、AI人工智慧等，過高研署和國防高等技術計畫署都扮演著重要的推手。筆者強烈推薦《軍事科技幻想工程》這本書，相信讀者們閱讀完書中的內容後，將會對美國的軍事科技研究有全新的認識。

（本文作者為《亞太防務雜誌》總編）

獻給我父親 Miles Weinberger

目錄

第2篇　戰爭的僕役

假使還有如今無從設想，而且會影響明日軍力均勢的武器，但願我們擁有能率先想像出來的人才和手段。

——詹姆斯．基利安（James Killian）
曾任艾森豪的科學顧問，一九五六年

科學家不該再為科學而做科學；科學家應該為大眾服務。

——威廉．哥德爾（William H. Godel）
高等研究計畫署前任副署長，一九七五年

緒論
槍砲和金錢

一九六一年六月，威廉・哥德爾（William Godel）帶著一只塞滿現鈔的手提箱，出發前往越南執行一趟機密任務。半途在夏威夷停留時，他把若干現金變換成旅行支票，騰出空間來裝他出差旅行隨身攜帶的一小瓶烈酒。不過空間依然不夠用，於是他把他的五角大廈機密文件部分挪到另一個行李箱，騰出裝酒瓶的空間。那筆一萬八千美元是用來推動一項機密計畫，而且就要在甘迺迪總統介入東南亞對抗共產黨的計畫當中扮演關鍵要角。

哥德爾當年三十九歲，頭髮依然剪成他在海軍陸戰隊時期的小平頭，不過他在情報界已經闖出了名號。他出了名的愛喝酒、惡作劇，還是個官僚政治談判高手。哥德爾是什麼樣的人？他可以今天提議在印度洋引爆一枚核彈，炸個大坑來裝設美國國家安全局的新型電波望遠鏡，接著隔天就說服總統發射世界上第一枚通訊衛星，來播送一段聖誕祝詞。他的同事談起他時曾說，你可以把他拋進另一個國家，幾個月之後，他就會拿著簽好的協議書現身，而且那有可能是關於一處機密雷達追蹤站的合約（他在土耳其和澳大利亞確實都談成了這樣的協定），或者就本例而言，爭取南越總統支持美國的一項新提案。前中情局官員暨白宮顧問比爾．邦迪（Bill Bundy）稱哥德爾是個「功勳卓著，頗具傳奇色彩」的海外工作「密探」。

哥德爾身高約一七八公分，不是什麼雄壯威武的人物，不過他有辦法讓佩服他的和敵視他的人同樣對他的風采留下深刻的印象。李．赫夫（Lee Huff）回憶當初召募他進入國防部的哥德爾時表示，「他是五角大廈走道上頗富魅力的一位人士」。哥德爾從來不是五角大廈最出名的人物，不過好幾年來，他始終是當中最具有影響力的人士之一。接著到了一九六〇年代早期，那份影響力便專注在東南亞。

哥德爾來到了暑夏炎熱西貢市，那是一座處於半控制混沌狀態的擁擠城市，人力車、腳踏車、輕便機踏車、汽車以及其他奇巧機動車輛，像大洋魚群般在壅塞街道上交織穿梭。那座都市在經濟上和文化上都繁榮發展，即便它引來了愈來愈多美國軍事顧問、間諜和外交人員，想方設法為南越總統提供建言，告訴他該怎樣治理他才新近獨立的國家。

巴黎風格的人行道咖啡館分布在市內各大街上，西貢的法國殖民遺產反映在所有事情上頭，從本地烘焙屋新出爐的法式長棍麵包，乃至於市內的宏偉別墅。越南女性身著長褲，外披合身的絲質越南長襖「襖黛」（*áo dài*），經常和穿迷你裙的青春期少女混雜出現。這時距離美軍湧進西貢，嘉惠市內妓院還相隔了好幾年，而且越共恐怖分子也還沒有頻繁襲擊西貢，導致人行道咖啡館顧客蕭條，不過動亂跡象已經迫在眉睫。前一年十二月時，越共爆破西貢高爾夫俱樂部廚房，為瞄準這座首都的連串恐怖攻擊劃下起點。鄰邦寮國一場內戰在蘇俄和美國插手下，戰局蔓延進入越南。比較令人不安的是，越共（越南南方的共產黨叛亂分子）正使用胡志明小徑（一條蜿蜒穿梭越南山脈和叢林以及寮國部分地區的非法補給道路）從北越獲得武器。

哥德爾在超過十年期間頻繁前往越南。這趟卻顯得很不一樣，因為這時他是為高等研究計畫署（Advanced Research Projects Agency, ARPA，簡稱「高研署」）工作。高研署成立於一九五八年，宗旨是要在蘇俄發射世界第一顆人造衛星之後，幫美國迎頭趕上，也跟著上太空，結果才不到兩年，高研署就失去了它的太空任務。於是那個才剛創建不久就招致軍方仇視、又不獲情報界信任的組織，就此陷入困境，掙扎為自己尋找一個新角色。哥德爾認為，倘若高研署沒辦法上太空對抗共產黨，或許能在叢林打敗他們。

甘迺迪總統才剛在五個月前坐上大位，也仍在構思對東南亞的新政策。他已經決定支持吳廷琰這位反共的南越總統。吳廷琰是個天主教徒，出身官宦世家，這個家族曾在中國支配下治理越南。就在哥德爾這趟行程之前一個月，美國詹森副總統才前往拜會南越總統，稱吳廷琰為「亞洲的邱吉爾」。接著在四月時，甘迺迪派遣四百名綠扁帽特戰人員前往南越擔任特別顧問，協助訓練南越部隊和蒙塔格納德族（Montagnards），那是一支分布於越南中央平原區的土著部落民族。吳廷琰的信仰非常虔誠，終身未婚，不過後來選擇從政，放棄聖職。西方圈子有些人認為他是個和現實脫節的狂人；另有些人則覺得，做為一個領導人，他雖有缺陷，仍大有可為，哥德爾就是抱持這種看法。

一九六〇年代早期，南越已經開始和共產叛亂分子戰鬥，不過那場戰爭外界無人聞問；

那個夏天，太空人和名流依然主宰《生活》和《時代》雜誌的封面篇幅。然而也已經有跡象顯示，這場新衝突就要開始讓美國的華盛頓領導階層操心。一九六一年十月二十七日，《生活》雜誌在封面刊出一名士兵從森林灌木叢向外窺探，照片標題：〈美軍接受游擊戰訓練〉。封面說明文字寫道，「越南：我們的下一場對決」。游擊戰正是促使哥德爾來到越南的原因。他隨身帶來西貢的錢只是頭期款，美國政府預期應撥出兩千萬美元初始經費，用來籌設一處作戰中心，專門開發適合在越南叢林對付叛軍的戰技。那處作戰中心設在西貢，由高研署負責營運，打算用來協助美國軍事顧問和南越部隊。不過哥德爾不只著眼於越南；高研署的作戰發展和測試中心是仰仗科技引導的全球戡亂解決方案的起點。

哥德爾行李袋裡的現金，還有他向吳廷琰提出的種種方案，後來就會改變越南的事態發展，還有更廣泛來講，也奠定了現代戰爭的基礎。從溜過巴基斯坦邊境，獵殺賓拉登的匿蹤直昇機，到使用無人機來執行標靶擊殺的全球戰鬥行動，哥德爾的戰時實驗，後來會演變成一套改變美國興兵作戰方法的軍事技術。他在越南的計畫，許多都出自晉見吳廷琰所得成果，其中有些後來獲稱譽為該世紀最優秀的軍事創新項目，另有些則被貶為最差勁的品項。那趟行程之後短短幾個月間，哥德爾就會把一款更適合叢林作戰使用的阿瑪萊特 AR-15（Armalite AR-15）新式步槍帶往越南。他還會派遣社會科學家前往越南，期盼在更深入了解當地人民和文化之後，能夠有效地遏制叛亂。哥德爾的部分措施後來被人罵慘了，好比一項越南農民移置計畫，把零散農村重整建立新的要塞村莊，稱為「戰略邑」。那項計畫成為那場戰爭流傳較廣的失敗案例之一。同樣的，高研署把橙劑（Agent Orange）等化學落葉劑引進越南，也同樣引人非議，如今更經確認為導致無數越南人和美國人傷病死亡的禍首。

在鼎盛時期，他制定的高研署計畫在東南亞各處聘用了好幾百名雇員（單在泰國就雇用了超過五百人），[1]隨後又拓展到了中東地區。這項計畫旨在了解叛亂的根源，並開發防範做法，讓美軍不必介入還沒有準備插手作戰的區域戰爭。高研署開發新技術，資助社會科學研究，並出版戡亂相關書籍，後來這些著作更影響了在伊拉克和阿富汗作戰的新一代軍事領導人。數十年後，這所有技術當中產生衝擊最大的，莫過於哥德爾所執意推廣的認識游擊戰本質之需求，陸軍上將大衛．彼得雷烏斯（David Petraeus）和他號稱「戰略達人」的顧問群，便在那時潛心研讀大衛．加呂拉（David Galula）的著述。加呂拉的開創性作品《阿爾及利亞綏靖行動》[2]在一九六三年出版，費用由高研署支付，時間比彼得雷烏斯把「戡亂」一詞化為家喻戶曉的詞彙還早了四十年。哥德爾開創了一項世界性研究計畫，專注鑽研叛亂戰爭，其規模讓九一一之後所執行的一切計畫都相形見絀。

哥德爾新創啟動的戡亂計畫無心插柳扮演一個關鍵要角，形塑了一個未來機構，後來它的名稱會成為創新的同義詞。越南戡亂成果，最後便成為高研署的戰術研究處（Tactical Technology Office）的骨幹，這個開創性部門日後便產生出匿蹤飛機、精準武器和無人機——現代戰場的基本配備。催生出高研署的或許是太空時代，不過把那家機構推上了冷戰戰略爭議中心的卻是越南，至於塑造高研署未來的最主要推手，則非哥德爾莫屬，他的功勞，絕對超過署內其他任何幹員。

不過高研署所涉不只事關戡亂。一九六〇年代早期，哥德爾協助打造的那個神祕機構撤下種子推動工作，並在多年之後開花結果。頭兩年間，哥德爾協助高研署創制太空計畫，為一項最高機密計畫提供掩護，催生出世界上第一顆偵察衛星。他還說服總統發射世界上第一顆通訊衛星，並協助布建了一套核試監測全球網絡。過了將近十年，高研署的最早期計畫孕育出一個後裔，那就是農神火箭。後來這款火箭便推送阿姆斯壯和阿波羅十一號的其他太空人踏上登月之旅。接著就在哥德爾那趟越南行程短短一個月之前，高研署被賦予一項新的指揮與管制任務，隨後在不到十年間，這項職掌便發展成網際網路的前身，簡稱「阿帕網」的「高等研究計畫署網路」（ARPANET）。隔年，哥德爾親自簽署批准[3]第一項電腦系統連線作業研究，並從他的越南預算撥款挹注。

哥德爾的開創性角色到了往後歲月大半從記錄中刪除，他的名字也很少在官方文件中提及，於是除了幾位忠實的友人和專注投入的敵人之外，也不再有人記得他。哥德爾親自帶到越南的 AR-15 型武器，最後便發展成 M16，配發全美軍的標準常規步兵武器。哥德爾在越南時期執行的其他工作後來都遭貶斥為偶發脫軌事件，因為在這時候，那個機構已經和高科技比較密切相關，並不再專注於戰略思維。他的故事和那個被吹捧為創新楷模的機構並不相稱。然而談到高研署的遺產，真正關鍵在於，我們必須了解，這形形色色的種種計畫——諸如人造衛星、無人機和電腦等——怎麼會全都產生自單一機構。

*

中央情報局座落於維吉尼亞州蘭利（Langley）的一處複合設施，曾經在數不清的電影和電視劇中現身，讓它成了名。國安局的宏偉總部設於馬里蘭州一處軍事基地，周圍環繞了有刺鐵絲網。然而，肩負這百年間部分最重要軍事和民用技術重任的機構卻相當低調，總部設在維吉尼亞州阿靈頓郡（Arlington）倫道夫北街六七五號，棲身尋常玻璃帷幕牆後。這棟辦公大樓毫不起眼，對面是一處死氣沉沉的褐色磚砌四樓層購物中心，裡面間雜開了幾間速食餐廳和折扣商店。該署辦公大樓的外觀沒什麼特色，進了室內剛過警衛哨，眼前一堵牆面以全景呈現該機構五十多年歷史寫照。起點在一九五七年秋，蘇聯把第一顆人造衛星射上軌道時。那顆衛星西方稱為旅伴號（Sputnik），只會發出一聲單純嗶響。不過那樣一顆沙灘球大小的球體無害繞行地球，卻引來新聞報導熱潮，動搖了美國民眾自許無敵的感受，因為這顯示，蘇聯說不定很快就能發射能夠打到美國本土的核武導彈。

隨著故事發展，旅伴號引燃了全國歇斯底里，美國民眾要求政府採取行動。於是總統艾森豪因應在一九五八年初授權創辦一所獨立於軍務之外的中央研究機構，然而內部爭端卻也促使蘇聯奪得太空主導地位。這個新機構是美國的第一個太空機構，稱為「高等研究計畫署」或「高研署」，成立日期比美國國家航空暨太空總署（NASA）早了八個月。那個組織如今稱為國防高等研究計畫署（Defense Advanced Research Projects Agency, DARPA）——「國防」一詞是在一九七二年添加上去（後來又拿掉，多年過後又添加上去）——已經發展成為年預算約三十億美元的研究機構，計畫範圍從太空飛機到生化昆蟲等。大廳壁畫是這處非凡政府機構超過五十年歷史的紀念碑，他們開發出令人驚嘆的，有時令人駭異的技術成果：精準武器、無人機、機器人以及連網電腦運算等等。

國防高等研究計畫署從關乎國家安全的一些基本問題著眼思考，為軍事部門開創解決方案，而且遠遠不只是提出幾款新奇的武器而已。就某些情況，那家機構改變了戰爭的本質；就另一些案例，它則協助防止國家參戰。它思考如何在不仰仗核武的情況下，應付蘇俄正規軍武優勢問題，於是便導入了精準兵器時代。它尋找探測地下核爆的方法，徹底革新了地震學領域，促成好幾項至關重大的軍備控制協議。此外它還探索如何改進核設施的指揮與管制做法，開發出阿帕網，也就是現代網際網路的前身。

不過也不是所有解決方案都那麼乾淨俐落。嘗試解決共黨叛亂問題之時，國防高等研究計畫署發起了一項為期十年的全球性實驗，最後以失敗告終。遇上了類似戡亂計畫這樣的失敗任務，總有人很想把它粉飾為機構史上單獨一次的脫軌行動。然而本書則認為，國防高等研究計畫署的越戰工作和阿帕網，並不是兩條不同的紡織線，而是把機構編結在一起的一席更寬廣織錦的組成部分。國防高研署得以成功，是由於它有辦法應付美國所面臨的若干最重大國安問題，而這就歸功於它不受傳統官僚管理監督，也不受科學同儕評論節制約束。國防高研署的創新歷史，和一九六〇年代與一九七〇年代早期投身鑽研核戰和戡亂問題的那段動盪時期有比較密切的關聯，和它身為「太空機構」短暫生涯的關係就沒有那麼深遠了。那段關鍵的二十年時期，展現出當年五角大廈高官的信念，他們認為那所機構應該扮演引導世界大事發展的關鍵要角，而不侷限於開發奇巧技術製品。

網際網路和該機構的越戰工作正是針對關鍵問題提出的解決方案：一項開創改變世界的成功，另一項則是場慘敗。那段沾染淤泥的越南和戡亂歷史，與國防高研署的創作故事或許並不十分相稱，卻是理解它所留遺產的關鍵。而且也正是那段歷史，讓該署許多前任官員最難以啟齒論述。國防高研署或許會吹噓它並不怕失敗，不過這也不表示它就樂意任人檢視那些失敗。

國防高研署成立迄今已經超過五十年，它的大半歷史始終不曾留下系統性記錄。一九七三年，當國防高研署成立將近十五週年時，曾就此做出一項成果。當任署長史蒂芬・盧卡西克（Stephen Lukasik）委請專人為該機構編纂一部獨立歷史，期能更加認識它的根源和宗旨。最後文件經判定為過於敏感，作者只獲授權製作六個副本，而且全都必須上繳給政府。儘管那應該是一部不納入機密等級的歷史，新任署長卻大受震撼，因為他覺得文稿內容太過偏向私人記錄；他為最終作品蓋上機密戳章並鎖了起來。十年過後，它才重見天日。

機構就像人，也透過故事來認識自己。而且就像人，它們對於納入故事的真相也是有選擇性的，隨著時間流逝，故事也變得愈來愈可疑，還往往添上了杜撰成分。沒有其他研究組織像國防高研署擁有這般豐富、複雜、重要，有時還很離奇的歷史。不論那是能跋涉穿梭越南森林的機械大象或者特種部隊的噴射背包，國防高研署的計畫向來都有萬丈雄心，有時甚至顯得荒唐。這當中有些夢幻構想，好比一款以虛構八尺高兔子為名的隱形飛機概念確實取得成功，不過其他許多都失敗了。

到了某個階段，成功的和失敗的案例都開始縮小規模，因為指派給這個機構的問題變得比較狹隘了。以往國防高研署的成功關鍵不單只是它的靈活彈性，也在於它專注解決高層級的國家安全問題。如今國防高研署面對不切實際的風險，即便創造出奇妙變革，帶來的影響卻今不如昔，對軍事作戰或我們的生活方式幾無絲毫衝擊。成功的代價是失敗，重要成功的代價是重大失敗，評估機構遺產時，應該權衡秤量成敗兩邊所帶來的後果。反過來講，倘若利害影響不大，那麼成功或失敗都無關緊要，而這就是該機構如今所面臨的危險，它投注鑽研的技術奇巧發明，對國家安全不大可能帶來重大衝擊。

就機構現有角色的這種悲觀評價，國防高研署現任官員或許並不會認同，就哪些失敗或成功事例應予突顯，也可能有不同看法。然而為撰寫本書所投入的研究，是以好幾千頁文件為本，其中許多都是最近才解密，存儲於全國各地檔案館中，還投入了好幾百個小時，與國防高研署前任官員進行訪談。前面幾任署長都抱持非常相似的觀點：至今國防高研署面對問題依然能提出優良解答，然而它奉命處理，或自行賦予的問題，卻不再對國家安全至關緊要。為了解為什麼出現這種範圍限縮的現象，重點在於檢視國防高研署的真實歷史。該機構的根源或許出自太空競賽，然而國防高研署的遺產卻寄身在其他地方。

哥德爾和他那趟越南行程對該機構的歷史（的興衰關鍵）都具有開創意義。那趟行程幫助創建出那所現代機構，還有它最偉大以及最糟糕的遺產。然而，如今國防高研署的官員卻不去談論哥德爾的故事，甚至對他一無所知。那段故事埋藏在早被遺忘的法庭記錄當中，也幾乎完全自該機構的歷史中抹除，因為它和國防高研署專事驚奇技術發明的機構描述已經不再相符。然而這段故事闡述了國防高研署這樣一個徵召科學──和科學家──來為國家安全服務的機構內部的真正張力。

第1篇

專門想像無可設想之武器的機構

第1章
知識就是力量

池田道明才六歲大，一張胖嘟嘟圓臉，眼前閃現一陣炫光，核子時代當面襲來。就在他踏出長崎醫科大學附設醫院電梯時，一顆代號「胖子」的原子彈在七百米外引爆。那枚炸彈的爆炸當量超過兩萬噸[1]黃色炸藥，把半徑一公里範圍內的一切事物幾乎全都夷平。醫院混凝土建築大半依然聳立，然而裡面的民眾絕大多數都遇害。他的一條命，很可能是鋼質電梯井拯救的。

他甦醒過來時眼前一片漆黑，他記得的第一個感覺是燃燒的聲音。接著是灌入他鼻孔的煙味，於是他爬起來站好。接著他跌跌撞撞走出來，進入醫院原來的廊道，他的眼睛適應了黑暗，這才察覺自己腳下一片泥土。木地板已經被炸飛了。角落地上有名護理師，周圍都是碎玻璃，她的臉滿是血跡。在池田道明看來，那就彷彿有人在她的頭上倒了一桶血。不過她睜著雙眼，盯著他看。

「叫救護車，」她這樣吩咐，臉上表情混雜了震驚和憤怒。

他環視四周，眼中只見玻璃碎片和被炸離地面的木板。他從一扇窗框爬出去，踏上片刻之前還是一片有水的寧靜庭園的地方。這時他抬頭看，眼前一些樹木已經倒下，依然矗立的則起火燃燒。他的眼光從燃燒的樹梢向下挪到了地面，那幅景象恐怖之極。醫院庭園堆滿屍體，毛髮都燒成了鬈曲團塊。有些人雙眼凸出，懸垂臉頰，唇肉燒光了，露出牙齒和下巴。有些屍體腹部鼓脹到正常的兩倍大小，另有些人的內臟流了出來。

他逃離焚燒的醫院院區，本能開始向都市走去，心想他會找到人來幫忙。很快他又發現更恐怖的情景。長崎的林蔭大道都堆滿了炸碎的建築殘骸。活下來的人四處走動，雙臂懸垂著焦肉，向前伸出，以免燒傷的皮膚碰觸身體，引發疼痛。他們茫然在街上行走，想找水、求助，卻完全徒然。

三天之前，美國在廣島投下一枚名叫「小男孩」的原子彈，它使用高濃縮鈾，當場殺死約七萬人。[2]往後還有許許多多人死於燒傷和輻射病。長崎並不是「胖子」的首要目標，那枚鈽內爆彈由一架代號「博克斯卡」（Bockscar）的B-29超級空中堡壘轟炸機搭載，原本打算投在小倉市，不過雲層覆蓋，迫使飛行員改變航道轉往次要目標長崎。長崎的山脈峽谷自然地理形勢保護了部分人口，因此許多人沒有像廣島民眾那樣立刻死亡，不過市中心區仍遭摧毀。

除了一枚炸彈之外，第二架飛機飛越長崎時，也跟著投下一些罐子，裡面裝了科學儀器。罐子裡面還裝了一封私人信函的副本，執筆人是曼哈頓計畫好幾位科學家，收信人則是日本一位卓越科學家。「幾年之前你已經知道，一個國家只要願意付出龐大代價，備妥必要的材料，就能造出一枚原子彈，」核物理學家路易斯．阿爾瓦雷茨（Luis Alvarez）在信中寫道，「現在你已經看到了，我們已經蓋好了製造廠，想必你心中不會有絲毫懷疑，這些工廠一天二十四小時的運作產量，全都會在你的家園引爆。」

在日本，這種炸彈已經讓兩座城市死傷慘重。六歲的池田道明相當幸運：他奇蹟般毫髮無傷，而且被一位護理師發現，帶到山上一處防空洞，最後還與他的家人團聚。池田道明當時完全不明白那天發生了什麼事情。他只知道，這和其他空襲事件完全不同，戰時長崎市經常遭受轟炸，居民司空見慣，聽到敵機來襲防空警報時往往不予理會。「我完全不知道核子彈或原子彈是什麼——或者世上有那種東西，」他回憶表示，「我還以為那是許許多多顆大炸彈掉了下來。」

投落長崎的炸彈是有史以來第三枚經引爆的原子裝置。第一次原子彈爆炸稱為「三位一體核試」，一九四五年七月十六日在新墨西哥州阿拉莫戈多（Alamogordo）祕密進行。美國民眾直到同一年八月六日，小男孩投在廣島之後，才得知有這種新武器。《紐約時報》頭條報導世界進入核子時代，標題是：〈第一枚原子彈投落日本；投射威力等於兩萬噸黃色炸藥；杜魯門警告敵人，「毀滅之雨」要來了〉。然而在日本，相關新聞報導卻屈指可數，只說明在廣島使用了燃燒彈。

杜魯門總統在廣島投彈當天發表的談話，不只提到有這種恐怖的新武器問世，還透露有一項規模宏大的計畫，祕密投入製造炸彈。杜魯門聲明，超過兩年半來，全國各處有多達十二萬五千人涉入這項機密計畫。許多工作人員根本連他們是在製造什麼產品都不很清楚，只知道那是一項很重要的軍事計畫。「我們花了二十億美元，投注這場史上最大規模的科學賭博，」他說明，「而且賭贏了。」

杜魯門說得對：長崎市挨炸過後不到一週，日本天皇就宣布無條件投降，他以廣播「玉音放送」說明，儘管蒙受重大犧牲，「戰局發展不必然利於日本」。他還更直接說明，坦承廣島和長崎慘遭蹂躪，還說「敵方最近使用殘虐之炸彈，頻殺無辜，慘害所及，實難逆料；如仍繼續作戰，則不僅導致我民族之滅亡；並將破壞人類之文明。」

日本投降之後數週，杜魯門所提那項祕密計畫的數千工作人員之一，年輕物理學家赫伯特．約克（Herbert F. York）領著他的父親來到田納西州橡樹嶺，那枚投落廣島的小男孩炸彈採用的鈾，就是在這裡濃縮製造。廠內工作本身依然守密，不過這處設施已經不再是機密。約克站在一座山丘丘頂，自豪向下指著藏身丘底山谷的設施，那裡就是他為戰爭祕密辛勤兩年的地方。「我們把戰爭淘汰了，」他得意洋洋地告訴父親。沒隔多久，約克就察覺自己完全錯了。

在日本，原子彈的威力讓民眾萬念俱灰。在美國，這讓民眾頓感天下無敵。美國人還沒有理解到，自己國家也可能遭受這等高強威力武器的威脅，不過也很快了。美國或許打敗了世界其他國家，率先製造出原子彈，不過德國人在戰時實現了美、英和蘇俄都沒有做出的成果：導向彈道飛彈。V-2 是種液體推進火箭，由華納．馮．布朗（Wernher von Braun）和他的科學家團隊開發完成，航程超過三二〇公里，使用的引擎、動力都達任何同盟國家最高推力的十八倍。納粹在戰時使用它來威嚇英國。

廣島和長崎轟炸加快終止二戰，還標誌了一種以科學才幹和工程學為本的新戰爭的起點。原子彈證明，知識就是力量，而且凡是擁有最高深知識的國家，都能在下一場戰爭具備一項優勢。蘇聯或許在取勝德國的戰場上與美國同盟，然而在日本投降之前，兩國的利益已見分歧。蘇聯和美國在德國開始交手競爭，劫奪知識。

一九四九年，二十八歲的哥德爾來到法蘭克福火車總站，佇立讚嘆審視車站宏偉拱頂和弧形玻璃。站外，城市大半範圍依然堆滿好幾英尺深的瓦礫——戰時空襲造成的後果。哥德爾讚嘆的不只是車站新文藝復興式設計，也佩服它竟能熬過戰爭，只有外觀受損。對德戰略轟炸令民眾遭受慘重傷亡，成效卓著，卻未能制止工業生產，破壞戰爭機器。

「喂，那邊的，」一個美國女士厲聲叫道，「來把行李搬上車，我給你一支香菸。」

「是的，夫人，」哥德爾操德語回答，拾起她的行李。他把行李搬上火車，步履微跛，作戰受的傷；在法蘭克福，這種情況在他這個年齡的德國男子並不罕見；德國到處都是殘障退役軍人。火車站裡面還擠滿了美國人，多數是駐紮德國軍事單位人員以及他們的家屬。在車站走動的美國人都穿著講究，不論部隊制服或民間衣著都一樣。就另一方面，德國人穿著破舊服裝在車站流連。當時德國仍由同盟國占領。美國人控制法蘭克福，許多人依然深深怨恨德國人。有時美國人會告訴他，火車包廂「只供美國人使用」。

哥德爾已經習慣聽美國人在火車站對他頤指氣使，那位女士要他幫忙搬行李，讓他鬆了一口氣；這表示他傳達了應該傳達的印象：前德意志國防軍成員赫爾曼・布爾（Hermann Buhl），而不是美國地下間諜。

那位年輕美國人裝扮成德國退伍軍人，希望能溜過德國和奧地利的蘇俄占領區，甚至進入蘇聯，召募俄羅斯和德國的科學家、工程師和軍官來為美國服務。他德語講得很流利，儘管不是本土口音，倒瞞得過美國人和俄羅斯人，許多情況甚至還包括德國人。德國退伍軍人有可能很快察覺，他不是真正的前國防軍軍人，不過那沒有太大關係；在一九四〇年代晚期，他們還有其他事情要操心。「那是一項高風險行動，處處見得到偽造文件、黑市資金、賄賂、放蕩的女人和種種非法與不道德的勾當，」他後來寫道。面對俄羅斯人時，他也只能孤軍奮鬥。「別被抓到，」一位陸軍將領告訴他，「因為在那裡我絲毫幫不上忙。」

哥德爾的工作隸屬一個稱為迴紋針行動（Operation Paperclip）的更大任務項目，這項軍事情報計畫的目的是大批延攬德國科學家和工程師，把他們帶到美國。計畫名稱出自夾在每位科學家檔案上的迴紋針，當時已經取得了最大收穫：馮・布朗和他的火箭科學家團隊。戰爭結束之際，馮・布朗已經積極與美國軍方聯繫，因為他心中明白，他和他的團隊在美國的處境很可能比在蘇聯好。到了一九四五年春，蘇俄派遣軍事情報特勤組到德國，全力蒐羅他們所能找到的軍事技術方面的所有事項，包括飛彈、雷達和核研究。蘇俄奪下佩內明德（Peenemünde），那裡曾是馮・布朗和他的火箭團隊的大本營，不過當時他們已經逃離，隨身帶走他們的大半設計成果。「這完全無法容忍，」史達林說道，「我們打敗納粹部隊；我們占領柏林和佩內明德；美國人卻得到了火箭工程師。還有什麼更引人反感、更不可寬恕？」

蘇俄終究是能拿什麼就拿什麼，遣送好幾百名德國人員回到蘇聯，更別提裝滿一列列火車的設備。蘇俄對技術專業的獵捕行動[3]遍及範圍廣泛，不過行動並沒有切中要點。誠如馮．布朗所述，美國人尋找的是腦力，俄羅斯人找的是手藝。

戰前馮．布朗在德國參與了一個前瞻小組，夢想建造火箭從事太空旅行，不過後來同意為軍方工作，最終則為納粹研發武器。如今和美國人合作，他希望能回頭研究太空旅行。最後馮．布朗和超過一百位火箭科學家都被帶到美國，首先來到了德州布利斯堡（Fort Bliss），卻是大材小用，只讓他們向美國人示範如何建造、操作V-2。他們不知道該如何處理那群德國人，也不願給他們資金設計新火箭，更別提實現馮．布朗的太空旅行抱負。美國人讓他的團隊在南方凋萎。

至於蘇俄就沒有優柔寡斷的問題。他們利用俘獲的德國技術知識迅速取得進展，設計出航程超過V-2的火箭。「你看得出這樣的機器具有多麼了不起的戰略重要性嗎？」戰後史達林告訴一位俄羅斯資深火箭科學家，「這可以成為約束那位吵鬧店小二哈瑞．杜魯門的有效緊身衣。我們必須繼續努力，同志們。」就蘇聯這方，目標很明確。「我們真正需要的，」蘇俄空軍主帥帕維爾．日加列夫（Pavel Zhigarev）表明，「是性能可靠，能夠擊中美國本土的長程火箭。」

就在蘇俄推動彈道飛彈計畫之時，哥德爾也喬裝成赫爾曼．布爾，執行一項相仿任務：設法蒐集蘇俄軍事能力相關情報。他愈來愈相信，美國軍方是根據本身官僚利益來謀求武器，卻非依循情報顯示它有什麼需求而定。

哥德爾的全名是威廉・赫爾曼・哥德爾，一九二一年六月二十九日生於柯羅拉多州丹佛，本名叫做赫爾曼・阿道夫・赫伯特・布爾二世（Hermann Adolph Herbert Buhl Jr.），父母都是德國移民，爸爸是赫爾曼・布爾一世（Hermann Buhl Sr.），媽媽名叫露梅娜・布爾（Lumena Buhl）。老布爾在一九三一年死於肺炎，露梅娜不久再嫁，新夫婿也是德國移民，名叫威廉・腓特烈・哥德爾（William Frederick Godel），經營一家保險公司，二戰之前曾擔任德國駐丹佛領事。隔年，露梅娜的新丈夫依法領養了他的繼子，接著聽從法官建議，將那個男孩正式改名為威廉・H・哥德爾。兩人之間的關係最多只能說猶如寒冰。有一次，年輕的哥德爾在後院建造了一間棚屋，只因不想和他的養父住在同一個屋簷下。

高中之後，哥德爾前往羅斯維爾（Roswell）進入新墨西哥軍事學院就讀，隨後又進入喬治城的外事學院。接著他一開始在戰爭部軍事情報處服務，不過在日本攻擊珍珠港時，哥德爾奉派擔任海軍陸戰隊軍官，參與太平洋戰區初期登陸作戰。他兩次負傷，包括一九四三年一月在瓜達康納爾島（Guadalcanal）挨了一枚手榴彈。彈片擊碎他的左腿腿骨，炸壞了相當部分的腿肌。他獲頒紫心勳章，然後被送回家養傷。他餘生都需要下肢支架，走路一瘸一拐。

哥德爾拚命想留在陸戰隊，堅稱自己體能夠格，然而一九四七年經過一連串醫學審核，他敗下陣來。左腿戰傷仍然沒有完全痊癒，於是哥德爾遭從陸戰隊強制退伍，宣稱醫學評鑑顯示，他無法勝任服役要求。戰時擔任戰略情報局局長，有「狂野比爾」渾名的威廉・多諾萬（William “Wild Bill” Donovan）將軍，在戰後便召募哥德爾前往華盛頓為陸軍工作，擔任情報研究專員，而且焦點著眼蘇聯。

對情報界來講，那是一段混亂，卻也令人振奮的時期。二戰之前，情報工作被視為一種骯髒事務。「紳士不讀別人的郵件，」國務卿亨利・史汀生（Henry Stimson）在一九二九年公開表示，以此來解釋為什麼美國應該終止密碼分析工作。珍珠港和二戰或許已經讓那種觀點站不住腳，不過即便到了戰爭結束，依然完全沒有出現類似健全情報機器的事物。不過仍有些權勢人士遊說爭取權力，特別是曾在二戰期間一起服役，構成綿密軍情諜報圈部分環節的那群人。好比傳奇間諜，空軍准將愛德華・蘭斯代爾（Edward Lansdale），還有後來當上中情局局長的威廉・科爾比（William Colby），都是在這段時期發跡。哥德爾也是如此。一九四七年，杜魯門簽署《國家安全法案》（National Security Act），期能藉此對二戰之後出現的科層亂象做出規範。戰爭造就許多個人和組織爭奪權力，立法整頓理當能夠釐清事態，這些措施包括設立國家安全委員會與中央情報局，同時精簡國防部架構，並從陸軍分割成立空軍部。實際上，《國家安全法案》卻徒然催生出一批競逐資源的新組織。陸軍、海軍和新成立的空軍，全都聲索火箭和飛彈研究的所有權，而中情局也覺得有必要取得能蒐集蘇聯情資的軍事技術。

這些新技術當中最重要的一項，誠如史達林正確指出，就是洲際彈道飛彈。這會是一種全然不同的軍事能力；到了一九五〇年代早期，蘇聯已經投入製造能攜帶核武前往美國東岸的轟炸機，不過機群也很可能遭探測、攔截。就美國這邊，電腦科學家正辛勤工作，致力開發能把雷達連結在一起的電腦系統，這樣部隊就有辦法攔阻入侵的蘇俄轟炸機。不過在一九五〇年代還沒有能有效攔阻洲際彈道飛彈攻擊的現成技術。就算探測得知飛彈來襲，軍隊也只有幾秒鐘反應時間，接著要想攔阻，也幾乎是無能為力：那彷彿是想要擊落空中的子彈。

緊接二戰之後數年期間，起初白宮幾無絲毫熱忱來投資研發這種長程飛彈。一九四七年，杜魯門總統為兌現讓聯邦債務重獲控制的承諾，把軍隊的火箭和飛彈計畫都刪除了。資金有限，搶食者眾。陸軍、海軍和空軍全都有自己的火箭和飛彈計畫，各提出自己的說詞，來解釋為麼那項工作應該屬於他們，但理由往往很薄弱。美國技術看似領先，卻只是曇花一現。美國已經花了好幾百萬美元來延攬德國技術人才，然而當馮·布朗向他的五角大廈主子提出研究方案，打算製造更複雜的火箭，或者——他的最終目標——設計能飛上太空的火箭時，他卻遭回絕。對於他和他的團隊來講，那是一段「專業愁慘」時期。

至於蘇俄這邊，到了一九四九年，他們已經開發出一款名叫勝利（Pobeda）的新式彈道飛彈。勝利型飛彈比 V-2 飛得更高，載荷也更大。同一年八月二十九日，蘇聯在哈薩克草原引爆他們的第一枚原子彈，終結美國核武獨霸局勢。一個多月過後，中國落入共產主義掌控，到了一九五〇年六月，北韓入侵南韓。杜魯門原本打算廢除軍備，卻突然必須應對處理雙重威脅，一邊是蘇俄的核武以及在歐洲的正規軍武力量，另一方面則是亞洲的共產威脅。看來華盛頓政治家的唯一選擇，就是開發出威力勝過廣島、長崎原子彈的更強大武器。

一九五二年十一月一日，約克打電話給核子物理學家愛德華・泰勒（Edward Teller）傳達一則簡短信息。「零時」到了，約克告訴當時正在柏克萊輻射實驗室監看一台地震儀的泰勒。十四分鐘過後，泰勒回電，透露他這邊的編碼反應：「是個男孩。」

那個「男孩」是「常春藤麥克」（Ivy Mike），一枚威力一千零四十萬噸的氫彈，才剛在埃內韋塔克環礁（Eniwetok Atoll）蔚藍清澈海域引爆，把伊魯吉拉伯島（Elugelab）蒸發，爆成如理查・羅德斯（Richard Rhodes）所述，「一團闊三英里的炫目白色火球」。那款裝置由泰勒和斯塔尼斯拉夫・烏拉姆（Stanislaw Ulam）設計，威力高達廣島炸彈的千倍。約克就是在短短七年之前，那位自豪地告訴父親，戰爭被淘汰了的年輕物理學家，他這時負責召募科學家來設計一種新類型武器，威力強得一度引人怯步，深恐爆炸時會引燃大氣，[4]把海洋蒸發。常春藤麥克是全球第一款熱核武器試爆作業。這種新式炸彈號稱「超級」，不只是創造出新一代的超級武器；它還破除了反對開發洲際彈道飛彈的一項最後論據。熱核武器的威力可達許多百萬噸等級，於是準確度也不再是關鍵要項；爆炸威力夠大，精確擊中目標就不再那麼重要。而且一旦熱核武器的尺寸可以縮小，軍方就不需要轟炸機來長程運載武器；他們可以把炸彈塞進洲際彈道飛彈頭端。

常春藤麥克爆炸過後三天，曾在二戰期間擔任盟軍在歐洲最高統帥的艾森豪以壓倒性多數當選總統。艾森豪的競選主軸強調對抗共產主義，並曾表示，「第二次世界大戰應該已經給我們所有人一個教訓，」他聲明，「那個教訓就是：動搖、猶豫——甚至只是姑息放任，背棄不安穩意圖——就等於養大獨裁者的征服胃口並迎來戰火。」

到了一九五三年一月，艾森豪上任之時，韓戰已經逐漸平息，而他也對聯邦預算的增長深感震驚。過去二十年間，支出增長了二十倍，超過了八百億，其中過半數都直接挹注五角大廈。為節約軍費，艾森豪制定了一項名為「新面貌」（New Look）的政策，新的戰略轉向核武，認為這是種合乎成本效益的做法，可以抵償正規軍力的縮減處境。這對熱衷火箭人士是個無心插柳的好時機。馮．布朗和他的團隊在一九五〇年搬到了阿拉巴馬州亨茨維爾（Huntsville），也終於在那裡著手研發一款名為「紅石」（Redstone）的新飛彈。在華盛頓，艾森豪眼前如潮水般湧來許多報告和諮詢小組，倡言舉薦火箭技術：這是可以射達蘇聯的武器，也是搭載衛星進入太空的手段。空軍資助初創的智庫蘭德（Rand）提出了系列報告，主張把一種地球軌道衛星納入軍力環節。由於當時還沒有人造衛星，關於國家主權仍有一個疑點：衛星越頂飛過另一國，好比蘇聯，是否可視為侵犯該國空域？

一九五四年，艾森豪指派成立的技術實力諮詢小組就蘇聯可能發動「奇襲」的潛在狀況，提出了一項解決方案：美國可以藉口發射一顆純科學衛星，試行確立「太空自由」，循此為軍事衛星舖平道路。既然三個軍種全都投入，各自開發不同技術，那麼問題就是，該由哪方來建造第一款上太空的火箭。

就在三軍競逐新興太空計畫之時，哥德爾則是在一九五〇年代介入了情報界的另一場戰爭。回到華盛頓特區，他擔任五角大廈特種作戰部部長格雷夫斯．厄斯金（Graves Erskine）將軍的助理。過沒多久，哥德爾就贏得特殊任務首選人物的大名，尤其是結合了情報與科學的使命。不論事涉延攬外籍科學家為五角大廈服務，或者為深凍行動（Operation Deep Freeze）構思計畫，哥德爾都以能夠完成使命著稱。隨後深凍行動為美國在南極洲的勢力奠定了基礎，還為他贏來一項榮耀，那處冰凍水域的一片土地便是以他的姓氏為命，哥德爾冰崖港口（Godel Iceport）。

發生地盤爭奪戰時，哥德爾也經常奉命前往處理，好比心理戰案例。由於政府各單位就種種作業（不論明裡暗處）都欠缺協調，讓杜魯門總統深感挫敗，於是他在一九五一年設立心理戰略委員會，並指派哥德爾加入為委員。那項工作讓哥德爾不時與中情局發生爭執，不過當中許多都只是小事情。那個時期的公務聯繫記錄便曾提到，中情局官員和哥德爾就所有事項都發生衝突，從中情局局長拒絕參加五角大廈為來訪顯貴舉辦的一場盛宴，乃至於中情局有沒有提供好萊塢一家製片廠有關身陷北韓美國戰俘的電影鏡頭。不過這場內鬨實在嚴重，於是中情局政策協調處處長弗蘭克．威斯納（Frank Wisner）便禁止哥德爾進入他轄下的辦公建築。

或許就是這樣的爭端，才觸發對哥德爾深入安全調查，這在那個時代並非罕見事例，畢竟在當年，從背景調查挖出的資訊往往被用來當成清除政敵的鈍器。一九五三年，五角大廈安全官對哥德爾進行訪談，因為報告顯示，他的養父認同納粹主張。哥德爾否認那個說法，不過他也和撫養他長大的那個人劃清界線。「我對他沒有什麼好感，」哥德爾說，「我和他沒有什麼私人關係，只除了自從三八年我離開以來，那個人始終對我媽媽非常好。」

然而調查並沒有攔阻哥德爾在政府機構向上攀升。一九五五年，當時在國防部擔任副部長，負責研發的唐納德．夸爾斯（Donald Quarles）指派哥德爾到美國國家安全局服務，當時那個機構的機密等級極高，甚至政府都不承認有那個單位。國安局從一九五二年起就已成立，把通信情報和第一、第二次世界大戰養成的密碼破譯能力結合在一起。就像國防部其餘部門，國安局也受艾森豪政府詳細檢視，而且高層對於戰略情報的品質很不開心。哥德爾應該幫忙釐清國安局海外作業事務，裁撤效能低落的海外基地。就哥德爾而言，奉派到國安局服務，把他的情報和技術兩方面興趣結合在一起。後來在一次沒有公開發表的訪談中，哥德爾便曾簡單描述他的任務：他是個傀儡打手。

到了一九五五年，哥德爾受命縮減國安局規模那年，基於胡佛本人所提要求，他的安全訪談報告副本被送往聯邦調查局審核，報告內容包括有關他的養父認同納粹理念所引發的質疑。我們並不清楚那位聯邦調查局首腦想查明什麼事項，不過兩年過後，國防部長查爾斯．威爾遜（Charles Wilson）回信給胡佛：「很高興得知，你認為〔哥德爾〕表現得很好。」到那時候，哥德爾的角色已經讓他有資格成為遞補國安局高層職缺的可能人選。

哥德爾的表現或許很好，然而就如同國防、情報圈的其他部門，國安局也要被捲入一項新危機。夸爾斯派遣哥德爾前往整頓國安局那年，他也任命一個諮詢小組，負責決定該由哪項火箭提案來帶領美國上太空。問題是，當時並沒有民間的火箭計畫，只有各軍種投入開發能把衛星射上太空的相關技術。空軍的計畫是發射一枚洲際彈道飛彈進入太空，陸軍的方案則牽涉到前納粹科學家，打算靠他們來從事軍武研究。海軍的火箭最不成熟，不過優點是和武器無關。到最後，諮詢小組略過了陸軍的德國火箭團隊和空軍的洲際彈道飛彈，選擇了海軍提案中那款仍在開發中的火箭。「這不是設計競賽，」馮．布朗惱怒抗議，「這是比賽誰能把衛星射上軌道，而且就這方面我們遙遙領先。」

往後兩年期間，海軍都落後進度，即便如此，馮．布朗的顧慮依然無人理會。進度延宕並沒有在美國政治領導高層間引發太大憂心，特別是艾森豪總統，他依然相信美國領先蘇聯。

接著到了一九五七年秋天，中情局和國安局緊盯著蘇俄從俄羅斯西部卡普斯京亞爾靶場（Kapustin Yar）發射中程飛彈，卻不知道他們還在哈薩克斯坦（Kazakhstan）籌備另一項遠更重要得多的發射作業。贏得核武科學賭博十二年過後，美國人就要面對現實，六歲的池田道明在長崎市那段恐怖經歷，有可能很快就要降臨美國本土。到時美國就不再是刀槍不入，而且戰爭也完全沒有被淘汰。

第2章
一群狂人

一九五七年十月四日晚，尼爾．麥克羅伊（Neil McElroy）在阿拉巴馬州亨茨維爾享用雞尾酒。就在前一刻，美國才經歷了一場末日紀行。即將上任國防部長的麥克羅伊在一場接待會上和陸軍將領約翰．梅達里斯（John Medaris）以及德國火箭科學家馮．布朗閒聊，那場非正式聚會是為了接待麥克羅伊來美國陸軍彈道飛彈署巡視才舉辦的。部長指定人選正為領導五角大廈預做準備，前往全國各處視察，這趟正是他和他的隨員眾多參訪行程之一。

亨茨維爾本該是麥克羅伊最不值得回顧的一站。過去幾週，他一直搭乘一架經過改裝，主要保留給國防部長使用的 DC-6 運輸機到各地出差。沿途他有喝不完的美酒，還有奢華住宿安排，伴隨接受速成培訓，學習如何在末日核戰出現端倪之際督導軍隊應戰。

新的職位對麥克羅伊是一項重大挑戰。他的上一份工作是擔任寶鹼（Procter & Gamble）消費製品公司的首腦，總部設在俄亥俄州辛辛那提。麥克羅伊先前不曾在政府機關服務，他是艾森豪延攬來首都任職的好幾位「工業家」之一，因為那位總統深信，企業領導風格能幫忙整頓政府。

麥克羅伊獲艾森豪挑選來統領五角大廈之後，媒體對他始終不友善。這位土生土長的俄亥俄州人士在「品牌經營」新興領域已經赫赫有名，當時他寫了一封著名的信函，向寶鹼高階主管提示一個重要觀點，誡勉公司推銷不同肥皂時，必須分別找出合宜的消費市場，這樣產品才不會相互競爭。「肥皂商尼爾．麥克羅伊獲總統遴選來接替威爾遜。」《密爾沃基新聞報》（*The Milwaukee Journal*）在八月七日宣布。另一份報導則刊廣告嘲笑麥克羅伊的經驗，說他曾負責「說服家庭主婦購買肥皂等用品的重要活動」。

現在麥克羅伊和他的隨員周遊全國，接受各軍事單位官員美酒佳餚款待，聽他們向即將上任的老闆熱情宣揚，一旦與蘇聯發生核武衝突，他們的飛機、飛彈和基地會是多麼重要，這些全都在大量馬丁尼助興下交流。到了內布拉斯加州奧馬哈市附近的戰略空軍司令部時，他們先接受滿桌的威士忌、冰和「料理」款待，隨後才得以進入部隊司令官發射核攻擊的控制室。到後來，戰略空軍司令部首腦柯蒂斯．李梅（Curtis LeMay）將軍還親自駕駛新近服役的 KC-135 空中加油機，為麥克羅伊和他的幕僚做一趟示範飛行。

來到洛杉磯北邊高海拔沙漠區的愛德華空軍基地，視察團和伯納德．施里弗（Bernard Schriever）將軍見面。這位空軍將領是西部開發司（Western Development Division，機構使命為開發洲際彈道飛彈）司長，「能力高強」而且「打高爾夫能擊出標準桿」，一見面就獲得麥克羅伊與隨行人員的青睞。

來到科羅拉多的北美空防司令部（它的縮略 NORAD 比較為大眾所熟悉），視察團經安排住進布羅穆爾（Broadmoor）的豪華套房，那裡的山景房間擺滿了一瓶瓶蘇格蘭和波本威士忌酒。隔天他們聽取了核戰存活演算簡報，指揮官必須權衡輕重緩急，決定是挽救三百萬民眾的生命，或者保護一處關鍵軍事重地。「在這個世界裡，」麥克羅伊的助理奧利弗・蓋爾（Oliver Gale）寫道，「恐怖是場景的一部分，就如同製造成本是肥皂業的一部分那麼真實。」

麥克羅伊行程的最後一站來到紅石兵工廠（Redstone Arsenal），位於阿拉巴馬州一處安靜的南方城鎮亨茨維爾，那裡的經濟從棉紡織廠很快轉型為火箭製造。美國陸軍彈道飛彈署指揮官梅達里斯將軍十分客氣，不過並不覺得麥克羅伊有什麼出色。商人的問題在於，他有可能「變成某種大王，身邊部屬簇擁，敬謹執行他的命令，聽從他的奇想，卻沒有人膽敢質疑他的判斷」，那次會談過後幾年，他在自傳中寫道，「這讓他誤以為自己知道所有答案。然而出了他本身概括領域之外，他就很少這麼博學。」

麥克羅伊和他的幕僚對那位蓄留黑色八字鬍，以老式軍官馬褲著稱的陸軍將領同樣沒什麼好印象。梅達里斯是個「業務員、推銷員，他催逼事情比恰到好處稍嫌多了點」，幫麥克羅伊做事並追隨他從寶鹼到五角大廈的蓋爾寫道。這段描述出自做廣告的人，寫得相當傳神。梅達里斯想要推銷的是馮・布朗和他的德國火箭科學家團隊的服務。這時他們的大本營就設在亨茨維爾，卻似乎總擺脫不了他們的納粹過往。「馮・布朗仍感悵然，設想倘若〔V-2火箭〕全都升空了，不知道會是什麼結果，」蓋爾在他的日誌寫道，「並不是由於他遺憾德國沒有戰勝（顯然如此），而是惋惜他的飛彈、他的成就，並沒有更加成功。」

就連在亨茨維爾，那群德國人依然覺得自己受軍方排擠，要不到資金，迫切希望做太空研究，卻遭冷落埋沒。他們只能重操舊業，依然從事次軌道飛彈研究。問題並不出在科學專業知識，而是典型的官僚掣肘。到了一九五七年秋，馮・布朗的陸軍小組已經開發出天帝-C飛彈（Jupiter-C missile，又稱木星-C探空火箭），這款四節火箭大有可能射上軌道，只可惜陸軍沒有獲准發射。既然沒有獲准，馮・布朗的天帝-C飛彈的第四節裡面並沒有裝推進劑，卻是填滿了沙子，這樣來確保飛彈不會脫離大氣層。

梅達里斯有理由懷疑即將上任的國防部長和他這趟巡視。麥克羅伊是來接替同樣由艾森豪指派的產業界領袖，綽號「引擎查理」（Engine Charlie）的查爾斯・威爾遜。威爾遜擔任國防部長時，投入高度熱情來刪節預算，執行艾森豪的「新面貌」國防政策，重視先進技術，好比核武和空中武力，貶抑正規軍力。然而在威爾遜看來，衛星是「科學奇技淫巧」。他不明白衛星能有什麼軍事用途。早先當威爾遜視察亨茨維爾時，陸軍官員設法讓他對努力成果留下好印象，結果那位深具金錢意識的國防部長卻斤斤盤問他們，他住的來賓宿舍的彩繪木料花了多少成本。

麥克羅伊在一九五七年秋天來訪，距離他接掌國防部只剩幾天，在梅達里斯看來，那位五角大廈新首腦實在不太可能規劃出一條不同的路線。梅達里斯、麥克羅伊以及馮・布朗邊飲酒邊輕鬆交談時，一位激動的公關官員帶著新聞打斷聚會。俄羅斯人發射了一枚衛星，《紐約時報》想找馮・布朗發表評論。梅達里斯回顧當時，「瞬間大家都驚呆了。」

旅伴號的新聞令人驚訝，其實也不該感到詫異。艾森豪政府在一九五五年便已宣布國際地球物理年即將來臨，從一九五七年七月交流至一九五八年十二月，美國打算共襄盛舉，發射一顆小型科學衛星。蘇俄可不想敗陣，於是還以顏色，提出自己的衛星發射計畫。這始終是一場競賽，不過美國總設想自己擁有先天優勢。蘇聯連一台像樣的汽車都造不出來，哪有可能指望在火箭科學界凌駕美國？在此同時，美國的衛星發射計畫卻已落後進度。

不論蘇聯的消費品產業有什麼問題，談到軍事和太空研究方面，那個政權卻享有一項優勢。威權國家能集中資源來達成特定目標，好比衛星發射使命，而像美國這樣的民主政體，就往往陷入官僚掣肘或公共壓力的困境。艾森豪政府在民間科學家敦促下，希望把科學衛星發射任務和飛彈計畫區隔開來，即便基礎技術幾乎一模一樣。這就是為什麼白宮選擇了海軍的先鋒號，也讓馮．布朗非常失望。

現在，即將上任的國防部長就在面前，旅伴號在上空繞行，字句開始從馮．布朗口中流洩而出。「先鋒號永遠不會成功，」那位德國科學家表示，「我們有現成的硬體。看在上帝分上，幫我們解開束縛，讓我們放手去做。六十天內，我們就可以把一顆衛星送上去，麥克羅伊先生！只要給我們許可，加上六十天！」

「不，華納，九十天，」梅達里斯插嘴。

麥克羅伊是宴會貴賓，這時所有人卻都圍著馮．布朗，紛紛向德國火箭科學家提問。蘇俄真的發射衛星了？大概吧，馮．布朗回答。那是顆間諜衛星嗎？大概不是，不過以它的大小和重量，倘若報導是準確的，那麼它就有可能用來偵察。那麼這一切代表什麼意思？這就意味著蘇俄擁有推力相當強的火箭，馮．布朗說明。

當晚隨後時段，那位將軍和火箭科學家都用來嘗試說服麥克羅伊，讓他們發射一顆衛星。箇中細節很可能完全超乎麥克羅伊的理解範圍，畢竟他完全沒有技術問題方面的背景基礎。不過這下麥克羅伊起碼知道了。[1] 衛星發射的重要性，若非這次談話，他恐怕是不會明白的。乍看之下，對這位即將上任的國防部長來講，衛星似乎不是什麼即刻威脅。旅伴號重八十三．六公斤，唯一的功能就是環繞地球並發出一種嗶聲，可以從地面追蹤。

對旅伴號該如何反應，最密切相關的人就是麥克羅伊。對他來講，這次發射是那場愉快雞尾酒會的一則美妙腳注。他的助理蓋爾騰出來敘述世界第一次衛星發射所用的篇幅，還比不上他最近在加州海岸享用一頓異國海鮮晚餐的描述。然而旅伴號就要觸動一陣連鎖反應，到了新年那天，它會把華盛頓整個捲進來。

幾年過後，一則迷思出現，蘇俄「人造月球」立刻促使全美民眾滿心恐懼、憂慮地仰頭凝望天空。「事發過了兩代，文句並不容易傳達美國當時對蘇俄衛星的反應，」航太總署記錄那個時期狀態的歷史這樣寫道，「唯一能開始掌握十月五日那種情緒的合宜特性描述，牽涉到使用歇斯底里單詞。」

事實上，發射過後頭幾天期間並沒有出現集體恐慌。除了一小群科學家和決策者之外，當時並不是馬上就很清楚，原來衛星這麼重要。就馮．布朗和梅達里斯這群投身科學和衛星的人士而言，蘇俄衛星升空繞行地球是個明證，顯示政治已經危害了美國的太空事業。然而就更多美國人來講，那顆嗶聲作響的沙灘球，起初只激發了集體藐視。旅伴號並不能撼動心臟地帶直指核心，這點從密爾沃基的事例就能清楚得知。十月五日，《哨兵報》（*Sentinel*）以濃黑大型字體標題頭條報導〈今天，我們創造歷史〉。其實那則頭條新聞和旅伴號毫無關係，而是指稱預定第一次在密爾沃基舉行的「世界大賽」。[2] 旅伴號相關新聞則被擠到第三版，記者只指出，那次事前沒料到的發射作業，在華盛頓一場國際會議上激發衛星相關討論。

旅伴號發射之後幾天期間，華盛頓官僚體系的動作異常緩慢。旅伴號升空之前那幾週，艾森豪的注意力焦點都擺在遠更侷限於地表的事務。為執行所有學校廢除種族隔離的法庭命令，首批黑人學生第一次嘗試入學，就在阿肯色州小岩城引發對峙，最後總統派聯邦部隊介入。[3] 相形之下，一顆衛星發射升空，而且只配備了信標，此外什麼都沒有，起初看來不是什麼能引來民眾注意的事物。在十月十日舉行的一場國家安全委員會會議上，艾森豪聽取他的顧問群細述，該如何對旅伴號做出反應。政府或許更應該側重科學上的「輝煌成果」，好比癌症研究等？或者著眼一枚射程超過五六〇〇公里的飛彈的成功發射？美國政府裡面似乎沒有幾個人能參透蘇俄人直覺就能理解的要點：太空發射的心理威力。參謀長聯席會議主席內森・特文寧（Nathan Twining）將軍提出警告，美國對旅伴號不該有「歇斯底里的」反應。

在艾森豪看來，旅伴號是種政治噱頭。他還知道民眾不知道的一些事項：除了公開的軍事火箭計畫之外，美國還持續投入祕密開發間諜衛星，就戰略均勢方面，這絕對比一顆在天上嗶嗶作響的銀球更重要得多。

旅伴號發射過後幾週期間，政府的政策完全就是淡化旅伴號的重要性。李梅將軍說它「只是一塊頑鐵」，艾森豪的幕僚長謝爾曼・亞當斯（Sherman Adams）則嘲弄太空競賽相關顧慮，還說那是「一場天上的籃球賽」。政府愈努力貶抑蘇俄的成就，政敵也就愈有口實來指控艾森豪任令美國屈居蘇聯之後。在參議院民主黨領袖林登．詹森眼中，旅伴號是值得完全開發利用的機會。詹森在回憶錄中寫道，聽到旅伴號消息時，他正在德州自家牧場作東舉辦烤肉餐會。當晚，他和妻子「小瓢蟲」走到外面尋找繞地運行的蘇俄衛星。「在西方，你學會容忍開放天空，」後來他曾寫道，「那是你生活中的一部分。結果到這時候，不知何故，天空似乎以某種新的方式變得很陌生了。」

詹森仰望夜空時，他見到的不是旅伴號，而是天上掉下來的政治禮物，讓他可以在往後幾個月，甚至幾年期間打擊共和黨。詹森宣稱，「很快，他們就會從太空向我們丟炸彈，就像小孩子從高速公路人行陸橋向往來汽車丟石頭。」

向來相當純熟管理本身政治領袖形象的艾森豪，這時卻發現自己摔了個筋斗。從技術觀點來看，他是正確無誤。即便蘇俄在推進技術上確實稍微領先[4]美國，美國依然擁有幾項民眾並未得知的戰略優勢。除了投入開發間諜衛星技術之外，從前一年開始，中情局已經擁有一款偵察機在地球平流層飛行。洛克希德（Lockheed）的U-2間諜飛機能在七萬英尺高空飛行，躲開地面雷達探測，飛越蘇聯上空，拍攝軍事基地照片。那型飛機和它的飛行任務都是最高機密。另一項機密則是U-2飛行作業已經證明，「轟炸機差距」（bomber gap）並不存在，換句話說，有關蘇俄轟炸機占上風的猜想是錯的。現在旅伴號的新聞，讓艾森豪開始擔心一種感受的「飛彈差距」。

不過艾森豪可不願意被捲進大眾歇斯底里。「現在，就衛星本身來講，它並不會讓我感到憂心，」蘇俄發射衛星之後沒幾天，他就向大群記者這樣表示。政府的危機處理卻幫了倒忙，就旅伴號的重要性提出的聲明混淆不明，還相互矛盾。最早那次記者會上，艾森豪宣稱「俄羅斯人俘獲了佩內明德的所有德國科學家」。事實上，美國以迴紋針行動帶回了當中的精英人員，然而那群德國人來到美國卻大材小用，只能為他們的天帝－C火箭第四節填塞沙子。

好幾週過去了，關於旅伴號的穩重論述被聳動報導取而代之。以深具影響力的「華盛頓旋轉木馬」（Washington Merry-Go-Round）專欄著稱的美國作家德魯．皮爾森（Drew Pearson）聲明，「技術情報專家」預測，蘇俄有可能在十一月七日升空前往月球，做為布爾什維克革命週年慶賀禮。「把八十三．六公斤重旅伴號射上太空的那款飛彈，我們的專家表示，也能發射一枚小型火箭前往二十三萬九千英里外的月球，」皮爾森寫道，「俄羅斯人有可能在鼻錐填入紅色染料，名符其實在月球表面潑灑出一顆紅星。」

皮爾森的月球預測是結合了猜測和誇張的胡言亂語，不過到了十一月三日，旅伴號發射過後短短一個月，蘇俄確實又發射了較大的第二顆衛星。旅伴二號（Sputnik 2）載著一隻名叫萊卡的狗升空執行單程任務。這項成果據稱就是明證，顯示蘇俄很快就能把人射上太空。（不過萊卡是狗，送人上太空的情況是不同的，必須有辦法把那個人平安送回地球才行。）這次發射在美國造成恐慌，[5]並激起全球愛動物人士的抗議聲浪。

旅伴號妥善運用了一則將好萊塢、科幻和製造恐慌老式手法熟練編結在一起的敘事情節。民眾了解，衛星和發射洲際彈道飛彈的能力存有某種連帶關係，不過如「投射重量」（throw weight）或彈道飛彈能攜帶之有效酬載等相關術語的微妙意涵，就不是那麼顯而易見。這得花一些時間、政治運作和社論醞釀，不過幾週之後，美國民眾最初對旅伴號的好奇心和些微憂心也就轉變成徹頭徹尾的恐慌。艾森豪的科學見解是對的，不過他誤判了國民的情緒。政府對旅伴號的反應亂成一團，不過有一點很明白：解決辦法只能靠一位來自辛辛那提的肥皂製造商來研擬。

麥克羅伊恰好在旅伴號歇斯底里達到高峰時來到華盛頓。這位新任國防部長在五角大廈的頭幾週期間，正好遇上大批軍事首長和總統顧問不停穿梭，頻頻建言該由誰來負責太空。空軍毫不意外希望能接掌一支新興的航太部隊。發展先鋒火箭失利的海軍則提出費解論點，表示太空是海洋的延伸。陸軍則希望能征服月球。另一則提案設想能建立一個三軍種組織。這些建議沒有一項能就歸屬問題提出特別令人信服的論述，或者針對釀成當前危機的管理不當問題提出解決之道。

麥克羅伊來到五角大廈之後不久舉辦的一次會議，看來特別能與他產生共鳴。著名的核物理學家歐內斯特·勞倫斯（Ernest Lawrence）和曼哈頓計畫前任科學家暨農產企業孟山都公司首腦查爾斯·托馬斯（Charles Thomas）來拜訪五角大廈首長，並在好幾個小時的會議進程裡建議部長建立一處中央研發機構，統籌負責太空研究。那個概念取材自曼哈頓計畫（在二戰時期造出原子彈的政府計畫）遺產。

麥克羅伊潛心琢磨這個構想，很可能是由於計畫還滿像是他先前在寶鹼建立的「上游研究」實驗室。訪客建言是否觸發了一個構想——或者只強化了他原本已有的想法——我們不得而知。不過到了十一月七日，麥克羅伊寫信給他的首席法律顧問，想查明身為國防部長，他有沒有權力不尋求新的立法授權，逕自創辦一個研發機構。法律顧問回答可以，不過並不確定國會是否同意。十一月二十日，麥克羅伊來到國會山莊，那時他的構想已經有了名字，叫做國防特別計畫署（Defense Special Projects Agency），這是一所太空機構，可以合理落實種種不同火箭計畫和其他太空技術構想。新機構會把五角大廈的飛彈防衛技術和太空計畫統合起來，同時也投入鑽研，如這位國防首腦所說，「未來的浩瀚武器系統」。

總統科學諮詢委員會的許多成員對這項提案不表熱衷。由於擔心軍事壓力加速軍備競賽，艾森豪遴選諮詢小組時，總是刻意側重代表科學界利益的成員，並冷落軍事顧問。委員會上的科學家不見得都反對五角大廈統合火箭計畫的構想，不過他們質疑，把彈道飛彈防衛和太空計畫全都擺進一個機構是否合理。誠如一位委員會成員所述，飛彈防衛是當務之急，至於火星方面就「無急迫性可言」。

從更根本來看，把太空機構納入軍方控制，讓科學顧問深感不安。最後他們仍默認聽從，[6]很可能是由於總統新指派的科學顧問詹姆斯．基利安（James Killian）表態支持所致。諮詢小組果真說服總統，肩負非軍事太空計畫最終責任的單位應該是個民間機構，而非五角大廈的機構。艾森豪批准成立新組織時，特別指明，「一旦一個民間太空機構真正成立之後，這些〔太空〕計畫就必須經過審視，來判定哪項當由國防部核准，哪些則由新機構認可。」

五角大廈廊道對國防特別計畫署冷眼看待。各軍種都認為那是試圖侵蝕他們的職權，盜取他們的資金。新機構對他們的地盤和預算都構成威脅，而他們也很快就公然發動一場攻勢，削弱對該提案的支持。空軍將領施里弗告訴國會，新的機構會成為「非常大的錯誤」。倘若軍方希望證明自己不需要中央機構來推行火箭計畫，最好的做法就是證明它能自行把一顆衛星射上天空。為達此目的，十二月時，所有人目光都對準先鋒號，也就是馮．布朗當初警告麥克羅伊，海軍注定要失敗的那顆衛星。

一九五七年十二月五日，華盛頓新研究機構創辦之爭戰火方酣，佛羅里達州卡納維爾角聚集了好幾百名記者和好奇旁觀者，現場見證先鋒號發射。旅伴號在十月發射時，先鋒計畫主持人約翰．哈根（John Hagen）坦承，海軍火箭落後進度五個月，不過他責備蘇俄以「不道德舉止」領先，彷彿出其不意發射衛星就相當於打網球作弊。於是倉促預備之後，先鋒三號測試載具完成發射準備。然而就在預定發射日，技術問題層出不窮，不斷把倒數計時向後推延，於是美國迎頭趕上蘇俄的最大指望便淪為笑柄。日本新聞記者稱那枚火箭是「灑滿地尼克」（Sputternik），德國人稱它為「慢吞吞尼克」（Spaetnik），華盛頓孜孜不倦的新聞工作人員則稱它為「公僕」，因為它「沒作用，卻也不能炒它魷魚（點火發射）」。

最後，隔天十二月六日，發射倒數開始。倒數到零時，先鋒號升空。距離發射地點短短三、五公里外沙灘好幾百民眾齊聚翹首眺望，眼觀發射火舌，為升空歡呼，不過大團煙塵遮蔽了他們的視野。約幾十名官方參觀人員齊聚發射台不遠處的機庫，他們能看到究竟發生了什麼事：他們看著海軍的火箭升空幾英尺，接著就爆成一團龐大火球，翻倒跌落沙地。這次發射失敗留下了慘烈證據，爆炸時，衛星被拋出第三節火箭，在不遠處被發現時依然發出嗶聲信號，那本該是美國首度淺嘗太空滋味的標誌。

就在先鋒號災難當天，參謀長聯席會主席發布一則罕見的「不贊同」照會，反對建立麥克羅伊提議創辦的研究機構，這是官僚單位極端不同意的表態。若非先鋒號就這樣名符其實爆成一團烈焰火球，他的論述或許還顯得比較有力。新任國防部長堅定不移，隔月艾森豪正式批准創建新的機構。麥克羅伊只同意對他的提案做一則小幅變更：為避免與名稱雷同的其他作業單位（如特種作戰部）產生混淆，新部門打算稱為「高等研究計畫署」，縮略「ARPA」，簡稱高研署。

高研署在當時還比較算是個構想，稱不上是個組織，而且華盛頓也不是所有人都樂觀看待，也懷疑這個新的政府官僚單位真能解決問題。最後促成新機構開門營運的那段狂熱日子，夾雜見證了太空競賽的高峰和低谷。一九五八年一月三十一日，終於獲准加入太空競賽的馮·布朗團隊以他們的天帝–C火箭，成功協助探險者一號（Explorer 1）發射升空，把第一顆美國衛星送上軌道。這次成功很快就蒙上陰影，海軍的先鋒號在二月五日第二次嘗試發射，結果發射後才一分鐘就解體了。

二月七日，高研署正式成立，機構有刻意保留含糊空間的兩頁指導方針，規定這是個獨立機構，由國防部長直接統轄。指導方針沒有提到任何計畫，甚至也沒提到任何特定研究領域，連太空都沒有提。指導方針表示，該機構獲授權指導國防部長有可能指派在國防部內研發的計畫。有關這個新機構最終目的的唯一線索出自短短幾週之前，艾森豪的國情咨文演說：「我們的研發必須具有前瞻視野，要事先料想不可想像的未來武器。」

第3章
瘋狂科學家

週六晚七點四十五分，有個人來到蓋爾位於喬治城的高級住家外面敲門。那個人彷佛是來到一位老朋友的住宅，打算待在那裡過夜。他一手緊抓著一只相當大的手提箱，另一手則提著一個公事包，國防部長特別助理蓋爾打開前門時，那個人露出了溫暖的笑容。確認蓋爾身分之後，那個陌生人開心了。他興高采烈地說，「讓我打發走計程車。」

蓋爾這才醒悟，這個人就只能待在他的房子了，於是他開始擔心，不是為自己的安全發愁，而是為了他的時間，時間很寶貴。那是在一九五八年一月四日，過去幾個月間，華盛頓始終刮著一陣國會聽證會旋風，當中許多都把焦點擺在旅伴號，蓋爾搬了堆得像山的工作回家，而且他必須在週末做完。

旅伴號發射過後幾個月間，一群怪咖、機會主義者和銷售人員紛來沓至，嘗試透過蓋爾見到麥克羅伊，設法販售他們的太空和飛彈方案，內容含括從核動力火箭乃至於精妙的月球基地等。他們不求其他，只需要幾百萬（或幾十億）民脂民膏。然而，中西部的客氣作風是很難擺脫的習性，因此蓋爾不情不願地邀請那個人入內。那個陌生人進了蓋爾的起居室，等一安頓好，他就開始細述，他打算如何保護美國免受蘇俄飛彈彈幕轟擊。蓋爾禮貌聆聽了一個小時，判定那個人完全瘋了，不過最後仍答應他，五角大廈會有人員和他聯絡，接著就送他啟程。

距離華盛頓特區三千多英里之外，加州大學利佛摩輻射實驗室主任赫伯特・約克（Herbert York）也有相仿遭遇，只除了他的訪客還比較像是個瘋狂天才，而不只是個狂人。在實驗室工作的希臘科學家尼古拉斯・克里斯托菲洛斯（Nicholas Christofilos）闖進約克的辦公室大呼，「他們來了！」

克里斯托菲洛斯「基本上就是瘋了」，深信旅伴號是通報蘇俄接管的信使，約克回顧表示。不論俄羅斯人來或不來，旅伴號依然證明了蘇聯有辦法發射洲際彈道飛彈，而美國則是束手無策，無力自保。克里斯托菲洛斯希望就此能做點貢獻。

利佛摩實驗室號稱一處擁抱有瘋狂點子科學家的地方；畢竟那是由泰勒創辦，旨在製造「超級」熱核武器的機構。不過就算在利佛摩，克里斯托菲洛斯都顯得特立獨行：他早先是在希臘一家電梯修理廠商服務，後來才攀登美國核子科學家精英階層。他的核武實驗室之路從一九四八年開始，當時他開始在希臘家中寫信到柏克萊輻射實驗室，討論如何改進加速器性能。實驗室裡的科學家都稱他「瘋狂希臘人」。克里斯托菲洛斯不為所動，並為他的構想在美國申請專利保護，最後還來到美國。他不只是成功說服政府科學家他精神正常，甚至還得到一份工作，在布魯克黑文服務，隨後便轉往利佛摩。

克里斯托菲洛斯生性狂野，以酗酒狂飲和接連數日潛心工作不睡的能力著稱。他授課時手舞足蹈，潦草書寫數字和理念，那種速度多數科學家都辦不到。旅伴號和俄國人引發的興奮和恐懼讓克里斯托菲洛斯不可自拔。他一度投注在加速器和核能上的精力，這時便導向武器。他的構想宏大又古怪，不過也往往才氣縱橫，讓他身邊的物理學家目眩神搖。真正吸引科學家的，看來就是那些點子本身都是科學上可行，不過必須仰賴技術奇蹟才能發揮作用。一九五七年底，他站在約克的辦公室內，勾勒出他迄今最奇幻的構想。

那項計畫，根據後來約克所述，是要創造出「一款類似休士頓太空巨蛋那樣的防衛屏障，那是層高能電子屏蔽，經地球磁場陷捕並緊貼於大氣上方位置」。這層屏蔽能保護地球，對付洲際彈道飛彈，基本上就是把試圖穿越殺手電子防衛圈的任何東西都燒光。「他的宗旨壯闊如史詩，」約克回顧表示，「他的意圖無非是要在我們上空擺放一層滴水不漏的高能電子屏障，那層防護圈能摧毀有可能派來對付我們的任何核彈頭。」

克里斯托菲洛斯預測，其實已經有些電子困陷在磁層中，那項理論在幾週過後就由美國第一顆衛星證實，它偵測到困陷磁層的荷電粒子（這個範圍後來便稱為范艾倫輻射帶〔Van Allen radiation belt〕。范艾倫名稱得自愛荷華大學的詹姆斯．范艾倫〔James Van Allen〕，他的儀器證實那裡存有電子）。至於克里斯托菲洛斯所提構想的可行性，連他一位親近的同事都說「很古怪」。克里斯托菲洛斯相信，核爆會產生數量遠更龐大的高能電子，灌注納入這個輻射帶，接著從那片地帶通過的飛彈，全都會被那些電子摧毀。換句話說，他所提方案是自然生成之電子帶的一種加強版。不過那不是范艾倫帶，那是個死亡環帶。

約克喜歡那個構想。問題是，要產生那道屏蔽，就必須在地球磁層引爆核武。克里斯托菲洛斯是在一九五七年秋末第一次向約克提出那個構想，當時還沒有辦法執行必要實驗。用來測試那個構想所需那類衛星還沒有發射，而隸屬美國原子能委員會的利佛摩也不能逕自執行本身的軍事實驗；那是五角大廈的職掌。

在一九五八年那初期階段，不論怪誕獨行俠、瘋狂科學家或大型防衛公司，所有人對先進技術似乎都很有想法。《航空週刊》（*Aviation Week*）等專業雜誌充斥五花八門的廣告，好比能「加速人類征服太空」的「天空火箭發射站」、核動力飛機，還有轟擊月球的飛彈。旅伴號發射才過了三個月，那些公司已經準備要打造一支太空艦隊。麥克羅伊部長和五角大廈其他幾位高官已排定在一月接受一個產業團體，飛行器工業協會（Aircraft Industries Association）設晚宴款待。餐飲推出四款美酒，加上連串訴願，指稱五角大廈並沒有資助先進技術。麥克羅伊婉拒美酒，不過仍聽取這些要項，結果令人滿意，現在他有種不失禮的規避做法來應付那些方案。瘋子和機會主義者終於有個去處來提出他們的構想：高研署。

一月時，麥克羅伊四方尋訪能接掌新機構的人選。早先勞倫斯便舉薦他的親信，在利佛摩服務的約克，不過麥克羅伊想找擁有管理經驗的企業界人士。麥克羅伊在那個月接見了通用電氣總裁拉爾夫．科迪納（Ralph Cordiner）和高盛集團首腦西德尼．溫伯格（Sidney Weinberg），聽取他們關於新機構該找誰來領軍的建言。那次會議結束之後，麥克羅伊手中掌握了一個名字：羅伊．約翰遜（Roy Johnson），他是通用電氣的一位副總裁——魅力型企業家，以擅長解決問題著稱。就首席科學家職位，麥克羅伊只短暫考慮由火箭科學家馮．布朗擔任，隨後就改變心意，選擇約克。高研署頭一年就撥列了令人驚嘆的五億美元預算，不過那家新機構不會擁有實驗室，也不會聘雇固定員工，甚至也不會有自己的辦公室。看來高研署並不是改造五角大廈宏偉戰略布局的一環。那是個權宜解決方案，[1]一個臨時措施，只用來顯示政府很認真看待旅伴號。

高研署的第一任署長渾身散發成功工業家的自信。約翰遜當時五十二歲，一份報紙描述他很「高雅、帥氣」，而且根據高研署歷史記載，他「看來完全就像《財星》報導介紹的大亨」。高研署一位早期雇員赫夫回顧，當時員工對這位高雅的企業主管是何等敬畏有加。「他帶著古銅色健康肌膚現身，昂首闊步四處走動，」赫夫說道，「聽他說話很有趣。他經歷了許多公司艱困處境，解決了許多難題。」約翰遜在二月初搬進他設於五角大廈高聲望E環圈的辦公室，和國防部長辦公室只相隔幾間，當時他還認為自己是美國太空計畫的執行長。約翰遜這位企業主管曾處理電器和電子產品相關問題，對於科學幾乎一無所知，對太空的認識還更淺。不過，更大的問題是，他對政府完全不了解，更別提政府官僚體系。

他在二月十三日初嚐華盛頓滋味，從高研署成立起，相隔還不到一週，他經安排由五角大廈一輛轎車送往參加當地聖人和罪人俱樂部為國防部長麥克羅伊舉辦的「拷問會」。麥克羅伊的助理蓋爾很緊張，覺得老闆不該同意參加這種兄弟俱樂部的活動，不過新任國防部長則期盼，藉此他或許比較容易進入華盛頓的社交生活。蓋爾當初的憂心成真，午餐一開始就是場令人尷尬不已的脫衣舞演出，接著是一齣嘲諷五角大廈領導階層的行動劇。在國防部長和高研署新任署長觀看下，「麥克羅伊」詢問「梅達里斯將軍」，五角大廈要花多久時間才能派一架太空飛行器繞行月球。「將軍」回答，「八年，一年來研究該怎樣辦到，加上七年讓五角大廈那群傻蛋做成決定。」

就在美國落後蘇俄敵手好幾個月的時候，高研署成了美國第一個太空機構。這處新機構繼承了一個拼湊產物，出自美國國家航空諮詢委員和各軍事單位在一九五〇年代啟動的部分重疊的火箭計畫。蘇俄已經發射了兩顆衛星，還包括一隻狗，美國卻只有馮．布朗團隊的探險者一號在高研署成立前短短幾天發射。這時高研署接掌了軍民各界的所有太空計畫，然而在這段創始運作階段，它的職工只含約翰遜一人。

約翰遜很快就多了一位同仁，該機構的新任首席科學家約克。企業主管約翰遜和物理學家約克的派任，注定讓這個新創太空機構往後陷入更大規模的權力鬥爭。約克不論上班或開會都遲到成性，他出現時，身上西裝並不平整，甚至根本沒有穿西裝。他的臃腫冒犯了約翰遜光鮮亮麗的企業形象。反過來看，約克認為約翰遜是對科學的一種冒犯。「我去那裡擔任首席科學家，〔但〕實際上計畫是我決定的，」後來約克這樣表示。就另一方面，約翰遜則在公開場合把約克描述為他「在科學方面的私人顧問」。

不過，約翰遜和約克的工作劃分很快就變得很清楚。約翰遜是高研署的主任發言人，出差周遊全國，向教會團體、專業學會以及學校遊說，改變他們對太空的想法。約克是科學獵頭族，招募技術幕僚，同時指導各太空計畫的發展方向。

到了三月，約翰遜正式宣布確立新機構的組織結構。約克除了「首席科學家」頭銜之外，也兼任一個技術部門的主任，轄下有約二十四位借調自國防分析研究所（Institute for Defense Analyses，聯邦出資運作的非營利研究中心）的簽約人員，基本上全都是外調到高研署服務的科學才子。經由外部研究機構簽約聘雇，高研署可以給他們優於平常政府薪資的待遇，同時也能避開雇用全職政府雇員的繁文縟節。此外還有好幾位從各軍種派來的代表，好比海軍上校羅伯特·楚阿克斯（Robert Truax），[2]他的正式職稱是個幌子，實際上是來協助管理中情局和空軍的一項最高機密衛星計畫，稱為日冕（Corona）。這項計畫同樣被包攬納入了高研署。

技術人員圈子外，那裡的官僚氣息都保持在最低程度，這大半是由於高研署根本不自行發包簽約，而是借用各軍種來處理文書作業。約翰遜有個副手，海軍少將約翰·克拉克（John Clark），此外這個新機構裡只有兩個組織元素：勞倫斯·吉斯（Lawrence Gise），這位五角大廈的老經驗官僚奉派擔任行政主管，還有就是哥德爾，他經指派為國外發展辦公室主任，根據高研署早期文件，其職掌為探討有潛力的外國研究。從一開始，高研署就確定不會自行聘雇發包員工，因此文書作業只侷限於簡短的備忘，稱為高研署指令。政策和程序都是特別設定的，按高研署最早期員工之一唐納德·赫斯（Donald Hess）所述，這大半是肇因於高研署以約翰遜為首所致。赫斯說：「羅伊·約翰遜為高研署其餘部分設定步調，而我們可以說就是依循羅伊·約翰遜的聖經來走。」

沒錯，高研署最持久延續的一項特徵——而且不必然就是它在創建時候刻意導入的——就是它避開官僚體制的能力。各軍種必須經歷數月甚至數年才能啟動的計畫，高研署有辦法立刻籌得資金。舉例來說，一九五八年年初，約翰霍普金斯大學應用物理實驗室兩位科學家想出一個衛星導航方面的新穎構想。剛開始他們是動手測定旅伴號嗶聲的都卜勒位移，循此來追蹤它的位置。很快他們就想起一個點子，或許相同做法可以逆向運作：一顆衛星發出的信號，也可以幫忙確定地表一處精確位置，而且只需要知道該衛星的軌道即可。這樣的衛星系統或許能用來幫助潛射飛彈判定自己的準確位置。這項衛星導航計畫稱為經緯儀（Transit），後來便由高研署接手並籌資開發，幾十年之後，這就催生出了全球定位系統。

高研署在一九五〇年代晚期的獨特地位，肇因於偶然和必然。後旅伴號危機氛圍讓五角大廈願意讓高研署為完成使命而自行制訂規則，還有讓約翰遜這樣的政府新人擔任機構首腦，這也就意味著該單位的運作方式和普通官僚體系不會相同。約翰遜在向高研署和國防分析研究所的一群科學家發表談話時，勾勒出他有關機構任務的看法：「正如火藥接續刀劍，氫彈實質上接續了步槍，如今我們遇上的問題是，最後是什麼接續氫彈。」

最後是什麼接續氫彈，就高研署第一任首席科學家看來，那是防衛美國應付核彈攻擊的方法。一九五八年四月，約克進入高研署之後不久，便延攬「瘋狂希臘人」克里斯托菲洛斯到華盛頓，發表他有關行星級力場的構想。前一年，旅伴號發射之後，當克里斯托菲洛斯第一次提出他的天馬行空飛彈防衛概念時，約克還不在其位，不能就此做出任何反應。現在約克來到了高研署，權限及於軍事衛星、飛彈和先進研究，看來完全就是為力場構想量身訂製的職位。

於是高研署四號指令阿格斯計畫（Project Argus）應運而生，這是一項最高機密計畫，其目標是測試在地球大氣引爆核武會不會產生出能摧毀來襲飛彈的力場。這成為高研署早期計畫案中規模最大——也最重要——的一項。後來約克解釋道，「高研署是唯一能接下克里斯托菲洛斯的〔構想〕並予以支持的地方。」

沒有東西能比克里斯托菲洛斯飛彈屏蔽更完美體現約克的高研署憧憬：一種以純科學為根本的高度推測性軍事計畫案。高研署能迅速行動，而這也正是五角大廈官員想要的，因為「在不久的將來發生的事件，有可能造成不利情況，導致無法進行核試」，這是在高研署接下該計畫之前不久，國防部長原子能助理赫伯特．洛珀（Herbert Loper）寫信給國防部其他高階軍官所表達的看法。這些「不利」情況包括預期美蘇兩國都要暫緩執行核試，當年稍晚就會生效，這樣一來，阿格斯也就沒辦法做任何測試。約克把阿格斯當成他的寵物計畫，甚至還親自詳閱地圖，擇定發射場址，南大西洋杳無人跡的果夫島（Gough Island）。約克之所以挑選這樣一個看似異乎尋常的構想，把它當成新機構最早期重大計畫來推動，緊密牽連到白宮科學家與五角大廈之間浮現的爭端，程度不下於高研署與其初生成太空計畫之間的矛盾。約翰遜對高研署的永久性軍事太空機構角色抱持宏偉願景，而約克則只把它當成支持科學研究的一種暫時性機制。後來他寫道，阿格斯「是很有趣的科學」，不過也坦承那個構想非常不可能落實。

這時測試計畫由高研署負責，武裝部隊特種武器計畫準備在一九五八年八月到九月，總共十天期間連續發射三枚核彈。為執行測試，海軍組建了最高機密的八八特遣隊（Task Force

88），計含九艘船艦和四千五百名人員。該計畫打算從船艦發射一枚 X-17A 三節彈道飛彈，推送一枚低當量核武進入上大氣層。從頭到尾，這整套作業都是史無前例。這類測試通常需要超過一年時間預備，而這次軍方只有幾個月時間。這也是從海上船艦發射核武的第一次嘗試，也是唯一採祕密執行的大氣層系列測試（一九四五年的三位一體核試是單一測試）。為使八八特遣隊保持機密，海軍必須編造出巧妙情節來掩飾相關船艦的行蹤。美軍諾頓灣號（Norton Sound）艦獲選執行第一次試射，完全脫離大西洋艦隊陣列，偽稱它要前往太平洋偏遠地帶，加入特殊飛彈軍事行動並執行連串「初期試驗」。事實上，它是啟程前往南大西洋一處選定的測試區。

八月二十五和二十六日，諾頓灣號發射了演習火箭，代碼名稱為波戈（Pogo），這可以視為正式發射前的彩排。最後在八月二十七日上午兩點二十分，在洶湧海上，諾頓灣號發射了第一枚飛彈，四周還有其他船艦和機群環繞在旁觀察，捕捉這起事件並記錄爆炸所生影響。艦上奉派監看飛彈的人員凝望夜空，他們戴著高密度護目鏡，萬一過早引爆可以保護視力。觀測機上有一位駕駛奉命戴上護目鏡整整六十秒鐘，確保遇上最糟情況時，還有視力未受損傷的機師能控制飛機。X-17A 發射後，所有人都觀看並等待。

到了三十六秒標記點，飛彈來到十萬英尺並引爆，艦上觀測員看到一陣閃光點亮雲朵。一位負責觀測的機師回報，地平線上約四十度亮起「一團燦爛光球」。核爆一如預期觸發一陣肉眼可見的極光，而其成因則是荷電粒子衰變恢復低能態並發光時所射出的光子。隨後半個小時，工作人員驚嘆凝望，拍攝燦爛的綠、藍色彩，看著它們旋繞形成不同形狀，就像一具向夜空投射的巨大萬花筒。克里斯托菲洛斯富饒心思結出的果實是一幅壯觀的景象，不過那真是一道力場嗎？

隨後又做了兩次試驗，分別在八月三十日和九月五日執行，就高研署看來，那兩次也都成功了。在一份呈總統備忘錄中，總統科學顧問基利安以溢美之詞盛讚阿格斯，這份標示為最高機密的備忘錄日期為一九五八年十一月三日，內容稱阿格斯是一項「歷史性實驗，或許是歷來所做最壯觀的一次」。基利安所述很快在一次比較公開的論壇上激發迴響。一九五九年三月十九日，《紐約時報》披露這組最高機密核爆試驗，新聞標題宣稱這是「最偉大的實驗」。這篇報導引來全球關注阿格斯，還有它特立獨行的創造者克里斯托菲洛斯，於是他也成為公眾迷戀的對象。

到最後始終沒有查明是誰把阿格斯的細節洩漏出去：接替基利安繼任艾森豪科學顧問的喬治．基斯提亞考夫斯基（George Kistiakowsky）懷疑那是范艾倫實驗室裡某人洩的密，約克則怪罪一位海軍科學官。不論如何，到最後大概也沒關係了。克里斯托菲洛斯的屏蔽始終沒有產生結果。儘管各方對試驗讚不絕口，實驗最後依然證實，地球的磁場不夠強大，沒辦法讓殺手電子保持定位夠久時間，產生不了巨型屏蔽的功用；「死亡環帶」屏蔽會衰變得太快。即便證明了阿格斯屏蔽不可能成真，不論政治上或技術上都不可行之後，約克仍隨口提了個搪塞理由，說明自己為什麼鑽研那個構想。他寫道，「不過說不定有另一個地球，同樣有對立超強大國的另一顆行星，而且那裡有可能真正產生這樣的屏蔽並發揮作用。」

啟動阿格斯之後不久，約克批准了另一項不成體統的（或說有雄心抱負的，就看你是抱持哪種觀點）計畫：星際太空船。那是洛斯阿拉莫斯前核武設計師希奧多・泰勒（Theodore Taylor）的夢幻構想。獵戶座計畫（Project Orion）是個宏偉的構想，根據約克的描述，計畫內容是一艘以接連數千次核爆來推動的太空船。一九五八年夏天，高研署同意提供約百萬美元給核技術公司通用原子（General Atomics），挹注獵戶座的初步設計工作。就約翰遜這邊，他容忍那項計畫，並告訴國會，就在前一年當獵戶座計畫第一次提出時，他認為獵戶座是個「怪誕」構想，不過「到今天就不是那麼怪誕了」。

實際上那是個怪誕之極的構想，即便背後的科學合情合理。單是發射獵戶座號就必須引發約兩百次核爆。物理學家暨獵戶座參與成員弗里曼・戴森（Freeman Dyson）的兒子喬治・戴森（George Dyson）便曾描述，那艘太空船呈「卵形，二十層樓建築那麼高」還有「一面以減震支腳安裝的千噸推進碟」。約翰遜在他的國會證詞中向國會議員解釋，核爆震波作用於推進碟，作用就像彈簧，能推動太空機前進。棘手部分是必須採行某種手法，「這樣居民才不會喪命」。

獵戶座的最明顯問題是，引發好幾百次核爆來發射一艘太空船根本不切實際。萬一太空船墜毀，就要面對大量輻射污染的風險。就算不墜毀，用來發射並推動太空船的核爆所生落塵，仍會在航跡留下輻射落塵；弗里曼・戴森便曾記述，科學家一度估計，單獨一次任務所提增的輻射水平量，就會造成地表約十人死亡。

短短十八個月後，高研署終止支持獵戶座計畫，不過空軍後來又資助了七年。到最後只做出了太空船比例模型，也不再有大幅進展（而且據稱甘迺迪總統對實物模型的五百枚核彈頭「大感震撼」），不過它激發了一陣狂熱跟風，相信核裂變和核融合是最可能成真的星際旅行方法。一九五八年八月，美國和蘇聯達成協議終止大氣核爆，也終結了太空屏蔽和原子太空船的夢想。

高研署成立頭一年的動盪處境迎來了一個遠遠更重大的爭議，那就是最後該由誰來控制太空。儘管經延攬來到華盛頓的實業家在政府似乎都能呼風喚雨，然而艾森豪真正聽從的是他的科學顧問群，他們紛紛敦促成立新的民間機構；高研署身為全國太空機構的角色，不過是個閒缺。於是尚未解決的問題是，高研署是否能在軍事太空界扮演較長期的角色，如果是的話，軍事太空會包含哪些範圍？約翰遜並不是科學家，話雖如此，他本能上對技術和技術應用卻有種認識。蘇俄專注引擎推進研究，於是他們才能夠發射旅伴號，而約翰遜也知道，必須有威力強大的火箭，才能把任何大型事物，好比能載人的太空航行器送上軌道。當時高研署已經提案討論一款太空機，稱為「機動可回收太空航行器」（Maneuverable Recoverable Space Vehicle, MRS-V），於是約翰遜決定，下一步是要資助為那型太空機開發一款推進器。

高研署版歷史記載，兩名幕僚想出了一個點子，打算把七到九具引擎綑紮集束，產生一百五十萬磅推力，接著約翰遜向馮．布朗團隊提出這個構想，並表示願意出資贊助。馮．布朗對那款火箭的出身講得沒有那麼明確。後來馮．布朗這樣表示，「我們都深深相信[3]集束是可行的，至於提出開場白的是誰（的）問題，就有點像是誰開始了一段戀情。」不論是誰首先提出這個構想，約翰遜決定不和五角大廈任何人或白宮磋商，逕自撥款給馮．布朗團隊研發一款超強推力的推進器。這樣一款火箭（就理論上）能把機動可回收太空航行器送上太空。

一九五八年八月十五日，高研署授權啟動新的馮．布朗火箭計畫，稱為農神（Saturn），附帶提出一項相當有創意的解釋，說明集束推進器可用來把種種大型軍事酬載，如間諜衛星等送上太空。沒有人真正採信有關農神的官方解釋，特別是約翰遜的首席科學家，他知道高研署署長的主要目標是鞏固機構未來在載人太空任務方面所扮演的角色。約克也完全知道，約翰遜強烈反抗白宮的一項明確指示，那就是把人送上太空的任務應隸屬民間機構，不歸高研署或其他任何國防單位所有。農神成為約翰遜的癡迷執念，特別是當時他的機構即將面臨歷來最大的挑戰。

一九五八年十月，高研署奉命把它的科學衛星計畫移交給新成立的美國國家航空暨太空總署，簡稱航太總署（NASA），這是家民間機構，正是艾森豪的顧問群從一開始就希望的樣貌。失去科學衛星，轉移給航太總署，約翰遜並不感到心痛。那些不過是「連串難過的失敗和掙扎，放棄了比較精緻的」衛星。約翰遜奮力保存五角大廈（特別是高研署）從事太空軍事任務的能力，即便艾森豪明白指示，這是航太總署的任務，不屬於五角大廈，也肯定不是高研署的。約翰遜告訴國會議員，「倘若國防部認定，規劃送人上太空在軍事上令人期待，那麼就不該辯稱把這項活動轉交民間機構是正當的。」其實這就完全違背了艾森豪和他的科學顧問群所制定的規章。

約翰遜和總統科學顧問（包括約克）的衝撞，已經開始讓機構分裂。同時，他還面對了各軍種的反對意見，在他們眼中，高研署是個不受歡迎的競爭者，必須盡快打倒。「內受敵人掣肘，外遭重大壓力，在一個全新領域從頭開始努力，」根據高研署早期歷史所述，這就是該機構初創頭幾個月的處境。高研署早期階段和政府其他部門交火，同時約克和約翰遜也競逐權力和願景，引發內鬥。這個機構一出現就陷於爭鬥，滿身青腫傷痕，後來常有人宣稱，這是刻意規劃的產物，實則不然，它是競爭對抗的意外副產品。

第4章

蘇聯超前矯正會社

蘇俄發射旅伴一週過後，哥德爾人在夏威夷歐胡島，設法約束主管美國各竊聽站且快速擴張的國家安全局。根據經過大幅編校的[1]最高機密文件（這些文件依《資訊自由法》都將在近五十年後解密），哥德爾當時正以羅伯遜委員會（Robertson Committee）資深委員身分前往國安局的密碼邏輯單位拜會。羅伯遜委員會是一九五七年奉艾森豪總統指示成立的頂級諮詢小組。哥德爾的那趟夏威夷行程，隸屬更廣泛審視國安局在遠東勢力的部分環節，諮詢小組預期將針對國安局四處蔓延的截聽站，提出「大幅刪減資金挹注」之建言。

如同國家安全界其他單位的處境，國安局同樣被旅伴號打了個措手不及，更彰顯出艾森豪必須即刻推動情報改革的理念。在那時候，哥德爾在國安局已經待了兩年，接著突然之間有機會可以進入新近成立的高研署，填補一個高級職缺。他不是科學家，不過話說回來，那裡新獲派任的署長約翰遜也不是。不論如何，該機構的工作是組織科學研究，並不負責執行。到了高研署，哥德爾的職位和職掌始終是個神祕的根源。謠傳哥德爾曾爭取一個最高層情報工作職位失敗，隨後才獲安排這個高研署職位以為慰藉，不過他的工作內容，還有上司是誰，卻始終不清不楚。高研署最早期員工之一赫斯這樣表示：「我不知道他是怎麼到那裡的。」

就連哥德爾後來都說，他不確定是誰提議把他調到高研署。他知道他的名字被納入國安局一個頂層職缺候選名單，可能是署長或副署長，不過高研署職缺出現，於是他把握機會，投入即將移交高研署的機密間諜衛星工作。從許多方面來看，這位前陸戰隊隊員都是個合邏輯的選擇：他在派任國安局的時期累積了管理複雜科技計畫的經驗。他還有拘捕德國科學家的戰時經驗。他的親密夥伴赫夫回顧表示，「哥德爾相當熟悉延攬科學家相關事項。」

哥德爾只說明，他受命代表情報界加入該機構，這個說法由高研署一位早期員工證實。[2]據他所述，他得知自己和助理必須和約翰遜會面，討論加入高研署的事情。哥德爾寫道，「由於有蘇俄介入，情報機關也必須介入。」到最後，高研署萬幸選中了他。起初他奉派主掌國外發展辦公室，扮演高研署對情報界聯絡官的角色，哥德爾為該機構帶來了完全料想不到的深遠影響。他是個軍事戰略家，對未來技術，甚至世界級科學的興趣極低。然而若不是有哥德爾，高研署有可能存續不過一九五九年。

約克和約翰遜相處不來，不過哥德爾和約翰遜，「那是一見鍾情」。這位陸戰隊轉任的情報官僚和那位企業主管的共通性，比起我們所能料想的都還更多。雙方根本上都是聰明人，懂得如何管理技術計畫。他們都有一股神祕氣息，並以外人身分介入來解決危機。就約翰遜的情況，他在通用電氣公司經常奉派解決特定問題，而哥德爾則是被派往世界各處熱點，和外國政府協商合作。約翰遜欽佩哥德爾推動雄心構想闖過繁文縟節的能力。哥德爾景仰約翰遜的願景和戰鬥力，即便他承認，那有時對高研署是種傷害。

哥德爾從一開始就知道，美國涉入的這場對蘇戰爭，公眾知覺的成分和技術競爭的成分一樣多。高研署在一九五八年的頭幾個月期間開步營運，起初只管理各軍種在幾年前開始研發的火箭，那些計畫沒有一項能點燃類似旅伴號激發的那種振奮激情。充其量，美國只會演出迎頭趕上的戲碼。太空競賽是一場宣傳戰，而且眼看美國就要在那場戰爭落得慘敗下場。哥德爾想要某種能夠暫時竊奪頭條報導的事項，不讓蘇俄和他們上軌道繞行的太空犬獨占版面。美國需要把某種非常大的東西送上太空。

哥德爾在聖地牙哥找到了他對蘇聯領先優勢的回應手法。通用動力（General Dynamics）公司轄下康維爾（Convair）部門高層向高研署強力遊說，勸他們把完整飛彈射上軌道。當時康維爾正與空軍合作開發一款液體燃料洲際彈道飛彈，稱為擎天神（Atlas）。擎天神的關鍵特徵之一是輕量級設計，賦予它令人印象深刻的彈性範圍和酬載。它的「氣球」槽是以極細薄的不鏽鋼製成，構造十分脆弱，若沒填裝燃料就會被本身重量壓垮；槽內中空時必須加壓打入氮氣。康維爾有大批飛彈儲備，不過其中有一枚編號10B的擎天神特別與眾不同，哥德爾寫道，因為它是「早期產製模型之一，其中各項關鍵參數綜合構成的數值，不只符合標稱性能表現，甚至還達到了最高數值」。

康維爾認為，只須對燃料和鼻錐做幾項修改，「脆弱的野獸」（工程師這樣稱呼那款飛彈）就可以升上軌道。乍看之下，這不大像什麼很好的提議，因為馮．布朗團隊的探險者號已經把一顆衛星送上軌道。康維爾所提主張是要把整枚飛彈拋上太空，若不考慮其他狀況，它就會成為世界上最大的衛星。當然了，它只會待在上面兩個星期左右，隨後它的軌道就會衰減，飛彈（以及它的有限尺寸酬載）就會在大氣中燒毀。就一般來講，火箭評比的重點在於酬載，或就是火箭載上太空的貨物。通常酬載上了軌道，就和載有引擎和推進劑的各節火箭分離。擎天神的酬載非常小，不過若是能把整枚飛彈投射進軌道，即便為期短暫，哥德爾和約翰遜希望民眾會著眼整體尺寸。哥德爾察覺這有可能發展成公關妙策，於是向約翰遜大力推薦這個構想，約翰遜非常喜歡這個點子，於是有一次他前往康維爾時，便拿粉筆在飛彈上寫上大名。

那項計畫正式名稱為「軌道中繼設備信號通信」（Signal Communications by Orbiting Relay Equipment），縮略為SCORE。不過在少數通過審核並得以加入計畫的精英心目中，它的非官方名稱則是「蘇聯超前矯正會社」（Society for the Correction of Soviet Excesses, SCORE），因為那才是更重要的目標。把一枚洲際彈道飛彈射上太空是一項驚人大膽演出，利用了民眾對衛星技術的無知，而且在蘇俄自己的心理戰遊戲上擊敗他們。「公開目標是證實美國關注外太空和平使用，」哥德爾寫道，「實際上那是一種宣傳策略，旨在把非常大的重物送上太空，好讓媒體閉嘴，也讓國會不再就酬載太小和火箭失靈抱怨連連。」

約克厭惡那個構想。「他們會說那是『最大的衛星』，然後某人在某地就會說，『胡說，那才不是。』」約克後來解釋他的反對理由，「它是一個大型中空外殼，還有一百磅（的酬載」。」國防部副部長夸爾斯也不喜歡那樣做，認為那是「一個宣傳花招，不是好科學」。約克認為那種噱頭太容易看穿，連做為宣傳都不會有效。約克回顧表示，約翰遜「覺得這個利佛摩來的年輕人[3]對民意完全沒有認識。我也不確定他懂不懂，不過我知道他認為我不懂」。也因此，誠如約克所述，約翰遜「在這個 SCORE 計畫的路途上歡快地」行進。

約翰遜和哥德爾帶著這個構想直接去找艾森豪，結果他很喜歡。國務卿約翰・杜勒斯（John Foster Dulles）也同樣如此。總統一位科學顧問杰羅姆・威斯納（Jerome Wiesner）也曾參加會議討論 SCORE，他堅決反對，不過杜勒斯的熱情說服了總統。艾森豪提出一項告誡：倘若美國要在公眾面前怯生生嘗試一下，那最好是能做成。艾森豪警告哥德爾，「計畫必須守密，我希望五角大廈裡面知道這件事的人數保持在絕對最低程度，倘若事情曝光，不管是怎麼洩密的，整套計畫就自動取消。」

在艾森豪堅持之下，SCORE 遮遮掩掩保持極度隱密，於是它不只是必須矇騙大眾，還得瞞過參與發射火箭的好幾百甚至好幾千名工程師和技術人員。為維繫欺瞞花招，哥德爾聘請丹・蘇利文（Dan Sullivan）來擔任高研署的保全經理。[4]蘇利文曾擔任聯邦調查局探員，以追蹤銀行搶匪約翰・迪林傑（John Dillinger）著稱。這次發射以空軍的擎天神例行發射為幌子，萬一失敗，五角大廈就可以說明他們對 SCORE 計畫完全不知情。「只有八十八個人[5]知道有這項計畫，而且他們每人都必須簽署保密誓言，」高研署歷史這樣記載，還以八八俱樂部（Club 88）相稱。

哥德爾表示，把科學酬載擺上擎天神是艾森豪的想法，有可能是認可他的科學顧問的一種表示。為此哥德爾便向紐澤西州蒙茅斯堡（Fort Monmouth）一群迴紋針行動科學家挖角。同時德國那群火箭製造專家終於來到阿拉巴馬州亨茨維爾落腳，至於通信工程師則被送到了東岸。哥德爾寫道，「他們最近提出了方案，建請高研署出資開發一款通信套件，靜候目前尚未選定的載具發射升空。」他判定，高研署可以輕鬆落實保密要求，不打草驚蛇出資挹注德國人的通信設備，而且不讓任何人聯想起擎天神運載事項。

陸軍那款「通信套件」由德國科學家設計，不過是美國無線電公司（RCA）製造的，[6] 構造其實非常簡單，其設計功能為記錄、接收並發送語音通信。語音轉接可以達成兩項目標：首先，這能帶來一種精神上的勝利，讓美國成為第一個從外太空播放語音信息的國家，其次，由此可以試驗太空通訊品質是否受地球磁層高賦能粒子影響而劣化。不過下一個問題則是，美國應該從太空轉播哪則信息？哥德爾向艾森豪的貼身顧問安德魯・古德帕斯特（Andrew Goodpaster）提出建議，請總統親自錄下信息，然而古德帕斯特並不同意。古德帕斯特告訴哥德爾，「你也非常清楚，比爾，總統並不希望和這個扯上絲毫關係；他完全不想要被捲進去，所以你愛放哪則信息就放上去吧。」結果是暱稱「普魯皮」（Ploopie）的陸軍部長威爾伯・布魯克爾（Wilber Brucker）[7] 獲選成為人類聆聽的第一則太空語音的錄製人。

SCORE 花了八個月準備，而且時間過得愈久，守密也愈困難。發射前短短四十八小時，依時程八八俱樂部要把飛彈的鈍鼻錐拆除，換上比較尖的。現在就連只具備些許技術知識的人也全都知道出狀況了，不過就算有人心懷質疑，期盼時間仍不足以讓他們在發射前驗證確認。計策仍必須堅持到底，延續到最後幾小時，那時俱樂部一位成員就會偷偷讓一項機制失效，讓它無法依設計截斷主引擎的燃料供應，因為在一般狀況下，飛彈會朝海洋飛去，這時那項機制就會派上用場。

接著到最後片刻還出了個狀況。總統艾森豪聽取發射最後預備簡報時，終究還是決定來自太空的信息要播出他的聲音。不過在那時候，陸軍的通訊酬載已經裝進擎天神鼻錐並固定妥當。發射主任也是八八俱樂部成員，他給哥德爾一個選擇餘地：取下整個酬載，然而這樣風聲就會走漏，讓在場監看發射且人數漸增的成群記者看出端倪，不然他也可以採遙控來重新錄製信息。然而那樣做也有風險。新信息將以無線電發送給通訊酬載，任何人只要調到正確頻率，都接收得到。約翰遜讓哥德爾自行決定。他說：「你是計畫經理。比爾。」

哥德爾判斷，採用傳輸做法風險較低，優於實際動手把整個酬載取下。換句話說，他打算透過開放無線電頻率來發送新信息，把總統的聲音傳進酬載艙中，取代先前錄好的信息。哥德爾回顧時說道，「所以，希望清晨兩點沒有任何收音機是開著的，總統的聲音廣播發出，刪除了倒楣陸軍部長布魯克爾的聲音。」現在唯一要做的事情就是，搶在任何人想通原來飛彈是朝太空飛去之前就發射，讓錄音升空。

一九五八年十二月十八日，新聞界群聚觀看發射，幾位記者察覺情況似乎有點反常。NBC電視新聞記者傑伊．巴爾伯里（Jay Barbree）已經完全知道會發生什麼事情，因為之前他躲在廁所隔間，雙腿抬離地板，沒有被發現，那時他便旁聽一位空軍將領和一個「間諜」

談起那次發射和總統的信息。巴爾伯里吹牛說是「老好 RCA，NBC 的母公司傳來消息」，告訴他機密任務的事情，甚至還把總統的信息完整播放給他聽。他沒有在發射前公開這段情節，並不是害怕洩漏機密情報，而是顧慮會失去一則獨家新聞：若他披露計畫，結果發射就會取消，整套作業也肯定遭否認。如果他默不作聲，廣播宣布之後，他就能在白宮取得獨家報導。

官方說法[8]依然是，擎天神就要發射飛越大西洋飛彈試射場，並落入海洋，然而時間一分分過去，試驗詭異之處就變得愈來愈明顯。通過考核進入八八俱樂部的人逐漸採取愈見巧妙的措施，來掩飾對擎天神做的修改，好比平常為保障試射場安全裝設的應答器不見蹤影。這場騙局編造得非常巧妙，甚至當最後幾分鐘來臨，測試管理人和負責按壓發射鈕的人員都不知道擎天神會朝太空飛去。

就在約翰遜來到貴賓碉堡就座監看發射時，哥德爾也站在發射控制監視器前方。若有任何事出錯，就得靠他下令摧毀飛彈，幾個月的努力也會因此化為泡影，更別提他和約翰遜的聲望。傍晚六點零二分，飛彈發射了，接著所有人都靜等後續發展。突然之間，飛彈偏離航道。然而八八俱樂部的成員卻從頭到尾謹守啞謎，什麼事情都沒做。試射場安全官看到飛彈並不是朝海洋飛去，於是伸手去按自爆按鈕，接著他被攔下制止。哥德爾回想最早那一百八十秒，飛彈朝天空竄升，依循路徑飛出了地球大氣，感覺那是「他這輩子最漫長的」一段時間。

而且計畫成功了。除了一小群人之外，沒有人知道那枚衛星的真正目的。隔天，卡納維爾角通訊中心接收了艾森豪聖誕信息的第一次廣播：「這是美國總統講話。透過科學奇妙進展，我的聲音經由在外太空繞行的衛星向各位播送。我的信息很簡單：經由這種獨特做法，我向各位和全體人類傳達美國期盼地球和平的願望，也向世界各地民眾表達親切善意。」

當消息傳到白宮，報告飛彈進入軌道，廣播也如期發送，艾森豪決定在當天一場外交晚宴上宣布 SCORE 計畫成功。晚宴之後匆促安排的新聞發布會上，白宮為記者放了一段廣播錄音內容。儘管多數人始終沒有真正聽到從太空播送的總統發言，他們聽到的是電視和電台新聞節目重新播放的內容，還有即便在一場新聞發布會上的成群記者實際聆聽從太空播送的內容時，最後幾句話只是一段「含糊雜訊」，這些全都不重要。到最後，SCORE 確實實現了哥德爾的承諾，成功產生了心理效應。

約克曾經堅決反對 SCORE，他錯了。白宮科學家也同樣錯了。「酬載」和軌道上載具重量的細微差別，對於閱讀「美國把最大衛星送上軌道」和「我們的尺寸龐大！」一類報紙標題的尋常老百姓來講似乎並不重要。《生活》雜誌刊出一則圖文報導和幕後消息，記載這次發射和箇中諜報欺敵戲劇情節（並沒有提到哥德爾，他依然保持隱密）。艾森豪的信息從太空向世界傳播之後，隔天哥德爾晚上休假去參加國安局聖誕假期招待會，到這時候，他已經為 SCORE 不眠不休工作了好幾個月。會上有人問他，過去幾個月他人在哪裡，哥德爾開玩笑說，他一直忙著為白宮錄製聖誕信息。

儘管 SCORE 計畫成功了，然就解決根本緊張局勢，卻沒有幫上什麼忙，衝突的一方是致力推廣民間太空機構的科學家，另一邊則是希望高研署仍舊保有軍事太空機構性質的約翰遜。若說有影響的話，它不過是進一步挑動了雙邊的對抗關係。約翰遜對約克的星際太空船的興趣，並不比約克對聖誕佳節太空信息的興趣來得高。到了一九五八年年底，約翰遜和約克的嫌隙出現了新轉折。約克在那時接到五角大廈通知，延攬他主持一個新成立的國防研究與工兵局。新職務的位階高於高研署署長。約翰遜對此並無耳聞，直到宣布新職的新聞發布會之前數小時才得知這項決定。他大動肝火。

高研署依然直接對國防部長負責，至於約克則坐上了更高層級職位。約翰遜和國防部長麥克羅伊的關係向來也不很親近，而國防部副部長，當初和高研署的成立密切有關的夸爾斯，又在消息發布短短兩週之前意外心臟病發死亡。「情況很尷尬，」約克說道，指他突然大步超越了約翰遜這件事。

不管尷尬不尷尬，約克直接前往上任，並剝奪了那個年輕機構最重要的工作，太空計畫。現在他宣稱，高研署是太空問題的一個臨時解決方案，而他的新辦公室才是長期解決之道，並能就太空事宜代表五角大廈。約克的「太空大王」新職位，目的是要推動合理計畫，剔除比較荒唐的企劃，好比軍方有關月球基地的提案。「我們終究應該考慮以月球為基地的武器系統的可能性，並拿它來對付地球和太空目標，」陸軍導向武器和特別計畫單位主管德懷特・畢奇（Dwight E. Beach）少將在一九五九年告訴國會，「一想到俄羅斯人有可能領先登上月球我就恨。」約克自詡為制止這種瘋狂處境的唯一道路。他說：「否認月球必須以美國為名奪取的人，位階必須高於軍方，而且從理智原因考量，還必須是個可信賴的人。情況一團混亂，真正混亂。」

一九五九年五月二十七日，《紐約時報》刊出一篇標題〈五角大廈欠缺確鑿的太空規劃〉的報導，宣布約克晉升接掌五角大廈的研究和工程部門，所以太空最高階官員是他，不是約翰遜了。約翰遜在寫給麥克羅伊的助理蓋爾的一封私人照會函中附上了該文副本，並在上頭寫道，「夸爾斯部長（夸爾斯曾任空軍部長）死前也曾贊同『高研署』當代表國防部介入所有太空事務。這種事情連我都給『弄糊塗了』。」基本上約翰遜這就是在召喚死人來支持太空是高研署地盤的主張，對這個年輕機構來講，這可不是什麼好跡象。

一九五九年六月，離開高研署短短六個月後，約克寫信給約翰遜並告訴他，自己打算完全取消農神火箭（約翰遜的寵物計畫）的後續資金，因為該案在軍事上沒有理由進行下去。約克或許也曾支持原子太空船，然而他卻反對約翰遜以農神火箭讓高研署繼續涉入太空的意圖。在約翰遜抗議之下，約克就取消方面退讓了，不過仍堅持把農神轉移到新成立的航太總署，這點依然讓約翰遜惱火。約翰遜告訴國會，「農神計畫從五角大廈移交航太總署的那天，大概也會在歷史留下記錄，標誌這就是美國堅定自許為二流軍事太空強權的一天。」約翰遜眼中的災難，約克把它標記為勝利。後來他寫道，農神連同馮．布朗完整團隊一併移交新近創建的航太總署，是「我在五角大廈任職期間最為重要的一項措施」。

約克帶著些許興味，看著約翰遜和白宮的關係從不好轉為愈益惡化。哥德爾被夾在中間：他對現實有充分的體認，心知若約翰遜想和白宮對抗，那是輸定了。農神存續下來，不過後來便歸屬航太總署，而且總統還訓斥約翰遜。高研署署長再也不在乎了，因為他已經開始脫身。哥德爾後來說明，「農神是羅伊．約翰遜的最大貢獻，而且他是踏著幾乎所有人的死屍、瀕死的和流血的軀體才做出來的。」

當約克獲任命為五角大廈的太空大王，眼前的問題就是，為什麼還要保留高研署？當時已經出現建請廢除該機構的呼聲，特別是來自施里弗將軍，他論稱，該機構的工作應當屬於軍方。其他批評者呼籲應讓高研署由約克的新辦公室吸收。到了一九五九年，高研署的太空計畫方案經削減僅餘軍事衛星和情報衛星，而且就連那些項目也不知道還能保留多久。就這當中，它的最重要計畫是發現者號（Discoverer），那是一系列衛星發射作業，而且除了其他聲稱的目標之外，還用來在太空測試維生系統。哥德爾是高研署少數對發現者號真正目的知情的官員之一。

一九五九年四月十三日，新近才獲升遷為高研署副署長的哥德爾來到加州范登堡空軍基地，和一群嘈雜的記者一道站在距離發射場三千公尺外的一座木製看台上。美蘇間最近出現的太空競賽讓民眾驚駭莫名，一有任何類型的火箭發射，都成為重大新事件，肯定登上報紙頭條。記者紛紛斟滿咖啡杯，打字機和電話機成列擺放，大家忙來忙去。哥德爾對他們發表簡報，說明洛克希德飛行器公司製造的發現者二號衛星即將發射升空。發現者號肩負純科學任務，依設計將在太空中測試一款環境座艙。哥德爾告訴一位記者，「你可以稱那種環境座艙是種維生系統。」

那完全是個謊言。當約翰遜和約克動手爭奪太空探索管轄權時，哥德爾正在編故事來掩飾間諜衛星的機密。發現者號只是個幌子，用來掩飾日後稱為日冕的計畫，那是中情局和空軍合作開發的衛星計畫，其目的是深入蘇聯境內拍攝照片。維生系統研究不過是個巧妙的掩飾情節，用來欺瞞記者，還有更重要的，矇騙蘇俄，並掩蔽發射的真正目的。發現者號實際上是世界上第一顆偵察衛星。

從太空中拍攝照片的點子，在一九五九年依然相當新鮮。不過五年來，空軍一直祕密投入開發間諜衛星，稱為武器系統 117L，代號花衣魔笛手（Pied Piper），其基礎概念是蘭德公司提出的構想。蘭德的提案涉及發射一台衛星照相機，並在飛越蘇聯時，由相機拍下軍事設施照片，接下來才投落膠卷，並在飄回地球時由飛機截收。從技術來看這令人怯步，不過若能成功，它就能提供蘇聯關鍵影像，協助解答所謂「飛彈差距」的問題。U-2 間諜機能深入蘇聯拍攝照片，卻也很容易被擊落，也因此比較嚴重受限。就另一方面，衛星能飛越蘇聯上空，不致像飛機那樣遭指控侵犯空域。[9]

不過日冕必須保密，因此才有關於環境座艙的幌子情節。連使用的動物都是假的。發現者二號座艙裡面裝的是四隻機械小鼠，實際上那只是種小型機電裝置，用來模擬生命跡象。決定使用機械小鼠是肇因於先前有兩組活體小鼠死亡，引發美國防止虐待動物協會的怒火所致。在一次發射時，小鼠吃了籠子上的噴漆碎屑，結果在升空之前都死了[10]（工程師以為小鼠睡著了，於是爬上去拍打座艙，甚至還模仿貓叫）。表面上應該用來示範維生系統的計畫，卻把小鼠給殺了，大致來講那是很糟糕的文宣，所以四月十三日發射時，五角大廈便選擇機械小鼠。[11]結果這個選擇還不錯，因為就如哥德爾對記者所述，回收載具的「可能性極低」。

其實美國極力想回收座艙，因為那裡面裝的是膠卷，不是小鼠。

四月三日當地時間十二點四十五分，發現者二號發射了，圍觀民眾看著飛彈搭載著機械小鼠從太陽旁邊飛過去，在天空刻下一道短暫的尾跡。發射成功，兩小時過後，高研署舉辦了一場慶祝記者發布會。然而，隔天高研署卻宣布回收座艙的計畫出了差錯。按原訂計畫，座艙應該在某精確的時地拋射，最後會在夏威夷降落，然後由空軍接收，結果地面控制人員「搞砸了」，弄錯了信號發送時間。最糟糕的情節是座艙降落在蘇聯境內，實際發生的則是第二糟糕的情節。它降落在極圈內挪威斯匹茲卑爾根島（Spitsbergen Islands）附近地帶，和蘇聯相隔不遠。更糟糕的是，蘇聯和挪威在一九二〇年簽署了一項協議，獲授權在那片地帶採礦，而那座島嶼正是蘇聯採礦村的所在地。

尋找座艙的任務發展成傳奇內容。一位負責發射作業的空軍軍官聲稱，軍方在隆雅市（Longyearbyen）掌握了「兩名男子」見到座艙落下。空軍唯恐蘇俄人取得座艙，從中披露計畫關鍵事項，於是發起一項回收任務。儘管本身並沒有深入透澈認識發現者號的真正目的詳情，外號「麋鹿」的查爾斯・馬蒂森（Charles Mathison）上校依然決定親自執行回收事宜。他跳上一架民航機前往奧斯陸，接著說服挪威空軍一位將軍派機飛往斯匹茲卑爾根島。馬蒂森決心使用發現者號來為空軍累積宣傳能量，而且他很快就回報，雪中痕跡顯示，蘇俄人確實取得了座艙。空軍一支正式回收小組由理查・菲爾布里克（Richard Philbrick）上校領軍，來到斯匹茲卑爾根島，接著就拿彩色蠟筆給當地居民，請他們畫下他們所見。居民畫了「一個金桶和淺色吊傘索，連接一付國際橘和銀色的降落傘——完全正確」。

哥德爾也奉派前往挪威，從博德市（Bodø）一處空軍基地發起搜索作業，他對所謂的目擊報告心懷質疑。「任務注定要失敗，」[12]他寫道。那裡沒有人有辦法追蹤從天而降的座艙，而且在一座人煙稀少的偏遠島上，有人瞧見一個座艙的機會實在非常渺茫。在挪威那個區域，很少有民眾有電力，而且他們肯定不會花時間到戶外仰望天空。哥德爾總結認為，那個座艙「埋藏在山脈某處覆蓋了風積煤灰而且從乳齒象時代就不曾融解的冰雪底下，而且在下一次冰河期結束之前，假設有這麼一天的話，都沒有人會找到它」。那個座艙始終沒有找到。

結果又多發射了十二次才成功，一九六〇年八月十八日，發現者十四號發射後攝得的膠卷，由空軍一架 C-119 回收成功。不到幾個小時，分析師便得以檢視頭一批在太空拍攝的地球照片：俄羅斯遠東區施密特岬（Mys Shmidta）空軍基地的粗顆粒影像。在那同一週，美國 U-2 飛行員加里・鮑爾斯（Gary Powers）在莫斯科受審定罪，他是在當年稍早在蘇聯上空拍攝影像時遭擊落。衛星偵察時代啟動。

儘管高研署這個五角大廈太空機構，表面上掌控了間諜衛星計畫，管理方面卻錯綜複雜。根據一份直到二〇一二年才解密的日冕官方歷史，高研署負責撥款挹注日冕的公開要素，也就是發現者號的幌子情節；而它的真正目標則由中情局負責。[13]起碼就書面來講，指令是由約翰遜簽署的，而且從官方記錄也看不出跡象足以顯示白宮只把高研署當成管錢的。

爭奪火箭控制權是中情局的一項討厭的插曲。空軍和中情局認為，撥款挹注發射的高研署試圖打造自己的太空帝國，利用生物醫學情節來掩飾其「太空人員」工作，做為「已發布之航太總署計畫之抗衡力量」。換句話說，他們認為高研署以構成其大半預算的日冕資金，來為自己在太空計畫的角色做辯解。空軍對於另有機構管理它的衛星計畫始終很不開心，不過這時它已經有中情局站在同一邊，指控高研署官員「干擾」日冕運作。

這些衝突很快就會結束。約克這時已經來到五角大廈，坐上位階高於高研署的新職，而且在一九五九年九月十八日，國防部長麥克羅伊聽取他的建議，授權把高研署的軍事太空計畫歸還給各軍種。高研署所有太空計畫全都交還給軍方，包括經緯儀（Transit），這項方案到最後就會為全球定位系統奠定基礎。就高研署以及對約翰遜來講，控制軍事太空計畫是機構最關鍵的核心要項，更重要的是，它也是高研署存在的最主要理由。情況迅速開展，這個本應領導美國進入太空的機構似乎就要分崩離析了，約翰遜束手無策。幾項新的太空計畫在五角大廈一場吵吵嚷嚷的新聞發布會上公開，隨後總統科學顧問基斯提亞考夫斯基寫道，約翰遜「怒火沖天而且現在就要辭去高研署署長一職」。

一九五九年十一月，約翰遜宣布他要離開現職，改當個「專業藝術家」。他掉頭離去，對高研署、白宮，以及對太空政策，都不再抱持希望。軍隊失去了載人太空探索任務，高研署徹底失去了太空。高研署殘存的彈道飛彈防禦工作，和太空旅行的壯闊輝煌完全無法相提並論。不過五角大廈官員依然堅定表示，他們要保留高研署，繼續從事高等研究，於是精挑細選，擇定一位出色的科學家查爾斯．克里奇菲爾德（Charles Critchfeld）來接任約翰遜職缺。

克里奇菲爾德來到華盛頓之後，本該保持康維爾受薪雇員身分，繼續支領四萬年薪，往後凡是涉及他的公司的任何合約，克里奇菲爾德都應當迴避。政府會象徵性支付他每年一塊錢，這是二戰期間使用「一塊錢合約」的遺緒，戰時有些公司與政府密切合作，便曾採行這種做法。不過戰爭早就結束，國會議員對這種安排的疑慮愈益加深。國會就可能的利益衝突提出顧慮之後，克里奇菲爾德抽身離開，導致機構無人領導。

高研署是生於危機的權宜解決辦法，而且當一九五九年邁向尾聲，它短暫動盪的生命似乎也瀕臨終結。不到兩年期間，它擔起美國第一所太空機構的衣缽重任，而且積極推動它的高等技術事項。然而它投身的戰役卻是敗多於勝，而且它依然沒有自己的辦公室，也沒有固定雇員。高研署能存續遠超過一九五九年，必須歸功於哥德爾，儘管不是他一力促成，他的貢獻仍占了大半，他知道高研署和白宮的關係搞得多麼糟糕，與白宮所屬位高權重科學家的關係也是。「我們虧待了〔那些科學家〕，」哥德爾在一次沒有發表的訪談上坦承這點，「我們粉碎了他們的雄心壯志。」

離職前夕，約翰遜寫了一則備忘給麥克羅伊，[14]檢視機構未來的幾個選項，敦促國防部長保留高研署，做為推動高等研究的一種方式。問題是，缺了太空，高研署還能做什麼？那個機構依然有飛彈防禦事項，還投入探究好幾個較小的領域，好比推進劑化學，卻找不出能夠鼓舞頂尖科學家或領導者興趣的項目。太空或科學都不曾特別讓哥德爾感到興趣。這位老練情報官僚的眼光不是擺在月球，而是專注於越南的叢林。

第5章

歡迎來到叢林

一九五〇年，哥德爾和海軍陸戰隊格雷夫斯．厄斯金（Graves Erskine）將軍比肩眺望越南一處山脊，從那裡可以見到一處營地冒出硝煙，竄高捲向天際。厄斯金轉頭向陪同他們的法軍將軍詢問，峻脊上有誰的部隊。「越盟，先生，」指揮官答道，他指的是對抗法國的共軍部隊。

「那你為什麼不派一營部隊上前把他們趕出來？」美國將軍要求。

「但是不行啊，先生：如果我們派一營部隊上前去，越盟就會消失在叢林裡，」法國將軍回答，「像這樣的話，我們就知道他們在哪裡了。不是嗎？」

厄斯金曾在二戰期間率領海陸第三師攻擊硫磺島，這時他「怒火飆高到作嘔程度」，哥德爾回顧，「當晚他醉得很厲害，這種事很少發生在他身上。」

哥德爾和厄斯金這次來到越南，屬於一趟深入考察任務的部分行程，這趟出差由杜魯門總統批准，稱為梅爾比─厄斯金任務（Melby- Erskine mission），目的是視察美國對那片地區的經濟支援。約翰．梅爾比（John Melby）是美國外交官，和厄斯金共同領導這趟任務，在他眼中，這趟行程是「一項勒索」，法國以此來把美國拉入越南。若是美國人不幫法國，共產黨就會在法國選舉獲勝，然後它就會退出北大西洋公約組織。這個狡計得逞，因為杜魯門後來宣稱美國會幫法國遏制共產黨。四年之後，艾森豪總統還會把那個邏輯放大到越南之外，辯稱讓一個國家淪入共產黨之手，就像是「一列骨牌」，當「你推倒第一個，最後一個會發生什麼事情，那是肯定的，它會非常迅速翻身倒地」。

然而一九五〇年那趟為期四個月而且大半時間待在越南的行程，預見了美國這次介入到往後會變得多麼危險。現場狀況讓執行這趟任務的官員大感震撼，也讓他們明瞭，美國對那片地區的認識是多麼淺薄。梅爾比回報，「那裡的大使館沒有一個官員能講一句越南話，」他以單行間距格式寫了一則十頁篇幅的電報發回華盛頓。在梅爾比看來，提供經濟援助的決定是個「可怕的錯誤」，會導致這次介入慢慢釀成慘禍。[1]

哥德爾對那趟行程的記憶同樣淒冷。那趟任務讓他確信，派遣西方地面部隊——不論是法軍或美軍——配備他們的現代技術進入越南的提議注定失敗。美國必須另闢蹊徑，才不會像法國那樣陷入越南泥淖，脫身不得。那趟行程也點燃哥德爾對東南亞的熱情，在那裡他察覺了一股日漸增長卻遭人漠視的冷戰威脅。五角大廈的最高規劃階層的注目焦點是蘇俄的核武和正規武力，哥德爾則體認到，在東南亞和中東等地區，美國比較可能面對的是小規模叛亂戰爭。他總結判定，美國必須學會打贏不涉及核武使用的戰爭，懂得如何在歐洲與蘇俄正規武力對壘。更重要的是，美國必須設法在不派遣本身部隊的情況下打勝仗。

一九五〇年代，哥德爾依然積極參與東南亞事務，頻繁拜訪那個地區，並與泰國、菲律賓和越南高官建立交情。哥德爾和那些官員的關係十分密切，甚至他們的子女也常常來到維吉尼亞州，待在哥德爾住家度過暑期，或甚至住得更久，並在美國入學。哥德爾還與蘭斯代爾密切合作，[2]這位極富盛名的美國戡亂專家和亞洲有深厚的淵源。

蘭斯代爾原本在廣告界服務，後來轉任空軍軍官，他的聲望是在駐菲律賓為中情局工作時建立起來的，當時他協助拉蒙・麥格塞塞（Ramon Magsaysay）總統對付日益猖獗的叛亂活動。夾雜運用了美國廣告作風以及中情局技倆，這位美國間諜引進了心理操作技術，利用本土迷信來騙人。就其中一起事例，他說服麥格塞塞的政府利用農民對殭屍的畏懼，埋伏狙殺一名共產叛徒，放乾他的血，還在他的頸子刺出好幾個傷口，然後把屍體留在當地，讓他的同志發現。這種操作手法是否真正幫忙平息叛亂，如今依然不清楚，而且當時對叛徒的支持已經逐漸消弭，不過這鞏固了蘭斯代爾史上最知名情報密探的聲譽。[3]

一九五四年，蘭斯代爾奉派擔任中情局西貢軍事代表團團長，於是他很快就巧妙滲入新任首相吳廷琰陣營核心，重演他在菲律賓淬鍊的心理戰技巧。他下令印製一本年曆，內容依循占卜師所做預言，透露共產黨之敗亡。他還幫吳廷琰操作一九五五年公民投票，成功扳倒越南阮朝末代皇帝保大帝阮福晪。蘭斯代爾使用紅紙（在亞洲，紅色代表歡樂）來印製吳廷琰的選票，於是保大帝的選票只能採用陰沉的綠色。吳廷琰採用蘭斯代爾眼中的微妙、有效工具來引導（或說「操縱」）選舉，還把它轉變成一柄重鎚，博取了百分之九八・二的選票，這益加強化了普遍造假的說法。蘭斯代爾大為震驚，卻什麼事情都沒做。

就應付東南亞共產游擊隊方面，蘭斯代爾和哥德爾同具相仿的情報傾向。他們相信，目標以擊敗叛逆為主，而這就得為當地政府鞏固支持力量，即便那是吳廷琰總統領導下的弊病政權，其殘暴手段和獨裁傾向偏離了廣大民眾。在兩人看來，不論吳廷琰有哪些缺點，他都是個志同道合的反共人士，還是個抱負遠大的領導者，他需要的只是美國的一些指導。儘管殘暴鎮壓血跡斑斑，腐敗猖獗鐵證如山，蘭斯代爾和哥德爾依然深信，吳廷琰是越南最大的指望。蘭斯代爾一再提醒吳廷琰，他是越南的華盛頓，是「越南的國父」，次數多得讓吳廷琰一度厲聲制止蘭斯代爾稱他「爸爸」。

哥德爾同樣執著於南越這位總統。有一次他經由蘭斯代爾安排晉見吳廷琰，會後這位國防部特種作戰副助理部長在一封致南越總統的信函中誓言支持。他在一九五六年寫信給吳廷琰，「請放心，我對貴國事務定然保持高度關注，也永遠竭盡我所能，隨時提供佐助。」

書寫那封信函之後兩年，哥德爾經延攬進入高研署，而且起初看來，他在那處新機構的工作重心不在東南亞，而是專注於技術和太空。然而到了一九五九年，那處機構缺了負責人，也欠缺明確的任務。約克進了五角大廈，肩負督導高研署之責，於是他任命奧斯汀．貝茨（Austin W. Betts）為署長，這位陸軍將領沒有什麼科學抱負，但是相當勤勞，而且曾經在國防部長辦公室擔任導向飛彈司司長。約克告訴那位將軍，「你就要調任高研署署長，」貝茨敬禮答道，「是，長官！」

約克非常具體說明他希望貝茨做什麼事情：幾乎什麼都別做。約克稱貝茨為「監護人」，這位新任署長也察覺，機構不會再存續多久了。「在我那一年期間，我不認為我們做了任何事項能為未來大計畫奠定紮實基礎，」他回顧自己在高研署任職那短暫時期，「約克說的非常清楚分明，他希望我扮演一種穩紮穩打的角色，別著手處理任何重大計畫的任何爭議。」哥德爾是那段時期的一個例外，貝茨後來回顧說，他的「理念有點離奇，不過他是個非常聰明的傢伙」。哥德爾的離奇構想，就要改變高研署的進程。

一九六〇年年初，高研署逐漸淪入無關緊要的地步，同時哥德爾的一位五角大廈特種作戰部前同事正與部隊同袍腦力激盪，探究戰爭新時代課題。一九五〇年代晚期，陸軍軍官塞謬爾．威爾遜（Samuel Vaughan Wilson）曾與哥德爾共事，認為他是個幹勁十足，精力旺盛的人，不過他有時太輕率讓自己和旁人在祕密任務中身陷險境。兩人都受了蘭斯代爾反游擊戰見解的啟迪，相信必須採用不同武器、技術和訓練才得竟其功。最重要的是，必須讓美國士兵置身衝突之外，集中確保當地部隊能自力完成使命。

美國在世界各地都陷入低層級衝突（包括在越南、古巴和黎巴嫩），通常涉及對當地政府提出如何作戰的建言。威爾遜當時掛中校軍階，在北卡羅萊納州布拉格堡（Fort Bragg）的美國陸軍特戰學校擔任教學組長，他希望取個名字來代表軍事顧問在東南亞等地進行的事項，特指他們與當地政府部隊合作對付游擊行動。後來晉升中將的威爾遜回顧表示，「我們想釐清該用哪個稱號來代表我們的工作。該採用哪個品牌名稱，好讓所有人都能明白。」

威爾遜和他的布拉格堡同袍花了一晚，私下進行腦力激盪，嘗試設想名稱。到那時候，大家一直使用的名稱是「反游擊戰」，不過威爾遜覺得那個名稱並不能掌握住他心中的想法。「反抵抗勢力」也不行，因為美國部隊經常和「抵抗勢力」合作，特別是在二戰期間。至於「反革命」一詞，共產黨已經搶先占用。最後在半夜兩點鐘，威爾遜走向黑板，潦草寫下「戡亂」。辦公室裡有個人宣布，「就是它了，我們回家吧。」

就在這一年，哥德爾建請約克批准一項東南亞戡亂任務。這時高研署已經隸屬約克的辦公室管轄，而他也同意讓哥德爾到那個地區出差，為那個昔日太空機構考察合作研發計畫。於是在約克祝福下，哥德爾啟程探究他心目中的冷戰未來戰場。一九六〇年十月到十二月間，他遍訪亞洲，檢視種種事項，含括從泰國軍用鞋類乃至於菲律賓的天氣研究中心。在這些看似低調的課題背後還有個更大的問題：為什麼共產黨能在那個地區站穩腳跟，還有美國該怎樣反制他們？

考察機密報告總結認定，美國對該地區即將發生的衝突根本毫無準備。贈送友好政權的美國精密軍備必須由美國技師維護，這也就表示在許多情況下，捐贈的裝備都束之高閣。哥德爾寫道，就如何與共產意識形態競爭，反制他們在該地區所生影響力方面，美國也幾無絲毫概念，因此有必要擬出「能夠協助提升我們投入對付叛亂、恐怖分子和游擊行動之整體軍力」的研究。

哥德爾審視最近才結束的韓戰，還有在亞洲其他地區醞釀的衝突，指出美國正在籌劃「傳統和核武」的種種軍事選項，準備在歐洲打一場戰爭，然而它對於已經發生在亞洲的衝突卻是毫無準備。他總結認為，美國對於「如何在本身所參與的那類戰爭中取勝並沒有投入充分的關注。就這場戰爭的情況而言，自由世界面對的風險非常實際，有可能全面敗北，而且實力薄弱得連象徵性勝利都無力取得」。

哥德爾結束這趟行程，回來後便建請在亞洲建立一處高研署設施，投入實驗在泰國、越南和菲律賓叢林對抗游擊隊的戰技和技術。他的計畫規模遠比任何人曾為高研署設想的任何事項都更浩大：他希望在東南亞發展本地軍武力量，這樣美國才不必導入正規武力。約克很高興讓高研署投入不牽扯上太空競賽的工作領域，於是他簽署放行。

一九六一年一月，甘迺迪總統就職上任，同時他也面對了東南亞日益深化的危機。寮國陷入內戰，越共在越南南方擴大叛亂，蘇俄領導人赫魯雪夫誓言支持「民族解放戰爭」。蘭斯代爾（哥德爾的同事暨良師益友）寫的一篇報告吸引了甘迺迪的目光。蘭斯代爾才剛從一趟越南行程返回，他總結認定，越共在當年決意發動重大攻勢，打下南方。總統讀了蘭斯代爾對當地情況的描述之後表示，「這是歷來最險峻的。」

一九六一年一月二十八日，蘭斯代爾掛准將軍階，受邀到白宮向甘迺迪與其他高官簡報越南情勢。蘭斯代爾讓總統驚為天人，他熱愛間諜機密世界和勇武表現。短短一年之前，甘迺迪曾經和詹姆斯．龐德小說作者伊恩．佛萊明共進晚餐，他甚至還在《生活》雜誌一九六一年側寫當中，把佛萊明的《愛在俄羅斯》（*From Russia, with Love*）列為他最愛的書刊之一。所以難怪了，儘管總統的部分重要軍事顧問和外交顧問抱持高度質疑，蘭斯代爾的反游擊戰論述依然能夠令新總統信服。[4] 總統想派蘭斯代爾回去越南擔任大使，不過國務院反對，於是蘭斯代爾改到五角大廈接掌特種作戰部。

蘭斯代爾在五角大廈運用他的新職位，繼續支持吳廷琰政權，並再次與哥德爾密切合作。到了一九六一年五月十一日，白宮批准《防止共產黨統治南越的行動綱領》。除了其他措施之外，綱領還包含總統批准高研署設置戡亂作戰中心。就在那個月，蘭斯代爾寫信給接替約克領導國防研究與工兵局的哈羅德・布朗（Harold Brown），要他招兵買馬「直接取得、開發和／或測試新穎的和改良式武器、軍事裝備，以供印度支那環境使用」。蘭斯代爾在那則高度機密的備忘錄中寫道，那組人馬應該「即刻啟動與各軍種的規劃作業，盡早派遣一支能就此事項對越南武裝部隊提供初步援助的小隊前往現場」。

隔月，高研署二四五號指令完成簽署，撥款五十萬美元挹注作戰發展和測試中心，包含啟動敏捷計畫（Project AGILE）所需資金。敏捷計畫是個泛稱，代表哥德爾在東南亞執行戡亂研究所做計畫。從資金額度來講，敏捷很快就會擴大為高研署第三大計畫，不過從獲得白宮關注的角度來看，這項措施還更顯得重要。高研署這所為帶領美國上太空才創辦的機構，這時卻一頭跳進了戡亂行業。

哥德爾在多年後一次訪談時表示，高研署計畫有兩項目標：協助當地政府，好比南越，學習如何對付叛亂；還有幫助美國人員在非常有限的交火狀況下，不仰賴傳統部隊，逕自遂行戰鬥。他解釋道，敏捷計畫的概念是提供「毋須大量導入美軍部隊的政策選項」，完整目標是要「讓其他人作戰或在毋須大規模投入的情況下，由我們自己遂行戰鬥」。

到了一九六一年年初，哥德爾成功利用高研署的權力真空，為該機構在越南打造出一個新角色。他聽從蘭斯代爾直接指揮，執行的工作嚴格守密，連高研署高層都不清楚箇中詳情，至於普通職員那就更別提了。[5] 戡亂作戰竟然由一個研發機構發起，看來似乎有點古怪，不過在哥德爾眼中，這是個機會。那是個財力雄厚的年輕機構，隱密運作不為人知，而且在它的太空作業時期，累積了相當豐富的「黑預算」祕密資金運用經驗。

接著到了一九六一年五月二十五日，甘迺迪總統為美國制定一個宏偉目標，也把美蘇之間的太空競賽提升到一個全新層級。甘迺迪宣布，「我相信這個國家應該全心投入，達成目標，在這個十年結束之前，成功送一個人登上月球，並送他安全回地球。」就哥德爾在高研署的同事而言，總統的聲明可說苦樂參半，特別是由於日後將率先送人上月球的農神號火箭正是高研署早期計畫之一。太空競賽在美蘇冷戰對壘態勢依然占有最前線核心地位；那不再是高研署的戰役了。其實就在這時，哥德爾和那滿滿一公事包的現金（基本上這就是敏捷計畫的頭期款），已經啟程前往越南，著手建立戡亂中心。往後十年期間，高研署還會繼續從事那個行當，最後便擴大成為一個全世界規模的科學計畫。

一九六一年六月八日，哥德爾帶著現金和禮物抵達西貢。他準備了種種小禮物，打算送給一路上有可能見面的官員和他們的眷屬，包括送給女士的花梨木首飾盒，還有兩打派克記事型自動鉛筆。不過哥德爾為吳廷琰準備了特殊的品項：一台間諜相機，偽裝成一個雅致的鍍金打火機。那是件巧妙的裝置，裝了一片喬裝成金葉的高速快門，還配備了一具廣角鏡頭。這台隱藏式照相機可以裝進十六毫米軟片，還能在為旁人點煙時，暗中拍下他們的照片。哥德爾知道，那種間諜小裝置能討吳廷琰的歡心。他期待這次會面。他把吳廷琰當成好朋友，曾和他共度許多愉快的夜晚，一起用餐聊天。依一位同事所述，吳廷琰對哥德爾心懷恐懼。

哥德爾帶著他那一公事包現金抵達西貢之後，便直接前往總統府，法國殖民時期留下的宏偉建物，房間飾以瓷器和木鑲板，並陳設了加厚天鵝絨和絲綢刺繡椅子，在當地潮濕環境，必須時時照料才不會發黴。吳廷琰身著平常穿的雙排釦鯊皮白西裝走進外賓接待室時，左右跟著兩名助理：為情報首腦工作的張珖聞（Truong Quang Van，音譯），以及一位戴眼鏡的陸軍上校廣澤（Quang Trach，音譯），他是吳廷琰信賴的顧問。

哥德爾送給吳廷琰那台鍍金間諜相機禮物大獲好評，所有人都讚嘆隱藏鏡頭是那麼雅致。那份禮物只是個序曲，真正的目標是敦請吳廷琰批准設立高研署的作戰發展和測試中心，成立後就能測試、研究並開發戰術和技術，來協助南越部隊打敗越共。哥德爾帶來了一整張構想清單：「一款會飛的福斯汽車」、能以一桶汽油飛好幾小時的動力滑翔機、一款蒸氣機划艇，能運載超過二十四人，以甘蔗酒精為燃料，在幾英寸深的水域穿梭，還有用來去除叢林覆蓋的化學落葉劑，另一種比較奇特的是「激素植物殺手」，專門用來對付木薯，清除越共的糧食來源。他還希望帶來軍犬，協助在叢林獵捕越共。

吳廷琰總統不見得會同意這所有構想。他嘲笑軍犬方案，並告訴哥德爾，那些可憐的動物只會屈服於叢林暑熱，生病死亡。不過總統仍同意讓軍犬試試看，並表示他對哥德爾的其他計畫都熱心支持。他批准創設哥德爾提議的作戰發展和測試中心，並將座落於西貢白藤碼頭的法國舊軍營撥交給高研署。吳廷琰還指定由他的夥伴和可靠助手廣澤上校擔任新中心的越方首腦，那處中心將與高研署共同營運。

總統或許很喜歡作戰中心，不過在會議上，他對哥德爾的其他重要提案就比較心存質疑。由於農村往往很容易遭共產游擊隊滲透，因此哥德爾希望把成千上萬越南農民從他們的村莊遷移到號稱「戰略邑」的強固防禦營地。接著這種戰略邑還會採用新作戰中心開發的做法，裝設壕溝和竹刺護牆等實體安全屏障，夾雜運用感測器和警報器等來強化防禦工事。越共不再能夠滲透村莊、偷食物、殺害忠於政府的人士、綁架強徵新兵，而政府則可以放心大膽攻擊、摧毀越共營地，不必擔心戰火惹惱農民。

哥德爾的人口遷置方案不完全是個新點子。一九五九年時，吳廷琰便曾著手進行他自己的小規模人口遷置實驗，把農民和越共支持者區隔開來，稱為「農莊計畫」（Agroville program），靈感得自英國在馬來西亞的經驗。[6]農莊計畫假定，若共產叛徒一直溜進村莊，最佳解決對策便是把「忠誠的」村莊聚集在一處利於防禦的範圍，這樣一來，叛黨就不再能利用平民為掩護，於是部隊就可以將其連根拔除。

農莊計畫在腐敗與無能重壓下很快瓦解。新的村莊得靠農民出勞力來建造，他們沒有動機免費做白工，更何況出勞役還得犧牲他們的作物收成工作。有辦法的人可以賄賂官員，免除徭役義務，最後這整個計策就遭棄置。吳廷琰才剛遭受農莊計畫失敗打擊，可以理解這時他很不願意著手發起任何新的遷置風險措施。不過他同意讓哥德爾在越南四處考察，調查哪裡有可能成為新的戰略邑設置地點，同時也審視保全村莊的做法（吳廷琰還至少親自陪同哥德爾一起出差，前往波來古〔Pleiku〕研究邊境保安）。哥德爾和張珖閶（吳廷琰的情報首腦）

一道出發，致贈禮物和現金給村莊領導人，來換取情報和支持。

哥德爾的行程在六月進入尾聲，那時作戰發展和測試中心也已經啟動營運。員工人數依然很少：三位美國軍官、四位士兵，還有二十三位越南人員。高研署還打算派遣兩位科學家來此執行臨時勤務。哥德爾在六月二十八日回到美國，接著立刻著手向華盛頓的政策學究推銷作戰中心和戰略邑。國務院官員羅伯特．強生（Robert Johnson）曾報導一九六一年七月哥德爾在外交學院發表一次談話，探討美國該如何協助吳廷琰對付日益猖獗的叛亂。「哥德爾曾向吳廷琰建議，人口臨時遷置若能沿用馬來式做法，就有可能妥善達成目標，而且不會遭受農莊計畫遇上的難題，」強生指出，「吳廷琰似乎很感興趣。」

從一九六一年六月到八月，花了三個月時間往來越南各地，總計約五十趟考察行程，終於說服吳廷琰採納戰略邑計畫。到了一九六二年年初，吳廷琰同意將大量人口轉置於湄公河三角洲以及中央高地各處地帶，到了一九六二年八月，已經有超過兩千五百處戰略邑設置於這些地點，成為吳廷琰政權反叛亂計畫的樞紐關鍵。最後目標令人嘆為觀止，打算在一九六三年九月，將九成左右的農村人口聚集到戰略邑。

後來國防部對這場戰爭的內部研究稱為《五角大廈報告書》（*Pentagon Papers*），報告宣稱，當初是英國顧問團團長羅伯特．湯普森（Robert Thompson）在一九六一年十二月向吳廷琰提議，並說服他採納戰略邑。不過其實湯普森現身之時，哥德爾已經花了好幾個月逐步奠定基礎。有關是誰促成這件事情，曾在一九六一年夏天陪同哥德爾出差考察的越南政府官員張珖閏說得清楚分明。「只有一個人幫我和我的團隊，向我們的政府灌輸那項〔戰略邑〕構想，」張珧聞在一九六四年向調查哥德爾的美國官員這樣講，「哥德爾先生，還有他的團隊。」在那時候，張珧聞正在監獄坐牢。哥德爾很快也會入獄。

華盛頓這邊，甘迺迪總統對越南情勢游移難決。儘管他深受反游擊戰倡議人士的影響，然而越南日益惡化的局勢，卻為其他陣營提供了彈藥，好比力促派兵的國防部長羅伯特．麥納馬拉（Robert McNamara）就是其中一個。由於對情況不很肯定，甘迺迪決定派遣馬克士威．泰勒（Maxwell Taylor）將軍和顧問沃爾特．羅斯托（Walt Rostow）前往越南，最後這項任務便成為美國捲入越南早期階段的一個關鍵轉捩點。這趟考察稱為泰勒任務，在一九六一年十月中抵達越南，此前短短幾天，國家安全委員會才和總統開了一次重要會議，討論軍事選項。而且之前參謀長聯席會議便曾建議表示，派兵四萬就足夠「清剿越共威脅」。

就是在派遣傳統部隊的呼聲日漸高漲的情況之下，泰勒和他那群六人顧問團在西貢降落了。同行赴越人士包括戡亂顧問蘭斯代爾和高研署另一位官員喬治．拉什詹斯（George Rathjens）。哥德爾當時已經在越南，等他們抵達，便加入考察團。整個心情是輕鬆，甚至歡欣。泰勒穿便服，哥德爾和蘭斯代爾每天都打網球雙打，對抗泰勒和羅斯托。在那趟數週的任務期間，哥德爾嘗試向泰勒一行強調，開發游擊戰專用技術和戰術是多麼重要。哥德爾向他們展示作戰中心的早期成果：軍犬、感測器，還有一款名叫Q卡車的裝備，這是種裝甲卡車，但經過偽裝，看來像商用車輛。有一次哥德爾還陪伴泰勒與羅斯托搭機飛越南水道，讓他們見識一下，南越江河船艇如何在前往西貢途中遭受越共攻擊。哥德爾解釋，高研署如何拿Q卡車和Q型船當餌來引出越共。

Q卡車名稱得自Q型船，最早在第一次大戰期間由英、德兩國率先使用來陷捕軍用艦艇的誘餌。Q型船是「披羊皮的狼」，[7]看來就像無力自保的商船，其實卻是全副武裝，一旦敵方軍艦沒有警覺落入陷阱，它就能發起攻擊。相同道理，裝甲Q卡車外觀看來就像經常遭越共鎖定的南越軍火運補卡車。早先籌建高研署作戰發展和測試中心那第一趟行程，哥德爾隨身攜帶的現金就是用來製造偽裝補給卡車。製造方法是從老舊法軍車輛取得裝甲材料，然後找來南越部隊常用來運補的日製兩噸半商用卡車，接著把裝甲焊在車輛內側。Q卡車不只是用來陷捕幾個越共戰士，它還可以用來蒐集資料，查明攻擊的型態和頻率。考察團喜歡這些新點子，後來哥德爾回顧表示，不過「老實講，泰勒將軍也覺得那有點小兒科，而且配發正規裝備，使用重型武器並採正規編隊作戰的正規武力，可以達成更好的效果。」

泰勒喜歡那樣的技術，不過哥德爾向將軍推銷戡亂作業的企圖仍是落空了。後來他寫道，那趟行程「根本就是多餘的」，因為成行的人早都心有定見。二戰成名的泰勒，「對游擊戰充其量只抱持戲謔心態，即便旁人提醒他，當初他的第八十二空降師攻入法國和德國時，法國和英國地下組織已經為他做了很好的準備。他還深信，第八十二空降師就算一手綁在背後也能解決越南問題。」當哥德爾試行向泰勒強調，使用正規武力對付游擊部隊是多麼困難，因為他們可以發動奇襲，成事後又回頭融入叢林，將軍並不覺得那有什麼了不起。泰勒回答，「就算像你說的，比爾，那也不是妥善的雙重或三重包圍所解決不了的事情。」他認為傳統部隊是唯一的解決辦法。

泰勒甚至還更不願意聽從蘭斯代爾（總統身邊的戡亂權威）的說法。蘭斯代爾回顧表示，泰勒的唯一興趣，就是讓「美國天才」動手搭設一條「電子分界線」，把南北越區隔開來，同時也把穿越寮國和柬埔寨的補給線截斷。蘭斯代爾從越南行程回國，晉見甘迺迪報告他的發現，然而在那時候，總統已經決定他想要不一樣的安排。「你就留在後方，」甘迺迪告訴蘭斯代爾，「我有個狀況要你處理。」那個狀況就是古巴：總統讓蘭斯代爾負責貓鼬行動（Operation Mongoose），那是一項機密計畫，目的是拉下卡斯楚並剷除共產政權。這樣一來，哥德爾就成為越南戡亂工作的核心要員。甘迺迪批准哥德爾的敏捷計畫，而且介入甚深，還親自批准部分裝備，包括一款供越南部隊使用的輕型步槍。

*

一九六一年夏秋期間，哥德爾帶了一些東西回到家中，他的住處很接近巴克羅夫特湖（Lake Barcroft），那是一座人造水庫，位於維吉尼亞州費爾法克斯郡（Fairfax County），有時還很像是詹姆士·龐德小說Q實驗室的真實複製版。哥德爾帶了一些比較無害的小型戡亂裝置回家供常識評估。舉例來說，有一次，銜命與哥德爾共事的海軍軍官拉里·薩瓦德金（Larry Savadkin）拿來愛芙趣公司（Abercrombie & Fitch）生產的運動浮舟，基本上就是種水上浮鞋，想看看這種製品能不能在越南運用，於是哥德爾讓他的女兒們在湖上試用。理論上那種浮舟可以讓一位士兵滑走穿梭越南水道。哥德爾的女兒稱之為「水上行走鞋」或「耶穌鞋」。然而就連在遠離越南數千英里之外的巴克羅夫特湖上也能輕易看出，那種裝置一點用都沒有。每次女生們試行在水面向前踏出一步，鞋子就會向後滑兩步。哥德爾的長女，凱瑟琳．哥德爾—根根巴赫（Kathleen Godel-Gengenbach）回顧表示：「那種裝置沒辦法行動。」

高研署的其他許多新奇裝置並不能帶往哥德爾家中。高研署投入開發偽裝成岩石的地雷、行動式噴火器，以及熱壓式武器，其作用是產生強烈高熱爆炸來清除茂密林葉。簡單來說，哥德爾就是拿種種技術和武器來做實驗，看能不能在叢林裡發揮效用。他的最基本前提是，向開發中國家提供先進技術，好比噴射機和直昇機等，幾乎都完全不會有用。噴射機來到開發中國家很難發揮功能，而且在游擊戰的用途也很有限，直昇機到頭來都是被拿來載貴賓出遊，而不是用來運送部隊出戰。在多數情況下，真正需要的是適合叢林戰使用的簡單武器。

哥德爾早年把敏捷計畫辦公室當成自己的隱密活動站，身邊只有少數忠誠的長年夥伴，都是他從二戰時期就結識，並親自招聘進入機構的人員。他的團隊包括帶來「耶穌鞋」的海軍軍官薩瓦德金，還有在西貢主持高研署計畫的海軍陸戰隊上校湯姆．布倫戴奇（Tom Brundage）。哥德爾和他的團隊從所有可能來源蒐集技術。舉例來說，他運用高研署資金前往澳大利亞購買一種噴射動力小型無人機，把它運到西貢，交給布倫戴奇，讓它成為第一架部署在越南的無人飛機。

一九六一年七月，哥德爾寫信給蘭斯代爾，向他說明作戰中心的最新計畫，並列出計畫方案清單，內容五花八門，從供南越士兵使用的折疊腳踏車到「持久性氣味辨識劑」等，後面這種藥劑可以採飛機噴灑沾在越共戰士身上，隨後就可以讓狗來追蹤他們。哥德爾列出的許多品項都是供心理作戰使用，好比一款可用於審訊的作戰記錄器，還有一種用來播送政府信息的揚聲器。清單裡還列有一些研究計畫，好比一項是「運用蒙塔格納德族來對付越共的手法」，這是指住在中央高地的土著族裔，而且不久之後，中情局和軍方對他們都深感興趣。

那個夏季期間，哥德爾在美國和越南頻繁往來，經常親自遞送武器給政府和擁政府勢力。他供應武器給阮洛和，這個人是流亡華人，也是個天主教神父，大家較常稱他為「和神父」（原文如此）或「戰鬥神父」，[8]他組織了一支民兵部隊抵禦共產叛徒，保護他的村莊。接著在十月時，哥德爾帶了十把AR-15步槍到越南，展示這款供越南士兵和美軍顧問使用的新式武器。哥德爾向吳廷琰總統說明，AR-15是更適合叢林戰使用的武器，能強化越南士兵獵殺越共的信心。吳廷琰對這款武器印象深刻。他詢問：「我只想知道，這種步槍什麼時候可以撥交空降旅？」新式步槍是尤金．斯通納（Eugene Stoner）設計的，相當輕巧，哥德爾這趟行程的總結說明這樣描述，「這是短小的越南人可以擊發而且不會害自己翻倒的步槍。」得到實戰初步正向回應之後，高研署便在一九六一年十二月多訂製了一千把AR-15步槍。

到了一九六一年秋，新成立的作戰發展和測試中心已經全力運作，而且種種不同的武器和技術也如潮水般湧入越南。有些技術的機密等級極高，動用了「預算外」資金開發，意思是高研署檔案中沒有正式會計帳，後來哥德爾便曾這樣寫道。其中一項稱為「大耳朵」，那是種電池運作的麥克風，其作用是接收引擎聲，做為一種早期預警裝置。這種感測器的塗裝看來就像森林植被，吊掛在樹上，結果以失敗收場：電池在短短一、兩週之後就會失效。[9]儘管結果成敗參半，哥德爾仍使用小規模計畫來說服吳廷琰總統採行更積極進取的技術事項。

哥德爾寫道，「倘若總統能夠信服，認同電子監測系統能協助保障安全，就算只幫了一個戰略邑，而且以那種系統或能取代一批吊掛在有刺鐵絲網圍籬上的錫罐，也就可以說服他把計畫擴展到其他監測技術上。」

那個秋季也見證了哥德爾一項極富雄心壯志，也極具爭議的戡亂計畫起點。在七月寄給蘭斯代爾的最早那份清單上，哥德爾納入了一種植物殺手化學藥劑提案，那種化學藥品專門針對越共維持生計所需糧食木薯下手。那種「激素」殺手依然純屬理論，不過哥德爾還希望取得一種以空中噴灑來對付闊葉植被的化學落葉劑。他寫道，「高研署告知，那種化學物質可以在美國開發，幾個月就能完成。」

就如敏捷計畫的其他許多層面，使用藥劑做落葉處理的構想也引用自英國的馬來亞經驗，那裡的森林灌叢為游擊隊提供隱蔽，埋伏攻擊鐵道和公路。在越南也有相同情況，哥德爾同樣希望使用落葉處理來清除森林遮蔽，不讓越共利用。一九六一年九月，哥德爾呈遞一份報告介紹新開張的作戰發展和測試中心，他在裡面指出，高研署已經完成落葉劑的部分早期實驗，使用飛機和車輛完成噴灑，現在就靜等初步結果。倘若結果依計生效，這個構想就會擴大應用範圍，循著與寮國與柬埔寨接壤地帶投入使用，接著就能利用植被銷毀作業提增關鍵道路和主要水道的能見度。馬來亞的化學落葉處理主要是用來清除敵人遮蔽，至於越南的計畫則企圖心還遠遠更高。伏擊是個顧慮，不過還另有個考量，那就是經栽植或採收支持越共戰士的維生作物。採用落葉處理可以奪走共產叛徒珍貴的糧食來源——馬鈴薯和木薯。換句話說，目標是要餓死叛軍。

吳廷琰總統把作物銷毀擺在很高順位，吩咐取得商用現成製品，還有四架直昇機，以及六架固定翼飛機。哥德爾在他的秋季行程報告中指明，高研署已經出資取得兩萬加侖落葉劑，另外還需要八萬加侖。由於作物銷毀有急迫性，到十一月就必須完成，哥德爾建議在落葉處理作戰中加入燒夷彈，這就可以加速銷毀作物。哥德爾注意到以食物為目標的敏感性，特別說明這是「在越南政府強烈堅持下」才做的。

傑克·魯伊納（Jack Ruina）在一九六一年經延攬進高研署擔任署長，他看著介入越南的程度增長，心中半是震驚，同時也深感困惑。魯伊納是哥德爾的上司，至少在名義上是如此，不過哥德爾直接對白宮和五角大廈高層負責。就連五角大廈官員布朗都承認，哥德爾和他的工作都顯得有點神祕。布朗在一九六一年負責監督國防高研署，後來升任國防部長。布朗就這樣描述哥德爾，「一個密勤行動的傢伙。」

哥德爾和魯伊納倒沒有結仇，只是兩人都會避開對方。魯伊納是個電機工程學博士，希望高研署成為一所科學研究機構，也完全看不起敏捷計畫和機構介入越南的所有相關事項。哥德爾甚至還告誡他的團隊成員，不惜任何代價都要避開高研署署長。有一次敏捷計畫工作人員沃倫·史塔克（Warren Stark）見到魯伊納走進房間，竟然就閃進門後躲起來，魯伊納不喜歡越南戰火愈打愈烈。「哈羅德·布朗可以說是逼著我去做，」魯伊納回顧敏捷計畫，「他說，『你應該動手去做。』我從來都不喜歡，那裡面滿滿都是噱頭花招。」

然而既然掛上署長職銜，魯伊納就有責任起碼在表面上監督越南工作。他記得有一次前往越南，很可能是在一九六二年的年初到年中，當時他和吳廷琰總統有一場私下會晤。在那時，化學落葉處理已經如火如荼進展，就銷毀森林的目標和餓死叛軍的構想之間顯然出現了拉鋸現象。魯伊納記得吳廷琰告訴他，「你們這些人把事情弄糟了。我們是要你們銷毀作物。」

魯伊納身為科學家，完全不懂吳廷琰在講什麼，也不怎麼在乎。魯伊納試著告訴總統，「我沒有參與行動作業：不管政府在行動中做了什麼事情，都不干我的事。」不過吳廷琰繼續抨擊高研署署長。「伏擊不重要，」吳廷琰說道，「重點是銷毀作物。」他接著拿出一張越南地圖，上面畫出了越共控制的各植被區。

「你怎麼知道哪處作物是誰的？」魯伊納詢問那位越南領袖。

「哦，我知道，」吳廷琰回答。

事實上吳廷琰並不知道哪片作物屬於越共，哪些屬於村民，不過這對他來講大概也不很重要。落葉處理讓中央政府得以控管食物供應，而控管就是吳廷琰想要的。吳廷琰很開心，只要假裝對美國戡亂戰略感興趣，就可以讓美國支持他，不過他決心以他自己的方法來統治越南、來打那場戰爭。

對魯伊納來講，和吳廷琰交流只驗證了他對敏捷計畫的顧慮，就政治上和技術上都同樣如此。就高研署在那裡做的大半事項，他都看不出有什麼合理的科學因素，而且他還在四十多年之後的一次訪談上承認，他的「政治傾向」是反對介入那場戰爭。哥德爾後來回顧表示，「敏捷讓傑克的身體出現病痛。」

魯伊納承續約克的理念，希望創造出一所貢獻國防的科學機構，而哥德爾則希望打造出一所由科學家提供服務的國家安全機構。這兩種相互競爭願景的交手搏鬥，便描繪出機構的未來特性。

第6章
平凡天才

甘迺迪在一九六一年日內瓦高峰會上和蘇俄領導者赫魯雪夫見面，那次悲慘會談之後，他在與《紐約時報》記者一次密會時沮喪透露，「他對我窮追猛打。」這位新總統原本期盼藉著這次高峰會，趁機彰顯他的外交政策雄心願景，展現他身為領導人的實力。結果就在高峰會前夕，古巴豬玀灣入侵行動落得悽慘下場，蘇聯總理公開嘲笑那位年輕總統，還威脅要在分裂的柏林市開戰。

一九六〇年大選時期，為了和共和黨對壘，甘迺迪承諾改採全新外交政策途徑。他揮舞所謂的美蘇「飛彈差距」觀點（也就是蘇聯飛彈和核武火力領先美國的說法），逕自把它當成一種政治武器。然而就那道差距的實情和程度高低來講，在華盛頓依然存有激烈的爭辯，甘迺迪便曾論稱，「不論哪些數字準確，重點是我們面對了一道差距，而且我們把生存賭在那上面。」

不過等甘迺迪一上任，很快他就察覺，情況遠比他早先設想還更複雜。不論在競選活動期間，甘迺迪是不是真的相信[1]飛彈差距，或者只是把它看成一種保險桿貼紙式的政治權宜說詞，真相很難判定，不過一旦他就職上任，政治景觀也很快就改變了。在往後幾個月間，最早成功取回的日冕衛星膠卷影像（再加上U-2飛行作業攝得的影像）就會完全排除有關飛彈差距的一切假象。甘迺迪入主白宮之後略超過兩個星期，他的國防部長麥納馬拉在一次談話時誤以為不會留下記錄，結果不經意向全國民眾透露了根本沒有飛彈差距。

現在進了白宮，或許甘迺迪就比較能夠理解，艾森豪總統在告別演說中針對「軍事工業複合體」的影響力所提警告意指為何，以及他告誡國家謹防成為「科技精英之禁臠」的箇中意涵。艾森豪的警告很有先見之明。軍隊利用和蘇聯的緊張情勢為口實對新政府施壓，敦促部署勝利女神宙斯型飛彈（Nike Zeus），構成美國最早的反彈道飛彈系統。該計畫打算發射核武彈頭長程飛彈，迫近到敵國射來的洲際彈道飛彈附近爆炸並將其摧毀。這並不是特別優良的技術，而且雷達專家知道，其實勝利女神宙斯型飛彈完全不可能追蹤來襲飛彈到能可靠攔截的程度。不過那項觀點並沒有轉達讓高層政治領導人知道。

進入高研署擔任署長之後不久，魯伊納便得知消息，甘迺迪的國防部長麥納馬拉想聽取飛彈防禦基本簡報。儘管太空任務早被拿走了，高研署畢竟仍負責飛彈防禦研究，而且飛彈防禦突然之間成了熱門的政治議題。麥納馬拉顯然是想知道飛彈防禦的基礎概念。魯伊納警告，這種簡報有可能需要一整天，麥納馬拉表示，高研署署長可以得到「所有我們需要的時間」。魯伊納花了整天時間來鋪陳，像勝利女神宙斯型飛彈這樣的陸基飛彈防禦系統所面臨的技術挑戰。魯伊納稱那次簡報為「地球是圓的」，因為簡報名符其實就是從這裡開始，解釋地球是個球體，而這就表示，當一枚飛彈來襲，陸基雷達只能在幾千英里範圍內探測得知，並提供極短暫寶貴時間來發射另一枚飛彈升空攔截。

感恩節前一天，魯伊納和其他幾位政府科學家應邀前來白宮，向甘迺迪總統簡報飛彈防禦。那次會議只包括了魯伊納、國防研究與工兵局局長布朗，以及總統科學顧問威斯納。所有這三位科學家，都是勝利女神宙斯型飛彈這種天數已盡的系統所不可或缺的人物。麥納馬拉並沒有獲邀。[2]會議持續了好幾個小時，其中甘迺迪也就計畫細節提出問題來請教那幾位科學家。最後，總統的弟弟鮑比打岔，說是他們要前往麻薩諸塞州海恩尼斯（Hyannis）的甘迺迪家族複合宅第，現在得走了。「直昇機在等你，」他告訴總統，「假使你不上機，那我們就沒辦法及時趕到海恩尼斯港過感恩節。」

總統轉頭向科學家說：「那麼，各位能不能在感恩節之後前往海恩尼斯，讓我們繼續討論？」誰能跟總統說不？

過完感恩節，隔天那幾位男士就飛往海恩尼斯，甘迺迪在那裡忙著和不同核安顧問開會，討論議題包括一項全國性落塵防護所計畫。這次麥納馬拉受邀了，不過甘迺迪就勝利女神宙斯型飛彈已有定見。甘迺迪對麥納馬拉說：「我不覺得我們應該動手部署，[3]老麥，你覺得呢？」

國防部長回答，「不了，我們就別動手部署吧。」

於是，魯伊納回顧表示，那就是勝利女神宙斯型飛彈的下場。現在得靠高研署來提出較佳方案。高研署科學家這就可以放手運用他們的智慧，甚至可以提出最難以置信的解決方法。他們絲毫不浪費時間，投入鑽研反重力、科幻風格的死光和一種以討喜的迪士尼卡通角色來命名的太空攔截網。早兩年險些消失的高研署，突然成為甘迺迪政府核子論爭的一環。

魯伊納經常開玩笑表示，若非在一處小便池的巧遇，他說不定就會在學術界度過平靜的一生。結果那位波蘭誕生的科學家最後當上了一個機構的主管，而且該機構還捲入了從化學落葉處理乃至於核末日等種種爭議。當他還在麻省理工學院擔任工程學教授時，有次到男廁解放，另一位教授也來上廁所，使用旁邊那個小便池。那位教授告訴魯伊納，伊利諾大學一組人員正進行雷達追蹤研究，那正是魯伊納的專業，並說他應該找他們談談。

魯伊納去談了，最後還獲邀到伊利諾工作，並在那裡認識了查爾默斯・謝爾文（Chalmers Sherwin），那位物理學家很快就會成為空軍的首席科學家。謝爾文提出魯伊納的名字，舉薦他擔任五角大廈一個高層職位：空軍助理部長。魯伊納來到華盛頓就任新職時有禮車來接人，他的新助理，一位中校也來迎接。助理帶他前往他寬敞的五角大廈辦公室，並介紹他認識他的兩位祕書。就魯伊納來講，他雖曾奉徵召加入陸軍，最高也只晉升到下士，這次經驗令人震撼。在陸軍服役時，他見過的最高階軍官是一位少校，而且還是位牙醫。這時魯伊納突然從學界高升為五角大廈官員。

不久魯伊納就轉任新職，在約克手下做事，約克當時是國防研究與工兵局局長。魯伊納的工作是監督高研署，而且他知道那個機構出了什麼問題。魯伊納告訴該機構的管理高層，「現在高研署不強的原因是沒有獲得約克博士的支持。」沒有人感到震驚。約克不支持他的老機構，因為它一直和他競逐他的太空帝國。他的解決方法是讓如今已經成為好朋友的魯伊納去擔任高研署的首腦。

一九六一年一月二十日，就是約翰．甘迺迪宣示坐上總統大位那天，魯伊納成為高研署的第三任署長。這位三十七歲的電機工程師突然之間當上一處任務授權廣泛，幾乎不受監督的軍事技術機構首腦，繼承的這處機構介入從作物落葉處理乃至於天氣控制等所有事項。那是種奇特的組合，而在那所有項目當中，最令魯伊納感到不可思議的莫過於敏捷計畫，由副署長哥德爾管理的越南戡亂作業。而且敏捷計畫相當高調，有白宮支持，所以魯伊納不能取消它。他只能不予理會。

儘管高研署在東南亞的工作日漸繁重，機構預算仍大半撥交早期太空機構角色留下的計畫：稱為守護者計畫（Project Defender）的反彈道飛彈防禦方案，還有一項是範圍廣泛的核試監測研究方案，稱為維拉（Vela）。另外還延續其他幾項小型計畫，好比推進劑化學，不過從科學家或軍方角度來看，此外也就沒有哪項是特別重要的。到了一九六一年，高研署才剛要滿三歲，沒有什麼特殊聲望，連任務都沒有：它不過就是別無旁人垂涎的科學和技術計畫集群。甘迺迪改變了那個情況，他要高研署科學家解決稱得上是全世界最為重要的問題：核戰。魯伊納沉思表示，再喝一杯咖啡，接著去上個廁所，然後「我這輩子就會完全不同」。這個世界或許也會如此，因為高研署在他監督下展開的計畫就要改變軍備控制的走向。

就金錢方面，一九六一年高研署的單一最大型計畫是守護者，以開發技術來保護美國免受洲際彈道飛彈攻擊為目標之研究成果。高研署創建時便肩起飛彈防禦研究重任，不過約翰遜擔任署長時，大半都不怎麼理會它。到了一九六一年，洲際彈道飛彈出現，飛彈防禦也成為了總統和五角大廈的高順位課題。魯伊納不喜歡戡亂一類問題，因為那種人的問題並不優雅，不過他對於高研署的彈道飛彈防禦和核試監測工作則是一見傾心。魯伊納說明，「能與國家主要政策議題接軌的計畫只有兩項，那就是這項〔彈道飛彈防禦〕研究計畫和維拉研究計畫，」卻完全沒有提到高研署的越南工作，在他的心目中，那並不是真正的科學。「其他研究項目都不是國防部長或總統所關心的。」不過當時仍不清楚，是否有任何飛彈防禦系統的表現優於政府才剛束之高閣的勝利女神宙斯型飛彈。洲際彈道飛彈依然相當新穎，防禦它們的理論架構還更新穎。只需三十分鐘就能環繞地球的飛彈，以現有技術不可能追蹤、攔截。高研署的守護者方案還面對了一項更重大挑戰：它有非常具體的設想，應檢視能「保護全美國」的技術，於是也就特別容易產生出涉及陷捕飛彈的太空基地攔截網等一類荒唐、可笑的概念。高研署必須想像出未來技術，而這些想像也很快就如脫韁野馬。一九五九年，高研署手頭一項含括廣泛的研究專案消息流出，該計畫稱為「反飛彈研究指導方針識別方案」（Guide Line Identification Program for Antimissile Research），縮略寫成 GLIPAR，當時盛傳他們正考慮「反重力、反物質和輻射武器」，引來了訕笑。

到了一九六一年，高研署每年從事飛彈防禦的費用約為一億美元，相當於該機構整年預算之半，然而根據魯伊納所述，該項目卻成為一堆「恐怖爛攤子」。高研署被如何擊落彈道飛彈的奇幻提案給淹沒了；一位官員稱，百分之七十五的工作完全「瘋狂」。這種瘋狂場面，相當程度可以歸咎於一項冠上了「斑比」可愛稱號的高研署方案：全名「彈道飛彈助推攔截」(Ballistic Missile Boost Intercept)。斑比背後的基本構想是檢視如何在飛彈初始發射階段就予攔截。隨著斑比開發成熟，它也從雄心萬丈轉變成精神錯亂。一項企劃案呼籲建造繞軌戰鬥基地（一種大型武裝衛星），用來射出彈丸，形成一道巨大的攔截網，可以在敵方彈頭上打出彈孔。然而卻沒有人好好思索，美國自己的衛星或飛彈該如何避開這道攔截網。約克稱這種衛星群是「瘋狂科學家的夢」，而且不出意料之外，他怪罪約翰遜，聲稱高研署一位前署長的最後舉措，就是硬逼高研署接受斑比。

魯伊納同樣認為斑比是個「瘋點子」，必須取消。後來魯伊納回顧表示，「斑比把所有藏匿的瘋子都招引出來了。」然而最早來到高研署時，他最起碼仍須前往國會為那項計畫公開辯駁。聽了斑比相關說明，德州民主黨眾議員，經常批評高研署的喬治·馬洪（George Mahon）表示：「那不是有點奇幻嗎？」魯伊納答道，「是有點奇幻沒錯，不過許多事情也都這樣。我確信金星探測器在二十年前看來會顯得有點奇幻。如今檢視這項概念，我們歸結認為，它並非奇幻得必須取消。」

結果花了兩年時間才擊退計畫支持者，特別是空軍勢力，不過魯伊納終於勝出。他在一九六三年告訴國會，他殺了「斑比」。他表示，那項計畫不單是不切實際，而且運作那種系統的開銷，會達到每年五百億規模，約相當於五角大廈的年度預算。就算斑比能打造完成，最後它的支出依然會讓軍隊整個關門。

斑比勾勒出高研署在許多技術領域都必須涉足的那條微妙界線。倘若飛彈防禦解答太過傳統，那麼也就沒道理繼續在這裡求解。畢竟，基本理念是要設想出遠遠勝於現狀的技術解答，要能凌駕軍方以勝利女神宙斯型飛彈業已獲致的成果。就另一方面，假使解答太不切實際，如斑比的情況，高研署就會遭譴責浪擲金錢做科幻。最後做出的成果稱為高研署終端防禦（ARPA Terminal Defense，縮略 ARPAT）。這個計畫案打算發射一艘配備了極音速攔截飛彈的無人「母艦」，在地球上空六萬英尺處滯空盤旋。接著由陸基雷達追蹤來襲彈頭，並嘗試辨別彈頭和用來欺騙系統的誘餌彈，然後把資訊傳給母艦，接著母艦就朝來襲彈頭附近空域密密麻麻射出飛鏢形攔截飛彈。查爾斯·赫茨菲爾德（Charles Herzfeld）表示，高研署終端防禦只是「有點瘋狂」。赫茨菲爾德是個物理學家，生於澳洲，經招募來高研署經管飛彈防禦計畫。只「有點瘋狂」顯然便讓它享有勝過多數計畫案的優勢，不過成本仍約達兩千萬美元。

這所有企劃案都有個問題，道理很簡單，沒有一項特別具有成效。要嘛太昂貴，太不切實際，不然就是兩種缺點兼而有之。他們必須想出辦法來區辨科學推測和技術無稽的差別。為落實那項判斷，魯伊納轉求一個很隱密的精英科學家團體。

回溯一九五八年年初，曼哈頓計畫兩位老將約翰·惠勒（John Wheeler）和尤金·維格納（Eugene Wigner），以及經濟學家奧斯卡·摩根斯坦（Oskar Morgenstern）曾合力遊說建立一所國家安全科學實驗室，類似科學界的迷你高研署。[4]「普林斯頓三人組」成為他們的稱號，甚至在旅伴號後續時期，這組人馬發起了一場很積極的宣傳活動來推廣那項理念，最後還登上了《生活》雜誌。高研署對於持有一處實驗室並不感興趣，不過約克同意支持一項探索式暑期研究，由惠勒主持，並給他一份五萬美元的小額合同，來執行一項代號為一三七計畫（Project 137）的方案。

高研署開張短短幾個月之後，一三七計畫就召集了四十名左右的科學家來構思理念，並著眼延攬年輕一代參與國家安全界之謙遜目標。就第一次會議所提企劃，含括課題從檢視以昆蟲獨特尋偶能力研究為本之化學感測方式，乃至於一種使用極低頻率來與巡航四海的核武潛艇通訊的做法。[5]另一種在第一次會議浮現的構想，牽涉到使用粒子束來轟擊彈道飛彈。惠勒寫道，「假使藉由使用高速粒子，通道剛開始可以做成筆直的，裡面的氣體受熱到極端高溫，於是大量受阻質量被推擠到側邊，接著把門打開，送出一股高速爆發的能量並送達很遠的距離。」

等惠勒提出了一三七計畫所得結果，實驗室構想已經把規模大幅縮減。這時他所提方案，基本上就是籌建一處科學界的迷你高研署（調用學界人士來擔任臨時職務的組織）。就連那個構想也宣告破滅，很大程度是由於惠勒不想離開學術界來主持那項新的冒險行動。[6]一九六〇年，貝茨將軍身為高研署的臨時首長，他決定延續一三七計畫，辦一場科學家年會，稱為日昇（Sunrise）。日昇計畫的目的並不是要研究某特定的科學或技術領域，只是為了讓（多半來自學術界的）年輕科學家參與國家安全議題而籌辦。

會員名冊讀起來就像精英物理學者名人錄。團隊領導人是別名「墨弗」的馬文．戈德伯格（Marvin "Murph" Goldberger），他曾追隨恩里科．費米（Enrico Fermi），團隊成員包括默里・蓋爾曼（Murray Gell-Mann）和史蒂芬・溫伯格（Steven Weinberg），兩位年輕物理學家往後都會贏得諾貝爾獎。團隊成員在暑期見面數週，接著回高研署報到。隨後在查爾斯・湯斯（Charles Townes）的協助下，該團隊才在國防分析研究所（長期供應高研署眾多技術專才的研究機構）贊助下成立。湯斯後來還以邁射（maser，即「受激放大微波輻射」）研究成果贏得諾貝爾獎。日昇計畫在一九六〇年暑期第一次會面，而且依循戈德伯格的妻子所提建議，立刻把名字改成傑森（JASON，希臘原文音譯「伊阿宋」），出自希臘傳說伊阿宋和阿爾戈英雄尋找金羊毛的故事。

從一開始，傑森團隊就在科學顧問界獨樹一幟：他們都通過了最高機密權限審核，容許他們取用一般學界人士永遠不得接觸的資訊。由於他們不是政府科學家，因此他們還有獨立批評計畫項目的自主性。儘管資金出自高研署，團隊事務都自行管理，成員也由團隊自主遴選。他們都相當出色、愛國，也迫切想賺點錢，這個名聲讓傑森團隊遭譏諷冠上了「金羊毛」[7]綽號。他們還神祕兮兮；傑森會員名冊並不公開，而且團隊對於宣揚自己隸屬該團體的科學家都很不以為然。

早年階段，傑森團隊的工作主著眼飛彈防禦（高研署的守護者計畫），專注處理物理學和技術面接壤範圍的問題。第一個暑期，他們檢視蘇俄有沒有能力「打瞎」早期預警衛星，若是他們在高空先發制人引爆核彈，是否就能遮蔽洲際彈道飛彈產生的煙塵。（結果傑森團隊發現，這層顧慮是誇大了。）魯伊納很快就喜歡上傑森團隊和他們的成果，並形容他們「就像支真相小隊」。

傑森團隊可不會不屑考慮他們自己異乎尋常的點子，特別是出自克里斯托菲洛斯的構想。這位阿格斯行動之父，也是獲邀加入團隊的少數國家級實驗室科學家之一。他的熾烈想像力加上天賦才華，讓通常以懷疑心態出名的傑森團隊癡迷不已。克里斯托菲洛斯是個令科學界同行目眩神迷的人物，他有讓人眼花撩亂的工作行程，產生新點子的本領，接著他還能深夜外出狂歡，到加州拉荷雅各處酒吧飲酒作樂，而且那裡也已經成為傑森團隊的例行聚會場所。

全球力場構想落空之後，克里斯托菲洛斯繼續提出保護國家免受蘇俄攻擊的種種構想，而且每項都比前一項更荒誕。其中一項企劃案提議建造一條從美國一岸延伸到另一岸的飛機跑道，於是美國轟炸機就可以避開蘇俄攻擊。高研署一份早期歷史記錄挖苦稱之為「不好的」構想。克里斯托菲洛斯泰然自若，把他的脫韁野馬才智重新導向一種荷電粒子束武器，打算以它來消滅來襲的蘇俄洲際彈道飛彈。那項概念部分像宇宙戰士巴克．羅傑斯（Buck Rogers），部分像末日機器怪咖奇愛博士，正是克里斯托菲洛斯的典型特色：科學上很出色，但所需技術複雜得簡直無從想像。

粒子束構想出自一三七計畫的暑期研究，後來由高研署在開張頭一年間採納。這個項目代號蹺蹺板（Seesaw），後來成為進入克里斯托菲洛斯大規模致命技術幻影設想的另一個入口管道。它變成了在一九六〇年代早期成立，後來由魯伊納統御的那所機構的標誌，而且它還協助確立了高研署和傑森團隊之間那種獨一無二的長遠關係。高研署一度打算投入開發粒子束武器和一種「死亡雷達子系統」，所需費用達三億美元，這在當時是個天文數字。

蹺蹺板並不是傑森的專案，不過在那幾年期間，團隊成為該方案不可分割的一環，負責評閱系列機密報告所得結果並提出新的研究途徑。魯伊納和其他許多科學家同樣都發現自己迷上了那位希臘物理學家。他形容克里斯托菲洛斯「很奇妙」，部分是由於他缺乏自覺意識，不知道他提出的概念荒誕不稽。「他從來不怕進行超乎多數人所能想像的實驗，」魯伊納說，「我的意思是，他會毫不遲疑地設想：我們打算擺上一面網來映射事物，闊度有八公里。那為什麼不放上一面大網？」[8]克里斯托菲洛斯的想像力不受限於實用性，而想像力結合了機敏才智，便吸引了魯伊納和傑森團隊這樣的人。也因此，克里斯托菲洛斯才得以構思出截殺飛彈的粒子束。

粒子束包括一道高荷電聚焦粒子流，若與物體碰撞，就會把能量轉移過去，基本上這就能瓦解目標。克里斯托菲洛斯提出的是能射穿大氣的荷電粒子束，這項壯舉需要龐大能量，還得有辦法讓射束保持聚焦。那是傑森團隊喜歡做的那種異乎尋常的物理學。高研署出資讓利佛摩實驗室（克里斯托菲洛斯的服務單位）使用一具名叫天文（Astron）的核融合反應爐來研究蹺蹺板，那個反應爐同樣也是以他的一項計畫案為藍本。接下來傑森團隊便深深介入蹺蹺板的審閱作業；然後不出所料，他們始終偏向贊成延續那項專案，儘管技術上有一些障礙。「有時每年都有一位科學家針對他前一年贊同的事項提出反對意見，」高研署一位前署長埃伯哈特．瑞克廷（Eberhardt Rechtin）引述傑森評論報告，對此深感詫異。他戲稱，「蹺蹺板名稱起得好，因為它每年都從『構想很實際』擺盪到『構想很不實際』。」瑞克廷表示，他對整個蹺蹺板事項的正當性心存懷疑，不過到頭來，他仍是支持計畫，高研署的其他幾任署長也都如此。

蹺蹺板面臨各式各樣的實際障礙：產生射束所需隧道長度必須達好幾百英里。建築隧道的成本會很高，也沒有人知道該怎樣建造能發出那麼高動力水平，並能產生射束的動力供應裝置。那種裝置需要龐大電力，說不定超過整個電網的現存電量。「高研署一般傾向認為蹺蹺板是個拙劣的構想，」高研署前任官員肯特·克雷薩（Kent Kresa）回顧表示，「計畫太昂貴，也太難了。」

有一年克雷薩決定贊助傑森蹺蹺板計畫的一項研究，期盼計畫到此一了百了。克雷薩認為，讓傑森團隊通盤審視，必須有多少投入，才造得出能保護一座都市免受攻擊（而不只是如何讓射束穿越大氣層的科學課題），這樣那群科學家就能看出這個企劃的不智之處。他說：「你看一看那個就會知道，全世界的錢都不夠用來保護美國。」

問題在於研究是由克里斯托菲洛斯進行，而且每次克雷薩提到他認為肯定讓蹺蹺板出局的「必殺」見解，克里斯托菲洛斯總能腦力激盪出一項迂迴曲折的解答。「傑森團隊所有其他成員都會說，『尼克，老天，那可真棒。』」

面對鑽掘隧道的成本問題，克里斯托菲洛斯聲稱，「這還有更好的做法，」他打算使用核武來挖隧道。

「把它想成一種栓劑，」克里斯托菲洛斯告訴傑森團隊，「我們可以推著它穿過岩石。當它進入岩石，它也就把岩石融解，造出這條理想的管道。你只須繼續推動它，這樣它的熱度才夠融化岩石。你就這樣把它推過去。」

克里斯托菲洛斯不停構思核栓劑解法。另一道問題是如何推動粒子束來擊落三千枚蘇俄來襲飛彈。美國有沒有充分電力來推動這種武器？「尼克有解決方案。我永遠忘不了這點，」克雷薩回顧表示，「他說，『我們可以在五大湖水下進行核爆。』」

克雷薩大受震撼，不過克里斯托菲洛斯開始寫出數字運算，算出五大湖水量，還有倘若湖水在十五分鐘時段從一組排水門排空，通過發電機組，接著流入一個核爆挖出的巨大空穴，如此就能發出多少能量。「我們可以在這裡擺一台發電機，一旦戰爭來了，我們就可以排空五大湖，於是就會產生所需能量，」克雷薩談起那項企劃案，「克里斯托菲洛斯做了一項計算，求出它需要多少能量，結果它可以起作用。房間裡的傑森團隊全都點頭表示，『老天，尼克，說不定真的可行。』」

蹺蹺板連一發都不曾射出；大規模致命射束始終沒有造出來。它始終沒有獲得鉅額資金（它肯定從來沒有拿到高研署一度打算撥交的三億美元），不過蹺蹺板確實成為高研署持續最久的計畫項目，而且起碼跨越一九七〇年代中期。[9]所有人似乎都同意，克里斯托菲洛斯是個天才，他的構想不論看來是多麼不可行，仍是具有科學價值。然而就粒子束方面，始終沒有人認為它能發揮作用，包括魯伊納在內。從所有各方面來看，蹺蹺板都算是失敗了，然而多年以後，早期各任署長依然為它辯駁，認為那項研究體現了一九六〇年代的高研署精神：大膽並具科學吸引力。「不會有任何回報；那並不切合實際，」魯伊納說明，「不過有許多好人才奉派到那裡；許多知識從那項努力開發了出來；而且它容許在研究或實驗室氛圍下工作的自由。」

像蹺蹺板這樣的專案引出一項根本問題：高研署是個著眼國家安全的科學機構，或者是個專研科學的國家安全機構？就如魯伊納痛恨哥德爾的敏捷計畫，哥德爾也看不起魯伊納喜愛的研究計畫，那些項目和國家安全只有低微的連帶關係。哥德爾的尖刻批評主要針對阿雷西博天文台（Arecibo Observatory），那座電波望遠鏡由高研署守護者計畫撥款挹注成立。阿雷西博天文台表面上是用來從事彈道飛彈防禦相關研究，不過高研署上自魯伊納，下至普通職員，所有人全都知道它和國家安全其實毫無關係。那完全就是個能提供學界用來研究電離層的絕佳科學設施。

守護者計畫首腦堅定投入為科學界保護阿雷西博天文台，當國安局官員和他接洽，打算使用該設施來進行機密竊聽實驗時，剛開始他拒絕了。國安局希望使用阿雷西博來測試是否可能截聽從月球反射的信號。赫茨菲爾德堅持，阿雷西博只供非機密研究使用，[10]不過他很快就緩和下來，很可能是在哥德爾指示之下讓步。接著國安局官員判定，阿雷西博天文台並不是進行他們那項研究的理想位置，這時哥德爾便插手介入，提出了一項很慷慨甚至有點令人震驚的提議：高研署可以安排在塞席爾（Seychelles）為竊聽機構引爆一枚核武。「到時會施行一場核爆，高研署擔保把殘留放射性壓到最低，產生的坑洞形狀合宜，可供後續安裝天線，」國安局密碼專家內特．格森（Nate Gerson）回憶說道，「我們從來沒有投入鑽研這個可能性。」

國安局始終不曾進一步探詢哥德爾的核爆塞席爾提議，理由之一是那種測試就要成為政治上無法進行的事項，起因出自高研署另一項已上路執行的計畫。

一九六一年，甘迺迪總統上任時，美國和蘇聯依然信守一九五八年核武測試暫緩協議，不過兩邊都有敦促重新啟動的沉重政治壓力。泰勒等擁核試人士論稱，沒有任何條約能防止蘇俄作弊。在投遞《生活》雜誌的一篇文章裡面，泰勒和同事阿爾伯特．雷特爾（Albert Latter）對民眾陳述他們的觀點。文章夾在一份「香橙鮪魚通心粉」食譜和一則空氣威克（Air Wick）牌家居除臭劑廣告之間刊出，內容論稱核試是防止蘇俄取得優勢的必要措施，甚至還隱指輻射所致人類基因突變果真發生的話，或許也不是什麼壞事。關鍵在於，兩位科學家指稱，蘇俄會作弊，而美國根本沒辦法偵測得知那種欺騙行為。他們寫道，「當非法私釀和禁酒令交手，私釀者幾乎肯定會贏。」

泰勒之所以能提出那項論據，理由是在一九六一年時，有關是否可能測知蘇俄祕密核試方面幾無絲毫共識，尤其就地下核試更是眾說紛紜。雙方都有地震感測器，能測知這種核試所引發的轟隆聲響，不過當時仍不清楚，科學家是否能可靠分辨何者為地震等自然事件，哪些則是地下核裝置爆炸。換句話說，兩邊都沒辦法逕自否認曾經核試，並宣稱發生的只是地震。這道問題會成為美蘇間所有禁止核試驗談判的關鍵。這項爭議成為一個火熱的條約談判課題，因此有個很常聽見的笑話便說，甘迺迪和赫魯雪夫都成為了業餘地震學家。

不是所有人都對泰勒的斷言深信不疑。一九五九年年底，高研署奉派研究核試監測，代號維拉，這樣就能對中情局和空軍的祕密試驗探測網絡構成牽制力量。高研署拿到工作，理由很簡單，因為艾森豪總統不信任他的諜報人員，希望取得獨立於中情局與其人員之外的評估結果。高研署的工作起初功敗垂成，不過勝選的甘迺迪對軍備控制很感興趣，於是他為維拉探測計畫重新聚焦並撥款挹注。一九六一年時，維拉有三個部分：維拉統一（Vela Uniform），負責探測地下核試；維拉山脊（Vela Sierra），著眼探測大氣核爆；以及維拉旅館（Vela Hotel），用來發射配備感測器的衛星，在太空中探測核試。[11]

一九六一年，高研署開始花大把鈔票在美國國內外從事地震學學術研究。在那時候，地震學學科是一潭死水。受聘進入高研署主管維拉的羅伯特・弗羅施（Robert Frosch）回想自己曾與署長羅伯特・斯普勞爾（Robert Sproull）一道考察了一處按說是最先進地震地窖的地方，那是處類似地下碉堡，用來測定震動的建物。兩人從地窖出來，心中大受震撼，覺得自己彷彿才剛從時光膠囊出來。那裡的地震學家還在使用筆式記錄器和原始的檢流計（用來測量電流的類比式儀器）。維拉開始促成改變，以科學大半領域都幾乎無法想像的規模來撥款挹注地震學。按照弗羅施的說法，軍隊分辨地震和核試的需求，把地震學「死拖活拉」帶進了二十世紀。他說，他一度資助了「世界上幾乎所有地震學家，只有福坦莫大學（Fordham University）的兩位耶穌會信徒是例外」，他們拒絕接受五角大廈的金錢。

弗羅施雄心勃勃想推動地震學和核試監測進步，他打算建造一套新奇的系統，以此來辨認蘇俄絕大多數地震，期能一勞永逸，徹底解決分辨地震與核試的一切爭議。弗羅施的計畫稱為大孔徑地震檢波器陣列（Large Aperture Seismic Array, LASA），那是一組龐大的核爆探測系統，包含兩百處「地震地窖」，埋藏分布於蒙大拿州東半部一處兩百公里直徑地帶。這套系統要能生效，就必須在世界各地建造超過十二處這樣的龐大處所來監測蘇聯。當時已經有一些較小型的陣列，包括英國的一組，不過沒有人造過像大孔徑地震檢波器陣列這種尺寸或規模的儀器，也沒有人知道，它是否真能改善探測成效。空軍痛恨這個構想，至於地震學家，弗羅施表示，認為他的點子「稍顯瘋狂」。弗羅施認為這是測試高研署靈活彈性的一種手法。他說：「若是你有個構想，你不必經歷兩年來取得許可，再等三年讓約聘人員來把它搞得一團糟。」

高研署的領導階層為計畫致上祝福。到頭來，計畫必須和約十四個公共事業合作社以及好幾十位蒙大拿地主協商談判，聯邦政府要在那些人的私有產業上裝設核探測裝置，這實在不怎麼令人興奮。弗羅施回顧高研署曾接到一位地主抱怨，因為他有天早上見到員工進行地震地窖工作。「昨天我坐在那裡吃早餐，我能看到有人在我的土地上挖洞，」據稱那位地主表示，「我吃早餐時，不喜歡看到有人在我的土地上。」

按照佛羅施所述，大孔徑地震檢波器陣列讓人驚奇的地方就在於工作規模，而且短短十八個月就完工了，那樣的進度，對動輒耗時數年甚至幾十年的政府計畫來講，根本是無法想像的。這時高研署必須有處中央資料中心來蒐集、分析地震資料，最後該署便在比靈斯市（Billings）下城租了辦公空間，並將所有陣列資料傳導送往一台 IBM 電腦。弗羅施說明，「那所中心名符其實就是開在比靈斯市一處店面，後面房間裡面我們有一批電腦，而我們就是陣列的核心。」

高研署也開始撥款挹注在世界各地建置由科學家營運的地震監測站。高研署資助的地震儀網絡，並不是要取代軍隊的機密系統，只是要擴展核爆探測科學。不過它具有在禁止核試驗監測領域制衡中情局與空軍的強大牽制作用，截至當時為止，那兩個單位壟斷了對政治領導人提供核試監測理論可行性的諮詢。自然了，中情局和空軍都把高研署看成「一群不稱職的人」，還有更糟糕的，「堅持把自己的工作擺進公眾領域」的一群不稱職的人。

高研署這項計畫的規模宏大，範圍遼闊，號稱「全球標準化地震監測網」（Worldwide Standardized Seismograph Network）。這些新的觀測站並不把結果記錄在紙上，而是經轉換錄製成七〇毫米膠卷，方便研究人員遞送、分享。這是地震學研究圈的一項啟示；第二項是地震監測站的驚人分布範圍，從阿拉斯加延伸至塔斯馬尼亞，而且往往建置於偏遠或異乎尋常的位置。義大利第里雅斯特城（Trieste）有登山家協助安置地震計；其他場地則使用狗拉雪橇和人力車。高研署也遇上過挫敗，好比安置在南極的儀器最後都凍在一塊冰塊裡面。按高研署早期機構史協同作者赫夫所述，最早的地震監測陣列，部分得仰賴哥德爾和他的團隊來確保各方同意建置。他們動身分頭前往全球各地，從泰國到伊朗等地，協商高研署的新系統。「哥德爾已經多次在蘇聯周圍建置種種不同監聽裝置，經驗相當豐富。他為國安局做了一些這類事項，名符其實就是親自動手，周遊列國，達成使命，」赫夫說明，「他是這方面的老手了。」

就大半情況，在那個時候要讓一個國家同意建置地震監測站並不困難，不論是印度或伊朗都一樣。高研署基本上是提議「免費」建造地震學研究站，而且由地主國主持營運，當地科學家只須同意負責運作並分享資料即可。最後這席網絡會納入約一百二十五座監測站，分布範圍超過六十個國家。科學家喬恩・皮特森（Jon Peterson）表示，「那時你做事情比當今狀況容易得多，而且都只需一紙協議即可。」皮特森任職於美國海岸和大地測量局（U.S. Coast and Geodetic Survey），這家聯邦機關當時正與高研署合作監測站作業。

隨著高研署布建起一套全球監測網絡，該計畫也彰顯出機密研究和開放研究之間日漸增長的緊張局勢，日後這就會成為軍備控制和國家安全至關重要的元素。空軍和中情局不肯釋出他們的感測器網絡所得資料。魯伊納說明，「所有人都認為那些資料實在太過機密，你跟他們要的資料，他們一定都會給，不過他們就是不肯全盤開放。」核試監測界最敬而遠之的人是卡爾・羅姆尼（Carl Romney），他是位科學家，在負責核試監測的空軍技術應用中心（Air Force Technical Applications Center, AFTAC）服務。羅姆尼廣受認可為美國核試監測領導權威。該領域許多人都認為他才氣縱橫，不過他也廣受非議，批評他在禁核方面所扮演的負面角色，因為每有人推動禁止核試驗，他都橫加阻撓。地震學家傑克・埃佛蘭登（Jack Evernden）曾說：「羅姆尼從來不曾假造資料，他只會刻意曲解資料。」埃佛蘭登原本在羅姆尼手下工作，後來才轉往高研署服務。

魯伊納便曾指出，不論刻意與否，機密資料的問題乃在於「沒有人能和它爭辯；他們只能對它提出質疑」。機密資料問題在一九六二年發展到緊要關頭，美國就在當年執行了一次測試，稱為土豚（Aardvark），隸屬首次完全地下核試系列的一環。土豚是種四萬噸核裝置，預計用於核彈火砲，引發地下核爆時，能產生很穩定的地震資料，這時羅姆尼突然意識到，他就一項國安關鍵課題的認識錯了。他向來都稱小型地下核試和地震很難區辨，也因此，要驗證禁止核試驗條約相當困難，甚至是根本辦不到。如今掌握了土豚資料，他這就發現自己有一項關鍵要點錯了。一九六二年七月三日一次會議時，羅姆尼宣布，他根據新的地震資料歸結認定，要區辨地震和小型核試，或許並不像他先前所想的那麼困難。[12]麥納馬拉聽了相當煩躁，並決定五角大廈必須發布一則新聞稿，因為倘若新的資料洩漏出去——這是常有的事情——那麼看來政府彷彿是「隱瞞了有可能緩解禁止核試驗檢查問題的資訊」。

魯伊納稱這是個「誠實的錯誤」，不過若是其他科學家也能獲准取用羅姆尼嚴謹守護的機密資料，也就可以避免這個問題了。那位高研署署長寫了一封三頁篇幅的信函，裡面說那是守密惹的禍，「當你只有一個人詮釋資料，沒有同儕團體審閱，也沒有人複製實驗，這時就會發生這種事情。」到最後，根據格倫·西博格（Glenn Seaborg）的說法，高研署的工作終於開始說動甘迺迪總統。西博格身為美國原子能委員會主席，在禁止核試談判方面扮演一個關鍵要角。甘迺迪密切注意高研署的核試監測研究，仰賴其結果來決定條約下一步該怎樣走。西博格在他的回憶錄中詳細敘述了談判經過，「維拉表現的探測能力，似乎優於從一九五九到一九六一年間美國專家抱持的想法。」

一九六三年十月七日，魯伊納離開高研署一個月後，甘迺迪總統簽署了部分禁止核試驗條約，終止了在大氣、外太空和水下的核試驗。過了沒幾天，高研署的第一顆維拉旅館衛星就發射升空，負責監測空基核試。根據所有人的說法，那是一次驚人的成功，證明了早先唱反調的人錯了。儘管條約並沒有禁止地下試爆，高研署的成果仍獲肯定能夠協助達成與蘇聯的任何協議。「部分禁止核試驗有三項理由，」在魯伊納離職之後接掌機構的斯普勞爾表示，「一項是甘迺迪先生想要，一項是蘇聯想要。還有一項是高研署促使參議院批准。這所有三項都是必要的。」

到了一九六三年，高研署的維拉計畫已經確立能牽制情報界的制衡力量，期間更證明大氣和地下核試確有可能監測得知，從而協助實現了一項部分禁止核試驗條約。往後數年，維拉還對地震科學產生了同等重大的衝擊。隨著全球標準化地震監測網的測量值開始出現並在學術圈分享，地震學家林恩・賽克斯（Lynn Sykes）也就能夠使用高研署資助的監測站所得資料，更準確地追蹤海洋地震的位置。昔日地震學家一度認為，地震散布整片海床各處，如今賽克斯就可以證明，地震發生位置其實分布在中洋脊沿線。原先充滿高度爭議的板塊構造論，這時就能從高研署網絡取得資料來予驗證。

一九六八年，賽克斯和他的兩位地震學家同行布賴恩・艾薩克斯（Bryan Isacks）以及傑克・奧利弗（Jack Oliver）共同發表了一篇深具開創性的論文，最後還為板塊構造論的廣獲接受鋪設坦途。〈地震學和新的全球地質構造〉（Seismology and the New Global Tectonics）很大程度上得仰賴多年來從高研署網絡取得的成果，包括能顯示波動如何在大陸板塊內部以及在板塊之間傳播的資料。賽克斯便曾說過，維拉「幾乎霎時促成地震學轉型，從得不到支持的一灘科學沉寂死水，轉變成一個充斥新資金、專業人員、學生和興奮激情的領域」。

有時科學和政策不期而遇，好比一九六〇年代早期的軍備控制就遇上這種情況；另有些時候則非如此，顯示單憑技術仍不足以解決問題。一九六三年部分禁止核試驗條約簽署後，進一步協商的熱情消逝了。隨著甘迺迪在一九六三年死亡，詹森對於推動全面禁止核試驗幾乎沒有絲毫興趣。[13]後來又過了將近三十年，美國才在一九九二年宣布暫停地下核試，而蘇俄早在前一年就單方面率先暫停核試。全面禁止核試驗條約在一九九六年通過施行，然而美國參議院卻始終沒有批准該協議。儘管如此，維拉普遍（且實至名歸地）獲稱譽為技術上和政治上都很成功的計畫，因為它早期對部分禁止核試驗做出貢獻，後來又協助進行全面禁止核試驗談判，即便延宕了許久。在這段進程裡，赫夫歸結表示，維拉還「徹底改革了地震學」。

就另一方面，高研署在飛彈防禦方面留下的遺產則相形微妙得多。阿雷西博天文台曾短暫引來國安局興趣，後來便證明它是一處出色的科學設施，不過在軍事方面幾乎沒有絲毫貢獻。號稱蹺蹺板的大規模致命粒子束專案，並沒有產出對五角大廈具有特定價值的任何事項。至於高研署奇特的導引式能量飛彈防禦計畫案，則無心插柳撒下種子，在幾十年後促成了夢幻般的全球防護盾，在雷根總統主政下開花結果。不過高研署也可以邀功主張自己殺死了一些「瘋點子」，好比斑比的殺手攔截蛛網，並勸阻領導高層繼續進行勝利女神宙斯型飛彈等注定失敗的事項。

然而，高研署在核武界從事的工作產出了新的科學和先進的技術，也促成了政治情勢改變。按盧卡西克所述，它代表了技術上和國家安全上的一項「勝利」。盧卡西克在一九六六年獲聘進入高研署，從事核試監測相關工作，隨後升任為該署署長。他論稱，由於科學和政治兩相配合，所以它是一項勝利。彈道飛彈防禦和禁止核試驗位列白宮待辦事項的最高要務，高研署在兩個領域的科學進展亦步亦趨，齊頭並進。它證明核實作業在科學上是可行的，然而飛彈防禦在技術上是不可行的。高研署之所以成功，根據盧卡西克的說法，「並不是由於我們是天才——我們不過是平凡的天才——而是因為國家準備好要接受禁止核試驗，國家準備好要接受禁止擴散條約，國家準備好要接受彈道飛彈防禦條約，而且國家準備好要限制理論化核武和巡航飛彈。」

換句話說，一群平凡天才推動整個科學領域轉型，還協助開啟了軍備控制的大門，卻不只是由於高研署科學家能自由選擇想做什麼，而是因為這群平凡天才從事的是對國家具有重大影響的問題。接著問題就是，倘若高研署雇用了一位非凡天才，那麼它會成就什麼樣的事項。

第7章
非凡天才

甘迺迪總統在一九六二年十月十六日一大早告訴他的弟弟，司法部長鮑比・甘迺迪，「我們遇上大麻煩了。」

幾個小時過後，鮑比・甘迺迪凝望U-2偵察機拍下的古巴照片。「那群混帳俄國人，」他和一群致力想推翻卡斯楚的官員一起坐在白宮辦公室內。

那些照片顯現確鑿跡象，看出那裡有蘇俄飛彈發射台。中情局動用了一台龐大的電腦（占用了大半間辦公室），來計算部署在那裡的飛彈的精確測定值和性能。他們得出的結論令人憂心，飛彈射程超過一千英里，只須十三分鐘就能射到華盛頓。這項發現觸動一場危機，延續了將近兩週。隨著古巴僵局愈演愈烈，美國武裝部隊提升至二級戒備狀態，只差一級就達到發動核戰的級別。

隨著軍事指揮官和民間領導人分分秒秒都要求提供資訊，類似空軍的IBM 473L這樣的電腦也首度被拿來處理即時資訊，好比在衝突情境提供該如何調度兵力等相關事項。根據一份有關軍事指揮與管制方面的最高機密五角大廈報告，古巴飛彈危機證明，如今得以從電腦取得的作業資料「為愈來愈多的參謀聯席會議軍官所認可」，同時「非正式的輸出申請數也增多了」。然而，即便電腦供應量日漸增長，軍事指揮官的資訊分享卻仍有時間延宕現象。讓資訊在電腦之間連通傳遞的構想還不存在。

經過了十三天裝腔作勢武力脅迫，蘇聯同意將飛彈從古巴撤離。核戰危機平息，不過這場對峙也驗證了指揮與管制的侷限。有鑑於現代戰爭的複雜性，倘若不能即時分享資訊，又該怎樣有效管控核武？軍方高層領導人多半並不知道，一位位階較低的科學家才剛來到五角大廈，著手處理那個問題。他後來所提出的解決辦法成為該機構最著名的計畫，不只是徹底革新了軍事指揮與管制，也顛覆了現代運算作業。

約瑟夫．利克萊德（Joseph Carl Robnett Licklider）在五角大廈的日子大半深居簡出。他大半以首字母縮寫J.C.R.為人所知，朋友則只叫他利克。在一棟多數官僚都以和國防部長相隔多近來衡量他們重要性的辦公大樓裡面，利克萊德被分配到D環圈一間辦公室，位於五角大廈無窗內側環圈之一，卻也讓他鬆了一口氣。在那裡他可以平靜地工作，期望還能避開哥德爾，因為他似乎總是四處窺探所有人的業務，或更糟糕的是，他會嘗試讓利克萊德捲進某項肯定荒謬可笑的越南計畫。

舉例來說，有一次哥德爾要利克萊德評估一項企劃案，看能不能對越南村莊使用集體催眠，來提高對南越政府的支持度。利克萊德設法避開了第一次企劃會議，不和推廣該構想的公司見面，然而到了最後，在審閱企劃案的壓力之下，他仍是執筆寫了一份備忘，遞交敏捷計畫主持人參考，那是篇官樣文章，同時也是很直率的反應。「我不希望只因為它有爭議就抱持負面看法，」利克萊德寫道，「不過我希望說明，你應該非常徹底清查你所聘雇的人或組織，看他們在催眠領域取得了哪種資格認證，而且你的工作必須由獲得認可的醫學和心理學全國權威來負責監督——或者就由他們來實際動手執行。」看來高研署把利克萊德的顧慮謹記在心，不再重提催眠事項。

此外仍有些干擾影響了他的工作，好比有次一位軍隊承包商突然來訪，展示炫耀一款能發射微型火箭的槍枝，這又是一款越南啟發的新奇事物。那款武器是種半自動手槍，能射出點四九口徑微型火箭彈；[1] 由高研署在美國測試，評估是否能在越南使用。基於不明原因，那位訪客選擇在利克萊德的辦公室展示性能。他回顧表示，「這類事情層出不窮，把那裡弄得一團混亂。」接著還有高研署掩護黑預算的角色；利克萊德被迫撥款挹注一項專案，由於機密等級很高，他始終不知道那項專案的真正目的。多年以後，他也只能說明，他的辦公室支付了「在拉法耶特廣場挖了一個洞」的費用，想必那是指稱在白宮地界附近進行的一項機密計畫。[2]

撇開這些干擾，利克萊德大半時間都可以做他自己的事情。當時的高研署人員多半並不知道，也不明白利克萊德究竟是在做什麼，這點也幫了忙。理論上，利克萊德在高研署負責兩項研究業務，一項隸屬行為科學領域，這顯然讓他成為署內催眠專家，另一項則歸入名稱含糊的指揮與管制，起初這就包括了接管一部成本高昂，如今則已不再需要的防空電腦。這些職掌掩飾了他進入高研署的更遠大理由，那就是要改變人和電腦的互動方式。

利克萊德在他的電腦界同業當中以熱衷信奉宏偉構想著稱，隨口就能吐出幽默言詞和老掉牙的雙關語。來到了才剛接觸電腦界的高研署，他的同事形容他很不錯但也很沉靜。「我知道他並不插手任何人的業務，只關切他自己的事，」高研署當年的高級財管人員赫斯回顧表示，「彷彿就是希望你離他遠一點。」

那只是一半真相。利克萊德不和人閒聊，不過通常是由於他想避免陷入催眠一類的討論話題，不是因為他不想讓人知道他在做什麼。事實上，赫斯記得利克萊德曾邀請高研署員工前往萬豪酒店參加一次會議，會址在第十四街大橋附近，位於五角大廈和波托馬克河（Potomac River）之間。利克萊德安置了設備來示範未來的人如何使用電腦來取用資訊。赫斯回憶表示，當時現場做了一次示範，告訴大家，民眾如何能在廚房中裝設電腦控制台，使用它來從互連電腦網絡取得食譜。那種（高研署歷史所稱的）利克萊德「彌賽亞式」願景的必要技術，多半還得等待許多年才能實現。身為互動運算的首要推動者，利克萊德希望民眾首先能了解那項概念。利克萊德嘗試驗證，到了未來，所有人都能有台電腦，大家都能和那些電腦直接互動，而且那些電腦全都串連在一起。他在個人運算和現代網際網路出現之前多年就演示了這些成果。

利克萊德在高研署既緘默卻又強勢的任職經歷，為電腦網絡建置奠定了基礎，就這點幾無絲毫爭議，而且到了最後，這項成果還催生出現代網際網路。真正的問題是為什麼？高研署是個軍事機構，那個網絡當然不是只為交換砂鍋食譜。不過到了一九九〇年代，大眾新聞報導頻繁一再講述，網際網路的根源可以追溯自高研署，彷彿那是公認的事實，還說那是為了創建一套能熬過核戰的軍事通信系統所得成果。[3]這套說詞激使一群受高研署資助的科學家提出一則反面說法，他們堅稱研發電腦網路建置主要是為了民間用途。真相還比較複雜一些，而且也不可能把網際網路的起源和一九六〇年代早期五角大廈對戰爭問題（兼含有限戰爭以及核戰）的興趣切割開來。[4]若非軍方有交兵的需求，網際網路就不大可能誕生，或起碼不大可能誕生在高研署。要追溯高研署建置電腦網絡的根源，首先必須了解，五角大廈是基於什麼樣的動機雇用像利克萊德這樣的人。事情從洗腦開始。

「我兒！我兒！稱頌上主，」貝茜．迪肯森（Bessie Dickenson）站在馬里蘭州安德魯空軍基地坡道上呼喊，看著她三年多未見的孩子走下飛機。那是在一九五三年，他們這次團圓為期很短；有時被報紙描述為「山地男孩」的二十三歲愛德華．迪肯森（Edward Dickenson）很快就要以通敵罪名接受軍法審訊。迪肯森是二十幾名韓戰美軍戰俘之一，他起初選擇留在北韓並全心擁戴共產黨。迪肯森很快就改變主意，回到美國，剛開始他還受到歡迎，接著便遭指稱為叛徒。在他的軍法審訊庭上，辯護律師論稱，那個年輕人來自維吉尼亞州，出身一處地名簡直就像虛構的「克拉克爾斯內克」（Cracker's Neck）區域，他是個單純的鄉下男孩，遭監禁那些年來被共產黨「洗腦了」。由八名軍官組成的諮詢小組不為所動，裁定他有罪，並判他入獄服刑十年。

「洗腦」在一九五〇年代還是個新鮮詞彙，最早是間諜轉行當記者的愛德華．亨特（Edward Hunter）引進並推廣普及。亨特為文論述這種能動搖人心的危險新武器。共產黨已經投入多年從事洗腦研究，不過亨特說，韓戰是個轉捩點。一九五八年時，他告訴眾議院非美活動調查委員會，由於洗腦策略產生的作用，亨特宣稱，「每三個美國戰俘就有一個以某種方式和共產黨合作，要嘛是提供情資，不然就是為他們宣傳。」在心理戰方面，共產黨已經領先美國，而且他們的「新武器是要完整征服人和都市」。

隨著李察・康頓（Richard Condon）的一九五九年暢銷小說《滿洲候選人》（*The Manchurian Candidate*）出版，洗腦也很快就進入了民眾的想像。小說內容講述一位顯赫家族子弟作戰被俘，受了暗殺訓練，回到美國並化身潛伏特工。（這種長年受到歡迎的構想可見於現代電視影集《反恐危機》〔*Homeland*〕，講述一位美國戰俘如何遭基地組織策反）。

不論現實洗腦事件的真相為何，爭奪人類心靈的戰役在一九五〇年代晚期已經成為重大隱憂，也成為五角大廈認真研議的課題。美國和蘇聯打起了一場意識形態戰爭和心理戰。由於迫切想運用人類行為科學，因為它兼具物理學和化學，五角大廈便委託史密森尼學會召集一個高階諮詢小組來推薦最佳行動方案。史密森尼學會深具影響力的心理與社會科學研究小組在一九五九年成立，負責向五角大廈提供長期研究計畫方面的建言。諮詢小組的完整報告隸屬機密，不過小組首腦查爾斯・布瑞（Charles Bray）仍發表了一些非保密類的發現，刊載在一篇名為〈前瞻具國防用途的人類行為技術〉（Toward a Technology of Human Behavior for Defense Use）的論文，那篇文章勾勒出五角大廈在心理學領域扮演的寬廣角色。「未來任何曠日持久的戰爭都會出現『特種作戰』、游擊行動和滲透，」布瑞寫道，「我們的部隊和人口群有可能遭顛覆破壞，戰俘會遭『洗腦』。軍事機構必須做好準備，提供協助，促使可能遭擾亂瓦解的平民百姓復原並整合凝聚，同時也試行讓敵方百姓的忠誠度出現轉移。」

心理學在冷戰期間迅速成為軍方寵兒。埃倫．赫爾曼（Ellen Herman）在她有關該領域的調查報告中這樣寫道，「到了一九六〇年代早期，國防部每年約一千五百萬美元的社會科學研究預算，幾乎全都投入心理學領域，這個金額已經超過了二戰之前的整個軍事研發預算。」當然了，五角大廈的興趣，以及史密森尼學會諮詢小組的推薦，都不只關乎洗腦。布瑞寫出了形形色色的應用方法，從「勸說和推動」到電腦扮演「人機系統，也就是科學家和電腦系統」的角色。

到最後史密森尼學會諮詢小組向五角大廈的國防研究與工兵局局長提出建言，主張高研署可以執行一項包羅廣泛的方案，而且把行為科學和電腦科學都含括納入。這個建議經五角大廈官員詮釋，劃分成兩項不同的任務並指派給高研署：一項隸屬行為科學，含括從洗腦心理學到社會定量模塑等所有事項，接著第二項隸屬指揮與管制，著眼於電腦方面。儘管五角大廈分以不同做法來處理高研署的指揮與管制和行為科學工作事項，史密森尼學會的諮詢小組檔案卻清楚顯示，組內成員認為兩個領域密切相關：兩邊都關乎從人類行為開創一門科學，不論人類行為是指人類與機器或者與其他人互動。還有誰能比一位對電腦很感興趣的心理學家更適合領導這兩項業務？一九六一年五月二十四日，布瑞寫信給利克萊德，詢問他有沒有興趣到高研署服務，當時那位心理學博士任職於麻薩諸塞州的博爾特，貝拉尼克和紐曼公司（Bolt, Beranek and Newman Inc.）。布瑞解釋，新的職位負責主持「行為科學委員會」，他寫道：「我相信，你可以清楚看出，不論是好是壞，那個職位都是潛力無窮。」那個職位工作會很「繁重，令人精疲力盡」，而且就像當時多數政府職務，年薪也不會很高，介於一萬四千到一萬七千美元之間。

利克萊德最初的專業領域是心理聲學，研究聲音知覺的學問，不過他在麻省理工學院林肯實驗室工作時，對電腦產生了興趣，那時他的使命是設法保護美國免受蘇俄轟炸機攻擊。利克萊德就在那裡參與了半自動地面防空系統（Semi-Automatic Ground Environment，縮略SAGE，簡稱「賢者」）事務，那套冷戰電腦系統的設計功能可以串連二十三處防空站，遇有蘇俄轟炸機攻擊美國，就能協調追尋敵蹤。賢者電腦能與人類操作員合作，協助計算出最佳應變做法，來對付蘇俄來襲轟炸機。基本上，那是處理核末日的決策工具，而且催生出了幾十年來從電影《戰爭遊戲》（*War Games*）到《魔鬼終結者》（*Terminator*）等有關審判日電腦的流行文化理念。

事實上，等到賢者實際部署時，洲際彈道飛彈也已經問世，導致系統幾乎完全過時了。儘管如此，對利克萊德等投身賢者系統工作的科學家來講，這次經驗改變了他們對電腦的看法。在賢者系統之前，所有電腦都是大型主機，使用批次處理作業，意思是程式採逐一輸入，而且通常都使用打孔卡片來執行，接著電腦就進行運算並吐出答案。就當時多數人來講，一個人整天坐在電腦前面和它互動，根本就是天方夜譚。不過當賢者系統出現，作業人員頭一次擁有個人控制台，能顯示視覺資訊，更重要的是，他們甚至還使用按鈕和光筆，直接在控制台上工作。換句話說，賢者是互動運算的最早實例，使用者能直接提供指令，此外還有分時處理，讓多位使用者能同時使用一台電腦。

根據賢者經驗，利克萊德看到了未來前景，人員能使用擺在書桌上的個人控制台來與電腦互動，不再需要走到大房間，把打孔卡片投進機器，由它們來咀嚼數字。換句話說，利克萊德瞻望設想出現代的互動運算概念。今天看來平淡無奇的概念，在一九六〇年代早期是個革命性想法，那時的電腦仍是巨大的奇異事物，安置在大學實驗室或政府設施裡面，專供特殊軍事用途。這幅願景意味著捨棄批次處理作業，不再採單一使用者以單一電腦做單一事務。如今的做法是，一群使用者能從遠端控制台取用單一電腦資源，幾乎同時執行不同的功能。利克萊德的一九五七年文章〈真正可稱賢者的系統，或前瞻人機思維系統〉（The Truly SAGE System; or, Toward a Man-Machine System for Thinking）是最早勾勒出這種新途徑的宣言之一，這也彰顯了他是一群希望改變運算作業的科學家的領導人。

一九六〇年，利克萊德把這個想法往前推進一步，他發表了一篇論文，後來成為催生出網際網路的開創性文獻。文章標題很簡單，叫做〈人與電腦的共生〉（Man-Computer Symbiosis），這不是普通電腦科學家的作品，從他開宗明義幾句話就能看出。「無花果樹只能靠榕果小蜂（*Blastophaga grossorum*）這種昆蟲傳粉，」他寫道，「那種昆蟲的幼體住在無花果樹的子房中，從那裡取得食物。因此樹和昆蟲緊密相依：沒有那種昆蟲，樹不能繁殖；沒有那種樹，那種昆蟲就沒東西吃；牠們不只是構成了一種存活關係，還建立了富饒興旺的夥伴關係。這種相互合作的『兩種相異生物體以親近關聯，甚至緊密結盟方式所營共同生活』稱為共生。」

人和機器之間的這種共生現象，從根本上有別於如今主要採批次處理的電腦；也有別於死硬派人工智慧愛好者，那些人把他們的希望寄託於思維型電腦身上。利克萊德推想，真正的人工智慧要落實成真，比起某些人士所想還遠遠更為久遠，而且當中會有一段以這種人機共生為主導的過渡時期。他所描畫的景象，呈現民眾使用一批聯網電腦，「彼此以寬頻通信線路相連，並以出租線路服務來連接到各個用戶。」

軍事用途肯定高高列在利克萊德的清單頂部：畢竟，他的構想是賢者激發的，而且他的文章討論的是軍事指揮官的需求。不過他的願景還遠遠更宏偉得多，他在論文裡面納入了必須快速決策的企業領導人，以及庫藏能彼此連結的圖書館。利克萊德希望人們能明白，他描述的並不是任何特定的應用方式，而是人與機器互動的整個變態過程。個人控制台、分時和網絡建置——那篇文章基本上闡述了現代網際網路的所有基礎。不過在那時候，這一切都只是個憧憬；必須有人開發出底層技術才能實現。一九六二年當利克萊德獲高研署工作邀約時，懸缺職位的薪水很低，壓力很高，而且那個單位很不起眼，才剛成立四年，該機構的職員全都是臨時聘雇的，預想他們不到幾年就會離職。他同意上任一年，因為這讓他有機會落實他的電腦網絡願景。

一九六〇年，利克萊德發表電腦網絡宣言的那一年，加州蘭德公司分析師保羅・巴蘭（Paul Baran）發表了〈使用不可靠網絡中繼節點的可靠數位通信系統〉（Reliable Digital Communications Systems Using Unreliable Network Repeater Nodes）。那篇論文是巴蘭的提案，建議使用冗餘通信網絡來確保美國遭受初步攻擊之後仍能發射核武。就像利克萊德的著作，他的論述和現代網際網路同樣具有眾多相似之處。

多年以後，隨著民眾開始探索網際網路的起源，一場論戰也應運而生，各方爭執誰能正正當當獲封為聯網構想的鼻祖。要把網際網路歸功於某一人或某一構想，都會遇上一個問題，那就是在一九六〇年代，有好幾個人都潛心思考網路電腦。真正的問題是，誰有條件能實際把這個願景轉化為有血有肉的現實。蘭德是個可能人選：不過它還比較像個智囊團，而不像個研究機構，它和高研署同樣有靈活彈性。空軍有可能把含括廣泛的國安問題委託蘭德處理，接著它的分析師就有高度自由來提出種種解答，接下來或許就由軍方接手並撥款鑽研。舉例來說，蘭德的分析師推理構思出了最早的間諜衛星，接著這就促使空軍投入研發日冕。蘭德還讓公司員工享有高度智識自由，並擁有二十世紀部分頂尖核理論學家，好比赫爾曼・卡恩（Herman Kahn），他創制來代表核戰全面爆發的新詞「戰爭高潮」（wargasm），還有他對這個理念的反思，讓他成為孕育諷刺漫畫的絕佳給養。

不過巴蘭思考的課題則是核戰的實際解決之道。到了一九六〇年，也就是利克萊德發表他的指標性論文〈人與電腦的共生〉那年，巴蘭正與他的蘭德公司同事合作進行模擬，測試通信系統在核攻擊情況下的恢復能力。「我們建造了一個網絡，讓它像個漁網，具有不同的冗餘程度，」他有一次接受《連線》（*Wire*）雜誌訪問時回顧表示，「若網子動用了最少條電線來把所有節點連接在一起，我們稱為1。若交叉使用了兩倍數量的電線，冗餘程度就是2。接著是3和4。接著我們對它發起一場攻擊，隨機攻擊。」

把通信網絡描畫成連串節點：倘若兩節點之間只有一個連結，而且被一次核攻擊摧毀，那麼它就不再可能通信。現在設想各節點都與其他節點具有多重連結，接著倘若某些節點被拿掉，這就能提供其他的通信路徑。巴蘭的問題是，有多少冗餘就足夠了？經由一次攻擊模擬，巴蘭和他的同事發現，若是你有三重冗餘，網絡中任兩個節點就有極高機率能夠熬過核攻擊。「就算敵人摧毀了目標的百分之五十、六十、七十或更多，它依然能運作，」他表示，「它非常強固。」

巴蘭後來解釋了他的想法，說明他完全著眼於美、蘇兩國對核武所保持的高度戒備狀態。理論上，只要有能力熬過核攻擊，就能打消另一方發動第一擊的意願，從而產生更穩定的威懾力量。「早期飛彈控制系統的實體構造並不堅固，」他表示，「所以兩邊陣營都要擔受危險誘惑，很可能誤解另一方的行動並搶先出手。若是戰略武器指揮與管制系統更具生存力，國家也就具有報復能力，於是它就更能承受攻擊，如常運作；構成一種比較安定的態勢。」

為讓構想可行，網絡必須採數位式，因為類比式信號傳遞時會逐步衰減。那是種抱負遠大的新構想，問題是，蘭德沒辦法獨力創造出那樣的系統。（巴蘭便曾開玩笑表示，「蘭德」〔Rand〕這個名字代表「只研不發」〔Research And No Development〕）。

蘭德無法建造網絡，空軍就有辦法，而且領導階層對巴蘭的構想很感興趣。然而在相關工作展開之前，一次官僚改組卻把那項計畫轉給了國防通信局，巴蘭猜想，那是個死守類比世界的五角大廈顢頇官僚單位。他心想，與其看著計畫東拼西湊，不如讓它壽終正寢。「我拔了這整個小嬰兒的插頭。這毫無意義。我說，『就等著吧，看有哪家稱職的機構出現。』」結果那家稱職的機構就是高研署。

就在美蘇超強險些為古巴飛彈開戰的那同一個月，利克萊德來到了高研署。在五角大廈高層官員看來，高研署的指揮與管制事項就是關乎核武。哥德爾在那時已經是高研署的副署長，他回顧表示，高研署的新使命，照講是要檢視窺視鏡（Looking Glass）的替代選項。「窺視鏡」是軍隊二十四小時在空警戒「核末日」飛機的計畫代碼。五角大廈的國防研究與工兵局局長布朗認為，他已經指派高研署著眼研究核武指揮與管制相關問題。起草那項任務的布朗回憶，他當時受了自己一位副手的影響，那位副手名叫羅伯特．普里姆（Robert Prim），是個數學家，來自貝爾實驗室。普里姆潛心專研核武指揮與管制相關技術，包括最後催生出核武安全裝置許可行動鏈接（Permissive Action Links）的研究。布朗對軍方開發步調不滿意，所以他把指揮和管制研究指派給高研署，寄望它能提出比較好的結果。

到了一九六二年秋天，這個較好結果的需求變得非常迫切。上任短短幾週之後，利克萊德參加了一次空軍贊助舉辦的指揮與管制系統研討會，會場設在維吉尼亞州溫泉村，那裡正是古巴飛彈危機最牽動民眾憂心的地方。然而那次會議卻始終乏善可陳，沒有人真正提出任何創意構想。在回返華盛頓特區的火車上，利克萊德和一位麻省理工學院教授羅伯特．法諾（Robert Fano）聊了起來，不久火車上另外一群電腦科學同事也加入了。利克萊德把它當成一次額外機會來宣揚他的願景：創造出更好的指揮與管制系統，必須設想出一套全新的人機互動架構。

利克萊德很清楚五角大廈對核武指揮與管制深感興趣。他在早期有一項電腦網絡建置的方案，提到有必要把電腦連結在一起，並納入為初步成形並用來管制核武的國家軍事指揮系統。不過他的願景遠更為宏大。利克萊德和高研署首長魯伊納，以及哈羅德·布朗的一位副手尤金·富比尼（Eugene Fubini）見面時，便向他們推銷互動電腦運算。他並不完全著眼於技術來改良指揮與管制，而是希望改變人員使用電腦來工作的方式，於是這就代表脫離批次處理，朝分時發展，最後並以網路建置為走向。利克萊德反問：「如果戰役打到一半時還得撰寫程式，請問有誰能夠指揮作戰？」

高研署這位新任研究經理決心要證明指揮與管制的重要性，凌駕單純建造一台電腦來控制核武。當他打算和五角大廈官員見面，而且他們打算開始談論指揮與管制時，利克萊德便將談話內容轉移到互動電腦運算。「我明白部長辦公室那些人剛開始都認為我主管指揮與管制辦公室，不過每有機會我總是讓他們談互動電腦運算，」利克萊德說明，「我想，他們到最後也都認為我就是做那個。」

五角大廈官員並不十分明白利克萊德在講什麼，不過內容倒是很有趣，結果魯伊納同意了，起碼他同意利克萊德很聰明，而且細節並不重要。當國防部長「有事要我去見他時，他從來不曾因為電腦科學才找我去，」魯伊納說，「他要我去見他談彈道防禦或核試探測。所以那才是重大課題。」利克萊德的工作「是一旁的一個小小的有趣計畫」。

魯伊納是個工程師，對行為科學還更不感興趣，那是利克萊德的另一項工作，每年才分配到兩百萬美元。魯伊納把這整個領域貶為佛洛伊德式思維。「告訴我，過去二十年間，行為科學有哪些重大突破，意思是你認為那可以給我們帶來新概念、新思想和重要貢獻，還有……那是不是產生自政府合約——是配管工作呢，或者那是某個比較像是托爾斯泰那樣的創新人士，不必拿到政府合同，也能開創偉大人類洞見的人才做得出來的成果？」魯伊納詢問利克萊德。「他說他會去想想，然後我記得他回來了，卻找不出任何非常有趣的事情，於是我說，『是的，有關那項方案，我擔心的就是這個。』」利克萊德最後把行為科學預算大半花在人與電腦互動，[5]而不是用在社會科學的相關課題上，對魯伊納來講，這沒問題。

利克萊德來到高研署時，他發現自己進入一個天才和平庸官僚雜處的組織。那處機構最近才開始介入東南亞事務，而且多半依舊祕密進行，有時那會讓利克萊德感到憂心。他在往後一次訪談時回顧表示，「裡面有某種權謀詭詐成分。」更令人煩心的是，哥德爾，所有那些事項的首腦，「始終不斷嘗試掌控我做的工作，」利克萊德說，「我始終沒辦法弄清楚他在做什麼，所以那讓我很緊張。」不過，利克萊德大半時間都不受打攪。高研署依然是個年輕的機構，幾乎沒有什麼明確的先例可供依循。魯伊納先前已經取消了一個官僚正式單位，高研署計畫委員會。像利克萊德這樣的新人，基本上是邊做事邊制訂規則，創建出日後號稱高研署代表象徵的特性：隨心所欲的計畫經理人，擁有寬廣揮灑空間來建立研究計畫，而且有可能和五角大廈的更宏偉目標只沾上一點邊。

利克萊德手頭迫切問題是如何處理「白象」，那是為賢者防空系統打造的一款新電腦的原型。那台昂貴的龐大設備是賢者升級版的原型機，代號AN/FSQ-32，然而賢者才剛被五角大廈取消。到了一九六〇年，五角大廈的主要顧慮不再是有人駕駛的蘇俄轟炸機，而是洲際彈道飛彈的威脅。既然不再需要，電腦基本上就遭「棄置在高研署的門階上」，起碼就行政上來講，而且連同專案承包商，蘭德的分支企業系統開發公司的相關開銷也一併付諸流水。在利利克萊德回顧表示，那台電腦是一項「重大資產」，不過它是用來執行批次處理作業。在利克萊德這個分時作業哲人看來，那是種浪費，而且成本將近六百萬，那頭白象耗掉了利克萊德指揮與管制專案八百萬美元新預算的最大部分。他不能砍掉那項專案，所以他把賢者電腦當成機會，向能夠與他共享願景的電腦科學家徵求構想。他慢慢把資金挪到電腦運算的「卓越中心」。

這些合約當中，最富雄心的一項是授予麻省理工學院的兩百萬美元大規模資助案，專案名稱「MAC計畫」，這個縮略詞可以代表「機器輔助認知」（Machine-Aided Cognition）或「多重擷取電腦」（Multiple-Access Computer）。MAC計畫含括了互動運算各方領域，從人工智慧和作圖，乃至於分時與網絡建置。高研署賦予麻省理工學院高度自治權，只要資金用在機構指定的目標就成。利克萊德對願景的重視程度超過名望，於是他也承擔了一項風險，使用較多不知名的科學家，好比任職於史丹福研究院的道格．恩格爾巴特（Doug Engelbart）。等合約發包完成時，利克萊德的卓越中心也已經從東岸拓展到了西岸，其中還包括了麻省理工學院、柏克萊、史丹福、史丹福研究院、卡內基理工學院、蘭德和系統開發公司。

一九六三年四月，進入高研署短短六個月後，利克萊德匆匆草就一則備忘，納入了該機構在他那個時代最著名信函之一，寄發給他所資助的人員。他把備忘寄給「星際電腦網絡成員和附隨組織」，這是種不當真的說法，婉轉告訴高研署所資助的研究人員，他們隸屬一個更寬廣的社群，一起朝一個共通目標前進。他寫道，「到了這個極端，問題基本上就屬於科幻作家的討論內容：『你怎麼讓完全不相干的「智人」生物開始溝通？』」那份六頁篇幅的備忘繼續明白陳述他心中所想。「不過在我看來，開發出整合式網絡作業能力依然很有趣也很重要，倘若像我含糊設想的這種網絡能實際開始運作，我們起碼就會有四台大型電腦，說不定六或八台小型電腦，還有種種不同的磁碟檔案和磁帶單元，更別提還有遠端控制台和電傳打字台了，全都呼嘯運作。」

這是對他的互動運算願景所做的最明晰陳述，而願景是一九六三年真正重要的事項，因為利克萊德當時所建構的事項大半是研究的基礎，不是實際的電腦網絡。初步研究沒有產出任何具體事物以供展示，有可能成為一個包袱，因為在那時候，五角大廈幾乎沒有人真正能夠了解電腦的全部潛力。當魯伊納在一九六三年離開時，他的繼任人，來自紐約州綺色佳康乃爾大學的科學家斯普勞爾，差點取消利克萊德的整個計畫。高研署頭一年鼎盛時期過後，在它管理太空計畫並擁有五億美元預算的歷史之後，到了一九六〇年代中期，該機構的資金被砍到幾乎只剩一半，總計兩億七千四百萬美元。斯普勞爾奉命從高研署預算樽節一千五百萬元，於是他立刻著眼尋找過去兩年間看來沒有做出大量成果的計畫。到頭來，利克萊德的電腦工作便列入了他的清單榜首，高研署的這位新署長險些要關閉計畫。

利克萊德秉持他一貫的鎮靜作風來應付取消威脅。他建議，「好吧，你看，且慢取消這個計畫，請你先過來巡視一下目前投入我這項工作的部分實驗室。」斯普勞爾和利克萊德一起前往全國各地三、四個主要電腦中心，結果讓他留下很深刻的印象。利克萊德留住了他的資金。幾十年後，有人請教斯普勞爾，是不是就是他「險些殺了網際網路」，斯普勞爾笑著答道：「是的。」

等到利克萊德在一九六四年離開高研署時，用來代表電腦科學研究工作的「指揮與管制」一詞已經被棄置，改採一個新名稱，「資訊處理技術研究室」，這能強化它的電腦專業並擺脫老舊的核彈個性。他的投資已經結出大小果實。在麻省理工學院，高研署資助的分時系統催生出最早的電子郵件程式，稱為MAIL，由一個名叫湯姆・范・伏列克（Tom Van Vleck）的學生編寫。在史丹福研究院這邊，先前默默無聞的恩格爾巴特實驗採用不同工具，好讓使用者與電腦直接互動；試用了光筆一類裝置之後，最終他確定採用一種小木塊，而且稱之為「老鼠」。

接替利克萊德的人選是年輕出色的電腦科學家伊凡・蘇澤蘭（Ivan Sutherland），在那時候已經以電腦製圖的成就博得高度聲望。然而蘇澤蘭被帶進高研署之時，還只是個二十六歲的陸軍中尉，他之所以獲聘，理由是沒有其他合格的人願意上任。由於高研署只聘用臨時雇員，這種奇特的體系讓那個職缺很難填補。政府薪水很低，而且當時也沒有臨時性學術職缺的規定。不過蘇澤蘭沒有選擇餘地。他回顧說明，「當時我人在軍中，我接到的命令告訴我，『在此令你前往五角大廈就任此職。』」

蘇澤蘭希望遵循利克萊德的智識足跡，卻發現自己面對電腦科學家的抗拒。他嘗試要洛杉磯加州大學從他們的電腦撥出三台來建立網絡，然而相關研究人員卻看不出來這對他們有什麼好處。大學教授唯恐一旦電腦聯網，旁人就能接通取用他們的寶貴電腦資源。當時在加州大學洛杉磯分校就讀研究所的史蒂夫・克羅克（Steve Crocker），還記得當年爭奪電腦時間的情景。他說明，「有一陣子局勢十分緊張，只能報警介入，把民眾隔開，否則他們就要捉對廝打了。」當高研署試行在加大洛杉磯分校執行第一次電腦網絡建置計畫，也遇上了類似的抗拒。克羅克回顧表示，電腦中心主任「認定，在高研署威逼下依某時程做出成果，並不符合大學應該遵循的運作方式」，於是他「拔插頭」中斷高研署合同。

蘇澤蘭稱那項受挫的電腦網絡建置計畫為「我的重大失敗」。那其實並不是一次失敗，只是時機太早。蘇澤蘭離開之後，沒多久他的副手羅伯特・泰勒（Robert Taylor）就接手上任。泰勒沒有蘇澤蘭或利克萊德的名望，不過他有願景和決心。一九六五年，泰勒前往五角大廈E環圈署長辦公室，向高研署的新任署長赫茨菲爾德陳述他的電腦網絡構想，說明這能把地理上分散的處所連結在一起。赫茨菲爾德長期以來對電腦都很感興趣。在芝加哥大學就讀研究所時，他聽了著名數學家暨物理學家約翰・馮・諾伊曼（John von Neumann）的一場演講，並形容那次聽講改變了他的一生。那次演講談的是電子數值積分電腦（Electronic Numerical Integrator and Computer, ENIAC），這是台二戰時期電腦，製造目的是要加速計算火砲射擊諸元表。隨後在高研署時，赫茨菲爾德結識了利克萊德，接觸了他在高研署有關腦與電腦共生的宣導，並受到同等深遠的影響。他回憶表示，「我很早就成為利克萊德的門徒。」

泰勒所提主張，並不是利克萊德幾年前想做的小規模實驗室實驗。泰勒希望建置出實際跨越國土的電腦網絡——以往還從來沒有做過，而且必須有嶄新技術、重大投資，並對研究人員施壓才能辦成的事項。

赫茨菲爾德問道，「你需要多少錢才能起步？」

泰勒回答：「大概一百萬吧，這只是組織建構費用。」赫茨菲爾德答道：「好，我答應你。」

結果就是這樣。批准籌建「阿帕網」所需經費的會談只持續了十五分鐘，最後這個電腦網絡就演變成了網際網路。

網際網路或許並沒有單一始祖，不過利克萊德能夠發揮才幹，在華盛頓實現他的願景，而巴蘭徒具絕佳構想，卻在蘭德胎死腹中，這就彰顯出高研署在一九六〇年代所具備的獨特地位。阿帕網是產生自一九六〇年代早期的高研署非凡匯流因素：專注著眼十分重要但定義鬆散的軍事問題，享有從最寬廣可能視角來處理這些問題的自由，以及最關鍵的是，擁有一位出色的研究經理，他的解答方案雖然與軍事問題連帶有關，含括面則延伸凌駕國防部的狹隘利益。這項根植於冷戰偏執狂，關乎人類心靈的使命，已經轉化為核武安全相關顧慮，如今也經重新形塑為互動運算，隨後還催生出個人運算時代。這是一趟奇特的旅程。

至於阿帕網和核末日的連帶關係，真相就很蜿蜒曲折。阿帕網並不是為扮演核指揮與管制系統角色才建置的，不過它的開發動機出自冷戰時期對核子湮滅和蘇俄宰制的恐懼。哈羅德．布朗對核武指揮與管制的興趣，史密森尼學會諮詢小組對游擊戰和宣傳的關切，以及利克萊德對人與機器的興趣，全都是促成電腦網絡建置的因素。多年之後，在一次採訪時，巴蘭拿創建網際網路和搭蓋主教座堂做了個巧妙的比較。「歷經好幾百年：新人不斷接手，各自在舊基礎上擺放一塊磚頭，而且每個人都說，『我蓋了一座主教座堂。』下個月，在前一塊磚頭上擺了另一塊磚。接著來了一位歷史學家並問道，『嗯，這座主教座堂是誰蓋的？』張三在這裡添了些石頭，李四又多擺下幾塊。若是你不小心，就可能自欺以為你做了最重要的部分。不過真相卻是，每項貢獻都必須以先前的成就為本。所有事情都和其他一切牽連在一起。」

身為啟動電腦網絡建置的高研署署長，魯伊納十分了解，要判定任何人或任何影響有功，會遇上哪些困難，尤其是這項成果到最後還成為高研署最著名的計畫。在往後歲月當中，魯伊納經常在受訪時被問起他在網際網路開發上扮演何種角色。他通常都一再提出相同基調，不過改用不同說法：他實在不知道利克萊德到底在做什麼，只除了他認為那是件好事。魯伊納說：「我對網際網路什麼都沒做，不過我雇用了做那件事的人。」

魯伊納的說法反映了那項研究的更廣大真相，而且後來那還為網際網路鋪設了坦途：電腦網絡建置並沒有占用高研署在一九六〇年代的太多時間和預算。利克萊德之所以能從事他做的工作，[6]完全是由於它的位置低於雷達的最低探測高度。諷刺的是，這個後來被吹捧成該機構最偉大功績的事項，卻是在陰影下成長，遮蔽它的是即將成為該機構遠更宏偉的活動要項：越南。一九六二年，就在利克萊德悄悄著手建立美國的電腦研究（為網際網路和個人運算奠定基礎）之時，高研署的另一個部門則祕密出手為東南亞的一場慘烈戰事奠定基礎。

一九六〇年代早期，高研署獲極高度授權，可以自主解決軍事問題，這項自由支持了電腦網絡建置與核試監測研究並產生豐碩成果，不過高研署在東南亞也正從事同等雄心勃勃的事項，後果卻是遠更為陰森黑暗。往後幾十年間，高研署介入越戰對該機構會帶來深遠的影響。它就平定叛亂的雄心願景促成了大量研究，而且幾十年後還會在阿富汗和伊朗重見天日，為相關技術奠定根基，最後還重塑了美國興兵作戰的根本方式。

第8章 惹火上身

一九六一年晚期，美國逐步升高介入越南，同時也把高研署拖了進去。一九六一年十月，東南亞泰勒任務呼籲增派部隊並支持南越政府，為這項行動奠定了基礎。這時甘迺迪政府已決意要在東南亞擊敗共產主義，因此在這之後發生在華盛頓的爭執，大體都著眼於該怎樣做才能最妥善達成那項目標。而且當時也決定，支持行動大體都得祕密進行。

斯坦利．卡諾（Stanley Karnow）在他的越戰史中寫道，「美國對越南日漸升高的軍事介入大半都保持隱密，部分是由於這違犯了日內瓦協定，」那項協議為外力介入越南設定限制，好比外來軍事顧問人數，「還有部分則是為了欺瞞美國民眾。」卡諾是當年駐越南的記者，曾在一九六一年晚期描述他從西貢旅館看到一艘美國航空母艦停靠港內，滿滿搭載了好幾十架直昇機，全都捆綁固定在甲板上。然而當他向身邊一起喝酒的美軍發言人指出那幅景象，那位軍官卻告訴他，「我什麼都沒看到。」

高研署以敏捷計畫名義在越南發揮的力量，是介入等級得以祕密提升的關鍵，它的外勤辦事處是科學和技術與戡亂作業史無前例的合併。不論那是操弄食物供應、拿森林火災做實驗，或者搬遷整個村子，高研署的敏捷計畫都是在執行全世界第一次大規模戡亂科學實驗。那些實驗當中，最早也最重要的項目之一是化學落葉處理，由哥德爾親自管制。高研署在一九六一年秋天開始實驗，使用號稱「直昇機，殺蟲劑散布裝置，液體」（Helicopter, Insecticide Dispersal Apparatus, Liquid, 縮略 HIDAL）的改裝款 UH-1 休伊（UH-1 Huey）直昇機進行噴灑試驗，此外實驗也動用了固定翼飛機。在那個階段，重點仍著眼在試驗樣區以不同化學藥劑做實驗。哥德爾在一份機密報告中寫道，「本計畫已經妥善考量可能的嫌惡心理影響，而且是在越南政府強烈要求下進行。當地行政區領袖和村長也都參與協調該計畫。」該文件並在一九六一年九月送交五角大廈、國務院和白宮高層長官。

實驗看來成功，起碼在哥德爾眼中是如此，於是吳廷琰總統本人開始要求化學藥劑來摧毀木薯和稻子。初步行動必須動用四架 H-34 直昇機和六架 C-19 飛機來噴灑落葉劑。時間是關鍵；當時已是晚秋，有些稻米已經可以收成，所以報告還推薦使用空投燒夷彈來摧毀稻田。依規劃起初是針對一片一千六百公里區段，稱為「D區」，目的不是摧毀食物，而是清除越共藏身的地面植被。由於化學噴灑作業極端敏感，必須由最高層來下達決定。決策在一九六一年十一月三十日下達，甘迺迪總統祕密授權在越南動用化學落葉處理。

過了五天，哥德爾在一九六一年十二月四日召喚詹姆斯・布朗（James W. Brown）來討論高研署祕密落葉處理實驗的啟動作業。布朗是駐紮馬里蘭州德特里克堡（Fort Detrick）美國陸軍化學部隊生物實驗室的科學家。實驗地點在往後一份備忘提及，只簡單描述為一個

「友善國家」。哥德爾解釋，一項作物毀滅作業已經批准，也預先選定了一個地區供一種落葉劑噴灑，接著還會投遞燒夷彈來燒光林葉。預定由布朗職司初步噴灑作業，並確保南越政府當局準備妥當，一旦噴灑完成便立刻進駐。作業的敏感性十分清楚：哥德爾吩咐布朗，倘若當地政府當局要他提供化學藥劑或保全措施相關資訊，他都得「置若罔聞」。有關那次會面的一份機密文件指出，布朗什麼都不能透露。

一九六二年一月七日，西貢落日時分，三架 C-123 飛機在新山一空軍基地觸地降落。C-123 是一款堅固耐用的雙引擎短程運輸機，由於它能在陽春型簡便機場起降，因此頻繁用於隱密任務。白宮起初權衡打算抹除飛機上的部隊標誌，假冒為民用飛機來執行飛航任務。那個構想已遭否決，不過任務依然歸為機密。為避免探測，飛機都停在一處重兵戒護的坡道上，那裡一般都專屬吳廷琰總統的戡亂空軍中隊使用。那支精英中隊的隊長是阮高祺，一位浮誇的軍事指揮官，出了名地愛用紫色領巾，並與美國的隱蔽行動密切關聯。

機組人員聽取了機密任務簡報，並簽署聲明，承諾不透露他們要前往何方，做什麼事情。那批飛機只簡單冠上「戰術空軍運輸中隊臨時一號」呼號，後來則是以計畫代號牧場手行動（Operation Ranch Hand）相稱。提起保全措施並非毫無根據：有天早晨，美國機員發現有人破壞飛機，還有個越南警衛遭人割喉。抵達越南一週不到，機群就開始在邊和—頭頓公路（又稱十五號公路）上空執行任務。飛行高度只略超過樹梢，飛機加裝了噴灑裝置，對著底下森林穩定流洩化學藥劑。機內一個個藥劑桶都塗上色帶，標示裡面裝了哪種化合製劑。那批最早期飛機搭載的桶子上的色帶是紫色的，代表「紫劑」，由成分各半的兩種除草劑混合製成，分別為：二氯苯氧乙酸（dichlorophenoxyacetic acid）和三氯苯氧乙酸（trichlorophenoxyacetic acid）。其他製劑還包括粉紅、綠、藍、白，以及到最後在越南最廣泛使用的落葉劑，橙劑。

從眾多層面來看，哥德爾推行敏捷計畫都是獨斷獨行，跳過所有人，甚至連高研署署長魯伊納都包括在內，不過他也很高興能忽略這整個亂局。哥德爾經由戡亂特別小組向五角大廈與白宮高官提出報告，還把敏捷計畫當成私人專屬禁臠。事實上，哥德爾心中非常清楚自己努力想達成的目標。他解釋自己的基本理念，說明為什麼採行這種途徑，把種種不同計畫視為一個「武器系統」，意思是選定個別武器或技術並不是為了發揮其本身用途，而是為達成一個特定目的：讓南越有能力自行作戰。哥德爾寫道，「巡邏犬以及落葉劑的開發和使用，舉例來說，目的就是要帶領越南部隊離開他們的華麗藏身堡壘，主動追擊敵人。」

哥德爾的敏捷計畫全都緊密連結在一起。化學落葉處理能斬斷食物的來源，去除越共藏身的森林地面植被。南越部隊能獲得高研署提供許多新技術，好比新型輕步槍，用來與林中越共戰鬥。最後，整體戰略的關鍵是戰略邑計畫，期能由此將農民和他們的家庭異地安置於能保障安全的區域，斬斷越共恐嚇、徵募新手以及再補給的機會。至少計畫是這樣打算。

在東南亞執行人口異地安置的構想，可以追溯至一段悽慘的根源，那是在英國統治馬來亞時期，一九四〇年代，當地面臨共黨叛亂。馬來亞國防常務次長羅伯特．湯普森（Robert Thompson）擬出了一項含括廣泛的戡亂計畫，其中牽涉到一套複雜的心理作戰，好比派遣

「大聲公」飛機升空命令叛黨投降，化學落葉處理來清除叛軍藏身處所，還有為村莊構築防禦工事，這就是哥德爾和其他官員最後在越南提議的做法，只是規模較小。

正當蘭斯代爾把他的菲律賓教訓帶到越南，像湯普森這樣的戡亂專家則提供了馬來亞學來的教訓。而且就像菲律賓，馬來亞也提供了一個誘人的個案研究，因為大家認為那次行動成功弭平了叛亂。不過兩個地區存有一些關鍵差異。馬來亞的共產黨徒都是華裔，和馬來亞族群有明顯差別，所以當人口經過異地安置，要隔絕華人不使進入新村莊就比較容易。然而就越南的情況，我們很難分辨誰是越共，誰是忠於政府的農民。另一項重大差別是規模：馬來亞的共產叛黨大概只含不到一萬戰士，至於越共的數量，在一九六二年至少就達到八萬。

不論從哪個尺度來看，戰略邑計畫都是一次規模龐大的行動；它涉及南越農村人口遷置，移往新建村莊。計畫執行必須要靠政府有能力解釋政策，接著還得有辦法提供基礎建設和安全保障，才能建造戰略邑並保障其安全。就美國這方，他們推想村民希望得到保護，免受越共侵擾，因此他們會很願意，甚至樂於遷移到受保護的地區，然就實地現況，實情還更複雜得多。戰略邑創建工作從平陽省開始，一九六二年三月，南越政府在那裡展開計畫，專案名稱為日出行動（Operation Sunrise）。沒幾個農民志願從他們的農田搬遷到要塞營地。南越政府依然繼續推動，由吳廷琰的胞弟，和農村生活現實相隔十萬八千里的吳廷瑈負責處理。到了秋天，西貢政府宣稱三二二五處戰略邑已經建造完成，「而且全國總人口有超過百分之三十三已經住進了完工的戰略邑。」

然而高研署從一開始就明白，那些數字沒有道出更複雜的實地現況。根據高研署一份一九六二年農村安全報告，「戰略邑是一種精神和情感的狀況，並不是不可滲透的堡壘。」那是說明戰略邑的樣式並沒有明確藍圖的另一種講法，形式不定的原因在於，南越政府幾乎沒有提供絲毫資源來挹注新營地。細部狀況並不清楚，但目標可不是這樣了。高研署同一份報告還直截了當把戰略邑描述為「政府對百姓的正式控制機器」。報告陳述，「有效的」戰略邑「指邑內所有百姓和他的活動都大致清楚，而陌生人和反常活動可以輕易觀察得知」。

儘管南越政府聲稱取得巨大成功，從事敏捷計畫工作的人員卻心懷質疑。有關強迫勞役、不滿的農民和空蕩村莊的報告，經由西貢的作戰發展和測試中心走漏傳回華盛頓。一九六二年，蘭德公司新近雇用了能講越語的人類學家杰拉爾德·希基（Gerald Hickey）負責高研署敏捷計畫，於是他開始實地考察戰略邑，踏遍了南越各處，包括糾支縣。他眼中所見並不樂觀。農人訴說遭強迫服勞役，協助構築戰略邑防禦工事，導致他們無法下田工作。有些地區的農耕產量大減，而就原本已經難以維持生計的民眾而言，這種沒有補償的勞役帶來的是苦難。至於精心構築的防禦工事，包括了竹刺和預警裝置，越共只須挖掘隧道就能滲入戰略邑，至少在糾支地區是如此。

希基參加了一場「戲劇性」儀式，宣告糾支戰略邑正式竣工，現場卻呈現迥然不同的景象。那處戰略邑事前匆匆清理整潔，村民奉命待在邑內。吳廷琰的胞弟吳廷瑈蒞臨，不管從哪個層面來看，那裡就是個作秀用的樣板村。吳廷瑈手握一支煙嘴主持儀式，不過有一群人沒有出席，他們是不獲充分信任，不得參加的居民。希基向高研署呈報戰略邑計畫相關事項，由於內容充斥負面消息，在華盛頓並沒有受到熱情歡迎，不論民間或軍方領袖皆然。希基在五角大廈做簡報時，哈羅德·布朗和許多官員都在場聆聽，他基本上對希基和一位同事不屑一顧，甚至還掉轉椅子不看他們。一位陸戰隊將軍揮拳搥打會議桌，告訴兩位蘭德顧問，農民受施壓，被迫幫助他們推動計畫。[1]

一九六二年四月，越南戰略邑計畫逐步瓦解，高研署委託蘭德公司在華盛頓特區舉辦一場研討會，召集全世界頂尖戡亂專家，向曾在馬來亞、菲律賓、肯亞和阿爾及利亞累積相關經驗的軍官取經。這些專家包括後來成為戡亂同義詞的大人物，像是蘭斯代爾和法國軍官加呂拉。他們花了四天時間討論平息暴亂的經驗，以及當初採用的種種不同技術，包括強迫異地安置。他們的情緒激昂。就阿爾及利亞的情況，加呂拉宣稱，那裡的女人喜歡新居處「不同的社會生活」。其他與會人士讚揚在馬來亞和肯亞的執行的異地安置，稱之為成功的措施。華盛頓特區那群戡亂專家對越南發生的情況似乎不以為意。

回頭看華盛頓，那裡的官員或許不想聽，不過越南的戰略邑是戡亂的關鍵措施，卻似乎從創建之初就幾乎開始崩解。「不可否認，這正是該政權從一九六一年開始投入戡亂以來的主要問題層面，」勞倫斯·格林特（Lawrence Grinter）在一份未發表的戰略邑分析報告中寫道，「那項行動毋庸置疑落得慘敗下場。」報告束之高閣，埋藏在高研署一家約聘機構的檔案中。

到了一九六三年秋，敏捷計畫在所有前線分崩離析，南越各地叛亂擴大，蔓延更廣，反吳廷琰政權的勢力普遍滋長。戡亂專家並沒有把吳廷琰的關鍵影響放在心上，支持吳廷琰的蘭斯代爾就是一例。倘若親切的吳廷琰是南越政府的台面臉孔，那麼吳廷瑈就是幕後操盤的藏鏡人，扮演總統的密友和強人角色。吳廷瑈在法國受教育，自詡為知識分子，他在西方顧問眼中是個謎，大半由於他總是避免與他們見面。他以哲學家為幌子，縱容自己使用鴉片成癮。吳廷瑈實權在握，握有該政權的準軍事力量。

戰略邑由吳廷瑈負責推動，這時已經淪於廢弛，而且湄公河三角洲遍布空蕩村莊，裡面全是沒有屋頂的小屋以及毀壞的有刺鐵絲網，就像囚徒老早脫逃一空的廢棄監獄。哥德爾的其他許多構想，好比他為南越部隊引進軍犬的計畫，也全都失敗了。巡邏犬是哥德爾在敏捷計畫項目下最早提出的方案之一，原本期盼牠們能協助南越士兵在越南茂密熱帶植被間更有效作戰。然而哥德爾的軍犬沒辦法適應森林生活，大半生病、死亡，或被吃掉。[2]吳廷琰早就警告他們會有這種結果。接著還有化學落葉處理。噴灑作業本該保持隱密，結果卻很快曝光，成為北越與蘇俄宣傳的好材料，指控美國人毒害作物，而且這是實情。

連部分美國官員對落葉處理都深感憂心。五角大廈工程師西摩・戴契曼（Seymour Deitchman）注意到高研署西貢複合場區的死樹和黃褐植株。殘留橙劑的空桶就貯藏在複合場區的低矮殖民期建築群之間，揮發蒸氣把高研署辦公處內外週邊的植被全都殺光。[3]作戰發展和測試中心的越南首腦廣澤上校一度動手出售空桶，結果卻惹來了麻煩，並不是因為空桶有什麼危險，而是由於他沒有讓他的上級分一杯羹。戴契曼很擔心；看來沒有人認真考慮，使用這些化學品對健康有什麼危害。戴契曼在一次五角大廈會議上詢問哥德爾，「嗯，你知道民眾沾到了會產生什麼影響嗎？」戴契曼記得當時對方的回答是一句髒話詛咒和憤怒不齒的態度。「高研署一定要打贏戰爭，」哥德爾告訴戴契曼，「那就是它的角色。」

哥德爾的部分計畫還惹來了料想不到的政治問題。哥德爾帶到越南的 AR-15 原本是要用來為南越部隊示範性能，做為一種輕盈的低後座力武器，而且比二戰時期的 M1 加蘭德步槍或當時美軍常規使用的 M14 步槍都更適合在森林中使用。有限數量的 AR-15 步槍在一九六二年配發美軍特種部隊和越南士兵使用。哥德爾後來坦承，他還想要「伸手指戳戳陸軍的眼睛」，因為陸軍領導人完全不肯使用新步槍。

根據高研署初步實地報告，那項實驗看來取得了重大成功。根據一九六二年八月一份實地測試報告，「AR-15 做為越南部隊基本肩射武器的適用性已經確立。就以如今發生在越南的那種衝突而論，」美國軍事顧問發現，和其他受測武器相比，AR-15 的表現「基本上在所有層面都比較優秀」。於是在越南的美國軍事援助顧問團申請了兩萬支 AR-15 步槍。同時五角大廈的系統分析組也使用高研署的結果，發表了自己的研究，並歸結認定，「AR-15 在眾多考量因素上肯定都更優越。其中沒有一項發現 M14 比較優越。因此本報告的結論是，AR-15 是比較優越的作戰武器。」然而當擁護 AR-15 的人士回到華盛頓，使用那些正向報告，試行說服五角大廈為美軍士兵購買新武器時，卻在白宮、國會和五角大廈之間引燃了一場政治風暴。陸軍不喜歡聽人指使它該買什麼武器，而且部隊領導階層相信，AR-15 的致命性不如 M14。[4]

陸軍在一九六三年寫出了自己的報告，歸結認定 M14 是比較好的武器。往後三年期間，陸軍一直遭受批評者指責心懷偏見，也不斷在五角大廈和國會與擁護 AR-15 的人士爭鬥，直到最後才被逼著購買那款步槍。即便如此，陸軍仍發包針對原始設計做了更動，包括球形發射藥，後來也因此遭人怪罪，指稱這就是交火時卡彈的起因。論戰你來我往：士兵就卡彈問題以及必須不斷清潔槍枝發出怨言，AR-15 擁護者則責備陸軍改動設計。在此同時，高研署當初測試以期「迅速配發更適合越南共和國陸軍實戰使用的步槍」的原始目的，則由於武器在五角大廈引發的官僚內鬨而往後拖延。結果 AR-15 花了六年才大量配發南越士兵實戰使用，最後他們是在一九六八年新春攻勢[5]之後，才得到新步槍。哥德爾原本希望 AR-15 能幫助越南士兵與叛黨作戰，結果他卻見到自己的構想困陷另一個完全不同的問題：配發新武器供美軍使用。最後，美國三軍全都採用了 AR-15，定名為 M16，往後多年，高研署官員經常吹捧那是個成功案例。哥德爾的評估就很不同了。他說道，「那是個顯而易見的，徹頭徹尾的失敗。」

即便敏捷計畫的部分技術確實發揮作用，然而高研署署長魯伊納戲稱為「小噱頭和小玩意」的這類事物，是否真能在戡亂行動中有效發揮，達成整體目標，那就不得而知了，畢竟那些技術都是以南越政府能有效運作為前提。吳廷琰的專制政權飽受用人唯親、腐敗無能等問題荼毒，合法性也因為殘酷鎮壓，特別是對南越佛教徒的迫害而受了減損。

華盛頓對吳廷琰以及對戡亂擁護者的耐心日漸消弭，以作業研究出名的國防部長麥納馬拉從來不曾擁抱戡亂，起碼不是真心接受像蘭斯代爾之流所推廣的那種類型。同時到了一九六三年，蘭斯代爾已經退居邊線位置，起碼就越南相關事項而言。回頭看西貢，美軍領導人也對高研署感到挫敗，覺得他們侵入自己的地盤。高研署的上司並不是在越南負責作戰的指揮官，而是五角大廈大本營的哈羅德．布朗。根據一份官方陸軍史料，各軍種把高研署看成討厭的競爭者，而且他們「對高研署的外勤單位抱持懷疑態度」。

高研署這時和它在一九五八和一九五九年初創時期的處境雷同。由於哥德爾的努力，高研署已經在一個領域成功為自己打造出一個角色，而且那個領域還演變成為美國政策的前鋒核心要項。接著在機構歷史進程，高研署第二次發現自己身邊強敵環伺，個個都想分裂它日漸增長的帝國，不過這次的主題不是太空，而是越南。

越南時間一九六三年十一月一日下午四點半，吳廷琰總統慌亂致電美國駐西貢大使亨利．洛奇二世（Henry Cabot Lodge Jr.）。總統府發生槍戰，叛徒策動政變：美國抱持什麼立場？

「我不覺得以我所知足夠告訴你任何事情，」洛奇回答，「我聽到了槍擊，不過我沒有了解所有事實。還有，華盛頓現在是凌晨四點半，美國政府不可能有任何看法。」

吳廷琰發怒答道，「不過你一定有某些大致的想法吧。」

南越總統有理由質疑美國大使；他從來不信任美國人，儘管他無從明確得知，不過他正確猜到美國支持刻正發生的政變。南越軍隊叛逆掌控了西貢，而且迅速逼近總統府。西貢市內的高研署人員，包括從華盛頓首次來越南考察的赫茨菲爾德，看著戰鬥在西貢鬧區帆船酒店的屋頂酒吧開打，一直延續到深夜，偶爾見到機槍曳光彈尾跡還得藏身閃躲。當晚吳廷琰和他的弟弟穿過一條祕密地道，帶著裝滿美鈔的手提箱，逃出了被包圍的總統府，前往西貢華人聚居的堤岸區避難。

回頭看華盛頓，吳廷琰的支持者還面對了其他問題。敏捷計畫的守護神蘭斯代爾被迫從空軍退休，而且他在過去兩年屢遭排擠，對東南亞戡亂事宜已經不再有影響力。（中情局豬玀灣慘敗之後，蘭斯代爾協助指揮貓鼬行動，接連多次試行刺殺古巴領導人卡斯楚，結果都以失敗收場。）哥德爾在一次重要會議之前不久接獲政變消息，後來那次會議對他的事業，還有對高研署，都產生了深遠的影響。

約翰．懷利（John Wylie）是五角大廈行政官僚，負責督導挹注高研署越南機密行動的資金，他召喚派駐高研署負責分發現金的海軍陸戰隊少校威廉．柯森（William Corson）。懷利希望那天早上和柯森與哥德爾見面。怪的是，懷利並不想在五角大廈商談，卻堅持改在附近的雙橋萬豪汽車旅館會面。由於位置方便，距離五角大廈才五分鐘，又有好景致，能看到波多馬克河和華盛頓紀念碑，那裡便成為軍官常用的集會地點。然而當一個人召開財務會議，討論機密的越南計畫資金嚴肅課題時，一般不會選在那個地方。懷利的要求很怪，不過柯森決定不和五角大廈高官爭辯。

柯森是個神祕人物，在一九六二年六月奉派到高研署擔任哥德爾的特別助理，並兼任國防部暨中情局戡亂聯合委員會祕書職。這位年輕的陸戰隊軍官似乎看不起高研署和它從事的所有事項。他認為與他共事的國防科學家都是「禿鷹」，他們的奇技淫巧，好比作物落葉劑和搜捕裝置，對解決叛亂的根本起因可說幾無建樹。在一次討論戡亂工作企劃案的會議上，柯森譏笑高研署大力推薦的所有研究，並表示它們全都「注定要失敗」。關於一項檢視中情局暨特種部隊活動的企劃案，柯森嘲弄說，「這個對高研署的價值，大概就相當於聘請一位婚姻輔導員來為伊莉莎白・泰勒與理查・波頓做婚姻諮詢。」

柯森在高研署經評定為「A級」幹員。在間諜圈子，A級幹員負責處理必須以現金供特殊目的（例如：支付線民）[6]使用之融資作業。就這個案例，柯森負責高研署東南亞機密活動現金付款相關作業。那位陸戰隊少校後來宣稱，他只知道自己扮演的是「主計長」角色，此外對於自己該做什麼事情幾無所知。

接下來那一整年，柯森會接連撥交預付款項給哥德爾以及懷利，取回的領據有些包含如「高研署指導的活動」等含糊描述。隨後當他從越南或其他國家返國，哥德爾就會呈遞完整費用報告，接著現金收據就會被銷毀，循此認可預付項目業已塗銷。這套體系似乎能順暢運作，直到一九六三年十一月初才出現問題，當時麥納馬拉突然要求全面清查現金帳。當審計師開始梳理A級紀錄，他們發現資金出現短缺。懷利身為肩負高研署現金最終責任的人，心知肚明這會遇上麻煩。這件事會把人送進牢房。

週五早晨，天上下著雨，懷利開著他的龐帝克汽車，來到五角大廈的河岸出入口接柯森前往萬豪。來到旅館早餐區，兩人坐下不發一語，氣氛尷尬，直到哥德爾在半小時之後搭乘高研署轎車現身。哥德爾抵達並沒有改善氣氛；他全副心思都擺在越南政變，懷利對現金帳滿心驚恐。當哥德爾和懷利開始討論帳戶狀況，柯森聲明自己完全聽不懂。「當你身邊圍著一群情報界人士，」柯森回顧表示，「你知道他們在講英文，你知道每個字的意思，但是對話內容卻極端隱晦。」

現金帳調節方面存在一些問題，哥德爾對負責管錢的懷利愈來愈感到不耐。「如果你遇上了麻煩，那你現在就應該去找你的老闆，向他說明，」哥德爾終於對懷利發了火，「如果你惹上大問題，嚴重的問題，那麼你應該立刻找個律師，找個好律師。」

問題根本沒解決，懷利獨自離開，柯森和哥德爾駕車回五角大廈。回程途中，哥德爾問柯森，自己欠A級帳戶多少錢，意思是，以他最近幾趟東南亞出差預收現金總額計算，他總共負債多少。柯森告訴他，他的未清餘額約為三千美元。午餐過後，哥德爾和柯森一起到五角大廈大廳區一家大衛曼恩珠寶，那家私營商店從錶帶到戒指什麼東西都賣。哥德爾認識店主，他在那裡用一張個人支票兌現兩千元。剩下的部分，他從他的辦公室保險箱取出一千元，和柯森結算並還清帳戶欠款。哥德爾心想這事情解決了，回頭繼續處理越南的慘況。

回到西貢，吳廷琰和弟弟逃到堤岸，藏身一處法國教堂。兩兄弟認為雙方業已取得共識，對方允諾讓他們安全出境，於是兩人進入政變領袖派來的一輛裝甲人員運兵車。車輛回頭朝軍事總部開去時，兩兄弟在車內遭人射殺，屍體並多次遭利刃損傷；他們的殘缺屍體照片最終流入新聞。吳氏兄弟慘死消息在十一月二日傳回白宮，甘迺迪總統「從房間衝出來，滿臉驚駭、沮喪」。政變或許是白宮批准的，然而從各方面來看，甘迺迪對兩兄弟死亡感到震驚是真實的。

就哥德爾這邊，他深深信賴的吳廷琰遇害，對他個人來講是一次很沉重的打擊。接著過沒幾天，國防部長麥納馬拉在一九六三年十一月五日下達一道命令：A級幹員必須繳回所有現金並結清帳戶。接著就是一次無預警稽查。當查帳員出現在懷利辦公室門口，他一開始先請他們稍後再來，對方拒絕後，他便提出一張四千面額個人支票，並從皮夾取出一百美元鈔票，補上現金缺額。剛開始是一次查帳，後來卻膨脹成為一次刑事調查。接著幹員把注意力轉到哥德爾身上，他習慣花用現金來從事隱蔽作業，而且幾乎都不曾受人質疑。在五角大廈的特種作戰部，哥德爾習於沒有獲得妥善批准就花錢從事隱蔽作業，這種強烈傾向充其量就是讓他遭受訓斥，此外也沒什麼大不了。現在他卻成為聯邦調查局的核心調查對象。

哥德爾接連向聯邦調查局的調查員和督察長提出了答辯，內容卻自相矛盾，其中有些他後來解釋，那是由於前往越南的次數太多才搞混了，部分則是歸咎於帳戶處理方式才導致混淆。而且他回顧表示，有次審訊時他曾遲疑不願意和查帳員討論敏捷計畫的實際情況。他後來解釋，當時他也試行勸阻查帳員誤以為那項工作「從某方面來看是具有高度技術界定的隱蔽情報作業，這點我很不希望和這項計畫扯上關係」。

一九六三年十一月二十二日，又一起事件改變了敏捷計畫的演變方向。甘迺迪總統在德州達拉斯隨車隊行進時遇刺。由於他對隱蔽戰爭的熱衷，敏捷計畫才得以在越南廣泛推行。就在甘迺迪遇害那個週五晚上，高研署三位高官（包括署長斯普勞爾和他的兩位副手，弗羅施和赫茨菲爾德）愁雲慘霧共進晚餐。舉國為總統哀悼，弗羅施記得當晚一般都非常健談的那三個人都默默進餐，偶爾各自反覆開口說「總統被射殺了」。那次晚宴哥德爾並沒有在場，幾個月內，他就會被開除高研署職位，並以詐騙刑事罪起訴。

一個週五夜深時分，維吉尼亞州亞歷山卓市聯邦法院陪審團完成審議。對高研署前任副署長哥德爾訴訟案在一九六五年五月移送庭訊，[7]當時美軍正開始大舉開進南越，也正是高研署的戡亂作業早該先期防範制止的事情。哥德爾推動敏捷計畫的初衷已失，該案原本是要裝備當地部隊，別讓美軍介入衝突，如今前功盡棄。這個目標已經被遠遠凌駕高研署或哥德爾的事件所取代。戡亂行動現在已經變成了一場正規戰爭。刑事審訊本該是一起挪用政府公款的單純案件，結果審議卻拖延了幾乎整整一個星期，陪審員都滿心焦慮。起初陷入僵局，法官告誡他們。「這是一起重大案件，」他在當天下午稍早時告訴陪審員，催促他們設法做出裁決，「審判對被告和起訴雙方在時間、精神和金錢上都付出高昂成本。」

陪審員已經在法院努力三個星期聽取證詞。當天稍早，輸電網故障，電燈開始閃爍。假使他們在當晚依然沒辦法下達決定，就必須在法院附近一家旅館過夜。他們沒有人帶了換洗衣物，連牙刷都沒有。所有人都想回家。

就在陪審團在維吉尼亞州審議的同時，成千上萬學生也在美國另一端集會，他們在加州柏克萊舉辦越南日「教育論壇」，現場引來了一些激進分子，好比諾曼．梅勒（Norman Mailer），他的演講〈高熱烈焰，越南〉（Hot Damn, Vietnam）抨擊那場戰爭和詹森政府。（「越南的情況變得太沉寂了。若說有哪件事情比哈林的夏天還更火熱，那就是對稻田的空襲和轟炸紅色越鬼的燒夷彈。」）在審訊當時，東南亞的衝突只不過才剛開始吸引全國關注。就在陪審員審議前一週，越共結束兩個多月的地面戰停戰措施，並如《時代》雜誌在五月二十一日所述，「像在季風線颱前的遙遠雷鳴般」發動攻擊。在此同時，對北越的空中轟炸，也隨著滾雷行動（Operation Rolling Thunder）逐步推升「美國猛烈、火熱運用空中武力」。

法官一再設法讓證詞遠離越南。他堅稱這是一起詐騙案，不是對美國干預東南亞的審訊。不過由於哥德爾遭指控侵占越南祕密行動經費，也很難把兩個議題區隔開來。政府指稱哥德爾和他的共同被告懷利接連領取大額預借現金，接著同謀就那些預借現金提出假偽的開支報告，然後把錢納入私囊。看來是個很單純的主張，然而當陪審員聽取證詞時，事情卻變得更加複雜，也更加混淆。陪審團得知，兩年以來接連發生了多次金融交易（幾乎全都是現款），要想釐清會計帳幾乎不可能。高研署基本上使用了一套旨在支付隱蔽作業的體系，或者就如哥德爾應訊時所描述，「為支持我們所稱特種作戰，也就是情報作業或其他種種特別行動，而且基於種種不同理由，不宜在國會留下支出記錄者。」審訊拖拖拉拉好幾個星期，陪審員聽取種種不同情節，包括偽裝成打火機的間諜照相機，和越南總統吳廷琰的會談，以及大規模異地安置政策的研擬。

哥德爾的朋友認為詐騙指控荒誕不經。他有妻子和五個女兒，事業飛黃騰達；在他們看來，哥德爾不可能犧牲這一切來換取幾千塊美元，這完全沒辦法令人相信。高研署第一屆署長約翰遜出席庭訊為哥德爾辯護表示，「我從來沒認識過更好的人。」就連對哥德爾評價不那麼溫和的同僚，也認為這樣的指控難以置信。「比爾．哥德爾不會為這麼小的事情費心！」一位前同事肯尼斯．蘭登（Kenneth Landon）聲稱，「假使你跟我講，他捲走了五十萬元，那麼我就會被說動，認為那有可能發生，因為比爾．哥德爾腦中想的總是很宏大。」

認識懷利的人，對這位隨哥德爾一道接受審訊的五十八歲五角大廈財務官僚提出的看法，可沒有那麼慈悲。懷利喜歡豪華的船艇和昂貴的汽車。審判之前幾個月間，他突然宣稱患了精神疾病，入院治療一個月，隨後才經宣布適合接受審訊。懷利在審訊期間看來幾乎都可說呈現昏迷狀況，只凝望著自己的雙腳，然而旁觀者注意到，一旦出了法庭，他看來就完全正常。懷利始終不曾發言作證。

懷利的案情很明確。五角大廈查帳員在一九六三年調查發現，他從高研署帳戶提領現款付錢買了一艘遊艇。然而就哥德爾的案情而言，並沒有什麼證據能指出他拿錢供私人花用。真正的問題是，哥德爾是否按照他所稱方式來使用那筆錢。於是歸結到底就得看陪審團認不認為他所描述的那種現金轉移確實可信，好比花兩千元來買一輛裝甲「Q卡車」。檢察官柏拉圖・卡切里斯（Plato Cacheris）堅稱那場審訊從來不牽扯上越南，完全就是針對金錢。這位檢察官後來擔任辯護律師聲名大噪，為前聯邦調查局幹員羅伯特・漢森（Robert Hanssen）和中情局官員奧爾德里奇・埃姆斯（Aldrich Ames）等間諜辯護。後來卡切里斯回顧表示，「那就是幾個人設法賺個幾塊錢。」

晚上十點之前不久，陪審團主席向法官發了一則訊息。陪審團終於下達決定。十二個人當中有三位女士，全都是家庭主婦，還有九位男子，當地小企業的經理人和職員。懷利因盜用公款和詐欺被判有罪。哥德爾就侵吞公款部分經宣告無罪，但就偽證和與懷利同謀部分則被判有罪。哥德爾的親友都覺得這毫無道理，陪審團怎麼可能既還他清白，相信他沒有偷錢，卻又認定他與他幾乎無法容忍共處的懷利合謀。兩人都被判入獄五年。

隔年，正規軍力介入越南（這正是哥德爾極力設法防範的事情）的態勢繼續迅速升級。哥德爾從他的賓州聯邦監獄牢房驚恐注視死亡數字不斷攀高。他的戡亂工具，好比落葉處理，經轉型成為正規戰爭的武器，這是永遠不該發生的事情。在越戰整個進程，將有超過千萬加侖橙劑（最廣泛使用的落葉化合製劑）被噴灑在越南，導致數萬美軍人員和無數越南民眾接觸到這種致癌化學物質。橙劑成為整項落葉處理計畫的代名詞，[8]而且對許多人來講，也是瑕疵戰爭舉措的象徵。就哥德爾帶往越南的所有事物，化學落葉劑留下了最深遠，也最慘烈的遺產。[9]

哥德爾離開高研署時，心中認為他的所有努力完全落得失敗下場：[10]他沒有成功制止叛亂升級成為戰爭，而且也沒有制止正規部隊引進越南。根據哥德爾所述，「敏捷計畫的目標是在那個時候、在那樣的情況下打贏戰爭，並在最後留下遺產——一種可供『下次』運用的可行解答模式。」結果目標沒有達成，而且當甘迺迪死後，採戡亂來預防境外糾葛的構想也隨他死去。敏捷計畫由哥德爾創作，甘迺迪促成，並獲得吳廷琰支持。如今甘迺迪和吳廷琰都死了，哥德爾則入獄服刑。然而敏捷卻沒有結束，而且就像越戰，反而變大了。哥德爾表示，「我們到頭來只嘗試用技術來打贏戰爭。」十年之後，高研署委託做了一次訪問，羅列所有出自敏捷的真正成功項目，哥德爾在受訪時只回答了一個字：「無。」

儘管敏捷失敗了，哥德爾仍把他運用科學工具來遂行作戰的期許，灌注給他的許多門徒，包括赫茨菲爾德。即便哥德爾已經離去，即將成為高研署署長的赫茨菲爾德全心擁抱那位前情報密探留下的遺產，並繼續擴充敏捷計畫。談到他昔日恩師益友遭定罪，就這個議題，赫茨菲爾德後來只表示，「有些事在所難免。」赫茨菲爾德對高研署和對敏捷計畫的願景比先前任何署長都更壯闊。在赫茨菲爾德看來，全世界就是一所巨型實驗室。

第9章 全球實驗室

一九六五年七月二十八日的一場新聞發布會上，詹森總統宣布，美軍駐越南兵員將增加到駭人的十二萬五千人。當年每月徵兵召集員額為三萬五千人。「這是一場不一樣的戰爭，」詹森表示，「沒有行軍部隊，也沒有莊嚴聲明。南越部分公民有時心中抱持可以理解的不滿情緒，加入攻擊他們自己政府的行動。然而我們不應該讓這種情勢掩蔽了核心事實，那就是這是一場真正的戰爭。這是北越引導的，而且受了共產中國鼓動。它的目標是征服南方，打敗美國的力量，並擴大共產主義在亞洲的支配力量。放任它懸而不決會帶來重大風險。」

在政府當局看來，這些風險也日益全球化。古巴革命在一九五九年推翻巴蒂斯塔（Fulgencio Batista），而卡斯楚也乘勢掌權。接著很快，為期十年的第三世界叛亂繼之而起。從東南亞和拉丁美洲，乃至於中東和非洲，形形色色的叛亂分子和強大的中央政府對抗，結果往往相當成功。不論那是高舉社會正義、馬克思主義、共產主義旗幟，或單純以民族解放為大纛，針對美國卵翼的政權發起戰鬥的叛亂分子，都被華盛頓官員視為必須根除的疾病。

就高研署而言，這也代表它的委任範圍就要擴充到越南之外。敏捷計畫不再侷限於東南亞的游擊戰。在審訊時，高研署官員開始敘述該署的任務，特別是它如何創建一所戡亂作戰全球性實驗室。德州州議員喬治・馬洪（George Mahon）閱讀一九六五年審訊記錄的一段高研署計畫描述時，注意到高研署從事「在實驗室情境下模擬民族和個人的行為，並對兩者進行比較」。

馬洪顯然不相信這點，於是他詢問高研署署長斯普勞爾：「有沒有什麼實際做法，可以在實驗室裡刺激一個民族的行為？」。

斯普勞爾自信地答道，「我認為有。」

斯普勞爾私下表示懷疑，不過就在那年，赫茨菲爾德高升為署長，而且他全心採信這種全球視野。戰爭和科學是赫茨菲爾德成長過程的重要成分，而且他堅信科學影響戰爭的能力。

赫茨菲爾德出身奧地利一個顯赫家族，家庭謹守猶太傳承，卻由於維也納反猶太主義勢力崛起，才在二十世紀稍早時期改信天主教。[1] 一九三八年，赫茨菲爾德才十幾歲時，奧地利遭德國併吞，他們舉家逃往布達佩斯，依循避禍難民經常採行的迂迴路徑，最後終於抵達美國，那時赫茨菲爾德的伯父，一位出色的物理學家，已經在那裡落腳。到了那裡，赫茨菲爾德便追循伯父的腳步投身科學事業。一九四五年，雖然申請哈佛研究所獲准入學，不過他後來仍選擇芝加哥大學，那裡的領導人包括愛德華・泰勒和費米等曼哈頓計畫老將。然而，讀完研究所之後，赫茨菲爾德卻發現，比起執行科學研究，他對管理研究的興趣還更濃厚。他寫道，「我不是莫札特，不過我大概是個不錯的托斯卡尼尼。」

一九六一年五月，赫茨菲爾德服務於政府的科學官僚體系，他接到魯伊納來電，邀請他到高研署拜訪，討論是否接手該署的飛彈防禦工作。往後兩天，赫茨菲爾德聽取簡報，了解高研署所做研究的廣度，涵括範圍從彈道飛彈防禦乃至於戡亂。赫茨菲爾德喜歡應用技術方法來解決複雜大問題的構想，而且他對哥德爾的「高深學識」也深自景仰。然而他就是否接受該職依然猶豫未決，最後是在前往歐洲出差期間才打定主意，他聽說蘇俄控制的東德要建造圍牆把柏林隔開。他說道，「我心想，那是宣戰。」

回到美國之後，赫茨菲爾德打電話給魯伊納，告訴他，他打算接下高研署那份工作。赫茨菲爾德富雄心壯志，才氣縱橫，但也帶點自負傾向，他奉派主持守護者計畫，這是經費占高研署總預算之半的飛彈防禦計畫。他很快晉升為副署長，負責督導該署戡亂、飛彈防禦和電腦科學相關職掌。儘管他在一九六五年之前還不會正式當上署長，不過在那之前一年，他實際上已經主司該署的大半功能。赫茨菲爾德的濃重奧地利口音和精英科學世系，賦予他彷若資深政治家的自信。他高度體現高研署的本色：一旦成功，它就開創了偉大成果，協助改變了世界，好比阿帕網的例子。不過一旦失敗，它就一敗塗地，而且也改變了世界，而且不見得都變得更好。「採高研署方式，唯一值得做的事情就是大問題，」他說道，「原因在於細小問題可以交給官僚體系。」

不論從事哪個領域的工作，赫茨菲爾德都從大處著眼。就飛彈防禦方面，他發言支持布署系統，樂觀說明技術業已準備就緒。他說明，「我相信花個一百億美元就可以做得相當好，假使你把進度拉長到五年，說不定得花一百二十億或一百四十億元，這實際上並不是那麼大的金額。」不過就在赫茨菲爾德接掌高研署的時候，對飛彈防禦的興趣已經逐漸衰退，加上禁止新核試的條約昭昭在目，於是高研署的核試監測工作也同樣漸漸消弭。[2]

不過赫茨菲爾德對敏捷計畫幾乎可說一見傾心，他解釋那是如何能夠迎合他的個人歷史。[3]幾年過後，他一次接受訪問時回顧表示，「我這輩子大半時間都在思考種種不同型式的戰爭。我並不喜歡這樣想，結果我最後卻從事這樣的工作。我發現那是個相當重要的問題。『喔，我可不想弄髒雙手。』講很容易，但是接下來的問題就是，如果你不做，那你寧願讓誰去做？有誰要做？」高研署各屆署長有些並不喜歡敏捷的混亂局面，好比魯伊納就抱持這種態度。而赫茨菲爾德則表示，「我學會了去喜愛它。」

在越南，赫茨菲爾德看到一處地方可供高研署運用科學專業來處理戡亂問題。他全力投入敏捷計畫，有時自行憑空設想種種點子，然後就前往越南測試。「我喜歡那種實地工作，」他回顧出差考察該署國外戡亂行動的幾次經歷，「我是動手做超過動腦想的人，根本底線是，我花很多精神思索自己做的事情。從事改變環境的事情讓我開心喜樂。這很令人振奮，也很有趣。」

在赫茨菲爾德看來，越南是可以測試科學構想的地方。他一度和主持維拉計畫的弗羅施共組團隊，把該署的核試監測經驗應用於游擊戰。高研署已經有探測核爆等地下事物的經驗。越南沒有核武，不過叛軍有他們本身的地下作戰型式：越共使用來再補給、通信甚至生活的綿密隧道網絡。以往已經證實，要探測那些地下隧道幾乎是不可能。赫茨菲爾德「研擬出點子」，構思以尋找病樹來探測隧道。

「問題在於，假使你在一棵樹附近挖洞，它是不是會生病，倘若會，那麼我們看得出來嗎？」赫茨菲爾德談到他的構想。「我們在美國做了實驗，大半在維吉尼亞州。我們為樹木拍紅外線照片做檢查。果然，如果你挖一條隧道穿過樹木的根系，那棵樹會很不高興，而且會顯現在紅外線上；看來和健康的樹不一樣。我們心想，那是偉大的勝利。」接著高研署拿紅外線隧道探測系統到越南，測試赫茨菲爾德口中所說的那個構想的「現場實況」。「我們在南越用紅外線拍攝樹木照片，」他說明，「結果發現，越南的樹木有三分之一都有病。好吧，是個好點子，但是並不可行。」[4]

赫茨菲爾德對歷史和政治都很感興趣，不過他的最大興趣是使用科學來改變世界。在這個過程中，他拓展了敏捷計畫的範圍，把設計來協助本地軍力的戡亂作為，化為一項全球性計畫，用來支持美國的正規軍力，或甚至用來保護美國總統。後來赫茨菲爾德談起他的哲學，「我們依期許得解決分派到的問題，光動手處理是不夠的。」在赫茨菲爾德領導之下，往後敏捷就會發展成歷來最富雄心抱負的全球性戡亂研究計畫，有時還是最奇特的，把一個個國家轉變成測試台。「我介入這個案子，而且規模變得非常大，」他回憶當年，「老天，那真是不一樣，也不是所有結果都令人開心。」

*

沃倫・史塔克（Warren Stark）管理一所全球戡亂實驗室的道路從華盛頓的一場雞尾酒會開始。史塔克畢業於哈佛商學院，一九六〇年大選激勵了大批年輕男女，史塔克就是其中之一，就在那年，年輕的甘迺迪當選總統，他的就職演說——「不要問你的國家能為你做什麼；要問你能為你的國家做什麼」——實質上就是呼籲採取行動，或起碼就是針對華盛頓而發。史塔克不完全肯定他能為國家做什麼，不過他師出常春藤，也有一些商業經驗，並曾在第二次世界大戰時奉徵召入伍服役，所以他決定前往首都去探查清楚。

他的哈佛人脈後來對他非常有用。史塔克在華盛頓雞尾酒社交場合走動，而且很快就找到了一份似乎很不錯的優渥職位：美國駐哥斯大黎加大使提供一個大使館懸缺，為美國國際開發署服務。史塔克興奮打電話到佛羅里達州給妻子報訊，要她賣了房子，賣了家具，所有東西全都賣了；他們就要搬到哥斯大黎加，遷往那個他幾乎一無所知的國家。眼前只有一個但書。首先他必須通過最高機密權限審核，而這個過程通常得花好幾個月。

一九六三年年初，史塔克仍在等候權限審核結果，同時也在華盛頓的社交場合走動，他的家族世交薩瓦德金遞交他一份宴會邀請函。薩瓦德金的紀錄令人讚嘆：二戰期間他在美國海軍梅蘭號（USS Mayrant）驅逐艦上遭德軍轟炸致頭部受傷。薩瓦德金想找個比較安全的地方，於是轉往刺尾鯛號（USS Tang）潛艦服務，結果它在台灣海峽執行獵捕日本護航船團祕密任務時，被一枚自己發射的魚雷擊沉。薩瓦德金是少數存活人員之一，他成為戰俘，在日本度過悲慘的一年。一九六〇年代早期，薩瓦德金在高研署和哥德爾一起從事戡亂工作。他介紹史塔克認識哥德爾，當下那位前陸戰隊員就喜歡上那位聰明的年輕哈佛企管碩士。史塔克告訴哥德爾，自己打算前往哥斯大黎加時，哥德爾就此提出另一種規劃。「我考慮在拉丁美洲開設一個辦事處，」哥德爾告訴史塔克，「你能不能幫我做點顧問工作？」

「老實講，我對拉丁美洲一無所知，」史塔克告訴哥德爾，「除了加勒比海之外，我還從來沒有去過那裡。」史塔克對高研署也是一無所知，不過由於他的機密權限審核依然不見下文，於是他同意當哥德爾的顧問。他的第一項任務是寫一份拉丁美洲政治情勢報告。他衝出去買了一本談拉丁美洲的書籍，作者是美國駐巴西大使林肯．戈登（Lincoln Gordon）。「我抄了很多東西，」後來他坦承，「最後我終於做了一些研究。我幫他寫出了一份報告，哥德爾非常喜歡。他問我想不想加入他的高研署團隊，不過我對高研署認識不深。我告訴他，我真的不是那麼感興趣。他一直不停問我。他在我開會時也講，讓我感到有點尷尬。」

史塔克最後向哥德爾提出自己的建議：「這樣吧，不論誰先讓我通過安全權限審核，我就去那裡。」這對哥德爾來講顯然輕而易舉。不到一週，史塔克就通過了他的最高機密權限審核。史塔克不知道哥德爾是怎麼辦到的，不過他終於拿到了一份政府工作。

來到五角大廈高研署總部，史塔克置身敏捷計畫快速擴張的局面。一九六二年古巴飛彈危機之後，五角大廈斷定，叛亂已經成為一個全球性問題，必須以全球性計畫來應付。五角大廈花在戡亂行動的開銷，已經從一九六〇年的一千萬美元，增長到一九六六年的一億六千萬美元，而且那筆資金大半都流入高研署。儘管高研署所資助的部分工作並不列為機密，高研署外勤辦事處本身就十分敏感，因此在國會聽證會公開記錄當中，高研署插手的國家名稱除了越南和泰國之外，其餘全都被塗黑。

該署在巴拿馬開設了一家小型的外勤辦事處，那裡的森林可以用來測試打算送往越南的設備，不過測試戡亂技術的最佳地點是泰國，那個美國盟邦也面對新興共產叛亂，而且環境條件大致與越南雷同。泰國的叛亂情勢集中在東北部，那裡的共產分子能夠利用種族、經濟的分裂局面。就美國來講，那裡的叛亂提供了理想的戰術與技術測試場：泰國的地理環境和越南具有共通特徵，包括濃密的森林和商運、作戰都適用的綿密水道網絡。高研署駐泰辦事處最後會擴展到數百名員工規模，成為該署全球戡亂網絡的一處樞紐核心。史塔克解釋，「泰國基本上就是執行最終運用於越南之專案研究的實驗室。」後來該地區的敏捷研究，大半都由他主持。

史塔克滿懷懇切熱情來到高研署，不過他也承認，自己對東南亞——顯然就要成為他的工作重心的地區——全無認識。往後他會頻繁到泰國各地考察，有時搭乘高研署擁有的馴鹿型（Caribou）飛機，那款飛機能從只比小空地稍大的場所起飛，有時他搭乘直昇機，前往泰國各省略窺當地生活點滴。泰國偏遠村莊的生活條件，好比缺電、缺供水配管的處境，在在讓他大感震撼。在早期一次泰國考察行程，史塔克和高研署另一位官員前往當地一家粉味酒吧，那裡可以按小時計算購買泰國女性作陪。他買了一個小時，倒不是想來段浪漫情緣，而是希望有人能告訴他一些泰國文化，談一些他完全不了解的事情。

就像史塔克，那位資深官員也承認，他對那個地區同樣欠缺認識，儘管如此，敏捷計畫的基礎哲學的涵括範圍卻驚人寬廣：高研署展望未來，期盼最終能建立一個全球資料庫，納入人民、政治和地域的資料，往後當美國必須在世界各地對抗叛亂時，就可以運用這個模型。這個模型的「人民與政治」分支，體現於一項稱為「偏遠地區衝突資訊中心」（Remote Area Conflict Information Center, RACIC）的計畫，那項計畫的目標是「建立一套資訊系統，裡面含括軍事、社會廣博領域之相關資訊，由此便可以推導出最先進的調查、跨學科分析和研究，以及特定技術資訊要件」。

「地點」或自然環境，或「軍事環境的生物生態分類」都列為研究課題，納入一項稱為「職責」的計畫，而這就能建立起一套地理和環境資料庫，而且涵括範圍遍及美國有可能執行戡亂行動的地區。「採用合宜途徑，在選定的世界有限地區蒐集環境數據，如此就有可能獲致具有預測價值的類推結果。」高研署署長斯普勞爾在一九六五年這樣向國會解釋，「我們已經著手執行一項合約，結果顯示，森林情況、氣象條件、水文狀況等，都可以區分約十二大類別。倘若進一步調查能驗證這就是實情，就應該能夠依循我們在越南的經驗來提出推斷，舉例來講，好比據此研判，某些類型的設備和物資在條件雷同的叢林地區的適用性。」

當然了，「職責」深深受了高研署介入使用橙劑與化學落葉處理的影響，「倘若我們要針對除草劑效用方面的『為什麼』進行判斷，接著把這項資訊轉變為預測程序，那麼就植被的生態和生理相關研究的需求，也就相當明確了。」史塔克在一份備忘中這樣寫道，解釋為什麼需要蒐集環境數據並做分類。換句話說，高研署希望擬出有關地點和人民的模型。需要清除拉丁美洲的林葉？高研署可以判斷哪種除草劑最能殺滅當地植被。在山區與游擊隊作戰？高研署可以知道，哪種設備在高海拔區能發揮最高效用。需要針對擁卡斯楚共產勢力滲透地區擬定「心理和精神」作戰行動？遇有這種情況下，高研署同樣可以運用它的社會運動資料庫。

資料庫的起點是泰國，高研署在那裡享有較大自由來蒐集資料、測試設備。泰國做為一所戰爭實驗室的最有利特徵之一是那裡的森林，難怪那裡的最早期用途，就是做為森林通信的試驗場。那項計畫源出總統的弟弟鮑比．甘迺迪。根據史塔克所述，那是在鮑比．甘迺迪主持戡亂特別小組一場會議的時候，他灰心詢問，「我們在地球和月球之間都能用無線電通信。為什麼我們在森林只相隔短短幾百碼，就沒辦法通信？」[5]

答案是衰減現象。無線電波傳播穿越茂密、潮濕植被時，強度就會流失。這對於在越南森林中值勤的士兵（不論是美國顧問或南越士兵）都會帶來一項嚴重問題。擬議的解決做法是「東南亞通信研究」（Southeast Asia Communications Research, SEACORE）其設計宗旨是打算在泰國經由系列資料蒐集實驗來處理這道問題。

乍看之下，東南亞通信研究似乎是專為高研署量身打造的計畫。這裡面有一項基礎軍事問題（森林裡的無線電通信）和一個具體的科學挑戰：熱帶植被滋長所引發的衰減。然而東南亞通信研究從一開始就遇上了問題。高研署基本上是採行了一個美國陸軍方案，最早這是在巴拿馬執行，後來才轉移到東南亞。一九六二年剛開始時，這是個進行十八個月的兩百五十萬美元預算研究案，結果費用大幅膨脹，還拖延了好幾年。到了一九六四年，高研署一位受聘來審查東南亞通信研究的顧問歸結認定，那項工作「沒有什麼潛力」。

儘管得到負面評價，這項工作依然延續了七年，期間還把實驗室整個搬遷到泰國。高研署甚至還花錢在泰國森林造了一處假村莊，用來執行注定失敗的通信實驗。東南亞通信研究所能設想的最佳提案，是一款擺放在三頭大象上面的半波偶極子，這能「大幅提升天線在小徑沿線的性能表現」。這個構想很新穎，不過對美軍和越南部隊都不是十分可行。最簡單的修正做法是乾脆把天線擺在高大喬木頂梢。

儘管計畫引述了一些漸次改良的成果，好比開發出一款在越南和世界各地使用的高頻無線電，它的最大遺產則是大批出版品和年報。高研署歷史為計畫蓋棺論定，「儘管東南亞通信研究或有某些邊際成就，好比為泰國軍事通信研究能力留下若干提增之效，不過它顯然並沒有為泰國軍事通信能力帶來實質影響，也沒有對叢林環境的最先進通信技術做出重大貢獻。」

較小型項目的表現也沒有好多少。一個例子是「陽光放映機」（sunlight projector）這是高研署為心理戰小組開發的設備。我們望文生義，那是一款電影放映機，使用鏡子（本案採用的是刮鬍鏡）來將陽光聚焦映射於電影膠卷並放映在螢幕上。設計構想是，這種堅固耐用的設備很方便就能搬運到小村子裡，播放政府宣導影片。一九六五年，一支美國心理戰小組便實際進入小村測試這種裝置。結果並不好：放映機聚焦太多陽光，把膠卷燒穿一個洞。

泰國的計畫並不是全盤皆墨。湄公河偵察系統是個少見的亮點。這個項目的設計宗旨是為泰國當局制訂一套週延做法，來控制叛徒和走私分子沿湄公河流動。高研署提供船隻、雷達和訓練。另一項成功項目稱為《戎克船藍皮書》（*Junk Blue Book*），在船艇愛好者和軍事人員圈子都博得了傳奇般的地位。原版戎克船藍皮書在一九六二年出版，登錄了在南越水道上航行的所有類型船隻（而且種類很多）。接著高研署繼續推出另一個版本，這次是為泰國編纂。根據赫茨菲爾德所述，計畫目標是要判斷我們能不能把戎克船的結構和建造地區連結起來，從而幫助軍隊判定，某艘船隻是否來自敵對地區。赫茨菲爾德稱之為「南中國海戎克船全書」（All the South China Sea Junks），這是拿《世界戰艦全書》（*All the World's Fighting Ships*）手冊的書名開的玩笑，他形容那是他自小最愛的圖書之一。《戎克船藍皮書》的作用是協助部隊辨認潛在走私客或叛逆分子，不過也博得了一個歷史地位，為船舶愛好者重視，甚至沿用至今。

先把那項罕見成功擺在一旁，史塔克逐漸領悟，部隊和高研署的問題大半出自無知，對東南亞的社會、文化全無認識。該署員工都是科學家或者像他這樣的政策學究，對那處地區的先前經驗或文化知識都十分淺薄。史塔克走在泰國街上時，經常有泰國兒童喊他「鳥屎外國人」。史塔克就會回敬一句「鳥屎泰國人」。

在泰國東北部，史塔克負責監督高研署的農村安全系統計畫，並採用系統分析（檢視大型組織或作業事項之各環節部分的方法）來全盤處理戡亂，含括從治安到經濟開發等所有層面。這種五角大廈式系統分析甚至傳授給了泰國人，有時產生出詼諧的結果。美國軍官出了名的愛用精緻的幻燈片簡報，他們以訊息圖表來解釋農村安全系統計畫，還拿希臘神廟的廟柱來與計畫所含不同成分兩相比對，廟柱是國防技術官僚界愛用的圖符（好比國防分析研究院就拿它來做為機構的標誌）。泰國人嘗試模仿美國人，不過由於泰國人並不熟悉希臘神廟符號，於是他們使用雞隻圖解，來描述系統分析的各個不同元素。

負責推動農村安全系統計畫的約聘人員幾乎都沒有絲毫泰國經驗，而且把社會降格成一組可操控變項的構想，也經過驗證是癡人說夢。一位高研署前高官便以「可笑」和「很糟糕」的用語相稱。高研署員工也竭力模仿系統分析所用術語，不過表現一般也都不比那隻泰國雞好多少。史塔克記得曾在泰國發表一次簡報，試行論證那整個計畫確實有效。「我記得拿了這樣的大張紙，並在中間畫了村莊安全還有一些小圈圈；肯定有二十個不同的項目，全都混雜在一起，而且搭配納入這整個環節，」他回顧表示，「〔官方單位〕喜歡。他說明，『整個都很合理。』」

不對，史塔克心想，這實在毫無道理。史塔克開始認為，這整個計畫都是垃圾，然而高研署管理階層並不同意：他們拔擢史塔克坐上管理高層職位，還派他前往白宮和詹森總統合照。

高研署的計畫需要專業協助，所以史塔克在一九六七年召募科學專家，組成一個高階顧問委員會，裡面包含了幾位社會科學家。他帶領那群專家前往泰國考察一週，請他們審視高研署各項專案並提出改進建言。史塔克記得，一位著名的耶魯經濟學家花了十分鐘細究泰國村莊屋宇大小和村民衣著品質等變異狀況。然後詢問，是什麼原因造成這種差異，這時高研署專精泰國的常駐人類學家鮑伯・基克特（Bob Kickert）翻了個白眼回答道：「財富。」（基克特是高研署少數真正專精該地區文化的員工之一，後來他在緬甸邊境附近一座偏遠村莊待了一年，在那裡喝杜松子酒把自己喝傻了，最後便辭官離職。）

實際情況還更糟。史塔克要傑森團隊（為高研署提供諮詢的天才小組）看一看戡亂戰略。團隊長期涉入越南事務，不過多半是非正式介入，提出可能在戰場應用的奇巧技術產品建言，不過許多都很不實際。一九六六年時，舉例來說，曾提出行星級力場主張的傑森團員克里斯托菲洛斯便轉發了一份企劃案給他的朋友，國防研究與工兵局局長約翰・福斯特二世（John S. Foster Jr.），內容討論如何探測隱藏的軍械彈藥庫，做法是派兩架直昇機同向飛行，兩機間懸吊一條六十到九十公尺長電線。[6]直昇機組飛越可疑的越共潛藏區，同時測量電線的感應頻率是否因為存有鐵磁性物質而產生變化，從而得以探測出軍火庫。赫茨菲爾德熱情看待這個構想。「這個門路似乎可行，值得探究，」他寫了簡短便條給福斯特，並獲得認可。福斯特稱之為「一個獨一無二，值得深入考量的門路」。

克里斯托菲洛斯的構想經推介給高研署一位計畫經理，他指出，儘管是個創新構想，「在直昇機之間懸吊電線，除了對機師帶來不可容忍的風險之外，實際上也太難辦到了。」克里斯托菲洛斯企劃案似乎曾經進行測試，不過也難怪，最後從來沒有用於實戰。[7]

傑森團隊多半成員是物理學家，不過史塔克認為，這般才氣縱橫的人，對於在東南亞推行戡亂計畫，或許也能提出一些好點子，因此在一九六七年暑期，他在鱈魚角舉辦了連串研討會，召集團員與會討論那場戰爭。他們確實有些構想，卻也不是什麼特別優秀的點子。物理學家蓋爾曼異想天開，建議高研署檢視各式各樣的安全策略，好比割下叛徒的耳朵，評估這些措施會產生哪些效用。後來會議記錄連同「割耳」評論洩漏給媒體，觸發了反傑森團隊校園示威。短短幾年之後，蓋爾曼以夸克理論贏得諾貝爾獎，證實物理學方面的英明才氣不見得就能轉移到其他領域。

史塔克知道越南的實地處境一天天愈益惡化，而且也不清楚科學或科學家能不能幫上忙。事實上，不久之後事態就很明朗，他們只會讓情況惡化。戡亂前提是協助當地政府對抗共產叛亂，這樣美國才不必動用自己的部隊，然而在越南，外國勢力協助無能腐敗的政府只會助長叛亂。隨著戡亂工作增長，越共的新兵陣容也逐日壯盛。不過高研署的注意力卻已經轉移到東南亞之外的地區。

一九六三年六月三日下午，魯霍拉・何梅尼（Ruhollah Khomeini）搭車穿越伊朗聖城庫姆（Qom）沒有照明的街道，前往費伊齊亞伊斯蘭學校（Fayziya madrassa）。一隊神學士沿途追隨那位深受愛戴的伊瑪目，雜沓民眾簇擁相迎。不過那裡沒有電。近幾個月來，政府不斷加緊推動「白色革命」，那場世俗化運動著眼削弱神職勢力。當局料想伊瑪目打算發表演說，事先截斷庫姆全城供電；他的演講廣受歡迎，甚至有人錄成錄音帶來賣。何梅尼依然開口了；他的麥克風接上了一台發電機。

那個時機好極了；那天是阿舒拉節（Ashura），什葉派穆斯林悼念先知外孫伊瑪目胡笙（Imam Hussein）的日子。近幾個月來，伊瑪目何梅尼持續提升他抨擊伊朗沙王的言論力道，在他看來，那個政權已經成為西方的傀儡。不過這場演說是個分水嶺。何梅尼早先便已決定把目標針對沙王，也就是一九五三年在美國中情局策動下，發動政變推翻廣受歡迎的民選首相穆罕默德・摩薩台（Mohammad Mosaddegh），從此統治伊朗迄今的君主。「你這個無助的東西，」何梅尼直接對沙王講話，「你不明白，當真正的力量迸發時，你那些所謂的朋友，各個都會懊惱他們認識你。」

何梅尼發表演講過後不久就遭逮捕，也點燃了一輪抗議和逮捕行動。沙王的統治和何梅尼的聲望，在宗教上和階級上劈開了伊朗社會的道道裂痕，加上民族主義者憂心外國勢力介入挑撥，也讓局面更為惡化。伊朗叛亂力量滋長，和越南以及世界其他部分的情況不謀而合，於是高研署看到了一個機會。

一九六三年十二月，蘭德提出一份由高研署委託執行的機密報告，標題是〈對伊朗有限戰爭之支援能力〉，報告考察了蘇俄直接入侵伊朗或蘇俄支持當地叛亂的可能潛力。報告結論指出，美國應該專注強化伊朗本身的國防能力。隔年，高研署正式開設了第一家中東辦事處，稱為高研署駐中東外勤研發辦事處。辦事處設在黎巴嫩貝魯特，理論上應該和當地政府合作，協助強化他們的研發能力。然就實際而言，新設辦事處的關鍵焦點卻不著眼於貝魯特，那裡只是方便推行計畫的地方，重點是擺在伊朗。

五角大廈一位官員在一份解釋高研署中東辦事處的機密備忘錄中記述，「伊朗向來是專案作業的主要樞紐。」這處樞紐焦點乃是肇因於好幾項因素，包括伊朗領導階層對高研署所提計畫類型的「接受能力」。正如泰國會成為幫越南測試戡亂技巧的「柔軟一面」，伊朗也成為幫中東測試戡亂技巧的新驗證場。那裡擁有一切正確條件：友善的政府、一支朝現代化邁進的部隊，以及低程度叛亂活動。五角大廈官員引述，「伊朗的吸引力是成為一所實驗室來研究偏遠地區的各層面衝突。」

伊朗是下一個前線：美國的一個盟邦，面對合法性、內部動盪以及瀕臨蘇俄干預的疑慮等種種挑戰。事實上，根據一些機密備忘，敏捷計畫幾乎從一開始就制定了遠大目標，打算向外拓展到中東。

高研署在伊朗的最大計畫之一，是與深深介入戡亂行動的伊朗皇家憲兵隊合作。一九四二年，紐澤西州警察局長H．諾曼．史瓦茲柯夫一世（H. Norman Schwarzkopf Sr.）奉派前往伊朗，「按照紐澤西州警的模子」協助改造憲兵隊。史瓦茲柯夫的兒子後來在一九九一年的沙漠風暴行動中統帥美軍部隊，而且贏得改造憲兵隊的美名，成功把那支部隊轉變成有效的戡亂武力，撲滅了庫德斯坦和伊朗亞塞拜然的部落叛亂。[8]

正如高研署嘗試協助南越部隊使用感測器來探測越共活動，該署也嘗試在伊朗應用部分相同的方法和技術。不過在伊朗，國境滲透行動和軍火走私幾無絲毫關聯，多與非法藥物市場有關。「最大的挑戰是鴉片走私，」赫茨菲爾德回顧表示，「我花了相當多時間在那上面。」

幾年期間，高研署出資教導伊朗部隊使用反滲透技術，好比震波入侵探測器、斷線警報器和熱感測器。儘管主要著眼於憲兵隊，高研署也對伊朗的其他保安機關示範，包括沙王的祕密警察，惡名昭彰的「薩瓦克」（SAVAK，情報與國家安全組織）。赫茨菲爾德追述當年常用的毒品走私方法是使用運水卡車：卡車前半段裝水，後半段則運載鴉片。高研署示範如何使用紅外線感測器來量度卡車的溫度差異，如此便有可能探知車裡是否裝載鴉片。不過到了最後，伊朗政府卻要高研署停止海洛因走私探測工作，因為這項作業已經「太接近最高層毒品販子」，赫茨菲爾德在自傳中回顧表示，「那就為它劃下終點。」

高研署反走私計畫遇上的問題，其實和該署在伊朗的其他所有工作雷同，那就是它總是假定伊朗政府希望解決的問題，也正是美國所希望解決的問題。然而伊朗政府卻充斥腐敗和失能現象；沙王家族成員據信都插手鴉片買賣，沙王自己也在一九六九年取消鴉片種植禁令。敏捷檔案的一些解密報告指出，就高研署在伊朗工作的其他元素而論，憲兵隊很少或根本不曾遵行所提建議。不論如何，高研署依然存續了好幾年，嘗試教導憲兵隊如何使用從空中、地面以及在沿岸地帶進行偵察的技術。高研署一份報告敘述偵察工作是「枝節瑣碎、雜亂無章」，還宣稱伊朗人根本沒有提供任何支持。

就黎巴嫩部分，高研署以一項「區域性變化的影響因素」（Factors in Regional Change）計畫名目資助貝魯特美國大學。在高研署支持下，那所大學執行形形色色的研究，從一項黎巴嫩告解普查（confessional census，就一個以宗教為權力分配基礎的國家，這是個極端敏感的課題）乃至於學生的政治態度等。在那所大學眼中，高研署的錢是支持基礎研究的經費，和任何特定軍事目標都無關聯。

不過赫茨菲爾德倒是認為，中東辦事處提供了很有用的軍事情報。他談起黎巴嫩辦事處時這樣說明，「他們讓我們深刻理解，阿拉伯各國種種當時規模還小的叛亂內情。」舉例來說，在貝魯特，高研署一度打算資助該大學來執行赫茨菲爾德所描述的「一項龐大計畫」，來分析該地區穆斯林家族的書面記錄。「所有寫下來的一切事物。回溯起碼一千年，」他說明，「我們打算動手開採那裡面的寶藏。」目標是要看家族記錄能不能就潛在衝突和叛亂提供線索。「你能不能事先探測或猜出，誰有可能動手對付誰，」赫茨菲爾德說道，「我猜你可以從一個角度來看：未來叛變的可能源頭為何。出自哪些家族？」

高研署在中東做出的成果，從來沒有趕上它的抱負。理論上，貝魯特辦事處的管轄區域含括中東和北非的所有國家，然就實際而言，高研署只勉強在伊朗、黎巴嫩和衣索比亞推行計畫。回送華府的官方報告經常引述成功事例，然就一所「高等計畫」機構而言，那些成就卻顯得很奇怪。一份報告熱情說明，「我們最近開發完成一項野戰配給做法，所以現在衣索比亞部隊就不再需要種地來維持生計。」[9]

我們不清楚高研署的工作有沒有節奏或理由，不過就連敏捷計畫人員似乎也承認，中東辦事處欠缺較寬廣的意圖。不過它仍然擴張到新的區域。赫茨菲爾德投入好幾年功夫（還走過了好幾趟行程），前往印度和該國軍事體制確立一項研發合夥關係。一九六二年，共產中國和印度為了一起邊界爭議開戰，多數戰役都在山區。印度學到許多高海拔環境作戰經驗，赫茨菲爾德認為，美國可以從印度的經驗學到一些教訓。到了最後，白宮卻由於該地區日益緊張的局勢撤銷了那個新興合夥關係，這是迅速擴張的敏捷計畫所遇上的罕見失敗。[10]

高研署職員對中東的了解，比他們對東南亞的認識還更淺薄。高研署資深財務行政官唐納德．赫斯（Donald Hess）還記得曾奉派前往國會山莊，討論高研署的中東預算申請案。「我們希望在中東某處另外開設一個敏捷基地，」他說明，不過他想不起那是在哪裡，「看來金額很小，不會有人在意。」然而那群國會議員卻開始對他橫加質疑。高研署為什麼要開設那個辦事處？誰要高研署這樣做的？那個辦事處要做什麼？赫斯坦承他不知道為什麼，只有一些模糊概念，知道那是白宮要的。似乎沒有人真正通盤了解總體目標，起碼就高研署各職級階層都無人知曉。

敏捷計畫經理史塔克曾多次出差前往黎巴嫩，然而他也承認，自己記得的多半是他的食物和旅館瑣事，多過於他就工作任何事項的枝節記憶。他有一次曾說，該署曾同時分別對以色列和黎巴嫩提供諮詢，就兩國如何彼此防衛提出建言。「我們為黎巴嫩人做了一項研究，規劃遇上以色列入侵時，如何疏散黎巴嫩南部各村莊。保護人民的良好做法為何？」史塔克說明，「在那同時，我們也和以色列合作來保護他們的邊界。」

這並不是說，兩項計畫先天上就相互矛盾，而是單純肇因於高研署的著眼，似乎只是想要在那個地區插上它的旗幟，此外就沒有任何比較宏偉的目標。插旗占地，按照史塔克所述，描述了他眼中所見敏捷計畫的通盤特性，從泰國到黎巴嫩都不例外。那是為擴張而擴張。

剛開始到高研署上任時，史塔克就像其他許多人，對哥德爾和他在情報界的功勳大為傾心；兩人成為朋友，他的家庭有時到維吉尼亞州哥德爾住處共度週日。史塔克對於開創一所全世界範圍的戡亂實驗室始終十分熱衷。他甚至一度向哥德爾提出一項企劃案，打算把敏捷計畫擴展到國內，並警告「由於種族紛擾，美國眼前瀕臨叛變處境」。他說，這樣的衝突和敏捷計畫在全世界各地協助對抗的叛亂相似。「就我所見，軍隊應該從最激烈的叛變型式開始思考這種處境，」史塔克寫道，引述麥爾坎X（Malcolm X）這樣的領導人所言，「國防部可以內設一支臨時規劃小組，開始思索叛變有可能採行的種種不同型式，預防性軍事行動所需要件，以及與這種潛在大規模衝突連帶相關的眾多問題。」然而，沒有證據顯示高研署實際遵循史塔克所提建言。

敏捷計畫在美國老家執行了一項祕密任務，發生在甘迺迪總統遇刺之後，這是最接近實際應用戡亂作業的唯一事例。甘迺迪遭刺殺過後的週一，高研署發起一項研究方案，納入為敏捷計畫的一環，焦點著眼於保護總統安全。這項工作冠上的正式名稱為「戰略威脅之分析與研究」（Strategic Threat Analysis and Research），簡稱「護星」（STAR）專案，目的在協助保護美國總統安全的機密專案。不過高研署首腦哈羅德·布朗開始在私下稱它為「穀倉門行動」（Operation Barn Door），因為，就如弗羅施所述，「那就是馬兒逃走後你得動手〔關上〕的東西。」11

隨著高研署進入保護總統領域，同時也打造出一項幾乎牽涉到國安所有關鍵領域的任務。然而工作從一開始就遇上問題。才剛宣示就職的詹森總統很快就要投入競選，而且任何會讓他看似貪生怕死的事項，他完全不感興趣。「我們完全不可能讓計畫曝光，」多年以後，斯普勞爾在一次訪談上表示，「一旦計畫讓人知道，它就會遭撤銷，這樣一來事情就難辦了，因為尋常安全措施是不夠的。你知道五角大廈的保安措施漏洞百出。所以我們要怎樣讓它守口如瓶？」

結果一如預期，專案相關消息不久就曝光了。為了因應國會就「護星專案」所提質詢，副署長赫茨菲爾德寫信給國會議員說明，高研署只提供一萬五千元給阿伯丁試驗場加速開發總統座車的裝甲材料。赫茨菲爾德寫道，「當然了，總統用不用那台車輛，國防部並無責任。」那封信少說也有誤導視聽之嫌：沒有提到高研署正協助設計一輛新型的總統裝甲禮車，也沒有提到其他六項相關研究專案，而這些都有可能讓國會大皺眉頭。

把護星納入敏捷辦事處是確保工作祕密進行的法子；該專案相關資訊嚴守「有必要才知道」的分享原則。[12]就像敏捷計畫其他部分，護星專案也包含了連串失敗的和遭回絕的構想。好比有一項企劃案便建議使用化學武器來保護總統。[13]「此外還需要一套能夠讓不友善的群眾幾乎瞬間就變友善的系統，」檔案中有一個注解這樣陳述，「這超出了轉移群眾注意的需求，因為這只需要及時、慷慨地給予現金就可以辦到。使用氣體、聲、光與其他生化或心理藥劑來促成這種改變的可能性，還有它們可能控制群眾的其他屬性，都還有必要更深入研究。」儘管在護星記錄中好幾次都提到了心理藥劑，但看來並沒有任何構想曾在實驗室中實際測試，更別提做人體測試，起碼在美國境內並不曾做過。

另一項以護星名目接受審查的企劃案，計畫讓一股連續氣流吹過總統講台前方。計畫認為這股氣流能吹偏子彈或其他拋射體，而且偏斜程度足夠保障總統不會被直接擊中。簡單計算顯示，那股氣流只對蕃茄有些微作用，對其他物體就毫無影響，而且就連高研署資助的分析師都預測，拋擲蕃茄的人可以在第二次或第三次拋擲時，校正他或她的瞄準成績。

另有些構想在技術上比較可行，好比製作出一道以旋桿組成的金屬屏蔽，透過屏蔽仍可以見到總統，還能撞偏子彈，不過或許基於某些實際原因，這些技術卻始終沒有深入鑽研。護星專案也納入了腦力激盪議程，產出了五花八門的構想，其中有些明顯就是腦殘，好比讓總統穿上護體盔甲，還有些則怪誕牽強，好比「海市蜃樓生成系統」，做法包括將總統周圍的空氣或氣體加熱，改變其折射率（換句話說也就是扭曲光線，而這就會讓刺客比較不好瞄準）。有些策略建議肯定過不了冷嘲熱諷的關卡，好比讓總統不斷「在車內時四處移動」，或者使用喬裝成洋傘的盔甲，這恐怕得「散播假天氣報告」才能合理解釋為什麼撐洋傘。[14]

儘管具有高度雄心，明顯出自護星專案的新技術產物卻只有一種，那是種可笑的強力水槍，設計功能是要讓群眾中某個人失去行動能力，而且可以像正規槍枝那樣隨身攜帶。那款非致命性武器能以高功率射出一束液體，而且內含辣椒，正是催淚瓦斯的有效成分，讓潛在刺客喪失行動能力。[15]那款液體水槍雖然製造問世，卻似乎從來不曾真正投入使用，很可能是由於那類武器的實用限制。要讓水噴出形成相當集中的水柱，很難超過二十英尺（若有人確實對總統造成即刻威脅，所有特勤局幹員肯定都會選用常規值勤武器）。儘管水槍在一九六五年交貨，卻似乎從來不曾派上用場，最後就遺失了。

最後高研署做出的貢獻包括為總統座車升級、些許改良總統運輸直昇機，以及大概二十幾項含括總統安全各方層面的研究等工作，加上一款從未使用的水槍。除了為總統座車增添裝甲之外，就哈羅德·布朗回憶所及，護星專案曾經導入的唯一具體革新就是安排一股定向氣流吹拂總統後方的旗幟。「基本原理是，飄揚旗幟背景會讓射手看不清目標，」布朗回憶道，「不過理論或實務上是怎麼落實的，我就不明白了。」

敏捷計畫把整個世界視為一處活生生實驗室的途徑有個根本上的問題：這樣的實驗室內有真實的人在裡面生活，而該署所提部分構想，說好聽是冷酷無情，說難聽點就是邪惡了。高研署投入鑽研一款「嗅人器」，望文生義，它是靠感測尿液所含銨，循此來獵捕越共戰士。還有「隱匿人員空中探測器」則是安裝在休伊直昇機上，飛越越南森林。高研署甚至資助一項研究，審視能不能借用絲光綠蠅（common green bottle fly）從數百碼外嗅聞識物的知名本領來偵測人類。平心而論，高研署經常駁回比較可怕的構想，例如休斯飛行器公司的「非致命腐敗機制」提議，該企劃案涉及散播受污染穀物和人類寄生生物，期盼藉此來打擊越共的士氣。

然就高研署所有實驗當中，落葉處理證實最引人煩憂。由於化學落葉處理作業是空軍的職掌，遮掩了高研署的角色（而高研署也很高興世人能忘了它的催生之功），高研署插手橙劑與其他「彩虹殺蟲劑」延伸至戰爭後續階段，並曾在越南和泰國深入研究那些藥劑產生了哪些影響，而且有時還是在赫茨菲爾德鼓舞之下進行。[16] 一九六五年十一月一份內含〈赫茨菲爾德博士考察報告後續追蹤〉一文的高研署文件便提出一項要求，主張應重新執行〈穀物摧毀作業對人類的影響以及穀物摧毀作業的潛在用途〉研究，並描述這項作業是針對越共的「大規模反制措施」。一份標題〈赫茨菲爾德博士的考察行動〉的手寫報告把除草劑研究指派給史塔克，並囑咐應「高度優先」處理。

然而史塔克這時已經開始對戡亂「實驗室」全盤途徑產生嚴重質疑，不論那是設在中東、亞洲或美國。在他的良師益友哥德爾被開除，遭關押服刑之後，他也開始覺得高研署的計畫不知該何去何從。史塔克的理想幻滅，對戡亂科學的疑慮加深，並持續了一段時間。幾年下來，他的考察報告愈見冗長，煩憂日深，並指出失敗的計畫不斷改名，借殼上市，好比戰略邑變成了「鄉間生活新村」。到了一九六七年，他終於厭煩並辭去工作。「待在高研署那五年期間，我花了上億納稅人的辛苦錢，」後來史塔克寫道，「真希望能把它全都拿回來。」

不論像史塔克這樣的員工心存哪些顧慮，高研署的實驗就要對美軍部隊在越南的作戰方式產生根本性影響。回顧一九六四年時，哥德爾便擬出一項企劃，提議使用「新穎」技術來「封鎖」邊界，制止越共戰士和軍火流入南越，考量到該國的高山密林地形，這幾乎稱得上是宏偉的使命。[17]部分目標是要截斷越共的再補給路徑，那是一條從北越通往南越的蜿蜒道路，稱為胡志明小徑，沿途還不時繞經寮國和柬埔寨。

使用現代技術來構成某種虛擬屏障的實驗構想（由於地理範圍十分遼闊，布署實體屏障是完全辦不到的）從一九六〇年代早期就已經出現。馬克士威・泰勒將軍在一九六二年研究考察時，便曾向蘭斯代爾和哥德爾提出這個構想。蘭斯代爾對這項計畫不感興趣，於是高研署便在哥德爾統領下深入鑽研。最後擬出的企劃案，要求針對南越與寮國接壤地帶約兩百九十公里長的重要邊界區段，清除八、九成的森林，因為那片林地構成胡志明小徑的一部分。一份手寫清單列出了建議的技術，確實都很新奇，而且某些例子還很可怕。那道屏障需要十萬把「拋棄式」霰彈槍、二十五萬把火箭槍、一百萬件四角蒺藜（tetrahedron，置於地表的尖釘，也稱為雞爪釘）、兩百萬枚偽裝成石塊的地雷，兩萬枚小型炸彈，裡面裝了化學落葉劑，還有一種未明示數量的「昆蟲引誘劑」（和驅蟲劑的作用相反）。企劃案所提品項當中，最令人不安的或許就是兩萬五千件「生物武器系統」，沒有具體指出那是什麼武器，也沒有說明那是怎麼使用。

邊界封鎖提案起初遭駁回，因為在那時看來太昂貴了。[18]五角大廈工程師暨布朗的戡亂顧問戴契曼論稱，執行那項提案「在越南有個要件，我認為，必須下達重大戰略決策，採這種方式來遂行作戰，因為提高邊界安全，必須伴隨大幅升高邊界地區的作戰行動，超過當前所考量的等級。」

不過那項提案所含各元素倒是有了進展。舉例來說，一九六五年三月，高研署在所屬東南亞實驗室執行了號稱該署最富雄心的實驗。那項實驗是當成一項機密任務，並由第三一五空中突擊大隊負責執行，目標是越共利用來藏身的博洛森林（Boi Loi Forest）局部地區。戰略空軍司令部一份機密史料稱那次空襲為「拿 B-52 在南越執行的最反常用途之一」。這是由於空襲的目的並不單純是為了轟炸越共，而是要結合使用落葉劑和燃燒彈來引燃失控的森林火災，清除叛軍的地表隱蔽物。

那場轟炸空襲是一次利用森林火災為武器的實驗，高研署落葉處理工作的延伸。這也闡明了清理植被、預防伏擊的小規模措施，如何膨脹成為擁有自己生命的規模宏大計畫。高研署找來了農業部幫忙進行這項野心勃勃的作業。就在幾個月前，美軍空軍噴灑了落葉劑讓植被乾枯。該理念認為，植被乾枯了，也就有可能點火燃燒。然而大自然並不合作。三月三日，美國駐越南軍事援助司令部派出了十五架 B-52，裝載了燃燒彈前往森林，然而突發暴雨迫使他們返航。事隔一週再次發動空襲並執行成功，卻未如預期引燃森林火災。那項代號雪伍德森林（Sherwood Forest）的作戰行動失敗了。

不過高研署並沒有放棄。隔年，高研署資助熱點提示一號和二號，執行時必須從關島派遣約十七架 B-52 轟炸機，前往另一座森林投擲一百七十二噸集束燃燒彈。高研署宣稱這趟任務是「作業出色的成功」，意思是飛機投彈正中目標。不過那是一次「技術合格的成功」，意思是沒有引燃森林火災。換言之，熱點提示就像雪伍德森林，也失敗了。第三次嘗試在一九六七年執行，代號粉紅薔薇，結果也失敗了；轟炸後降雨把火焰澆熄。克雷格．錢德勒（Craig Chandler）面無表情表示，「那個國家不好燒。」錢德勒是林務局雇員，負責處理高研署計畫。

人為縱放森林火災喚起二戰記憶，想起極少為人所知的層面，好比德勒斯登燃燒彈大轟炸，不過它和理當隸屬戡亂之一環的心理和精神類綏靖行動也幾無絲毫關聯。失敗三次之後，運用森林火災為武器的計畫便遭棄置。事隔五年，一位高研署官員在計畫曝光之後告訴《科學》雜誌，「這顯然就是早該用最低調葬禮埋掉的構想之一。」森林火災作業標誌出敏捷計畫在一九六五年年中犯下的大半錯誤。快速反應計畫被類似雪伍德森林的行動取代，而這些行動的目的是支援美軍作戰，而非著眼於越南部隊。結果沒有發揮作用。

儘管有這些挫敗，封鎖南越邊界的提案仍由戴契曼接手推行，然而就在短短幾年之前，哥德爾提出這個構想時，戴契曼卻勸他不要採行。一九六六年，戴契曼和傑森團隊合作時，這支高研署資助的顧問團正想方設法截斷胡志明小徑。傑森團隊設計了一個完全獨特，也稱得上經過改良的邊界系統——那是一道由數千枚空投式地面感測器所構成的虛擬屏障，而且感測器都連上電腦系統，遇有可疑的滲透行動，便可召來攻擊機。（傑森提出此案之前，虛擬屏障構想要不得仰賴地雷和其他人員殺傷武器，不然就得假定現場會有人採手動方式來轉達入侵資訊。）不像哥德爾命運多舛的提案，傑森企劃案一路上呈國防部長麥納馬拉，並獲批准推行該電子屏障計畫。不過那並不會納入為高研署的計畫。麥納馬拉把使命改分派給五角大廈一個名稱平庸的祕密組織，叫做國防通信規劃小組。電子屏障成為另一項高度機密的更宏大計畫的一環，起初代號為「實踐九」（Practice Nine），後來改稱「染料標記」（Dye Marker）和「冰屋白」（Igloo White）。幾年後當上署長的盧卡西克解釋，「高研署遭切割脫離環圈。」高研署遭降格為類似龍套的角色，負責提供空軍使用的一些感測器，不過在計畫的整體設計方面，並沒有扮演什麼實際的角色。在越南為陸軍處理屏障事項的詹姆斯・泰格內里亞（James Tegnelia）說明，高研署的貢獻機密等級很高，而且大半涉及為屏障供應硬體。「我們所說的『骯髒技倆』，全都是機密計畫，許多都是高研署做的，」後來在一九八〇年代擔任高研署代理署長的泰格內里亞表示，「消音手槍和能害你中毒的化學飛標那類事物，怪東西。」

不久，軍機就在叢林各處投落串串感測器，由它們發送資訊到位於泰國境內那空拍儂（Nakhon Phanom）的電腦指揮中心。那批感測器結合了聲音和震動探測器，設計來偵察越共補給卡車，接著電腦就能算出目標位置，並將結果轉發給飛機，接著不到幾分鐘，空軍就能發動攻擊。那時電腦仍在初發軔階段，電腦自動化殺敵仍是種全新做法，所以那套系統，起碼就那個時代看來，就像出自科幻的事物。把感測器和飛機即時連接到電腦，傑森團隊的企劃案便將哥德爾的屏障構想轉變成技術先進程度遠勝既往的事物：世界最早的電子戰場。不過那道屏障有一點沒有辦到，根據各方說法，它對戰爭走向沒有構成任何可見的影響。哥德爾在他的回憶錄中寫道，高研署的屏障構想「在國防部嚐到敗績之後孤注一擲」東山再起，然而時機已經太遲，起不了絲毫作用。他寫道，「那是個好構想，卻已經走味，而且儘管動用了種種高科技通信裝置、巡邏作業以及精密的空中偵察技術，最後始終沒有奏效。」

那道屏障是種出色的技術產物，不過在施行方面出了問題：空軍把它看成戰略空襲行動的延伸，目的是摧毀越共，而不是用來阻止滲透的工具。士兵和媒體都嘲笑它，還模仿法國馬奇諾防線戲稱之為「麥納馬拉防線」，那個名字就此流傳下來。《紐約時報》在麥納馬拉的訃聞中報導，「那道屏障經驗證毫無價值。」

戴契曼重啟哥德爾的邊界封鎖專案，從另一個角度來看待高研署的工作成果，並把它轉變成一道電子圍籬。後來他承認，從戰略來看，屏障是個失敗的計畫，不過他也說，從技術來看，計畫是成功了。它沒有延緩越共的進展，卻也第一次演示了一種從「感測器到射手」的自動化做法。換句話說，它加速了殺敵過程。多年之後，在戴契曼筆下，這道失敗的屏障變成了「網絡中心戰」的第一次表述。到了初入二十一世紀那幾年期間，網絡中心戰的術語會在五角大廈流傳開來。戴契曼認為科學可以改變越戰走向，至少在一九六六年時，他是抱持這種想法，而且他就要取代哥德爾，成為敏捷計畫主持人。

第10章
都是巫師闖的禍

「從這張卡上，你有沒有看到任何東西會讓你聯想到陰莖？」紐約心理治療師沃爾特．斯洛特（Walter Slote）拿著一張染上墨漬的紙張給越共戰士觀看。

「沒有，長官，」那位戰士簡短答道。

「上面這部分呢？」斯洛特詢問。

「沒有。」

斯洛特堅持問下去：「從這張卡上，你有沒有看到任何東西會讓你聯想到女性的陰道？」

「沒有。」他答道。

兩人的心情都不太好。斯洛特深感挫敗，因為他使用經典羅夏克測驗的卡片卻全無所獲，那位越共戰士也很不開心，因為他是坐在西貢一所監獄裡面，盯著一些墨漬看，沒辦法去安裝炸彈殺死美國人。

一家稱為擬態自動化公司的美國企業在一九六六年派斯洛特前往越南，協助五角大廈了解叛亂為什麼滋長。斯洛特相信，當時心理治療界流行用來診斷人格特徵的羅夏克測驗，可以用來了解對美國和南越政府積怨日增的背後起因。然而迄至當時，羅夏克墨漬測驗仍無法深入越共戰士內心並產生重要洞見。

斯洛特要越共戰士看完所有卡片，找出會讓他們聯想起人的東西。什麼都沒有。那麼任何有關性愛的呢？依然什麼都沒有。斯洛特似乎想不透，為什麼一個遭監禁的越共戰士，由一位國防部聘雇的男子訪談，詢問他陰莖和陰道等考題，結果表現得那麼沉默。斯洛特最後要那位戰士找出他喜歡的或不喜歡的圖片，結果那個被關押的人，那個曾經指揮一個破壞班的人，卻連碰都不願意碰那疊卡片。戰士繃著臉答道，「我看不懂這些圖片，所以我不知道我喜歡哪張，不喜歡哪張。」

最後斯洛特在越南待了七週，期間他蒐集了四名越南人的資料：一位接受了法國教育的著名作家，一位躲在暗處的激進派學生，一位年長比丘，以及那位越共叛逆。所有四位都心懷反美情緒，而且是南越政府非常重視的人物，不過斯洛特發現，那位越共戰士特別令人感到挫敗。就連斯洛特訪問的那位反政府比丘都還比較合作。當斯洛特詢問，有沒有那團墨漬模樣像是陰道時，那個比丘驚詫答道，「你可知道，我還從來沒見過呢，只除了一個小孩身上的。」

「那個越共分子完全是個死氣沉沉的人。除非直接對他說話，否則他就是眼神一片空白，他的表情僵硬、無精打采，始終不曾對外探索或真正做出反應，」斯洛特後來在報告中寫道，「他只有在談起他的功勳的時候才活躍起來。他的雙眼發光，對自己也抱持較高的自尊，然而一旦這個話題結束，他又會陷入一種了無生氣的沉悶冷漠狀態——這種模式我深信是終身如此，不是監禁引致的突發狀況。」

那位紐約心理治療師對越南政治的細微妙處不感興趣；他詢問那個人的雙親、他們的夢想還有他們的性生活，或無性生活。完成他那四位消息來源的訪談之後，斯洛特判定，越南人的問題並不是千年的外國支配，包括法國殖民、中國帝國主義，還有最後是現在的美國干預。事實上，他認為，問題的根源出自他們混亂的家庭結構。他歸結認定，「我深深認為，手足相爭、偏轉的父母敵意和未滿足的獨立需求這三元因素，共同構成了越南反美思維的中央心理核心。」

斯洛特出現在越南，當上五角大廈資助的研究員，看來是有點可笑，不過那是高研署為研究叛亂根源所帶頭開創的更廣闊趨勢的一部分。國防官員察覺，叛亂滋長現象單靠子彈和炸彈是制止不了的，於是他們愈來愈頻繁轉求「軟」科學研究人員出手協助，包括人類學家、政治科學家、心理學家，以及就本例而言，甚至還有心理治療師。這條嶄新工作路線的首要倡議人是戴契曼。戴契曼是國防部長麥納馬拉的技術專家精英，也是哥德爾的長期勁敵，他深信，真正能決定作戰輸贏的是工程師的計算尺，不是士兵的直覺。更重要的是，他相信民眾是可以研究的，他們的行動也是可以預測的，就像工程師能測量、追蹤彈道飛彈的飛行軌跡。越南就要成為人類行為新科學的試驗基地。

一九六六年，傑森顧問團的暑期加州會議最後一天（電子屏障就是在這樣的會議上誕生的），戴契曼應要求協助解決高研署陷入困境的越南計畫。當時福斯特二世已經取代布朗，繼任五角大廈國防研究與工兵局局長，他把戴契曼拉到一旁，說自己為他安排了一個新工作。福斯特像布朗一樣，也是個物理學家，儘管他支持在越南進行的工作，卻仍覺得高研署計畫有必要就技術上給予監督。戴契曼回憶表示，福斯特「開始對我施壓，逼我進高研署接管敏捷計畫」。福斯特希望能有像戴契曼這樣的人，一位工程師，為計畫帶來更多科學。戴契曼身材矮小，抽煙斗，年齡只比哥德爾小一歲半，採行的路徑和那位前陸戰隊員雷同。哥德爾和戴契曼同樣成就了戡亂專家事業生涯，不過所採觀點互異。

戴契曼在國防分析研究所擔任分析師時，便應用了作業研究來處理航空與國防課題。他在那裡和傑西·奧蘭斯基（Jesse Orlansky）建立友情。奧蘭斯基是個心理學家，對越南日漸增長的叛亂現象很感興趣。社會科學和硬科學交融運用的構想讓戴契曼深自著迷，於是他開始使用作業研究，來分析「有限戰爭」相關問題，這是當年五角大廈內行用語，代表叛亂。到了一九六二年，他在《作業研究》（*Operations Research*）期刊發表了〈用蘭徹斯特模型來說明游擊戰〉，研究採納常用於美蘇正規作戰交手模型化的數學公式，並應用於叛亂戰。

隨著游擊戰和作業研究專業學養提升，[1] 戴契曼奉徵召進入五角大廈，在哈羅德·布朗（麥納馬拉身邊的奇才之一）底下做事。一九六四年，戴契曼成為布朗的戡亂特助，那項工作讓他成為東南亞研發計畫的負責人。他的工作大半就是四出巡視，找出在五角大廈廊道各處提出的愚蠢企劃構想。而且他回憶當時找到的不只少數，好比一項是空軍提案，建議在越南上空製造一顆「人工月亮」，也就是帶了一面巨大圓盤，能照亮湄公河三角洲的衛星，這樣空軍就可以在夜間使用星光瞄準鏡。

各軍事部門都想要掌握技術解決方法，不過戴契曼明白，軍方愈來愈頻繁面對的問題，並不是現代軍備所能應付的。一九六〇年代中期，愈來愈多越南人轉而反抗南越政府和美國軍隊。越共對南越的攻擊，次數和規模都開始加劇攀升，特別在一九六五年二月間更為突顯，當時越共大舉滲透美軍顧問團根據地波來古空軍基地。那次攻擊導致九個美國人喪命，超過一百人受傷。南越村民愈來愈大力幫助、加入越共，那種現象讓華府老家的官員深感不解，他們認為，唯一能解釋這種支持方向劇烈轉變的成因就是脅迫。南越部隊面對越共逐漸潰敗，不是因為欠缺更好的武器或技術，而是由於某種因素驅使農人支持敵人。那是心理學的問題，而心理學並不可以靠轟炸屈敵。不過是可以研究的課題。

高研署在一九六〇年代早期便開始涉足社會科學，起初由利克萊德負責指導，當初他受延攬加入，發起一項行為科學計畫。利克萊德的行為科學計畫規模很小，不過在他離開後仍不斷發展，最後成為敏捷計畫的一部分。在政治學者赫夫領導下，高研署進一步朝社會科學領域擴展，並與蘭德公司等智庫簽約到越南執行外勤工作。一九六六年一份有關敏捷計畫的敘述，總結說明它試圖理解叛亂活動的「技術、行為和環境因子之密切交互關係」。敏捷不再是為協助本土軍力的狹隘技術性計畫；它會著眼於創造出「解決戡亂行動問題的整體解決方案」。

國防承包商也從這個新方向看出這當中有個獲利機會。到了一九六〇年代中期，高研署收到各公司、大學和獨立研究者如雪片般遞來的企劃案，紛紛提議採行種種做法，來幫忙了解，為什麼愈來愈多越南人（以及哪些越南人）不肯擁抱美軍，卻站到了越共那邊。「軍事工業複合體」也針對這個問題提出了它本身的混合式古怪解決方法，而且往往還都建議動用技術來矯正基本上是非常人類方面的問題。舉例來說，一九六五年八月，通用電氣公司便寫信給高研署，提議授予公司一項「接續不斷的可擴充型合約」，好讓該公司應用它的技術從事戡亂。它的第一份企劃案是一款「內部村莊安全集體測謊儀」。這種概念就彷彿把女巫浸泡椅一類事物重塑成科幻圖像的現代版本。

「設想底下情節是那類狀況和作業方式的常態，」那位通用電氣銷售經理開始說明，「一支高級保安中央政府反恐警察分遣隊搭乘直升機抵達一處村莊，那裡懷疑遭到隱藏的越共壓力，或遭受恐怖活動騷擾。村民由他們的地方領袖召集，讓每個村民都能看到其他所有村民。每個人都連上這款新的集體測謊儀，由儀器同時測量所有村民的膚電反應和心跳。」接下來情節還更離奇。一位越共嫌疑支持者在全體集合村民面前被拉出來，而且那些人全都連上了測謊儀。機器會記錄一種「群體」反應，這可以減輕任何單一村民出面告密的恐懼。銷售經理解釋，「這個程序可以一再反覆，想測試多少村民都可以儘管測試。」

高研署設法避開了測謊器業務，[2]不過當戴契曼在一九六六年十一月來接管敏捷計畫之時，他承接的計畫亂得一團糟，「一批價值兩千五百萬到三千萬的奇怪專案。」他開始耙梳各項方案，斬除他認為拙劣的事項。哥德爾的前任幹部滿心夾雜猜疑和畏懼看待戴契曼。在哥德爾領導下，敏捷計畫的執行向來就像情報作業，雇用當地聯絡人，好比一位泰國娼妓就負責協調河川監視專案。根據敏捷計畫經理人史塔克所述，那位娼妓能操泰語、寮語、越南語和英語，而且認識那個地帶的所有關鍵人物。史塔克表示，「西摩．戴契曼目瞪口呆，他的薪資名冊上竟然有這樣的人物。」

不過戴契曼堅決要整頓敏捷的問題，帶進有有憑有據的科學。他的最早幾項決定之一就是除掉赫爾曼．卡恩。卡恩是個臃腫的核武理論學家，曾在蘭德服務，後來離開創辦了哈德遜研究院，這時他正拿高研署提供的資金周遊越南，發表趣味幻燈片提報，內容充斥宏偉、不過或許沒有實際作用的構想。這也包括在一份報告裡面提到的一項企劃案，提議在西貢周圍營造一條護城河來防範越共。[3]卡恩的反滲透護城河遭媒體和國會議員大大嘲弄了一番。那條護城河聲名大噪，有一次陸軍將領克雷頓．艾布蘭（Creighton Abrams）抱怨越南「去他的地理環境」時，有人開玩笑提議移走一些山丘。艾布蘭的回應引來一陣哄堂大笑，他說：「哦，你可以叫赫爾曼．卡恩來處理。」

卡恩和他的華麗幻燈片提報開始給高研署惹來政治問題，於是戴契曼決心和他劃清界線。戴契曼詢問美國駐越南軍事援助司令部一位高官，「卡恩在外面那裡幫你做什麼事情？」那位官員回答，「喔，他來到這裡給我們發表一些十分迷人的簡報，讓我們動腦筋思考，而且我們都很喜歡。」

戴契曼反問，「在你看來，那值得讓山姆叔叔花上二十五萬美元嗎？」

那位官員表示，「不，我猜我不能那樣講。」

於是就這樣，戴契曼除掉了卡恩，後來卡恩威脅要向麥納馬拉告狀，戴契曼對他的虛張聲勢還以顏色。他說：「去告啊。」

卡恩的華麗演講，彰顯出五角大廈資助的社會科學工作還面臨了一個更大的問題：當時付錢做研究有個傾向，選定的研究總是偏向能支持軍方想聽的結果，卻不是他們需要聽的結果。舉例來說，高研署從一九六〇年代早期就付錢讓蘭德在越南執行社會科學研究。那項措施包括資助希基，也就是蘭德雇用的那位人類學家，而且他曾經質疑戰略邑計畫。儘管國防部對希基的研究評價很高，一旦所得結果和五角大廈的政策並不相符（而這是常有的事情），官員便完全不理會他。

蘭德有一項極端重要的高研署資助專案，稱為「越共動機和士氣研究案」，到後來這還成為公司最著名的戰時社會科學研究案，其目的在查明共產黨叛變的支持力量。蘭德的兩位分析師，喬．查斯洛夫（Joe Zasloff）和約翰．唐納爾（John Donnell），奉派前往監督針對遭俘獲越共以及獲赦免投降人士所進行的訪談。訪談初步分析結果，令人對美國介入越南的前景深感憂心。

研究產生的識見和官方說法無法嚙合，因為結果證明，越南人加入越共是基於真心的政治信念，而不是被迫加入，然而華府老家眾多政府官員和軍官卻都堅持後者的說法。根據負責督導高研署研究的大衛．莫雷爾（David Morell）所見，加入越共「牽涉到對政府剝削劣行的憤怒以及民族意識」，還有共產黨操控這些感受的能力。然而，華盛頓對這些結論的反應「不只是消極，那是震撼」。

到了一九六四年，蘭德展開第二項戰俘研究，這次派出的是萊昂．古維（Leon Gouré）。古維是蘭德的知名蘇維埃學學者和政治強硬派，曾遭指控為蘇聯民防計畫宣傳。根據他的同事所述，他前往越南時，心中早有定見，認為空襲是戡亂唯一解決之道，而且他給五角大廈的解答也正是如此。梅．埃略特（Mai Elliott）在她論述蘭德介入越戰相關作為的權威著作中寫道，「古維在他的企劃案中闡述的新課題是，查出並利用敵人對軍事行動衝擊的罩門。」

結果並不令人意外，新研究得出的發現和第一次得出的相當不同。據稱古維曾這樣講，「當空軍支付帳單時，答案始終是轟炸。」就連古維的蘭德同事都不信任他的發現；他們認為他是刻意挑揀資訊和訪談內容。不過古維在蘭德工作得出的偏頗觀點，很快引來了國防部長麥納馬拉的注意，於是部長提高了他的預算，從十萬美元增長到百萬美元。到了一九六六年一月，麥納馬拉向詹森總統簡報蘭德的工作現況，結果也不意外地確認了戰略轟炸確有成效。

戴契曼進入高研署時，他看了一眼古維的工作，並意識到，蘭德分析師完全就是反覆道出五角大廈官員想聽的內容：投彈轟炸叛軍已有成效，其實是沒有的。「我聯絡上麥納馬拉的軍事助理，取消了戰俘訪談，因為那顯然有偏頗情況，」戴契曼回顧說道，「麥納馬拉眼中所見的戰爭態勢已經被它扭曲了。」

戴契曼認為，蘭德的工作以及在越南執行的社會科學研究，許多都不符科學嚴謹要求。他的看法是，只要用比較像是物理「硬」科學的方式來處理，社會科學就可以用來做預測。他要的資料不是趣味演講或自我強化的研究。不過他發現，反對美國介入越南的觀點逐漸增強，特別在大學校園，導致高研署幾乎沒辦法找到優良學者來為國防部從事東南亞議題研究。

先前一年，有關軍方資助大學的爭議，在校園動盪局勢中爆發，擾動的起因是陸軍的一項行動曝光，他們藉由美國大學的特種作戰研究室資助民間研究人員，投入研究智利的叛變情勢。在此之前，他們和軍方資助專案的牽連從來不曾曝光。學生激進主義和反越戰思潮幾近狂度，一項時運不濟，號稱卡美洛計畫的專案[4]也在拉丁美洲觸發了連串嚴厲批判，而接受國防部資助的美國教授，也遭指控推動帝國主義的勾當。

一家名叫「擬態自動化」的公司提出一個量身訂製的解決之道，並承諾聘雇學術人士，業餘從事五角大廈合約工作。公司協同創辦人名叫以昔爾・普爾（Ithiel de Sola Pool），在麻省理工學院享有高度盛名，不僅才氣縱橫，還是個通曉政治的政治學教授。他和國家安全人物有密切往來，包括前中情局負責越南綏靖計畫的羅伯特・柯默（Robert Komer）。戴契曼相信，普爾「能輕易吸引其他著名學者；其中有許多都是越南專家，曾去過那裡，能講越語，認識許多越南重要人士，可以靠他們指點『門路』來做研究。」戴契曼尋思，擬態自動化可以讓高研署不必實際和大學直接合作，就能動用學術專才。戴契曼後來在他的回憶錄《超完美計畫》（*The Best-Laid Schemes*）中追溯表示，「單就我們高研署人員的考量，像這樣的一個團體擁有無懈可擊的聲望，能協助避免許多問題。」

一九六六年，高研署賦予擬態自動化一項涵括廣泛的越南社會科學研究合約，緊接著第一支研究小組就開始在西貢現身。後來這就成為在敏捷計畫底下，歷來最淒慘的合約之一。

創辦擬態自動化的目的，是要利用人類的反覆無常來賺錢，不論那是在發生在選舉或戰爭中。那家公司的起源可以追溯至一九五八年，當時哥倫比亞大學教授威廉・麥克菲（William McPhee）研擬出一套能用來預測電視觀賞習慣的新奇理論。麥克菲向紐約企業家愛德華・格林菲爾德（Edward Greenfield）推介他的成果，接著格林菲爾德又介紹他認識普爾。格林菲爾德和普爾都喜歡那個構想，不過也認為，就企業模式而論，拿選舉來套用會比較有指望，而且他們對了。擬態自動化在一九六〇年甘迺迪參選時一炮而紅，它在對民主黨全國委員會的連串報告上，正確預測出選民的習慣。那時耶魯教授哈羅德・拉斯威爾（Harold Lasswell）說：「這是社會科學的原子彈。」拿擬態自動化的成果，和第一個核連鎖反應堆的一次演示相提並論。受到這種大肆炒作成功事例的鼓舞，擬態自動化開始向政府和私人企業客戶銷售這套服務，《哈潑雜誌》還給它貼上了「人民機器」標籤。

擬態自動化銷售的品項，似乎正是戴契曼和部隊資助社會科學研究倡議人士想要的。擬態自動化有了一款「人民機器」，它希望投入測試，高研署有它想要的人民來做測試。普爾原本提議由高研署聘用那家公司，在泰國一個「實驗室省分」進行種種含括「情報與人口控制」等領域的實驗。「就我所見，它的基本構想是選定泰國一處有限範圍，做為安全計畫的主要實地測試場所，於是該國政府就可以在美國協助下著手進行，」普爾寫道，「泰國那個國家的某些地區安全問題相當嚴重，得以進行實地測試，因為在此同時，政府也十分警惕，積極應付威脅，所以能嘗試推行明智計畫。」

儘管高研署到後來並沒有聘用擬態自動化進入泰國，倒是給了那家公司一項範圍廣泛的越南合約，以因應高研署希望在那裡建立一支快速反應部隊，期能布署社會科學家針對特定問題提供解答或分析。

斯洛特的越南人精神研究只是個開端。那項研究根據四名男子的夢想和性生活，推斷出整個國家的情況。擬態自動化的關鍵員工之一是約瑟夫．學（Joseph Hoc）。學神父是生於越南的天主教神職人員，曾在波士頓學院任教。學神父曾執行高研署合約，撰寫了一份「心理戰武器之測試」報告。他寫道，「我的研究工作之執行目的，是為了向高研署提供一種可能做法，來預測甚至控制越南的人類事件。」

學神父的構想和斯洛特的理念幾乎同等偏執，不過更可能帶來傷害。學神父寫道，「要想控制越南戰略邑民眾，藉由非正式溝通手法操控他們，說服他們就特定情況，以期望的方式做出反應，這是有可能辦到的。」社會科學家使用的標準訪談技巧並「不妥當」。學神父提議由擬態自動化支付村民，讓他們在戰略邑內散播謠言，接著祕密記錄民眾的反應，這也就是他所謂的「人類操控技巧」。

這當中有好幾項技巧都以高研署資金進行試驗。在學神父指導下，擬態自動化進行了一項研究，在幾處戰略邑中測試「心理武器」，其中有些受越共勢力控制，另有些則忠於南越政府。採用的「武器」包括一款美國風格的連鎖信，信函在戰略邑裡面散播，誘騙越共集結。村民認為那是越共的技倆，不肯散布信函。

擬態自動化還試行利用越南人對「預言和聖人神力」的信仰，發行傳播了五千份小冊子，預言越共將被擊敗。結果卻遇上不幸巧合，散布發生在新春攻勢開始的時候，而預言並沒有提到這次事件。計畫的好幾個項目都徹底失敗，連擬態自動化的報告[5]都承認了，好比使用民謠來傳播擁政府訊息，還有設計帶有政治訊息的卡通。下場最悽慘的，或許就是一項「巫師專案」，該計畫徵募越南巫師（基本上就是當地的魔術師）來引導村民反對越共。計畫失敗了，理由就如學神父所述，他不帶絲毫諷刺地說：「巫師並沒有說出他們應該說的話。」

無怪乎高研署官員加里．奎因（Garry Quinn）針對學神父的報告批評表示：「變數遭受污染」、「錯誤來源沒有做系統性調查」，以及「違背了推理規則」。學神父對批評似乎並不在意，只表示奎因心情不好。奎因在辦公室裡張貼了一張圖片，上頭印著史努比的著名警告，「詛咒你，紅男爵」。學神父說，「我覺得就這方面我們沒必要太認真看待，」並提議繼續做心戰研究。結果高研署卻駁回了，讓他大感震撼。

為填補擬態自動化西貢辦事處處長懸缺，普爾雇用了一位政治學者阿爾弗雷德．德．葛拉齊亞（Alfred de Grazia）。二戰期間，葛拉齊亞曾投身宣傳和心理戰；他的學術事業生涯出現一次比較罕見的轉折。一九六〇年代早期，葛拉齊亞便與伊曼紐爾．維利科夫斯基（Immanuel Velikovsky）意氣相投。維利科夫斯基是位暢銷書作者，他根據遠古神話竄改世界史，在科學界引發軒然大波（除了其他種種構想之外，維利科夫斯基還宣稱，約公元前七五〇年時，火星便曾脫離軌道，還幾乎撞上地球）。不論維利科夫斯基的理論有什麼長處，就設計來徵募學者的計畫而言，遴選與學術界離心離德的葛拉齊亞仍是個古怪的抉擇。

普爾派遣高素質社會科學家的承諾始終未能實現。戴契曼和其他官員一再對擬態自動化表示不滿，指控他們派遣不夠格、沒經驗的人去越南，那些人似乎任意藐視軍事合約規範，卻沒什麼意願做嚴謹的研究。當得知配偶不能陪伴研究人員前往越南，一位擬態自動化雇員立刻把他的妻子納入研究員支薪名冊。在一封信函當中，戴契曼對擬態自動化員工「對軍規外行」的行徑表達不滿。

許多計畫都完全因為無能才失敗。軍方專家對一項針對號稱「張開雙臂」（Chiêu Hồi）的越共赦免方案進行的研究所得結果不屑一顧，稱之為外行。還有一項有關越南電視觀賞習慣的研究是由一位護理師主持，而且執行時彷彿「有人拿了一本科學方法論規則書，然後有系統地逐一違犯每條規章」。一位高研署駐越南官員稱擬態自動化的外派人員為「公事包董事」，在大學休假期間前往那處地區短期工作，還率領一群對該地區、該課題都毫無專門認識的學生，前往執行外勤工作。擬態自動化要高研署訓練出來的越南人面談團隊全體離職。被開除員工怒不可遏，辦了一場「仇恨美國」盛宴，並向美國大使提出抗議。

其他投訴就比較嚴重了；有一次，華府老家一位高研署計畫經理對擬態自動化員工的舉動深表憂心，因為報告顯示他們「帶著手槍、步槍，甚至自動武器在越南跑來跑去」。高研署駐越南外勤單位主管證實，擬態自動化曾要求配發 M16 步槍和點三八口徑手槍，不過他也寫道，申請駁回了。那位外勤主管表示，或許擬態自動化員工只是吹噓自己攜帶武器。他寫道，「不知道他們吸食哪個牌子的大麻？」

不久之後，葛拉齊亞和高研署的關係也就沒有比他與學術界的關係更好了。他開始接連寫信回華盛頓，內容怒氣愈來愈盛。怨言內容五花八門，從部隊不提供交通工具給擬態自動化員工（高研署指出，畢竟越南是戰區）乃至於影印機壞掉。葛拉齊亞有次這樣斥責表示，「高研署要想做好它的關鍵事務，就得關照較高優先要務，別去做什麼雞屎小事。」當高研署申訴指稱擬態自動化的報告品質低落，連基本編輯都沒做就交件，這時葛拉齊亞便回應指出，高研署小便斗上有幅標誌的文法運用是多麼拙劣：「一次又一次，我必須站在它面前閱讀『假如你希望它們能有作用，就別把香菸頭丟進小便斗。』」普爾後來承認，葛拉齊亞並沒有「得逞」。

到了一九六七年，擬態自動化和高研署的關係來到了一個斷折點。高研署有人起草了一份清單，完整列出擬態自動化的所有失敗事例，從不合格的人員乃至於整體無能。普爾說那是「一組懷著惡意，毫無根據的故事」。到了十二月，美國駐越南軍事援助司令部科學顧問W. G. 麥克米蘭（W. G. McMillan）寫信給戴契曼，傳達了一個簡單的訊息：解除擬態自動化合約。「這家公司在越南共和國運作了約十八個月，試行在高研署合約下從事社會科學研究，」他寫道，「就這些努力檢查審視，結果清楚顯示，擬態自動化無法達成合約要求。」

在訪談時還有在書本中，戴契曼都只說明，基於管理的原因，擬態自動化的合約並沒有做出成效。他的檔案通信卻道出遠更為坦率的情節。「其中一個層面或許就是，他們的最嚴苛批評者著眼尋覓合理的科學成果，而且必須有數字和嚴謹的方法論來支持，」他寫道，「坦白講，我認為我們永遠沒辦法從擬態自動化得到這些。」

高研署和五角大廈官員紛紛提出強烈要求，一再指稱對方完全無能，應該取消合約。擬態自動化的戡亂「科學途徑」沒有成功，儘管知道會引發後座力，戴契曼終究在一九六八年終結了合約。公司老闆格林菲爾德來到戴契曼的辦公室，表示他會向麥納馬拉告狀；考量到該公司和行政管理高官的緊密關係，這並不是虛張聲勢。這次戴契曼的反應，和他對卡恩的說法完全一致：「去告啊。」[6]

這時擬態自動化幾乎要破產了，最後孤注一擲，設法取得五角大廈資金：公司在一九六八年轉向哥德爾求助，那時他已經出獄。哥德爾離開高研署之後的事業生涯包括軍火走私，尤以泰國為甚。他和泰國空軍首腦談妥條件，向高研署要求資助一項計畫，從事區域警察和保安力量方面的研究。擬態自動化負責執行那項合約。戴契曼寫信告知一位同事，「格林菲爾德告訴我，哥德爾很可能藉由一項第三方公司安排，來與擬態自動化建立往來。」

戴契曼知道自己被綁死了。假使他拒絕泰國高官，結果就會讓高研署的泰國工作陷入險境。倘若高研署同意了，這也就表示得讓哥德爾重新支領高研署的薪水。戴契曼在記述他任職高研署那幾年時光的回憶錄中，只花了簡短篇幅回顧擬態自動化插曲，並論稱那大致表現良好，不過出了一些行政失誤。他寫道，高研署基於「官僚政治因素」被迫終止合約。

他的官方通信（大部分在當時都屬機密）卻道出另一種情節。檔案包含好幾十份冗長備忘錄，依照時序記載了擬態自動化的慘烈失敗。哥德爾回來，顯然就是最後一根稻草。「我啥都沒有，」戴契曼寫道，「在我看來，那冒犯了高研署計畫的正直性。」戴契曼誓言，擬態自動化再也不能從高研署得到一分錢，任何政治後果在所不惜。信末他提出一項請求，卻始終沒有實現，因為四十多年過後，他的原始信函依然躺在國家檔案庫中，他的請求是：「讀後焚毀。」

從頭到尾，擬態自動化的越南實驗勉強延續了十八個月。[7]它的工作是一場災難，沿途留下了無能、拙劣研究和災難性政治失策。倘若從擬態自動化（或者從高研署企圖使用社會科學來解決戡亂問題）能夠學到什麼教訓，那就是嘗試研究、影響人類行為，比蒐集彈道飛彈的飛行數據難上無數倍。戴契曼坦承失敗，並說那算是種海森堡原理：「事實和測量與觀察手法會影響並改變受觀察現象以及所有參與者。」換言之，人類肯定能察覺自己被觀察，而且他們會調適他們的行為。

最能闡明這項老生常談的，莫過於戴契曼為士兵野戰裝備減重九十磅的提案。大半重量是肇因於效能低落，戴契曼判定，因為士兵都攜帶了多餘品項。倘若戰鬥巡邏採「系統」作業方式，而非個別士兵的集群，那麼他們就可以更有效地分攤裝備。好比一名士兵可以攜帶通信裝備，另一位帶額外彈藥。起初這個構想似乎能夠生效，接著卻發生了一件有趣的事：士兵開始使用多出的空間來塞罐裝可樂，於是他們的背包又重新恢復為九十磅。「當我們想到那種狀況，我們說，『呃，你也知道，只要他們滿意就好，』」戴契曼回顧表示，「『假使他們能從那裡得到養分，那大概也還好吧。』」

任憑戴契曼向哥德爾的戡亂途徑提出種種批評（即便那些批評大半都是對的），戴契曼企圖將社會科學轉變成硬科學的嘗試也同樣失敗了。高研署的戡亂工作儘管大半都未能成功，但由於典型的官僚慣性依然繼續推行。它已經成為高研署的核心要務，這是該機構的第三大計畫，僅次於飛彈防禦和核試監測，所以承認失敗，也就等於放棄一項核心任務。不過隨著越戰開始升級，國會對高研署干預世界事務以及資助社會科學研究也逐漸感到厭煩，畢竟，一個軍事機構關切這個領域似乎有點奇怪。除了越南工作之外，高研署也研究中東兒童的營養狀況，測量伊朗士兵的頭、腳形狀、尺寸，來設計更好的制服。就批評越戰人士看來，高研署計畫比較符合所需。

「這怎麼會變成由你來負責？」加州共和黨參議員格萊納．利普斯科姆（Glenard Lipscomb）在一次檢討敏捷擴張情況的聽證會上質詢，「為什麼這不是由國務院，或者正規軍事部門來負責？」

赫茨菲爾德辯解，因為沒有其他人在做這個，但是這個答案不怎麼能緩和國會議員心中質疑。事實上，高研署還進一步把敏捷計畫擴張到全球各地。一九六七年面對國會質詢時，赫茨菲爾德便答道，「我們打算對敏捷的非東南亞範圍投注更多關切。」

「你預計進入多少個國家？」利普斯科姆質詢，「這個敏捷計畫會變成多大規模的行動？看來好像沒完沒了。」

赫茨菲爾德辯稱高研署的擴張是有道理的，因為工作進行得很好。「我認為就某種程度上，主席先生，我們這裡是為檢視叛亂的做法開創新局，該如何在規模還小的時候遏止叛亂，」赫茨菲爾德告訴那群國會議員，「這對美國來講，絕對是一項重大的軍事問題，而且大半也還沒有解決。我們還沒辦法在越南的叛亂規模還小的時候，就遏止它坐大。它的規模變得非常大。現在它不是判亂，而是一場戰爭了。」那項越南戡亂戰略最終失敗了，無法遏止它升高為一場全面戰爭，不過這點並沒有納入討論。另一位國會議員詢問赫茨菲爾德，他是不是看得出越南戰爭有結束的一天，倘若是的話，那是在何時以及如何結束。赫茨菲爾德熱切地回應，「我十分相信，若是把現況和三、四年前發生的狀況拿來比較，那麼就軍事方面，我們現在真的是逐漸取勝。就平民這邊，我認為我們已經制止了衰敗，而且我們的態勢也漸漸拉高。這點加上軍事方面逐漸取勝，所以我十分相信我們能贏。」

接著國會議員指出，法國在越南已經待了十年，投入了超過五十萬人，結果「他們並沒有贏」。

「沒錯，」赫茨菲爾德同意，「不過他們的表現，根本沒辦法和我們相提並論。」

赫茨菲爾德錯了。一九六八年一月三十一日拂曉，北越和越共部隊同時發動一波攻擊，把戰爭拉出叢林，帶進了南越各都市。攻擊時機恰好就在農曆春節，命名為新春攻勢，也重新定義了那場衝突的本質。昔日的游擊戰顯然正朝向正規戰爭轉變，高研署資助投入的工作也似乎大半都沾不上邊了。西貢一度熙熙攘攘的外國人夜生活平息下來，高研署決定把民間雇員武裝起來。

到頭來是國會終結了高研署對社會科學的支持。隨著越南的戰爭愈來愈不受歡迎，國會議員也逐漸加深對高研署工作的質疑，特別是敏捷計畫。一九六九年，對越戰批評不假辭色的民主黨參議員麥克・曼斯菲爾德（Mike Mansfield）力推後來我們所稱的曼斯菲爾德修正案（Mansfield Amendment），禁止國防部出資贊助「與特定軍事功能並無直接或明顯關聯」的研究。修正案擊中高研署社會科學資助的要害，導致該署在東南亞和中東的工作也大半就此劃下終點。敏捷收攤關門，戴契曼也回到國防分析研究所。

往後數年間，曾與高研署合作從事戡亂的各國政府幾乎全都瓦解了。只有泰國設法避開了一場全面政治內爆：一九七三年一場革命，顛覆了軍方領導的政府，不過國家始終沒有落入共產叛軍手中。[8]一九七四年，共產軍政府在衣索匹亞奪權成功。隔年，南越遭越南北方正規軍力入侵淪陷，國家也在共產政府之下完成統一；在黎巴嫩，宗派分裂引發內戰，隨後持續了十五年。在伊朗，沙王的鎮壓、腐敗和對外國金主的仰賴，激發了一場慢燃內爆。一九七九年，那個政權終於崩潰。就在這場災難的餘波當中，何梅尼建立了世界上最持久的反美政權之一。何梅尼是伊朗革命的政治和精神領袖，西方人常在他的姓氏前面冠上「真主的象徵」頭銜，以「阿亞圖拉何梅尼」（Ayatollah Khomeini）相稱。

越南也出現了那些戡亂災難的先兆。戴契曼回顧一次出差的情況，在進行了沒完沒了的部隊簡報之後，他和約翰・波爾斯（John Boles）准將暫歇前往一所道教宮廟參觀。波爾斯在美國駐越南軍事援助司令部服務，負責聯合研究與測試行動。兩人共乘一輛越南常見的人力三輪計程車，在溼熱街道穿梭。進入香火繚繞的宮廟，他們看到一位算命老者。准將說他想讓那人幫他算命，戴契曼聽了也覺得好玩。算命師從命，接連講述了一些看似先知高見的說法，好比波爾斯近來的升遷，也談到他即將回家探親。「至於你來這裡的原因，」算命師告訴那兩個美國人，「結果當如抽刀斷水。」

在那時候，戴契曼認為這則明喻雖然奇妙卻是錯了。他認為，秉持科學，五角大廈在越南是可以成功的。他說不定也覺得，聽一個算命師論述美國任務終會失敗是件相當諷刺的事，畢竟高研署一直支付三教九流的魔術師、巫師和聖人來傳播謠言，宣導越共會被打敗，不過他沒有提起這個念頭。多年以後，他承認了那位算命師的先見之明。「他講得真準啊。」

戴契曼在死前一個月提筆留下這句話。高研署在越南的工作，就像美國政府在那裡做的大半事項，幾乎全都毫無成效。

敏捷計畫變成支持美國正規部隊在國外打仗的輔助單位，而這也正是原本從事戡亂的人員希望避免的情況。敏捷（還有更廣泛來講，整個越南戡亂作業）的失敗大半是由於它支持的政府無能提供人民所要的安全保障，再多美國部隊也改變不了這點。高研署沒辦法改變那個方程式。像戴契曼和赫茨菲爾德這樣的技術專家都深信只要有科學，任何戰爭相關問題，甚至人類問題，幾乎都有辦法解決。最後事實證明他們錯了，這則教訓令戴契曼耿耿於懷。不過赫茨菲爾德直到最後都依然為戡亂工作辯護，這已經成為他的長期哲學，他就是以此來評量高研署在設想大問題解決之道方面所扮演的角色。「敏捷是場慘烈的失敗；一次光榮的失敗，」[9]後來赫茨菲爾德回顧記述，當中不摻雜絲毫諷刺意味。「當我們失敗了，我們敗得很大。」

不過所有失敗全都和高研署的全球戡亂實驗密切有關，或許最令人困擾的就是，把其他國家當成活生生測試台的傲慢態度。那種傲慢，許多情況都是產生自聰明、善意的科學家。那種傲慢在一九六〇年代中晚期普遍存在於高研署。不論是叛亂戰爭或核戰，高研署都遊走科學和政策的邊緣，把自己拉進冷戰期間一些最大、最富爭議，而且機密等級最高的計畫當中。而且就像敏捷，最後結果不見得總是好的。

第11章

胡作非為

一九六四年十月二十二日，一枚核裝置在美國密西西比州一處鹽礦半英里深處引爆，威力約為劑平廣島那枚原子彈的三分之一。在核裝置引爆位置上方，有人放了一面邦聯戰旗，旁邊有個標誌，上書「南方定將再起」。

那是對接下來所發生現象的意外貼切描述：核爆震波依科學家預期，應該侷限在地下洞穴裡面，結果震動卻穿越地表。鄰近小鎮巴克斯泰爾維爾（Baxterville）寒酸屋宇的煙囪和擱板坍塌，灰泥龜裂，居民回到自己的房子，卻發現自己彷彿遭人洗劫。那就是查爾斯·貝茨（Charles Bates），高研署維拉統一計畫首腦所描述的「糟糕的行動」。

美國唯一在密西西比以東引爆的原子武器，是在高研署核試探測計畫資助下執行完成。四十年後，貝茨在一次訪問時解釋，執行核試，甚至那麼靠近有人居住區，「在那個時代相當容易。」高研署和原子能委員會和密西西比州參議員，隸屬參議院軍事委員會的約翰·斯坦尼斯（John Stennis）磋商。接著斯坦尼斯向州長反應，於是州長與郡治安官、當地法官與當地新聞編輯討論。不久，所有人都加入了，一百五十名當地居民不管樂不樂意，都經安排撤離。畢竟那是冷戰，全國都相信美國軍隊正進行一場你死我活的戰鬥，竭力避免核戰末日。「這些都是窮人。我們安排讓他們拿到政府每日津貼，」貝茨說，「就連嬰兒也拿到每日津貼兩天。他們得以前往哈蒂斯堡（Hattiesburg），住進一家旅館，如果只靠自己，他們是住不起的。」成人每天能拿十元，嬰兒和兒童五元。

那次測試稱為「鮭魚射擊」，把礦坑壁向外推，後來赫茨菲爾德告訴國會，就像「一把湯匙插進果凍」。不過礦坑壁並不像果凍，它並不會反彈。事實上，爆炸後留下了一個球形空腔，直徑約百英尺，裡面裝滿熔鹽和毒氣。政府花了兩年時間泵進新鮮空氣，清除毒氣，並為洞穴降溫，直降到依然能烤焦事物的攝氏一百五十度。接著在一九六六年十二月三日，高研署又在同一處鹽礦內引發另一次核爆。那次核試稱為斯特林事件，牽涉到的核爆規模小得多，只有三百八十噸。兩次引爆都是運球計畫（Project Dribble）的一部分，計畫設計旨在檢視蘇俄可不可能藉由在地下洞穴執行核試來隱匿行動，基本上這是藉由縮小地震波振幅來削弱信號，這就是號稱解耦合的程序。

高研署有辦法在密西西比州一處鹽礦裡面引爆核武，反映出該署在一九六〇年代中期懷抱的企圖心、力量和勢力所及，而且不侷限於核試監測領域。它的飛彈防禦工作也在全球擴展：在南太平洋上稱為瓜加林環礁（Kwajalein Atoll）和羅伊島（Roi-Namur）的纖小陸地上，高研署付款建造了雷達，模樣就像巨型高爾夫球，用來追蹤太平洋區發射的彈頭。到了一九六〇年代中期，高研署的核試監測工作，好比在密西西比州執行的那項，已經開發出種種不同的技術，特別是感測器，於是該署官員迫切想設法擴大那項工作，拓展到國家安全的新領域。

一九六五年，高研署設立了高等感測器研究室，專門投入向中情局以及情報界行銷該署得自其核試監測工作成果的技術。該研究室的第一屆主任是山姆．柯斯洛夫（Sam Koslov）。柯斯洛夫是物理學家，曾協助中情局和空軍開發感測器酬載，裝上氣球飛往蘇聯上空進行核試探測，隨後才轉來高研署。誠如後來當上高研署署長的盧卡西克所述，這處新單位是高研署和情報界的「首次上床」。

高研署和情報界的關係向來很緊張。當初的設立目標是為部隊提供技術，而不是針對情報界，儘管這當中有先天重疊之處。在日冕間諜衛星時期，從中情局視角來看，高研署一直是個胡亂攪局的討厭鬼。相同道理，高研署插手核試監測，侵犯了情報界認定的自家地盤。當然了，還有哥德爾和他的越南工作，這部分中情局也是心懷猜忌看待。然而高研署部分官員卻指望情報界能成為機構擴張影響力的途徑：基本上，間諜也就是額外的客戶，至少理論上是這樣想。

在回憶錄中，赫茨菲爾德也曾談起高等感測器研究室，不過差不多也只是順道提起這個名稱看似無害之機構的設立經過，他說明那個單位全心投注「某種特殊專案」。依照國會證詞所述，研究室的工作經拐彎抹角描述為支持「聲學、電磁學、光學、生物學和化學等領域之研究，而且都是在新穎、先進的感測概念和硬體裝備上，能發揮重要用途者」。個別計畫很少提出討論，真談起時，許多細節也都予刪除，並未納入公開的國會記錄。

該研究室是高研署各部門當中最「鮮少被描述」的一個，而且根據高研署歷史，它的活動也經常被隱藏起來，連高官都不知情。那段歷史還說，「就它的作業方面，由於牽連到情報用途，也變得更為複雜，而且從一開始就遭人質疑。」簡單來講，該研究室是高研署踏進間諜圈的管道。這個裹著一層神祕布幕的研究室只存在將近七年，期間經常多風多雨，而且還有個霸道對待上級長官的主任。高等感測器研究室在一九六五年成立，預算只有區區不到五百萬美元，第一項專案是潘朵拉計畫（Project Pandora），這是探究精神控制的最高機密研究案。

一九六五年，醫學工作者開始出現在美國駐莫斯科大使館，為館內員工抽血。美國外交官得知的消息是，醫師是在檢查是否有人接觸了一種新的病毒，在一個寒冬料峭的國家，這並非不可想像。

這完全是個謊言。莫斯科病毒研究計畫名稱只是個粉飾情節，隱匿美國政府的最高機密調查行動，目的是要了解微波輻射對人類的影響。結果發現，原來蘇俄以低能量微波轟擊駐莫斯科大使館。華府官員稱那種輻射為「莫斯科信號」（Moscow Signal），由於能量水平太低，對建築內人員產生不了絲毫明顯傷害。那種信號強度為每平方公分五微瓦，遠遠低於微波爐產生加熱作用所需能量門檻。然而那種能量威力依然百倍於蘇俄最高暴露標準值（他們的規範遠比美國的還更嚴苛）。那就是引發警覺的起因。

情報界擔心蘇俄知道一些美國尚無所知的非游離輻射相關知識。由於低能量輻射作用之相關研究尚在襁褓期，中情局提出的最早期理論之一認為，蘇俄在嘗試影響美國外交人員的行為或心態，或甚至控制他們的精神。美國希望查明事態狀況，又不願意打草驚蛇，讓蘇俄知道他們發現了照射行動，於是在大使館工作（而且每天暴露接觸輻射）的外交人員都被蒙在鼓裡。國務院負責查明與微波連帶有關的生物改變，新近在高研署創辦的高等感測器研究室則奉命在處長柯斯洛夫領導下，檢視微波可能造成哪些行為影響。

高研署這所新設研究室才開門營運了幾個月，柯斯洛夫就上任五角大廈另一個職位。於是他的副手理查・希薩羅（Richard Cesaro）繼任為主任。希薩羅是高研署最早期員工之一，早在一九五八年就受聘，也或許是署內最聲名狼藉的員工，素以富有高度創意、攻擊性和粗魯引人憎惡著稱。沒有人真正明白希薩羅在做什麼，不過他也喜歡這樣。有些官員甚至認為，希薩羅說不定是留駐署內的諜報人員，好比曾在一九六〇年代當過好幾年高研署副署長的弗羅施就是這樣想。他說：「他盡力做出這樣的表現，永遠在空中留下一些懸疑線索，暗示他知道一些你不知道的事情。」

希薩羅並不是情報密探，不過他肯定喜歡高研署高官認為他是。在高研署早年時期，希薩羅一直是個熱情的太空迷，投入推動該署在火箭計畫所扮演的角色。一九五〇年代早期，高研署負責日冕間諜衛星方案的時期，他便曾與哥德爾合作。當高研署失去太空工作，希薩羅依然與情報界保持聯繫，最後終於在高研署的高等感測器研究室找到了新家。在一份官方政府歷史中，他被描述為「一位擅長操控政府決策過程的大師，一位愛招惹是非的技術人員，積極倡議運用先進技術的擁護者」。高研署同事也還記得希薩羅，他的身高才稍微超過一五〇公分，腳著增高鞋，是個專愛恃強欺弱的惡霸，並以當面貶斥同事為能事。他對自己得以接觸機密計畫深自陶醉，然後到了一九六五年，哥德爾離開之後，希薩羅便成為高研署仍與間諜界有聯繫的最資深官員。當上了高等感測器研究室主任，他很喜歡經手高度機密計畫伴隨帶來的那種威望和獨立性，往往就是代表情報界的威勢。他環遊世界從事機密專案工作，而且往往連他的高研署上司都不得詢問。高等感測器研究室很快就遵循情報人員的傳統，根據盧卡西克的說法，該傳統要求，「你在做的事情，盡可能什麼都別告訴你的名義上司。」

以往情報界都把高研署看成侵入地盤的討厭鬼，或者到了比較後期，把它當成掩飾機密計畫的趁手門面。高研署在早年時期也經常被用來當成「白手套」，意思是轉手機密資金的媒介，正是哥德爾的情報界關聯留下來的遺產。

根據官方文件，計畫屬於高研署，不過就實際而言，那只是個幌子，甚至連署長對專案都可能只有粗淺的認識。「我們當時已經很習慣當某種非常重要機密事項的白手套。事情出錯的時候，那裡通常都會出現白手套。那完全就是種偽裝，假裝高研署非常密切涉足某些事項，但其實那和我們並沒有那種關係，」高研署前任高層官員克雷薩這樣表示，「沒有錢撥給高研署。什麼都沒有。只是我們得現身，好讓事情看來彷彿我們有參與。」

舉個白手套實例，儘管高研署前任官員始終沒有證實，事情牽涉到美國國家安全局設於澳洲的最高機密偵監設施，稱為松樹谷。一九六〇年代早期，哥德爾便曾前往澳洲協商赫夫所形容的，不過就是一處「用來做一些太空工作」的設施。不久之後，美國工程人員就開始現身，在澳洲中部一處峽谷調查土地，接著不到幾年，那裡就冒出了一些巨大高爾夫球模樣的天線罩，還有安全圍籬和超過十二棟建築。澳洲政府或美國政府就那處設施釋出的公開資訊，只說明那裡預定由高研署負責營運。

事實上，高研署和松樹谷往後的營運幾無絲毫關聯，只除了偶爾有官員來訪，好傳達高研署的首肯。那處設施是朝向國安局營運的情報衛星發射信號的地面站。高研署前署長盧卡西克回顧表示，「我前往一個這裡不透露名稱的國家時，我的公開身分是個『公司人員』。」事隔四十年，他依然不肯明講那裡就是松樹谷，或那裡是在澳洲。「我是他們的地面站掩護，大門標示所說的高研署聯合 XXX 太空防禦設施的業主。」

然而莫斯科信號調查作業是個難得的機會，讓高研署能直接與情報界合作。一九六五年十月，希薩羅寫了一份機密備忘給高研署署長赫茨菲爾德，解釋投注這項新研究的正當理由。白宮已經責成國務院、中情局和五角大廈祕密調查那起微波攻擊事件。國務院負責領導該方案，代號 TUMS，至於高研署的職掌，希薩羅解釋，則「是發起一個選擇性部分，隸屬於某整體方案，投入解答有關輻射對人之作用的潛在威脅」。於是就誕生了高研署第五六二號計畫方案，大家比較熟知的是它的代碼：潘朵拉計畫。潘朵拉的目的在探索微波對行為的影響，也是冷戰科學史上比較古怪的一段插曲。

隨著時間流逝，政府對微波所致精神控制作用的顧慮，似乎成為了某種最糟糕的冷戰偏執妄想產物（就是能輕易被揑造成「錫箔帽陰謀論」的那種事物），不過倘若把場景設在一九六〇年代，這看來就是個還滿合理的顧慮。莫斯科信號的發現時機，恰逢美蘇紛紛提出種種研究報告，各自論述低能量微波輻射的可能生物效應。有關疲勞和困惑的軼聞報導為一些理論加油添醋，說是微波可以當成武器來改變一個人的行為，或甚至進行精神控制。官員間流傳一則理論，認為蘇聯有可能使用微波來影響大使館員工的行為，還說不定能誘使辦事人員在加密信息上犯錯，於是蘇俄的密碼學家就得以破解美國的密碼。事實上，高研署資助翻譯了當時發表的一些俄文研究，結果顯示，微波的神經效應讓蘇俄人著迷，於是美國官員就拿這點來證明莫斯科信號很可能就是某種武器。

高研署在潘朵拉計畫中扮演的角色，立刻讓少數獲准審閱計畫內容的五角大廈科學家憂心。物理學家布魯諾・奧根斯坦（Bruno Augenstein）生於德國，在國防部工作，他發了一份最高機密備忘給五角大廈的兩位最高階技術官員，哈羅德・布朗和富比尼，讓他們知道高研署正投入評估用來檢視微波之神經效應的企劃案。在他的記錄當中，奧根斯坦拐彎抹角提及「這個國家從前也曾有這種實驗的不良歷史，讓一些人對於這個領域的進一步實驗心存疑慮，」這可能就是指中情局在一九五〇年代開始的惡名昭彰的 MKULTRA 精神控制實驗，[1]進行時由中情局官員拿 LSD 做試驗，評估它是否可能成為一種人類精神控制劑。奧根斯坦寫道，看來確實「有某種力量在高研署內部出現，抗拒由高研署著手進行這些實驗，這或許是由於有人覺得，這類實驗一度引來了好些狂人。」

倘若高研署計畫期盼能避開先前人類實驗醜聞所犯下的錯誤，那麼希薩羅就是領導潘朵拉計畫的不祥人選。他是個動力推進專家，在生物科學方面看不出有什麼專業，不過他喜歡經管最高機密計畫，因為這能吸引白宮和中情局的高度關注。他擁抱這項派任，秉持的高度熱情也很值得稱頌，只可惜這當中存有弊病。情況很快變得明朗，希薩羅的主要興趣其實是在推動微波武器，不是想了解底層生物學基礎。

為查明莫斯科信號是否真的影響人類行為，高研署首先從微波輻射猴子試驗入手。由於潘朵拉是最高機密計畫，主體研究必須在政府實驗室進行，不能讓大學來做。空軍奉派提供發出微波所需電磁設備，而沃爾特・里德陸軍研究院（Walter Reed Army Institute of Research）負責遴選猴子並進行實驗。初步試驗設計旨在檢視，當靈長類暴露於符合莫斯科信號（美國駐莫斯科大使館內男女每天都接受的照射）特徵的輻射之中時，牠們的工作相關作業表現如何。

測試規程牽涉到訓練猴子對一些信號做出反應，按壓特定槓桿。倘若猴子按下正確槓桿，牠們就可以得到食物獎賞，專欄作家傑克・安德森（Jack Anderson）寫道，「大體就像大使館員工，一天工作結束也會得到一杯乾馬丁尼。」接著研究人員便測量猴子的表現，並與沒有輻射的情況做個比較，看是否受了莫斯科信號影響而變差了。到了一九六五年十二月，實驗室工作展開過後沒多久，希薩羅已經熱切地檢視結果。依循正常程序，要接受任何新的重大科學現象都必須先將所得結果送交同儕審閱，在受敬重的期刊上發表，最後還得由一支獨立研究小組重新做出相同結果。然而就潘朵拉而言，由於計畫是在機密科學界運行，結果並不是由執行實驗的研究人員來傳播，而是交給總管經理人為之，就本例而言是希薩羅。一九六六年十二月，希薩羅報告指出，參與試驗的第一隻猴子表現出「兩次反覆、完全的減緩和停頓」，這就是暴露在莫斯科信號下所造成的結果。希薩羅寫道，「這無疑已經穿透到中樞神經系，直接或間接進入了與工作功能表現連帶有關的腦區，並產生所觀察到的效應。」

輻射結果在他看來十分可信，[2] 於是他建議五角大廈即刻展開調查「潛在的武器用途」。他啟動了潘朵拉的新階段，目的是朝人類試驗推展，卻也把高研署的計畫帶進危險邊緣，貼近了五角大廈科學家奧根斯坦當初告誡別碰的事項。希薩羅還希望讓潘朵拉比它先前更機密。他寫道，「迄今所獲結果的極端敏感本質，還有它們對國家安全的衝擊，導致如今建立了一個特殊的取用類別，來代表所有的資料結果和分析，並以『異乎尋常』（Bizarre）代號為名。」最後證實，異乎尋常稱號很適合用來代表這項計畫，因為在這個時刻，測試動用的猴子數量依然只有一隻。

潘朵拉的科學審閱委員會剛開始似乎還遵循希薩羅的熱情提案，逕自朝人類試驗邁進。委員會甚至還提議在馬里蘭州德特里克堡，也就是陸軍生物學研究計畫大本營召募人類受試（奉命駐紮德特里克堡的充員兵，幾十年來一直是國防部研究的人類受試的源頭；那裡的受試者曾經暴露於千奇百怪的事物，包括從黃熱病到致幻藥物等）。根據會議記錄，一九六九年五月十二日一次討論人類試驗的會議上，潘朵拉科學委員會討論了將人類受試增加到八位的推展計畫。人類受試依計畫將暴露於莫斯科信號，然後接受全套醫學和心理學測驗。委員會知道涉及機密人類試驗的潛在利益衝突；由於受試者根本連試驗的真正目的都不知道，所謂知情同意理念也就變得含糊不清。為因應這道疑難課題，委員會建議安排醫療人員在場，以確保受試者的「醫療福祉」。然而就連那些醫療人員也不會得知試驗的理由，只被告知一則幌子情節。就人性考量，起碼委員會確曾提出建言，主張為男性試驗樣本「提供生殖腺保護」。

所幸，差點受招募的人和他們的生殖腺都倖免於難，人類試驗始終沒有著手進行。委員會審查了實際資料，最後還納入了更多靈長類以及更多試驗，最終他們對潘朵拉的看法也很快開始改變。科學委員會的會議記錄在多年之後解密釋出，相關內容顯示，有關試驗規程方面還存有更多疑慮，特別是猴子試驗並沒有使用控制組。而就諸般顧慮，部分委員則指出，有一項是實驗始終沒有建立確鑿的基準線，導致無從比對、驗證猴子的表現如何在輻射暴露之後下降的說法。換言之，研究始終沒有確認，猴子在試驗期間，在沒有陣陣輻射週期暴露之下時，能夠表現得多好。

儘管潘朵拉始終沒有進展到以人類做試驗，計畫確實檢視了人類的職業性輻射暴露所造成的效應。一項稱為「大男孩」的實驗規程，針對美國薩拉托加號航空母艦（USS Saratoga）艦上水手進行檢驗，將船員區分兩組做比較，一組在甲板上工作，暴露於雷達輻射之下，另一組在甲板下工作（水手都沒有被告知他們參與一項人類輻射研究；當時還使用了一則沒有具體說明的幌子情節）。最後結論是，暴露於低能量微波輻射，並不會造成心理或身體效應。

一九六八年，在沃爾特．里德陸軍研究院任職的潘朵拉主任研究員約瑟夫．夏普（Joseph Sharp）離開該計畫工作。一位先前循徵兵管道進入陸軍的少校軍醫詹姆斯．麥基爾韋恩（James McIlwain），獲遴選繼任他的位置。麥基爾韋恩花了將近一年時間，才通過潘朵拉計畫權限審核，不過一旦通過了，他也就能從事嚴謹的資料審閱作業，潛心閱讀電腦報表，詳細得知個別動物的行為。不到一年，麥基爾韋恩就完成了統計分析，他的發現並不支持微波精神控制武器的預期結果。多年以後，他在一次訪問時表示，基本問題乃在於，動物在輻射照射時是否比較會停止工作，沒有照射時則比較不會。他表示，「這道問題的答案是否定的。」潘朵拉科學評論委員會認同此說，並歸結表示，「倘若迄今使用的信號對行為以及／或生物機能真能產生作用，結果也太難以捉摸或太不明顯而無從驗證。」換句話說，微波不能用來從事精神控制。

到了一九六九年，當時的高研署副署長盧卡西克對希薩羅已經心懷高度質疑，他認定希薩羅謊話連篇。這位高研署的黑計畫執行人，表現得彷彿他不必向任何人負責，只隱約提到來自高層情報機構的命令，卻拒絕提供任何具體資訊。盧卡西克說：「他在所有地方現身，藏身特殊接觸權限的計畫。」這是指稱高度機密的國安計畫。

探究精神控制的潘朵拉計畫特別引人煩憂。在那個時候，研究已經進行了將近五年，而且投入了好幾百萬美元來建造一所新的微波實驗室。盧卡西克請柯斯洛夫（高研署高等感測器研究室第一屆主任）審閱潘朵拉檔案並發表他的想法。柯斯洛夫是情報計畫的老手，比較不會被機密說詞所蒙蔽，也不至於太過擔心蘇俄奇特武器的潛力。當時在蘭德服務的柯斯洛夫審閱文件，並前往沃爾特・里德陸軍研究院與麥基爾韋恩討論，接著就在一九六九年十一月回報盧卡西克。就如其他審閱委員會成員，柯斯洛夫也批評原初實驗幾乎全無基準線，並指出實驗程序隨時間而改變。還有，若說問題是要釐清調變微波射束（好比莫斯科信號）是否有害，那麼為什麼始終不曾對比連續波做測量？倘若目標是要了解，測得的作用和特定信號有沒有連帶關係，逕自以莫斯科信號來轟擊猴子的做法就完全錯了。柯斯洛夫寫道，「我們應該從檢視種種基本波型入手，接著才是導致生物組織產生種種可能的交互調變和解調變的綜合結果。」

柯斯洛夫也正確質疑這整個計畫是否真有必要守密。他認為，當我們執行一個比較開放的計畫，投入檢視微波對健康的整體影響，做出的結果會遠遠勝過執行一項檢視技術或武器的機密計畫（倘能獲得授權）。柯斯洛夫寫信給盧卡西克說道，「簡單來講，我不得不歸結認定，依循任何合理科學準則之界線範圍，資料並沒有呈現任何證據顯示特殊信號造成了行為改變。」到了一九六九年，高研署終止支持潘朵拉計畫，剩餘的工作也經轉移給沃爾特・里德陸軍研究院。計畫終結時，開銷已經累積超過了五百萬。這在當年對生物科學方案來講是筆相當大的支出，而且消耗了高等感測器研究室很大部分預算。

實際上，就在潘朵拉劃下句點之前，希薩羅還找到另一個他可以行銷高研署機密感測器技術的區域：越南。不過希薩羅並沒有使用微波來射人，他是嘗試使用高研署的感測器來獵捕他們，然後再動手擊殺。

＊

一九六七年，美國駐越南部隊面臨在政治上很微妙，在軍事上則深具挑戰的處境：北越部隊跨越非軍事區發動攻擊的力道增強了，而美國卻受制於自己的交戰規則，必須首先確認目標是誰，部隊才能射擊。「你不能光看見目標移動就射擊，你必須知道那是什麼，」高研署當時的署長瑞克廷向國會議員解釋，「意思是，實際上你必須看到它。」

希薩羅這次同樣有辦法解決，事實上，他有許多辦法來解決。到了一九六〇年代晚期，他已經勉力把他的機密工作從美國境內微波研究擴展成為一系列爭議性越戰專案。這些全都動用上了高研署從核武領域開發，並應用來辨識目標的感測器技術。希薩羅並不是始終都很務實，不過談到預知技術的潛在用途，他確實很有創意。他最富雄心的（最後更變成最高調的）規劃是一次大膽嘗試，致力為無人偵察機加裝武器，用來擊殺北越境內的「高優先目標」。就在中情局派遣掠奪者號（Predator）武裝無人機前往阿富汗之前三十五年，高研署已經準備武裝一款造型古怪的無人機，模樣看來就像是在某人車庫裡面用備料打造出來的。

一九六七年，暱稱「傑克」的年輕海軍軍官康士坦丁・帕帕斯（Constantine "Jack" Pappas）依約定時間出現在高研署，他來這裡是要洽談高研署的無人機計畫，他也很快就學到教訓，明白為什麼那麼多人都不喜歡希薩羅。他等希薩羅等了一個多小時，而希薩羅人就在辦公室裡面，最後帕帕斯終於對祕書發火並出言威嚇，要希薩羅出來見他，否則就要「轟垮那扇門」。不過等希薩羅現身時，帕帕斯的看法很快就改變了。帕帕斯表示，「希薩羅是個脾氣暴躁又自視甚高的傢伙。」不過他真心對新技術深感興趣。

帕帕斯被派往 QH-50 遙控反潛直昇機部門（QH-50 Dash, Dash 是個縮略詞，代表 Drone AntiSubmarine Helicopter）。QH-50 Dash 是一款配備核武的無人直昇機，採用同軸旋翼，意思是它使用兩套主旋翼並分朝相反方向旋轉，而且它不安裝尾旋翼。海軍起初購買這款遙控直昇機，原本打算在反潛作戰時使用，理由是它的尺寸很小，具有適合在小型船艦甲板作業的理想條件。QH-50能獵捕蘇俄潛艇；找到後它還能向目標投下核子深水炸彈。[3]這款造型古怪的無人機是一項革命性創新，卻也很容易墜毀，起碼批評者是這樣說的。然而，QH-50由美國海軍祕密徵召投入越戰，海軍為那款無人機裝上各式偵察感測器。這個安裝感測器的QH-50子型暱稱史努比。

一九六七年秋，空軍和高研署啟動一項專案，代號為吹孔（Blow Hole），目的是要想辦法應付北越跨越非軍事區入侵的問題。專案目標是要在四十五天內交出一項技術，高研署打算動用那款遙控直昇機，為它裝上配備，派它飛越非軍事區，搜尋對美軍發動砲擊的越共。希薩羅在一九六八年早期啟動了兩項無人機計畫：一項是搭載一台電視攝影機和電子裝備的QH-50，稱為夜豹；第二項是款武裝版本，稱為夜羚。[4]往後四年期間，高研署還會實驗把槍枝、榴彈發射器、炸彈和飛彈裝上QH-50。最早期有一次「精準瞄準作業」示範是在夜羚機上配備了一台雷射，用來標定目標，接著再由空軍或海軍戰機發射武器予以摧毀。

一九六九年時，希薩羅擴張他的殺戮無人機工作，增添了一項稱為埃及雁的計畫，在一顆二戰「殘留」氣球上面安裝一台雷達。（埃及雁名稱得自以色列的一項雷同計畫，不過他們打算使用氣球來偵監埃及。）另有一顆氣球稱為宏觀，用來轉播越南戰場的電視偵監影片，辨識目標，並交由武裝無人機臨空摧毀。兩顆氣球都沒有去到越南，不過後來這項計畫也獲稱譽，為促使美國政府使用繫留氣球進行偵監的開路先鋒，那項偵監做法到了二十一世紀早期已經有多方用途，負責保護從美墨邊界到阿富汗軍事基地等地區。

就另一方面，QH-50也奉派前往越南，然而誠如後來一份高研署歷史所述，那款飛機有一段「善變的」歷史，那是個委婉的說法，表示那款無人機曾有多次墜機記錄。可靠性問題讓QH-50倍感困擾。嘗試發射武器準確擊中任何東西也經證明純屬徒勞。就在計畫開展之後不久，配備一款七點六二毫米口徑迷你砲和重力炸彈的QH-50便在馬里蘭州帕塔克森特河的海軍航空站進行測試。後來有一份報告指出，這組測試「並不成功」。儘管高研署的QH-50有些進入越南進行試驗，顯然也沒有任何一架曾經投入實戰使用。盧卡西克則說，他相信所有的武裝型QH-50最後全都墜毀了。儘管夜羚始終不曾在作戰行動中用來當作武器，它倒是驗證了那款無人機技術是可行的，可以用來找出並擊殺敵人。[5]

希薩羅積極推廣他所屬研究處開發的技術，結果卻讓他和幾乎所有人產生衝突，包括當時主掌敏捷計畫的戴契曼。戴契曼認為希薩羅是個討厭鬼，津津推展技術卻不顧操作實用性，就像必須使用不便電池組的先進夜視裝置。戴契曼記得曾經為了一項稱為舞鐘的計畫和希薩羅相持不下，這項計畫旨在找出藏身森林灌叢的越共。計畫打算為直昇機配備感測器，使用不斷轉變的頻率來探測林葉底下的人類可能動靜。戴契曼判斷，振動會讓影像不穩，於是在希薩羅抗議下取消了計畫。

希薩羅的研究處還出資委託麻省理工學院林肯實驗室製造可以看穿森林的雷達，如此就能保護前哨部隊免受越共奇襲。營地哨兵雷達在一九六八年進駐越南萊溪。雷達裝上高塔頂端之後，發出的電磁能量就可以穿透茂密林葉，測得可能潛藏灌叢的越共身影。儘管送達越南的六台原型雷達[6]號稱一次技術上的成功，然而在克雷頓・艾布蘭（Creighton Abrams）將軍麾下擔任科學顧問的物理學家弗雷德・維克納（Fred Wikner）卻表示，他在越南看到的唯一一套哨兵雷達，在一次刮颱風時被吹壞了，後來花了兩年才修復。[7]

高研署最機密的也最富爭議的研究處，留下了良莠夾雜的遺產。到了一九六〇年代尾聲，情報界歸結認定，蘇俄使用脈衝輻射是為了啟動隱藏在大使館牆壁裡面的竊聽器，並非用來控制外交人員的精神。然而，有關莫斯科信號的顧慮仍盤繞不去，甚至在科學試驗結束之後依然留存，不過精神控制的疑慮則大致排除。國務院一位負責血液測試的塞西爾・雅各布森（Cecil Jacobson）醫師則堅稱有某些染色體變化，然而針對他的研究進行的科學評論，卻似乎沒有一篇能佐證他的觀點。後來雅各布森變得聲名狼藉，卻不是由於莫斯科信號，而是關乎他的生育工作相關詐欺事件。[8]他的罪行不只一端，不過其中一項是瞞騙患者，不使用經過篩選的匿名捐精者的精子，卻是以他自己的精子讓她們受孕，而且總數有可能達到好幾十人，於是他因此入獄服刑。

希薩羅本人從來沒有獲致高度惡名，不過他堅稱，莫斯科信號依然是個未解問題，甚至在他退休之後依然不改這個說法。「在我看來，那對美國的安全來講依然是一件重大、嚴重的未解決威脅，」事隔將近二十年，他接受訪問，談起那件事情時依然這樣表示，「假使你真的突破，那麼你就能得到比歷來任何炸彈都更好的東西，因為追根究底，你這裡談的，也就是在掌控別人的心智。」

或許吧，不過潘朵拉有關計畫機密性的問題吵嚷多年，激起了民眾的偏執妄想，並且不信任政府的輻射安全研究。潘朵拉計畫經常被引述為一項明證，[9] 顯示就電磁輻射對健康的影響方面，政府知道的比它所透露的還更多。到了最後，政府也的確在一九七〇年代告知大使館人員有關微波輻射的事情，接著毫不意外，立刻引發了一連串的訴訟。到了最後，政府發現應付接連不斷的莫斯科信號的最佳做法就是，製造一面鋁質隔板來屏蔽建築，阻止微波射入。柯斯洛夫斟酌那起爭議事件時說：「這裡得到的教訓是，要把你的人當成有點智慧的人來看待。」

武裝無人機方案也墜落燒毀。一九七二年，盧卡西克把夜羚轉移給軍方，接著他們結掉案子，不過 QH-50 仍繼續供試驗使用了好幾年。盧卡西克稱夜羚是一場失敗的「浮誇特技」。高研署武裝無人機工作的遺產在三十年過後才真正變得明朗。就在二〇〇一年九月十一日過後幾個星期，空軍調動一架 QH-50，在機上裝了一枚地獄火飛彈。試驗失敗了。彼得．帕帕達科斯（Peter Papadakos）說：「那架飛機從天空墜落地面。」QH-50 就是他爸爸設計的。這沒有關係，因為在那時候，空軍和和中情局已經有了一款新的武裝無人機，稱為掠奪者號，同樣是高研署一項計畫做出的成果。阿富汗（而非越南）最終會成為武裝無人機的試驗場。

高研署的越南工作似乎沒有什麼能夠拿出來展示，潘朵拉就更別提了，於是機構逐漸喪失國防部的支持。越南開始接管五角大廈，這是打個比方，不過也確實如此。高研署各處室遷離五角大廈，騰出空間供處理越戰工作的分析師使用，高研署則搬到了維吉尼亞州羅斯林（Rosslyn），在威爾遜大道租了一處辦公空間。這明顯就代表高研署遭到降級，也進一步遠離了五角大廈的領導高層。署長赫茨菲爾德驚駭莫名，並稱那次搬家讓國防部喪失了一份「大禮」。赫茨菲爾德回顧表示，「我高聲發言，反對讓高研署遷出去，從此流失，完全流失。」

到了一九六七年秋，赫茨菲爾德發現自己被逐出高研署。國內對逐步升高的正規戰爭的負面態度，導致高研署各項計畫都得接受更細密的審視，高研署面對新挑戰，致力求生存。

第12章 把它給埋了

一九六九年七月十六日上午九點三十二分，阿波羅十一號從佛羅里達州升空，前往兌現甘迺迪總統的願景，落實在十年期結束之前把一個人送上月球。發射阿波羅任務的火箭是農神五號，正是高研署開發的農神火箭的後裔，而農神火箭就如哥德爾所說，是第一任署長踏著「瀕死和流血的軀體」奮力挽救回來的。促成人類登上月球踏出第一步的火箭，歸功於馮．布朗和他的航太總署火箭科學家團隊。高研署對這項任務做出的關鍵貢獻早就被人遺忘。等航太總署登上月球之時，高研署卻已經困陷越南。

當年稍早，當尼克森宣示就任總統，駐越南美軍人數達到高峰，超過了五十萬。同一年，記者西摩．赫許（Seymour Hersh）揭發了令人震撼的真相，詳述美軍在南越美萊村犯下的屠殺惡行。美萊村只是冰山的一角：美國民眾接觸到排山倒海般的圖片和報導，描述平民受難和死亡的規模。戰爭達到不得人心的新高點，高研署也遭受抨擊。

賽勒斯．范錫（Cyrus Vance）擔任國防部副部長時，甚至還曾主張解散高研署。國會也開始質疑，五角大廈究竟為什麼需要高研署。經常批評高研署的德州眾議員馬洪在一次吵吵嚷嚷的聽證會上質詢，「那麼廢除高研署，然後把這些工作整併入其他單位，這樣是不是比較好？」

到了一九七〇年代早期，國防部長梅爾文・萊爾德（Melvin Laird）宣布一項名叫越南化的新政策，據此將逐漸把責任轉移給南越政府。國家安全顧問季辛吉和北越政府進行祕密和平對話。美國對越南事務的介入踏向了終點，高研署在那裡的工作也一樣。越戰和高研署涉足那場戰爭，已經讓該機構淪為國會山莊的抨擊對象。盧卡西克說：「國會痛恨敏捷計畫。」

那時盧卡西克已經當副署長一陣子了，接著在一九七〇年，正當白宮與五角大廈就要爆發核戰之際，他奉派擔任署長。一九七一年六月，《紐約時報》開始刊載五角大廈一份最高機密研究的摘要篩檢內容，披露越戰之所以升級是肇因於連串失策和矇騙手段。那篇研究報告是在幾年之前由當時的國防部長麥納馬拉委託進行，目的在審視那場衝突的歷史，寫成的報告稱為《一九四五年至一九六七年的美越關係：國防部研究報告》（*United States–Vietnam Relations, 1945–1967: Study Prepared by the Department of Defense*），比較廣為人知的名稱則是《五角大廈報告書》（*Pentagon Papers*）。不久之後，報告洩密人便經確認為五角大廈一位名叫丹尼爾・艾爾斯伯格（Daniel Ellsberg）的軍事分析師。

白宮和五角大廈的關係在洩密之前早就十分緊繃。尼克森對國防部平民領導人心存質疑，而季辛吉也不希望與五角大廈分享權力。兩人共同養成一個習慣，有事就跳過國防部長，直接找部隊指揮官。《五角大廈報告書》爆炸性洩密，讓尼克森的不信任感更是牢不可破。

一九七二年，尼克森裁減國防部長辦公室人員，這個舉措的目的在削弱五角大廈平民領導階層的權力。為保護本身官僚體系，五角大廈開始把各個處室劃歸外勤機構，這樣它們才不會遭受裁員影響。同年三月二十三日，高研署正式改名為國防高等研究計畫署（Defense Advanced Research Projects Agency），這也就表示ARPA（高研署）縮略也必須改為DARPA（國防高研署）。就其本身而言，這個新名字對機構走向並沒有什麼重大意義，[1]不過那是一個象徵性的挫敗。盧卡西克對改名嗤之以鼻，堅持沿用ARPA，最後它便留用到他的署長任期結束為止。「這可不是小小的公民不服從事例，」盧卡西克表示，「我有話直講，DARPA聽起來就像狗食。」[2]

機構改名是幾年衰頹歷程的頂點。一九六七年九月，當時擔任副署長的盧卡西克連同代理署長都接獲通知一道前往五角大廈，到了那裡，福斯特二世告訴他們，高研署的飛彈防禦工作（該署的第二大計畫項目）就要轉移給陸軍。到了一九七〇年代早期，傳言高研署的核試監測工作會被拿走。結果並沒有，不過隨著軍備控制退居國家政策幕後，它的規模也一年年縮減。該署年度預算也縮減了，從一九六〇年代中期約三億元，減少到一九七〇年代的略超過兩億元。

盧卡西克在一九七〇年代早期接手的機構，和短短十年前的那個高研署已經非常不同。在它仍算短暫的動盪生涯當中，高研署已經自行從一個太空機構轉變成一個專精核試監測、做。」

飛彈防禦，以及擅長戡亂的機構（這最後一項顯得有點矛盾）。飛彈防禦沒了，軍備控制已經落居嚇阻之後，戡亂也已經踏向終點。現在，誠如盧卡西克對現狀的描述，「川流的『總統指派任務』已經乾涸，我們必須想清楚，在沒有政府最高層指導的狀況下，我們該怎麼做。」

被逼出五角大廈和越南，高研署投入尋覓任務，而且手裡沒有清晰的路線圖。該機構成立的最早期理由之一是「防範技術上的驚奇」，意思是它的任務是要預防另一次旅伴號或者出乎意料的技術進展。按照盧卡西克所見，那句話實際上對那所研究機構幾無絲毫指引作用，因為它可以含括一切事項。「它並沒有發揮有用的規劃概念功能，」盧卡西克說，「技術太多了，可能爆發的戰爭太多了。」

盧卡西克的前任瑞克廷一直致力悄悄取消遭國會仔細審查的計畫，好比值一百萬元的「機械象」。這款四腿式「模控人形機」由一個人坐在機體內部，使用水力電氣方式來操控，其設計目的是要在越南叢林中行進，為士兵運送裝備。瑞克廷稱之為「該死的愚蠢」專案，肯定害高研署陷入水深火熱。

到了一九六〇年代晚期，高研署手中擁有好幾項「該死的愚蠢」專案，或者起碼沒辦法改變戰爭進程，反而有可能讓機構淪為笑柄的專案。舉例來說，高研署當時便挹注一項陸軍計畫來開發一款噴射腰帶，那是種穿戴式裝置，供士兵在戰場上空飛行。這款由貝爾航空系統公司開發的噴射腰帶研發多年之後，終於在一九六〇年代晚期投入飛行試驗。使用這款富有開創性但很不靈便的發明時，飛行員必須穿著一種類似玻璃纖維束腹的配備，供安裝引擎和飛行控制系統使用。該公司宣稱，那款噴射腰帶能「開啟一扇通往新式反游擊作戰的大門」。那種當時還沒有開發完成的迷你火箭系統，根據貝爾所述，可以讓士兵邊飛越戰場邊發射武器。不過，噴射腰帶的問題在於技術限制以及運作概念上的約束。儘管該公司已經放棄加壓過氧化氫火箭（這只能飛行幾秒鐘），改採一款使用煤油的迷你渦輪噴射引擎，系統攜帶的燃料依然只能供士兵移動幾分鐘——不夠真正發揮戰鬥用途。高研署最後便停止資助，噴射腰帶也始終沒有進入越南，不過引擎的一款修改版，後來倒是在空軍的巡弋飛彈派上用場。

其他越南技術專案就比較成功，不過也都隨著戰爭結束而終止。舉例來說，高研署挹注中情局以休斯 OH-6A 輕型直昇機為藍本，投入研發一款靜音直昇機。最後製造了兩架靜音直昇機，並派往北越竊聽電話線訊號。不過這型飛機在戰後便退役了。「高研署把它們除掉了，因為他們認為自己不會再用上，」直昇機投入實戰時期在中情局服務的官員詹姆斯・葛雷蘭姆（James Glerum）後來這樣告訴《航空與太空雜誌》。

高研署的靜音飛機也遭遇了相同命運，那款飛機稱為 QT-2，目的是要供「隱蔽空中行動」使用。這款靜音飛機是以施瓦澤 SGS 2-32（Schweizer SGS 2-32）型滑翔機為藍本，把它改造成一款以汽車引擎推動的飛機。其設計理念是，這種可拆卸式機翼的飛機可以輕鬆運輸到所需地點，組裝之後搭載兩名機員升空執行偵察任務。這項概念普遍被視為具有高度創新，也確實催生出了 YO-3 型「寂靜之星」（Quiet Star）飛機，並在一九七〇年布署，然而那款飛機卻在越戰之後被封存起來。戡亂，儘管具有種種多元化身，然就技術上和分析上，卻正逐漸喪失流行熱度。

盧卡西克正式奉派擔任署長時就體認到機構亂象叢生，有必要採行一些措施。盧卡西克承接了一些職業員工，好比希薩羅，這些人覺得他們彷彿不必對任何人負責，連署長都不必甩。一九七一年，盧卡西克正式上任署長的第一天，他就以「整體不誠實」為由開除了希薩羅。去除希薩羅只是第一步：真正的問題是越南，還有敏捷計畫外勤辦事處。敏捷這個名稱在國會山莊帶有放射性，國會議員把它和越南的慘烈戰爭聯想在一起。盧卡西克說：「敏捷、戡亂，丟人現眼。」

一九七〇年代的高研署依然是個年輕的機構。它已經存續了足夠建立聲望的時期，不過還沒有長久得可以構成遺產。高研署要能存續，盧卡西克就必須找到新的鑽研領域，重新定義該署在研究和防衛戰略上的角色。首先，他必須斬除敏捷計畫。

在華盛頓，斬除爭議事項的關鍵是，絕對不要承認你真的把它斬除了。為辦到這點，首先你必須把名字改了。[3]接著或許在一年過後再改一次名字，把有可能持續關注它的人搞迷糊。接著你把它剷除。到那時候，多數人肯定都已經把它忘了。面臨國會即將針對敏捷攤牌的局勢，盧卡西克和他的副手唐．科特爾（Don Cotter）坐下討論。科特爾長期擔任政府科學家，以坦白建言著稱。科特爾告訴盧卡西克，「你瞧，尼克森主義說明，我們必須強化盟友，這樣他們才能照顧自己。」

科特爾建議把敏捷改名，起個像是能遵循尼克森主義的名稱。盧卡西克同意，並為敏捷起了個新名稱，不帶絲毫具體意涵的「海外防衛研究」。後來他坦承，那項行動的目的只是想「把它給埋了」，藏在高研署官僚體系內部深處。那項計畫不再與打擊游擊隊有絲毫關係。盧卡西克說明，「我們從遭遇叛亂問題的小傢伙，轉而面對蘇聯這個比較大的傢伙。」而且當中還施出一招點金術。「這時我就把戡亂從糞屎變成黃金。」

一九七二年聖誕節過後那天，盧卡西克寫了一封標題「盤點」的信函，寄給國防部長萊爾德，裡面羅列了高研署過去四年來的工作事項，以及機構未來展望。高研署的海外工作經仔細鋪陳，並以尼克森主義和越南化的語言風格傳達出來。高研署不再幫兩國政府打擊叛變；它負責把西方的技術官僚政治引進他們的國防官僚體系，教導他們如何購買武器。當然了，這並不是全新事項。高研署在中東的最早期計畫之一，就是努力把國防部長麥納馬拉的成本分析熱情帶進伊朗。美國陸軍便在一九六四年協助伊朗部隊建立一支研究、評估的專業團隊，負責訓練一群軍官幹部，根據成本和性能來評估武器。看來很簡單，不過對伊朗人來講，那是種新鮮觀點，結果「組織崩潰」。高研署奉命介入提供協助。

高研署的運氣也不比陸軍好。該署建立一處號稱「作戰研究和評估中心」（Combat Research and Evaluation Center, CREC）的機構，嘗試教導伊朗中階軍官如何測試、評估武器，結果功敗垂成。到了一九六九年，中心活動的高峰時期，高研署在一份報告中所能提出的最佳行動實例是一項戰地烘焙設備評估作業，以此判定部隊能不能在戰地自行烤麵包。這同一份報告也表達了「對該計畫效度的嚴重質疑」，那時計畫已經施行了五年。報告訴苦表示，「伊朗軍隊領導者並不指派合格、進取的軍官進入作戰研評中心，也不賦予中心實際的工作，特別是他們由於技術導向不足，無法體會作戰研評中心的潛在價值。」一位軍官後來承認，中心「令人失望」，高研署也很快就不再提供支持。唯一能滿足沙王絲毫期許的行動是一項「人體測量調查」，用來協助設計部隊制服。那項成果讓沙王很開心，因為他自己就以穿著華美精緻制服著稱。

一九七〇年，高研署在伊朗提出一門新途徑，稱為「高階系統分析」，向高層政府官員提供建言，指導他們如何購買軍事武器。該途徑的構想是教導幕僚系統分析基本概念，箇中意含，舉例來說，不只是比較美國飛彈和英國製品的成本，而是計算實際的「每次接戰殺敵成果」，來得出一個整體成本比較。底線在於，你殺敵得花多少錢？倘若要摧毀敵方一輛戰車得動用三枚英國飛彈，相較於只須一枚美國飛彈，那麼就算英國飛彈售價只為半數金額，最終仍是比較昂貴。沙王喜歡這種專業的點算構想，起碼程度足夠讓他批准那項高研署計畫。

高研署雇用了一位名叫約瑟夫・拉爾吉（Joseph Large）的蘭德分析師來負責那項計畫，不過拉爾吉很快就看出那是徒勞無益。「理由很簡單，」拉爾吉寫信給高研署副署長亞歷克斯・塔克明德希（Alex Tachmindji），「皇帝陛下親自下達許多小決定和所有大決定。」拉爾吉還對高研署打算派來的第二位分析師深表憂心，那個人是出了名的聰明和工作勤奮，卻也顯得「浮誇」。新任分析師名叫安東尼・科德斯曼（Anthony Cordesman），那個年輕人經常被描述為柯默的跟班。柯默是越南綏靖行動的領導人，外號「噴燈鮑伯」（Blowtorch Bob），誠如《紐約時報》上他的死訊訃文所述，他「對事實和統計的力量抱持接近宗教般的信仰」。

科德斯曼是柯默的弟子，往後他就會成為對華盛頓具有極高影響力的國安分析師。而且就像柯默，他也會製造分裂。盧卡西克說：「問題在於東尼・科德斯曼很顧人怨，他招惹所有人生氣。」

一九七二年，當科德斯曼來到伊朗，他奉派在戰爭部副部長哈桑・投凡尼安（Hassan Toufanian）底下工作，伊朗的武器採購作業表面上都由副部長負責。不過其實沙王才是唯一真正負責購買武器的人。當年在美國駐德黑蘭大使館服務的外交官亨利・普雷希特（Henry Precht）表示，「你也可以說，投凡尼安是最高層辦事員，把東西帶給沙王。」又說：「沙王下達所有決策。」

沙王不只是下達所有決策，他下達的決策還往往受了貪腐影響。當決定因素是支付沙王掮客的賄賂金額，這時還有誰會在意戰車擊殺比較成本？科德斯曼希望研讀伊朗的氣墊船購買計畫，然而那項採購案由沙王的姪兒負責，高研署官員哈羅德・基恩（Harold Kinne）上校寫道，因此這個要求「不符政治倫理」。投凡尼安告訴基恩，他騰不出官員撥交科德斯曼和拉爾吉，而且反正伊朗人「自己在腦中自行做分析」。

往後幾個月內，高研署和大使館官員相持不下，爭執是否該繼續推展系統分析工作。有些人認為，高研署的人表現很好，即便他們並沒有教導伊朗人許多系統分析相關知識。一位官員寫道，這項使命協助「遮掩眼前由科德斯曼和拉爾吉進行的工作」。其他哪些分析結果被遮掩起來，那就不得而知，甚至事隔五十年之後，科德斯曼依然不肯討論他為高研署所做工作的詳情，並宣稱他相信那依然隸屬機密。[4]

有一件事倒是很清楚：高研署試行教育伊朗官員武器分析的企圖，並沒有讓伊朗統治者動搖。一九七三年，當沙王來到美國購買新戰機時，國防研究與工兵局局長麥爾坎·柯里（Malcolm Currie）經選定擔任東道主，帶領他前往安德魯空軍基地參觀一場美國空中武力的私人演示。首先由空軍演出，以嶄新的F-15執行了令人嘆服的連串空中機動操控。接著海軍示範F-14時，飛行員推出了更漂亮的演出：他做了一個橫滾，繞飛，接著在沙王正上空做了一次筋斗動作。表演完畢，沙王對柯里說：「你知道嗎，我總是把伊朗看成類似海中的一座島嶼。」

沙王這種無意義的陳述讓柯里相當吃驚。F-14是為航空母艦打造的戰機，而伊朗並沒有航母。這款戰鬥機比較貴，航程也比F-15短，然而那位伊朗領袖顯然已經心有定見。伊朗成為美國之外歷來唯一購買F-14的國家。這項決策卻是基於一場三十分鐘的空中展示。科德斯曼的工作成果，起碼就他的努力對沙王花錢兒戲方面的影響來測度，也同樣清楚分明。誠如美國外交官普雷希特所述，加總起來就是「他失敗了」。

到了一九七三年，高研署的海外作業已經沒剩下多少時日了。敏捷的外勤辦事處成為無止境的討厭麻煩根源：一九七〇年，高研署兩位官員，研究員詹姆斯·伍茲（James Woods）和泰國辦事處處長羅伯特·施瓦茨（Robert Schwartz）從德國搭乘客機起飛，卻遭劫持改道飛往中東，兩人也留在約旦兩週。施瓦茨唯恐劫機犯發現他的五角大廈文件，於是試行把公文沖下馬桶，甚至還情急吞嚥了部分。兩人最後都毫髮無傷獲釋，不過高研署研究員伍茲後來訴怨表示，政府拒絕頒給他遭劫持期間的每日津貼，理由是劫機犯已經供應他食宿。

美國駐伊朗大使也迫切想為高研署指點門路。科德斯曼很出色，卻也很傲慢，能以超過多數人的閱讀速度產出厚重的分析報告。普雷希特回顧表示，「他散放出一種優越氣息，壓倒較低下的眾生，特別是從一開始就覺得不安全的伊朗人。」高研署辦事處成為一個包袱；大使館訪客懷疑它也許牽扯上情報作業，而大使館也擔心國會調查。普雷希特在一份致大使館高層的機密備忘中指出，「那就太不幸了，因為那裡面有好幾項非常重要的機密作業，接受整體調查可能有洩密之虞。」

中東辦事處是不是值得努力，或者那是一件愚人的蠢事？畢竟，一個職司科學和技術的機關，到了世界那處地帶根本沒有發揮的餘地。一九六〇年代晚期，赫茨菲爾德向國會發表論述，指出高研署做出很有價值的成果，那是沒有旁人投入從事的工作，他所說的有時也沒錯。一九七一年，貝魯特辦事處奉命研究當時仍鮮為人知的「簡易爆炸裝置」威脅。所謂簡易爆炸裝置意指自製的炸彈。四十多年前，當簡易爆炸裝置還沒有進入通俗語彙，也還沒有在伊朗和阿富汗成為美國和盟邦部隊最大殺手之前，高研署就雇請約聘人員投入研究，並預備了一份綜合報告，內容歸結認定，「從改良的工具作業和程序，一個人預期能得到的效益是有限的，為突破這些限制投入技術發展努力，並不擔保有用。」換言之，報告發現，探測、摧毀簡陋炸彈的做法終究是有限；沒有所謂的魔法子彈。

我們並不清楚報告在當時是否激起迴響，不過它準確預測了幾十年後的發展結果，在伊朗面對大批簡易爆炸裝置，五角大廈出資建立一個新機構，責成它肩起的使命，卻正是當年高研署出資完成的報告所建議反對的事項：開發技術來探測、摧毀這些炸彈。花了將近兩百億美元之後，該機構（稱為：擊敗簡易爆炸裝置聯合組織）負責人在二〇一〇年坦承，五角大廈手中用來探測炸彈的最好做法依然是一條狗。在此同時，高研署那份一九七一年報告依然收存在馬里蘭州大學公園市的國家檔案和記錄管理局，靜置於一個盒子裡面。

暫且拋開先知先見遭人漠視的片刻，高研署在那個地區的成就也相當有限。伊朗的問題並不在於部隊能不能自行烘焙麵包，而是使用酷刑和恐懼來保持權力的腐敗君主政體到底值不值得支持，不過那個問題已經超出高研署的權限範圍。系統分析（或者檢視問題的所有部分和組成要素的構想）在一個以裙帶關係為主導的腐敗君主體制完全不可行。盧卡西克後來表示，高研署在伊朗的工作「是個美妙的點子，只除了唯一能採行系統視野來審視一個國家的組織，只有該國家的政府而已。」一九七四年，盧卡西克取消了系統分析專案，伊朗辦事處也很快整個關閉，同時高研署的其他外勤辦事處也全都收了。

儘管外勤辦事處都關門了，高研署仍有必要做出一項行動，這才有別於越南的徹底失敗：第二次改名。盧卡西克把敏捷的殘存部分，或就是海外防衛研究項目，打包納入一個稱為戰術研究處的新部門。[5]接著他錦上添花，把另兩個問題兒童，包括高等工程研究室和高等感測器研究室也一併掃進了那個研究處。

高等工程研究室的某些工作表現很好，不過在盧卡西克看來，它的許多計畫都沒什麼道理，好比一款可當成海中軍事基地的可翻轉駁船，或者設計在北極地區和蘇俄戰鬥的十噸重氣墊載具。比較嚴重的問題的是它的首腦，一個華裔美國科學家，自找麻煩和加拿大境內的中國公民談話，引發安全疑慮。接著還有高等感測器研究室，由被盧卡西克開除的希薩羅為首的諜報設施。那些處室一個個納入了新的研究處，核心是敏捷。盧卡西克開玩笑表示，「我拿到很糟的一盤菜，倒進了一些廢物和一些狗屎，結果它變成了戰術研究處。」

高研署已經有一個針對核戰的戰略技術研究處，負責鑽研雷射和反潛戰技術，現在它有了針對正規戰爭的戰術研究處，負責發明武器，好比無人機、感測器和炸彈。看來很細膩工整，起碼書面上看來如此。不過它需要一個更宏大的目的。新的戰術研究處收容了一批在越南長大的新奇事物。那些技術從無人機到感測器，不見得總能有效發揮戡亂功能，不過說不定會比較適用於正規戰場。問題是得想出辦法來說服各軍種來使用。或甚至更重要的，為什麼各軍種需要它們。

事後看來，多數改進發展都顯而易見，然而一門新的技術往往必須經歷漫長挫敗歲月，才能了解它能發揮什麼用途。一八九八年當發明家尼古拉·特斯拉第一次公開示範用無線電信號來操作一艘小船時，這種遙控方式引來眾人矚目，卻沒有立刻引燃一場革命。不論你想讓民眾知道你能如何使用聯網電腦，或讓部隊了解，它為什麼會想要能瞄準特定位置的導向式炸彈，往往都必須發表一場精彩提報來說服旁人，不過說不定就連提報也還不夠。

七年以來，空軍和海軍想方設法炸毀龍之顎大橋（Dragon's Jaw bridge），針對北越的那條重要補給線發動好幾百架次空襲行動，投落一枚又一枚炸彈，最後終歸徒勞。一位飛行員描述兩百五十磅彈頭如何從橋樑「彈開」。就連直接命中也只不過造成橋樑輕微損壞，空軍史學家理查・哈利恩（Richard Hallion）稱之為「一處惡名昭彰，葬送幾十架攻擊機和飛行員的墓園」。情況到了一九七二年方才改觀，空軍動用新開發完成的雷射導向炸彈，橋樑才終於在一波彈幕中被摧毀。[6]精確戰爭時代開始了，不過對越南來講卻已經太遲，完全無法扭轉戰爭的最終結果。

任職五角大廈的物理學家維克納對精準武器和高研署都很感興趣。他曾在一九六九年第一手見識了高研署的東南亞工作成果，那時他在陸軍將領艾布蘭麾下擔任科學顧問。就維克納在越南所見，問題之一是五角大廈，包括高研署，處理問題的做法是以高科技手段來解決往往屬於低科技的問題。真正來講，龍之顎大橋是個例外；部隊在越南遇上的問題大半不需要奇巧技術發明。維克納觸怒部隊軍官，因為他告訴軍官他們不懂科學，然後還觸怒科學家，因為他告訴科學家他們不懂戰爭。部隊軍官經常把維克納稱為FSA，意思是「去他的科學顧問」（Fucking Science Adviser），這是採擷外事官（Foreign Service Officer）的FSO縮略而來，所謂外事官就是外交官（也是經常遭部隊訕笑的一群人）的正式稱法。倘若為他冠上FSA稱號是種羞辱，維克納卻把它當成榮譽徽章來配戴。

維克納來到越南的時候，美軍傷亡絕大多數是誤觸地雷和詭雷所致，[7]這類武器後來在伊朗和阿富汗戰爭時期便稱為簡易爆炸裝置。這類裝置在密林中幾乎不可能看得出，一條跨越林道看不見的絆索就能觸發爆炸。維克納回想起他的童軍訓練，設計了一款新穎手法解決了絆索問題。他隨陸戰隊員外出巡邏，示範給他們看，如何在林間用一支六英尺長棍來摸索可能的絆索，而且不會真正觸發爆炸。後來那位物理學家回顧表示，「那是我這輩子最大的成就。」

一九七〇年，維克納回到五角大廈，他奉派領導五角大廈一個部內智庫，新近創辦的網路技術評估研究室。[8]維克納的研究室應檢視有可能左右美蘇未來戰略均勢的影響因素，並設想可能的解決之道。越戰逐漸結束，五角大廈的注意力重新回到歐洲，那裡的軍事準則規定，一旦蘇俄入侵，部隊得使用戰術核武。倘若爆炸威力夠大，精確度就不重要。不過蘇俄採行另一種戰略。由於美國的注意力擺在東南亞，蘇聯已經強化了它的正規武力，引進了新武器和新技術，並將國家軍事準則現代化。蘇俄認為他們能在歐洲打勝仗，陸軍將領唐恩・斯塔里（Donn Starry）寫道，「有沒有核武都一樣。」斯塔里在一九七〇年代曾擔任美國陸軍駐德國第五軍團指揮官，「他們偏愛的解決做法是：沒有。」就另一方面，布署歐洲的美軍覺得自己「在蘇軍看來連減速丘都不如，無礙他們取道前往萊茵河和更遠方，」斯塔里寫道。維克納總結陸軍在歐洲與蘇俄抗衡的態度：「丟核彈把他們炸到發光發熱。」

一九七三年，詹姆斯・施勒辛格（James Schlesinger）成為國防部長，他的注意力轉到了北大西洋公約組織，仰賴美國核武來嚇阻蘇俄對歐洲的正規軍武攻擊。蘇軍規模大於北大西洋公約組織的正規軍力，不過施勒辛格覺得，核武嚇阻已經成為北大西洋公約組織不進行現代化的藉口。當年七月，他傳喚維克納和盧卡西克的副手科特爾來見，科特爾就要離開高研署，轉任核政策部門特別助理。國防部有一項任務要指派給他們。他說：「我們希望有種可行的正規手法，不完全仰賴核武來對蘇俄入侵西歐做出反應。」

維克納意識到，高研署和它得自越南的高科技小巧道具，現在或許就可以在軍事戰略派上用場。敏捷計畫做的實驗幾乎含括了能想像得到的一切奇巧野戰技術，從武裝無人機和繫留氣球，乃至於雷射導向火箭和先進雷達等。新創辦的戰術研究處繼承了大量技術，這些都是從越戰期間流出，並與精準戰爭直接有關。維克納告訴盧卡西克，「史蒂夫，我們必須在打擊行動方面做點事情。」

秉持華盛頓優良作風，維克納向盧卡西克提出建言，主張由高研署出資進行一項研究，探討如何結合核理論和常規武器。維克納熟悉華盛頓的國安官僚體系，他告訴盧卡西克，高研署最好是與核子防禦局協同資助這項工作，這樣一來，那項研究就能同時檢視正規和核武軍力，而這是高研署單獨辦不到的事情。更重要的是，維克納建議盧卡西克為那項研究起個充滿官僚氣息的含糊名稱，這樣就不會有人注意到它。「假使我們把這個計畫稱為『智慧擊殺』，那它就動彈不得了，」盧卡西克笑道，「我不確定那會是國會殺了它，或者是部隊殺了它，抑或國防部長辦公室裡的哪個人會殺了它。」

一九七三年，盧卡西克簽字批准「長程研究和開發規劃方案」（Long Range Research and Development Planning Program, LRRDPP），這個沒辦法發音的縮略詞是刻意創制的，這樣才不會登上《華盛頓郵報》頭條版面，也不會被視力敏銳的國會幕僚瞧出端倪。裡面有一點沒有明講，這項研究的目的，是要把戡亂技術轉變成適用於現代正規戰場的武器。

在華盛頓，正規戰爭和核戰相關研究汗牛充棟，浩如煙海，而且到頭來，許多作品還被送進了碎紙機，超過多數人所願意承認的數量。在一座滿滿都是學究報告的城市裡頭，要想做出一份深具影響力的研究，首先必須選對人。因此高研署署長才去接觸阿爾伯特．沃爾斯泰特（Albert Wohlstetter），延攬這位蘭德公司最富影響力的核理論家之一來主持研究。若說卡恩是核世界的弄臣，那麼沃爾斯泰特就是那裡的樞機主教，他所提出的建言，對決策者有真正重量級的影響。沃爾斯泰特是卡恩的生涯導師，卡恩經常把沃爾斯泰特的理念重新包裝，納入自己的通俗著述。一位歷史學家指出，假使卡恩能把清點平民死亡事件像記錄足球比數的簡報方式引來人潮塞滿整個演講廳，那麼相形之下，沃爾斯泰特也就能「寫出人類有可能寫成的最無趣核浩劫論述」。

沃爾斯泰特的著述有可能枯燥無味，不過就影響政治家方面，他的成效就遠超過卡恩，那項技能最終讓他成為雷根總統的密友，後來成為新保守派人士的紅人。沃爾斯泰特本身就是個非比尋常的人物，他在一九二〇年代篤信托洛斯基主義，淬煉出他的反史達林思想，接著在蘭德把自己轉變成保守主義派的寵兒，在蘭德時，他加入一個理性思考家的重要團體，後來那組人馬便協助制定了冷戰核戰略。沃爾斯泰特素有浮誇惡名，不過政治上相當敏銳，他知道如何把技術資訊改寫成不帶行話術語的語言，好吸引政策制定者的注意。卡恩推廣普及二次打擊概念，意指熬過首輪核打擊存活下來並予還擊報復的能力，不過最早描述這個理念的是沃爾斯泰特，他在一九五八年論文〈恐怖的微妙平衡〉（The Delicate Balance of Terror）當中，首次以病態細膩文筆詳述此說。他說明，相互保證毀滅學理認定，雙方都可能終結全世界，卻遠遠不足以預防世界末日。沃爾斯泰特寫道，「要嚇阻攻擊，就必須有能力熬過攻擊，動手還擊。」

長程研究和開發規劃方案採行另一種途徑來發揮嚇阻作用：回應蘇俄的正規攻擊，且不仰賴核武的反制能力。[9]不過，採這個門路，首先就得發展出可信的蘇俄攻擊情節。然而依盧卡西克所述，多數情節都是「一段瞎扯」，不過沃爾斯泰特和他的同事交換討論一系列不那麼天啟式的可能性，好比一則是蘇俄取道挪威和芬蘭，入侵斯堪地那維亞半島，或者對伊朗發動奇襲。接著他們檢視美國的情況，倘若部隊擁有高研署所開發，大半出自越南的所有高科技兵器，面對這樣的攻擊，他們有可能做出什麼樣的反應。高研署這可說是涉足險境；核戰略完全超乎高研署的視野範圍。盧卡西克說：「我們蒐集了阿爾伯特所說的權變因子——那完全沒問題，這不過就是一批長程規劃權變因子，對吧？」

研究的真正焦點是一片稱為「富爾達缺口」（Fulda Gap）的高價值冷戰不動產，這片土地從東德邊界綿延到西德法蘭克福，也經確立為蘇俄正規武力的可能入侵路徑所在地。這裡的地勢低平，正是蘇俄戰車大軍西進的理想地形。蘇聯的正規軍力享有壓倒性優勢，美國當時的政策是威嚇使用戰術核武，類似在歐洲戰場採行全殲不留戰俘的做法。這種悽慘情節催生出一些看來比較屬於奇愛博士型的核武，好比大衛．克洛科特（Davy Crockett）無後座力戰術核火砲。

盧卡西克的理論說明，高研署這些年來資助的技術，其中許多是打算在越南使用的，不過從理論而言，它們也可以讓這處戰場改頭換面，扭轉蘇俄的優勢。高研署開發出能自主運作的無人機、能計算目標位置的電腦系統，還有能摧毀那些目標的精確兵器。然而卻沒有任何一樣獲軍方青睞，並以有意義方式採納使用。像高研署這樣的「技術機構」根本沒有立場對各軍種說三道四，告訴他們在歐洲或其他任何地方該如何打仗，這完全超出了機構的權限範圍。就連在越南，高研署也面臨各軍種的強烈反對力量，特別是陸軍，他們不喜歡有蛋頭學究告訴指揮官該如何打仗。長程研究和開發規劃方案就是從這裡插手介入。表面看來它只是來演示，如何在一些假設的戰爭情節使用部分新技術。盧卡西克解釋，「你瞧，我們得辦到一些事情，也就是擊中目標，而且手頭有這批技術——太空技術、空運技術、紅外線技術、雷達事項，我們有電腦，有這種種不同的東西。我們該怎麼做？該怎樣把它串連在一起來解決問題？」

事實上，那項研究勾勒出一種全新型態戰爭的藍圖。剝除它的學究語言，抽絲剝繭直指精髓，研究的結論主張，作戰時可以使用非常精準的常規武器，並取代戰術核武。一份研究報告說明，常規武器要達到「將近零脫靶，在技術上是可行的，而且在軍事上具有其效能。如果真如此，那樣的非核武器，在形形色色不同情境下，都有可能滿足美國和盟友現有必須使用核武才能達到的損害要求標準。」

結論反映出蘭德反對相互保證毀滅信條的長久堅持。而且也合宜地為高研署提出一個新一代兵器的案例。當然了，這個構想依然屬於理論，因為高研署還沒有開發出任何這類武器，只掌握了底層技術。接下來高研署提出的企劃案就有點像《星際大戰》片中死星和《魔鬼終結者》片中天網的混合體。那是一款武器，其實是好幾種武器，可以為種種雷達蒐集、整合資料，使用一套電腦驅動的尋標系統來處理數字，選定目標之後，便派遣裝滿無人機的母艦前往蘇俄戰線。到那裡之後，它會釋出號稱「導向式子炸彈」的自殺無人機，由它們獵捕、摧毀蘇俄的目標。

換句話說，高研署的概念並不是單一武器，而是許多武器協同運作，或就是往後五角大廈語彙所稱的「系統體系」。這項方案的最後名稱彰顯出它的最終目標：突擊破壞者，不必仰賴核攻擊就能在富爾達缺口擊敗蘇俄的武器系統。[10]在憤世嫉俗人士心目中，高研署才剛依循國防規劃程序，完成了一次典型的終曲。它資助一項國防情報研究，目的在告訴五角大廈，它需要能夠交由高研署來開發完成的新一代武器，特別是交由該署新成立的戰術研究處負責，而且那個部門已經為東南亞開發出種種感測器、無人機和炸彈。

沃爾斯泰特和他的助手終究從高研署研究得到他們想要的：一種在歐洲戰場作戰的新手法。到了一九八二年，陸軍採行了這套戰略，由此也必須仰仗大半由高研署研發的新技術。根據維克納所述，這門手法的功勞部分得歸功於斯塔里，這套新的軍事準則正是這位陸軍四星上將研擬的成果。維克納補充說明，「導入這套準則所採用的技術，六、七成功勞歸於高研署。」

敏捷被埋葬了，接著戰術研究處從墓穴崛起，它的武器讓戰爭從根本上產生變革。結果卻是越南見證了那所現代機構的構形成分，而非外太空。往後三十年間，那處辦公室的計畫會催生出精準武器、無人機和匿蹤飛機，也就是現代戰爭工具，或就是後來某些人所稱的「軍務革命」。短短幾年期間，盧卡西克已經徹底改造高研署，奠定武器研發基礎，創造出在往後數十年間徹底改變戰場的各式武器。盧卡西克說：「這全都出自戡亂。」

反越戰的後座力，驅使高研署的武器退出叢林，登上現代戰場舞台。然而，同一股反戰情操對高研署在電腦領域的開創性成果，造成了全然不同的影響。美國日漸茁壯的反文化會把利克萊德的人機共生，轉變成某種遠更野心勃勃與更富爭議的東西：由人腦直接控制的機器。

威廉．哥德爾，一九五八年進入高研署之前，當時他已經建立聲望，以情報界傳奇密探著稱。他的事業從二戰開始，起初是海軍陸戰隊隊員，後來奉派潛入歐洲臥底（喬裝成德國退伍軍人），負責召募外國科學家進入五角大廈服務。哥德爾成為高研署影響力最深遠的早期員工之一，推動該署投入野心勃勃的東南亞戡亂計畫。

羅伊．約翰遜（上右），通用電氣公司的一位副總裁，原本在華府默默無聞，後來獲遴選為美國第一所太空機構高研署的署長。約翰遜極力推動高研署在載人太空任務中的角色，與白宮和總統的科學顧問時起衝突。不到兩年，他就辭職轉而追求藝術家事業。

赫伯特．約克（左），核物理學家暨高研署的第一位主任科學家，後來見約翰遜以一個生意人來領導高研署，令他滿心怨懟。約克胸懷壯志想成為軍事太空界的霸主，他的期盼在一九五八年十二月成真，獲指派為五角大廈國防研究與工兵局局長，位階高於高研署。接著他就解除了那個年輕機構的所有太空工作。

約克和約翰遜在參議院委員會上發言。儘管兩人公開出現時都結成統一戰線，不過就高研署的未來，兩人則有劇烈衝撞。最重大的影響是約克終結了高研署的農神火箭工作，把計畫撥交航太總署。一九六九年，一枚農神火箭運載阿波羅十一號升空，完成人類第一趟載人登月任務。

尼古拉斯·克里斯托菲洛斯，一九五八年三月攝，圖中他畫了一片輻射帶環繞地球。這位大家口中的「瘋狂希臘人」提議在輻射帶中灌注充電粒子，形成一道滴水不透的護盾來抵禦彈道飛彈。他的構想促成了阿格斯計畫，這是高研署極早期的一項計畫，打算在上大氣層引發核爆。飛彈護盾並沒有生效，不過克里斯托菲洛斯的理論協助驗證了後來所稱的范艾倫輻射帶確實存在。

一九六一年，南越總統吳廷琰親自簽核高研署的工作，批准對作戰發展和測試中心的資金挹注。在第一幀照片（右上），廣澤上校（南越陸軍，主掌高研署出資設立的中心）陪同吳廷琰總統巡視機構計畫。第二幀（右下）則顯示吳廷琰視察高研署的化學落葉劑噴灑系統。接著在第三幀中，總統與高研署外勤單位主管維托·沛多恩（Vito Pedone）上校討論軍犬計畫，此案打算派遣完成培訓的犬隻前往協助南越士兵追捕藏身叢林的越共叛徒。吳廷琰直到一九六三年死前，始終熱忱支持高研署的工作。

利克萊德，一九六二年進入高研署，負責管理指揮與管制研究，為網際網路和個人運算的發展鋪設坦途。照片中是利克萊德使用一支光筆與一台電腦互動，清楚傳達出「人與電腦共生」的願景，期盼這種體系能「以人腦從未設想過的方式來思考，並以我們如今所知的資訊處理機器所無從企及的方式來處理資料」。

高研署的西貢複合建築群座落於昔日一處法軍營房，成為該機構的戰時工作樞紐。那處複合建築群是作戰發展和測試中心的大本營，並與越南武裝部隊以及高研署的研究發展外勤單位共同經營。超過十年期間，高研署協調的種種事項，從化學落葉劑乃至於心理作戰等，全都在這處複合建築群進行。

高研署署長史蒂芬·盧卡西克視察該署的越南外勤單位。在他前面的是作戰發展和測試中心代理主任邊中校（全名不詳）。跟在他後面的是高研署研究發展外勤單位主管伊弗雷姆·葛薛特（Ephraim M. Gershater）上校。盧卡西克那次前往視察是在一九七一年，當時越戰已經在美國全境點燃抗議行動，高研署也因介入其中而飽受抨擊。盧卡西克終於關閉了那批外勤辦公室，終止了戡亂計畫，還把研究改組成戰術研究處，最後開發出諸如無人機等許多現代戰爭相關武器。

喬治・勞倫斯，他在一九六〇年代把反文化帶進了高研署。他擁有心理學和電腦教育背景，於是才受聘進入該署。不過後來是有關非傳統科學方面的興趣，促使他開創出生物控制論（biocybernetics）領域，鑽研如何以人類心智來控制電腦的學問。他還成為高研署超心理學調查研究的尖兵，超心理學是當時流行學術各界的熱門課題。

越戰期間，高研署出資委請貝爾航空系統公司製造一款個人移動系統，大家比較熟知的名字是「噴射腰帶」。照片所示版本的推進系統使用一台小型旁路渦輪機引擎，安裝在一副玻璃纖維束腹上，然後由士兵穿戴使用。該公司指那款噴射腰帶可供戡亂作業使用，宣稱它能用來布署特戰部隊來追蹤叛亂戰士。最終高研署取消了那項計畫，不過那款獨特的引擎後來納入巡弋飛彈的元件。

戴契曼是個工程師，他希望高研署幫助軍方了解，哪些社會因子為越南叛亂局勢火上加油，不過敏捷計畫資助的工作大半都讓他大為驚駭。他的最早決定之一，就是取消一項授予赫爾曼．卡恩的合約。卡恩是一位著名的未來學家暨核理論學家，他曾提出好幾項荒謬的建議，其中一項是在西貢周圍營建壕溝。卡恩和國防部長羅伯特．麥納馬拉有很密切的關係，開除他引發的政治後果，就如這幅卡通所描繪，這是戴契曼的同事在一九六八年送給他的臨別禮物。

一九六〇年代中期，泰國叛亂局勢集中在東北部，共產黨叛徒經常使用湄公河越界進入寮國。高研署出資提供船隻和其他裝備給泰國軍隊，建置起一套湄公河偵監系統，這經常被視為高研署東南亞工作的少數亮點之一。圖示雷達平台加上幾艘普通小艇，戲稱為「戴契曼的海軍」，彰顯出戴契曼在這項計畫中扮演的關鍵角色。

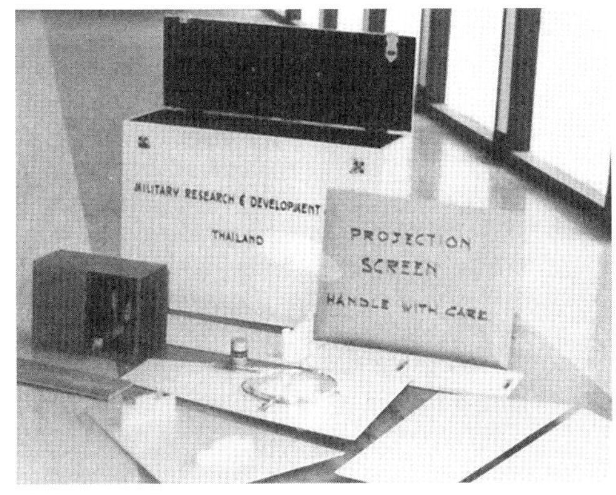

縱貫戰爭期間，高研署都把泰國當成實驗室來測試可以在越南布署的技術。高研署出資在泰國設立的作戰發展和測試中心，就像它的越南對等單位，也開發出種種不同的裝備供戡亂作戰行動使用。圖示為高研署開發的「心戰套件盒」，一台陽光投影機，能用來在遭嫌疑為共產黨同路人的村莊播放宣導影片。這件堅固耐用的裝備利用陽光，並不使用電燈來播放影片，專為嚴苛情境設計，而這也正是高研署從事叢林戰所採典型途徑。

一九六四年，高研署出資挹注一項核試，稱為鮪魚事件，依計畫得在密西西比州塔圖姆鹽丘（Tatum Salt Dome）內引爆一枚五萬三千噸裝置。那項測試是「運球計畫」所執行的兩次核爆之一，目的在幫助判定蘇聯能不能藉由在地下洞穴執行核試來隱匿行動。那項工作隸屬維拉計畫的環節，維拉是高研署的核試探測計畫，獲稱譽為禁止核試的開路先鋒，促成了一九六三年的《部分禁止核試驗條約》。

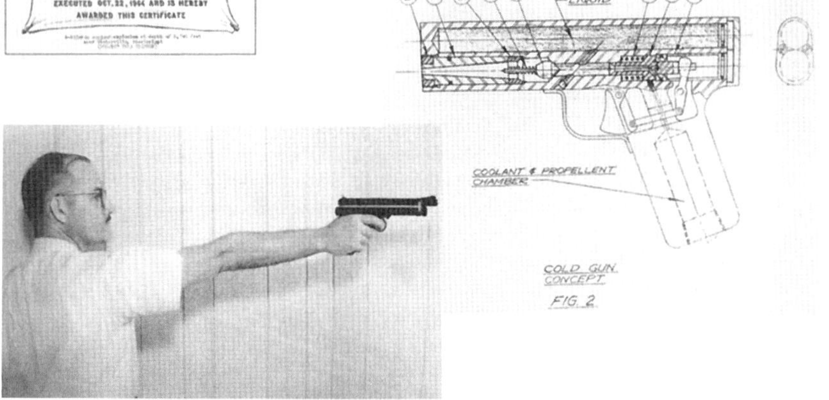

甘迺迪暗殺事件過後，高研署奉命執行一項機密計畫，行動代號為「護星」，目的在保護總統。那項工作取材自高研署的越南戡亂經驗，權衡盔甲、小型火槍和威脅評鑑等相關研究。護星的環節包括一項由高研署出資進行的祕密勤務用非致命武器調查研究，包括一款氣體推進式衝擊彈，見照片左側試驗情形，以及一款液體冷兵器，官員稱之為「水槍」。

國防研究與工兵局局長，物理學家約翰．福斯特（John S. Foster）（中）和廣澤上校（左起第二人）交談。福斯特支持高研署在越南執行的敏捷計畫，但覺得它需要更多科學。一九六六年，他延攬西摩．戴契曼（最右方）接掌該署的戡亂工作。高研署署長查爾斯．赫茨菲爾德（右數第三人）也推動將高研署的戡亂工作拓展到全世界。

一九六三年，年輕的哈佛企管碩士沃倫・史塔克（中）經安排投入從事高研署的東南亞計畫，最後成為負責全球戡亂計畫的高官。照片可見他和主掌高研署泰國研究的理查・霍爾布魯克（Richard D. Holbrook）（左），以及高研署聘雇來從事東南亞田野工作的人類學家詹姆斯・伍茲（右）。

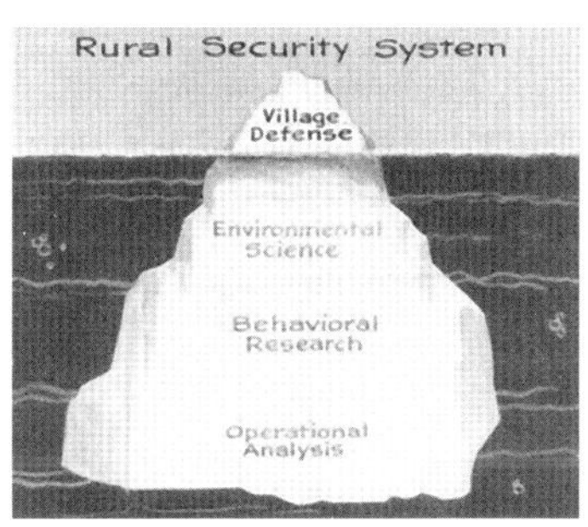

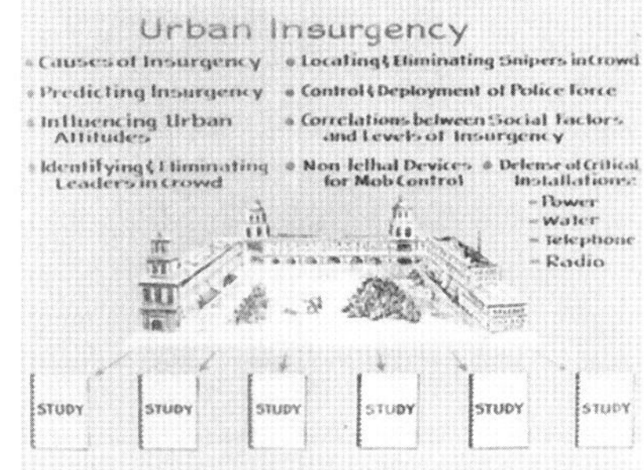

到了一九六〇年代中期，敏捷計畫已經成為一項處理全球戡亂作業的世界性科學專案。這些簡報幻燈片描述這個新穎的高研署通盤途徑，檢視從行為研究到暗殺「群眾領袖」等所有事項。第一張幻燈片（左上）描繪出高研署如何為戰爭開發環境科學；第二張（右）顯示各不同研究領域，包括行為科學和作業研究，如何構成了越南村莊防衛的科學基礎支柱。最後一張幻燈片描繪高研署為了城市區域戡亂作戰投入的研究和調查類型，因為隨著越戰進展，城市戡亂也成為一項關鍵要務。

一九六七年，高研署出資委請洛克希德開發QT-2飛機，這是供越南使用的「靜音飛機」，以一款改裝的施瓦澤SGS 2-32型滑翔機為藍本製造而成。這款飛機（基本上就是種動力滑翔機）使用一款消音的福斯引擎來推動，於是它可以在夜間飛行，悄悄探查布置詭雷的越共而不致被察覺。這款改裝的飛機採米色塗裝，很不容易被看見，在國內測試時，它冠上了個虛構的公司名稱，叫做聖荷西地球物理公司（San Jose Geophysical Inc.）來隱匿它和軍隊的關係。儘管有時被吹捧為第一款「匿蹤飛機」，其實QT-2的設計並不能規避雷達偵測。

高研署最早一批規避雷達的匿蹤實驗動用了一款小型無人機，稱為馬克五型（Mark V）。高研署和麥克唐納道格拉斯（McDonnell Douglas）簽約委託製造六架空中無人機。完成的無人機如照片所示：艾倫．阿特金斯（Allen Atkins）高舉一架，後來他當上了高研署航太技術處的處長。驗證顯示有可能建造出能規避雷達探測的飛機，於是五角大廈官員也才有信心繼續推展，研發出一款原型匿蹤飛機。

第13章

兔子、女巫和戰情室

一九六九年一月二十八日早上，加州帕羅奧圖市（Palo Alto）史丹福郵局上方升起一幅正中飾一黃星的紅藍旗幟。民主社會學生聯盟使用越共旗幟來抗議大學與五角大廈的牽連，也對學校在東南亞長期進行研究表達不滿。那群學生尤其關切在史丹福研究院執行的機密軍事研究，該研究院是大學在二戰之後創辦的分支機構，本應從事能與大學整體使命兩相匹配的研究，結果那項工作卻愈來愈偏向國防部合約事項。高研署身為史丹福研究院的主要資助單位，特別就電腦科學方面，也支付其研究人員執行東南亞研究。

在那一整年期間，史丹福的抗議人數日漸增長，就像美國各地校園的處境，其中有些還演變成暴力衝突，好比威斯康辛大學斯特林大樓爆炸事件。那起攻擊是針對大學與五角大廈的牽連關係，最後害死了一位和軍方資助研究毫無關係的研究人員。史丹福從來沒有經歷過那種程度的暴力，不過到了一九六九年四月，好幾百名學生占據了大學的應用電子學實驗室，導致那裡的工作暫時停頓。當月史丹福董事會便投票終止大學的機密研究，斬斷它和史丹福研究院的歷史關係。短短幾個月後，高研署資助的電腦科學研究就創造了歷史。

一九六九年十月二十九日晚上十點半，一則只含一個單字的信息傳到了史丹福研究院的一台電腦控制台。信息為「Lo」。那是從阿帕網發過來的第一則傳輸內容全文。發信人是查理．克萊恩（Charley Kline），他是個學生程式設計師，在加州大學洛杉磯分校為萊昂納多．克萊洛克（Leonard Kleinrock）教授工作，收信人則是比爾．杜瓦爾（Bill Duvall），史丹福研究院的程式設計師，內容原本應該是「login」，結果還來不及把整個單字傳完，系統就當掉了，只傳來頭兩個字母。在那時候，阿帕網還只含括四個網點，或「節點」：加大洛杉磯分校、史丹福研究院、加大聖塔芭芭拉分校以及猶他大學。高研署資助了這四處網點，讓這些處所各裝了一件介面信息處理器，由此就能以一種稱為分封交換（packet switching）的做法，將資料拆解成小段。在第一次簡短傳輸時，阿帕網已經包含了現代網際網路基礎元件的大半成分。當時依然屬於基本電腦科學工作，和軍隊任務並沒有直接關聯，而且高研署各屆署長對箇中技術細節往往也都一頭霧水。既然沒有人真正認識阿帕網，這項計畫也就很可能輕易遭人斬除，元凶要不是抗議群眾，因為他們擔心這個專案是五角大廈用來執行核戰的計畫，不然就是國會議員，因為他們深信計畫並沒有為五角大廈帶來充分貢獻。

阿帕網毫髮無傷撐過了那些歲月，原因在於高研署官員相信利克萊德擬出的人機共生願景，致力保護計畫所致。盧卡西克就像他的前任署長赫茨菲爾德，對這項計畫的更寬廣重要意涵也有認識[1]，於是他達成了一種微妙平衡，一邊以工作與五角大廈連帶有關，來向國會辯解這項工作的合理性，同時又公開抑低箇中的潛在軍事角色。沃德羅普（M. Mitchell

Waldrop）在他的阿帕網歷史著述中寫道，「高研署的運算計畫繼續度過它無災無難的生活，這就很像一個人夢遊穿越戰場，卻毫髮無傷。」

高研署的電腦科學工作並不是全都那麼幸運。由高研署資助的「伊利諾大學第四號自動計算機」（以下稱「伊大四號機」）成為學生的遷怒對象，因為他們相信，這台電腦是要用來輔助越南的作戰行動。伊大四號機的重點任務是要驗證大規模平行處理式電腦成效，並不是執行東南亞美軍行動有關的計算，然而它的形象卻陷入戰爭泥淖。一九七〇年五月，學生組織了一個「砸爛伊機」抗議日，地點設在校園方庭，還邀請黑豹黨（Black Panther Party）和芝加哥十五（Chicago 15）指派講員與會。一幅抗議日海報畫上了伊大四號機的卡通影像，螢幕上顯示「殺戮死亡因子」幾個大字。由於保護那台昂貴超級電腦的能力堪虞，高研署最終把它搬到加州一處航太總署設施。

同時，國會也逐步削弱高研署。一九六九年曼斯菲爾德修正案已經終止了國防部的大半基礎研究，斬斷了高研署的社會科學工作，還迫使行為科學辦公室重新調整工作焦點。為避免爭議，盧卡西克把該部門名稱改為人力資源研究室，導致許多人誤以為那是人事室。國會通過的新法規也影響了硬科學，迫使高研署交出跨學科材料實驗室，這些設施長期向各大學提供資金，也一直是高研署基礎研究組合的根本部分，這時就得全部移交給國家科學基金會。現在高研署做的一切事項，都必須有軍事理由才能進行。

國會緊盯高研署，尋找看來不適合他們鑽研的計畫。「哪些奇異研究被歸入行為科學底下？」一位國會議員在一次聽證會上質詢盧卡西克，「我們還在研究蟲子配對和猴子行為嗎？」

盧卡西克鄭重回答，「計畫裡面完全沒有像那樣的事項。」

盧卡西克有如驚弓之鳥，在國防高研署廊道四處巡邏，尋找潛在問題。有一天，他走過資訊處理技術研究室主任艾爾．布魯（Al Blue）的辦公室，順道進去打聲招呼。布魯書桌上擺了一份麻省理工學院的電腦科學報告。盧卡西克看到標題，頓覺喉嚨緊縮，〈電腦輔助編舞〉。他幾乎可以想像在下一次國會聽證會上，國會議員會如何拷問他，為什麼高研署投入研究舞蹈。「艾爾，我明白這是在做什麼。這是個好點子，不過，老天爺，別再給我任何名叫〈電腦輔助編舞〉的論文，」盧卡西克吩咐道，「把名字改〔成〕人機協調；叫那樣也一樣好。」

不論是國會抨擊或學生抗議，高研署都逃不過越戰和席捲全美的反文化高漲浪濤。然而這些事件就要對它產生料想不到的影響。不論是蒂莫西．利里（Timothy Leary）有關迷幻藥物效用的演講，或者就東方神祕主義的新生興趣，就連五角大廈都不免受到一九六〇年代晚期文化無政府狀態的影響。高研署不受制於傳統智識，但接受嚴謹科學信念的約束，就要創造出一門新的研究領域，把利克萊德的人機共生理念轉變成一項技術，從此讓我們單單憑借思維就能控制電腦。它的諸般根源會把史丹福研究院、阿帕網，以及人類心智力量的漸增魅力交織在一起。

一九七〇年代早期，史丹福研究院窩藏了一個黑暗的祕密，就連憤怒抗議院內軍事研究的學生知道了都要大感震撼。在它的眾多機密研究計畫當中，有一項中情局技術服務處支持的合約，那個部門的主管是西德尼．戈特利布（Sidney Gottlieb），他大概是曾在該情報機構服務的科學家當中名聲最壞的一個。那個機密計畫是測試種種不同型式的超心理學，好比人類有沒有能力使用心智來視物或甚至影響遠距外的物體。戈特利布相信那項工作很有潛力，於是有一天他邀請高研署署長盧卡西克來中情局，到他的辦公室商討。

中情局技術服務處棲身一棟低矮辦公建築，位於美國海軍醫學與外科局的地產範圍，面朝國務院的霧谷（Foggy Bottom）院址。那片建築群原本是中情局總部，後來它搬遷到維吉尼亞州蘭利，不過在一九七〇年早期，那處設施依然是中情局好幾項活動的執行處所。戈特利布受過化學教育，思考方式經常不依循傳統，並且抱持堅定不移的愛國情操，他相信自己做的是報效國家的工作。由於先天有馬蹄內翻足，無法從軍，又由於口吃，促使他投入研究言語治療，戈特利布以他的鋼鐵意志著稱。「朋友和敵人都說，戈特利布先生稱得上是個天才，致力為他的國家探索人類心智的前沿，」《紐約時報》一篇戈特利布訃聞這樣寫道，「同時搜尋他生命中宗教上和精神上的意義。」然而到頭來，戈特利布最為人知曉的卻大半是看來對日常行為準則的任性蔑視。

身為技術服務處的主管，戈特利布領導中情局的一個側廂，而且機構才嚐到敗績，用來刺殺古巴領袖卡斯楚的創新裝置，包括毒筆和爆炸海貝，全都沒有發揮作用。他也投身機構最惡名昭彰的計畫之一，使用 LSD 做為精神控制藥物。在戈特利布督導之下，LSD 在一九六〇年代開始拿來試驗，受試者是不知情的人類白老鼠，包括精神疾病患者和娼妓等，甚至還有一位意圖自殺的陸軍科學家也在沒有防範下莫名受測。當計畫在一九七五年遭洛克菲勒委員會初次曝光，接著又經國會丘奇委員會（Church Committee）透露細節詳情，戈特利布身為某種瘋狂科學家的公眾遺產，恐怕就此蓋棺論定。

盧卡西克對戈特利布和他的中情局同事抱持一種比較慈悲為懷的看法。在他看來，他們是擁有高研署高度創意傾向，崇尚自由思考的人士，不過缺了公眾監督的制衡力量。「他們是，而且我要用最正面的方式來講，真正很美好的人，」他回顧表示，「他們並不那麼在意法律，不過就這群只被告知不必擔心任何事情，只管創造的創意人士而論，他們是好人。」

盧卡西克前往拜訪戈特利布那天，那位中情局科學家的狀況不錯。他已經接下了一度屬於中情局局長艾倫．杜勒斯（Allen Dulles）的霧谷辦公室。那是一間長得反常的辦公室，寬大概略超過四公尺半，長度則達兩倍。一席簾幕完全覆蓋一側較長牆面，戈特利布告訴盧卡西克，「史蒂夫，我給你看外界看不到的東西。」戈特利布以戲劇性手法掀開簾幕，露出一幅牆面大小的世界地圖，上面零星散布許多小點。戈特利布說明，「這裡有我們的一百四十六個竊聽地點。」

盧卡西克知道戈特利布只是在炫耀，不過他縱容對方，等著他進入正題。戈特利布真正想討論的是兔寶寶和核末日。在一九七〇年代早期，蘇聯和美國以核潛艦交手進行貓捉老鼠遊戲。配備核飛彈的潛艦進入深海潛航就很難定位，因此它們是與蘇聯核武對峙的強大武器。潛艦的主要弱點是它需要通訊。一九七〇年代早期並沒有什麼好辦法可以和海中深處的潛艦通訊，好讓它們知道，好比核末日就要來臨，該發射艦上飛彈了。解決方法通常都必須浮上水面，而這時它們也就很容易被探測到並遭受攻擊。

就是在這種情況下，戈特利布的嶄新寵物計畫上場了。一九七〇年，暢銷書《鐵幕後的心靈科學發現》（*Psychic Discoveries Behind the Iron Curtain*）描述蘇聯和東方集團其他國家對這種種精神現象的高度熱忱。那本書的協同作者堅稱，「蘇俄希望駕馭超感知覺的主要驅策力量，據說是來自蘇俄的軍隊和祕密警察。」書中詳細介紹了幾十份鐵幕後進行的調查研究，目的都在鑽研心靈現象，範圍從拍攝生物「靈光」的克里安照相術（Kirlian photography），乃至於情緒的精神感應投射。蘇俄投入資金鑽研超心理學的想法，很快就成為美國依樣畫葫蘆的自我強化口實。

根據《鐵幕後的心靈科學發現》所述，蘇俄著手測試的一項超心理學理論，涉及新生兒與母親之間的一種推斷的情緒連結，而這讓母親能夠「感受」到她的後代死亡，即便相隔遙遠距離。由於實際動手殺死人類新生兒並不真的是個選項，他們便藉助幼齡兔子和兔媽媽來做實驗。這種實驗想來就可怕，實際也很可怕：一隻兔寶寶在兔媽媽視線、聽力範圍之外被殺死，同時科學家在實驗室另一個房間觀察兔媽媽的反應。

蘇俄人宣稱實驗生效，而且可以用來與潛艦通訊，不過他們倒是從來不曾真正制定出通信協定來規範進行方式。推測是在潛艦上飼養一隻兔媽媽，並派一位艦艇兵負責監視牠是否出現痛苦跡象。這可不是認為振奮過頭的兔媽媽會掀起核彈交火，而是如盧卡西克所說，這種信號可以用來當成「召喚蘇俄彈道飛彈潛艦的警鐘」。那是一則信息，吩咐他們浮出水面，上來接收更詳細的信息，好比發射核飛彈的命令。那種情節荒謬之極，卻沒有讓戈特利布放棄此念。中情局已經開始資助史丹福研究院投入實驗，執行一項安靜、低調的超心理學機密調查研究。戈特利布很希望高研署能檢視那項成果，若有可能，也期盼該署能撥款資助。盧卡西克坦承，「我覺得這很大成分是瞎扯。」

儘管這裡所提蘇俄實驗令人存疑，不過他們宣稱結果可以應用在反潛戰，這也正是高研署當時鑽研的領域。或許更重要的是，一九六〇年代晚期和一九七〇年代早期，對超心理學的興趣日漸增長普及，就連部分國會議員也興致勃勃，對高研署等機構施壓，要他們支持研究。盧卡西克盤算，起碼機構可以秉持誠信努力，看裡面有沒有值得資助的事項。他去找行為科學辦公室主管空軍上校奧斯汀・基布雷爾（Austin Kibler）。「追查這個東西，」盧卡西克吩咐他，「任何能產生作用的事項都讓我知道。不管那是什麼。」

高研署這邊的反應並不很熱衷。「所有人大致上都覺得那只是一大堆垃圾，」後來接掌行為科學辦公室的羅伯特・楊（Robert Young）說道，「不過高層責成我們動手處理。於是我們照吩咐去做了。」獲遴選來領導超心理學調查研究的科學家名叫喬治・勞倫斯（George Lawrence），他是高研署的反文化署內專家。這位三十九歲的科學家在高研署留下了特立獨行的身形。他愛穿喇叭褲和寬角領襯衫來搭配西裝和鉛筆袋，他還帶著兒子到五角大廈走道溜滑板。從他出差拍的照片，經常見到他半裸躺在泳池旁邊，或手握一壺啤酒，卻不見他檢視飛彈導航系統的影像。

在大眾文化裡面，高研署或許被描繪成窩藏大家所說瘋狂科學家的巢穴。然而其實從社會角度來講，就連在一九六〇年代和一九七〇年代，高研署和五角大廈以及其他任何部門都幾乎同樣稱得上一板一眼。那裡是有識自由思想家的大本營，不過他們大半都是從大學硬科學設施、國防工業以及軍方延攬進來的，不全然就是酷愛嗑藥並擁抱神祕主義的一九六〇年代反文化的溫床。

勞倫斯是個例外。他至少採納了一種放蕩不羈的服飾。而且那個時代在國防部工作人員對自由戀愛多敬而遠之，才剛離婚的勞倫斯就欣然接受，女朋友換了一個又一個。勞倫斯是「非我族類」，起碼依高研署的標準而言是如此，不單指他的衣著，還有他的縱情生活方式，也包括他選定的研究課題，這大量取材自有關「心靈支配身體」的通俗文化理念。

不過，他並不是你心目中的典型反體制嬉皮。一九六〇年代晚期，許多男子都想方設法不去越南，那時勞倫斯卻想方設法要去。他得到一個工作機會進入沃爾特・里德陸軍研究院，那處機構就像高研署，同樣對戡亂很感興趣，並聘雇心理學家前往越南研究壓力對特戰顧問造成哪些影響。當時勞倫斯已經在阿爾伯特・愛因斯坦醫學院擔任心理學家，那個政府職位工作機會年薪約一萬兩千元。薪水不高，不過看來是一趟冒險。就在他整理行李時，東南亞戡亂作戰轉型變成正規戰爭，於是沃爾特・里德陸軍研究院結束了它的越南研究計畫。[2] 勞倫斯一位同事告訴他，高研署可能有個工作機會。

一九六八年秋天，勞倫斯進入高研署，擔任行為科學辦公室副主任。就勞倫斯而言，在高研署服務是美夢成真：他可以提出任何研究方案，只要沾上一點軍事理由，就可以逕自擬個簡短提案爭取資助。他還有無限制出差授權，於是他可以規劃行程，「只要是為了工作需求，可以在任意時間前往任何地方任何次數，在美國大陸之內或前往境外，以執行你的官方職掌，然後回到華府。」

勞倫斯對於俘獲一九六〇年代晚期文化時代思潮的研究充滿了激情，也就是在那時，身心交互作用探索和意識相關研究結合了科學與唯心論。他就像利克萊德，同樣隸屬一小群對電腦著迷的心理學家，他們人數雖少，但逐漸增長，特別對人類與電腦互動感興趣。勞倫斯起初有志投入助人應付壓力和痛苦的研究。他的第一項重大計畫從一九七〇年開始，鑽研生物回饋，那是相當新穎的研究領域，提供受試感測器實時資訊，訓練他們控制呼吸、心律等生理機能。

一九六〇年代，生物回饋依然沾染了新世紀神祕主義污名，因為那種構想認為，一個人基本上可以用意念來讓自己進入不同的生理狀態。它融合了生物學和東方哲學，也讓人拿它和利里對 LSD 的推廣相提並論。它也開始引來科學家的興趣，他們認為，生物回饋或有可能讓身處壓力情況的人，單靠精神專注來減緩心律或減低血壓，研究人員如加州大學舊金山分校的喬・神谷（Joe Kamiya）就是一例，他研究腦子的 α 波和 θ 波，看受試者能不能在實時電子監控幫助下，改變他們的意識狀態。心理學家唐納德・莫斯（Donald Moss）有一次追溯該領域時寫道，「電子裝置引導人類產生更高度醒覺，提高了對自己的生理和意識方面的控制，這樣的形象很能吸引白袍實驗科學家和高等意識運動的白長袍宗師。」

高研署之所以對這個領域感到興趣，理由在於它能幫助部隊作戰；理論上，生物回饋能提高士兵射擊準確度，藉由這套技術能夠控制自己的心律，萬一中彈甚至還能減緩流血。研究人員並假設，受損飛機的飛行員可以學習降低自己的心律和血壓，於是他們就能不慌不忙執行緊急程序。文獻幾乎沒有實驗方法相關記載，不過勞倫斯認為生物回饋已經成熟，可供深入檢視。他的高研署計畫是這個領域的第一次系統性探索，把科學方法帶進先前以軼事傳聞為主的領域。他聘雇來執行那項計畫的人員當中，有一位往後會當上高研署署長，他名叫克雷格·菲爾茲（Craig Fields），當時還是個年輕的哈佛教授，也是利克萊德的同事。他提出了一份〈電腦控制下的自主制約〉企劃案，規劃讓受試者以心電圖回饋來監控自己的心律。不久，哈佛學生紛紛在胸口貼上心血管電極，在樓梯上下奔跑。勞倫斯把嬉皮反文化帶進了科學界，也把科學嚴謹特性帶進了嬉皮界。

當勞倫斯嘗試把成果從實驗室帶到戰場，他便遇上了阻力。勞倫斯希望研究人員前往越南，實地對特種部隊測試生物回饋，然而反應卻是徹底負面。沒有人想執行。「有人寫信給國會議員，指控我強迫大學教授進入越南叢林，」他說道，「那實在太愚蠢了。那完全是誤解。我以為他們會像我這樣，認為那是一場有趣的冒險。」

到頭來大概也沒有關係，因為勞倫斯的結論是，生物回饋較富雄心的用途，好比讓士兵有辦法把心律減緩到能防止他們流血的程度，恐怕是太過遠大的抱負。「生物回饋就某些內在生理事件提供的自我監控之效用和強固性，都遠遠不如許多研究人員基於早期軼事證據所預期的效用強度，」一份論文的結論這樣寫道，「顯然，根據在許多實驗室做出的成果，要想訓練受試調節神經系統事件，達到與自身生理最佳利益相違背的水平是極端困難，甚至不可能辦到。」[3]就反面來講，勞倫斯寫道，起碼沒有人會由於動念以意志力影響心律，導致心跳停止死亡，先前部分研究人員便曾一度表達這層顧慮。

儘管生物回饋不見得算成功，它仍鞏固了勞倫斯在高研署中的名聲，大家都知道，只要遇到了反文化相關理念，特別是心靈支配物質的研究，都可以來找他。所以後來勞倫斯奉派審視中情局的超心理學研究，看有沒有高研署可以資助的項目，也就完全不令人感到意外。

依今天的標準，高研署這樣的技術機構竟然去調查折彎湯匙和超感知覺，說起來就很古怪，不過就連國防部和情報界的部分保守人士也都捲進了民眾對心靈研究的熱情當中。像《植物的祕密生活》（*The Secret Life of Plants*）這樣的暢銷書便將植物學與新世紀理念結合，論稱植物是有感知的生物，而《物理學之「道」》（*The Tao of Physics*）則結合論述量子理論與神祕主義。有一期《時代雜誌》封面主題報導美國對心靈現象的「旺盛興趣」。對超感知覺和心靈現象的興趣，與美國主流族群的反文化通俗化現象亦步亦趨。

高研署剛啟動超心理學調查研究之時，其實也很難評斷，包括勞倫斯在內的人究竟有多麼認真看待那種研究。起碼就表面來看，勞倫斯熱情接納了那項使命。他擺弄克里安照相術，看能不能真的拍下「靈光」，還到蘇格蘭參加一場超心理學研討會，並在那個國度四處周遊，和女巫、靈媒以及其他超自然現象界人士見面。其中他最喜歡的是女巫。不過勞倫斯最著名的精神調查研究（到後來媒體發現了這項研究，於是也引來了全國矚目）也促使他在一九七二年十二月前往史丹福研究院，當時院裡的羅素．塔格（Russell Targ）和哈爾．帕索夫（Hal Puthoff）兩位物理學家，都接受了戈特利布的中情局技術服務處資助調查精神現象。勞倫斯的上司基布雷爾也曾初步前往那所接受高研署資助來從事種種不同計畫的研究院視察，顯然對那裡留下了深刻印象，起碼對他們的嚴肅態度相當讚賞。

勞倫斯探訪之時，史丹福研究院的工作大致上都專注測試尤里・蓋勒（Uri Geller）的技能。蓋勒原本是一位魅力型以色列演藝人員，後來才轉變成超自然演出者。他的最著名表演節目是折彎湯匙，而且據稱是以念力辦到的。他還宣稱擁有其他眾多精神力量，好比思維投射和「千里眼」，這個詞是用來描述從遠方（或至少從看不見的地方）觀看物體的能力。國安界對最後這項能力特別感興趣，因為理論上來講，這就可以用來窺探外國的基地和技術。

帕索夫（中情局一位負責史丹福研究院合約的官員）便曾指出，勞倫斯這次來訪是期盼做出正面評估，讓高研署同意出資挹注研究院的超心理學工作。帕索夫和塔格都迫切想獲得主流認可，同意接待勞倫斯，來一趟非正式演示，不過也告訴勞倫斯，他不得觀看他們的受控實驗。帕索夫表示，「那時我們擔心這說不定是個圈套，說不定勞倫斯和蓋勒事前有所安排，勾結串通。」這種偏執妄想根深蒂固，每天試驗完畢，他和塔格都會檢查天花板，看是否安裝了竊聽器或隱藏攝影機。

勞倫斯還邀請另兩位科學家陪同前往：業餘魔術師暨大學心理學家雷伊・海曼（Ray Hyman），以及相信心靈預感（包括自己這方面能力）的睡眠研究教授羅伯特・范・德卡索（Robert Van de Castle）。德卡索唸研究所時就認識勞倫斯，他的研究主題是人類預測未來以及在夢中接受思維的能力。勞倫斯表示，「他和海曼與我出差前往史丹福研究院，看尤里・蓋勒能不能說服我，他的本領是真實的，然後我也打算挹注鉅額金錢到那裡面。」

這趟行程從一開始就顯現惡兆：德卡索和勞倫斯在前一晚到舊金山會合，接著去吃中國料理。勞倫斯酒喝多了，口沒遮攔告訴德卡索，其實他真正想要的是找到一個可以發生性關係的女靈媒，然後也要測試她的能力。德卡索擁戴超心理學研究，對勞倫斯這樣的輕佻態度很不以為然。隔天上午會議開始，情況也沒有好多少：海曼和德卡索來到研究院，和帕索夫、塔格以及蓋勒見面。根據德卡索所述，勞倫斯遲到了，大搖大擺抵達，一副邋遢模樣。勞倫斯找了張椅子慵懶坐下，雙腳抬起擺放會議桌上，環顧房間，朗聲宣布，「好吧，給我看個去他的奇蹟。」

於是那天一開始就先有一個宿醉的軍方科學家、一個業餘魔術師轉任的心理學家、一位研究精神夢境的教授、兩位看似很容易上當的物理學家，還有蓋勒，尚未成真的精神超級武器。接著情況每下愈況。蓋勒開始他的戲碼，演示他用精神閱讀數字的能力。那位以色列演藝人員戲劇性地伸出一手遮掩雙眼，接著要勞倫斯在一張紙上寫下一個數字。海曼坐在旁邊，後來他回顧表示，他可以清楚見到蓋勒偷窺，看著勞倫斯的手寫出數字十的動作。蓋勒也寫出了十。

另一項演示開始，蓋勒想展現他接收別人思維的精神能力，後來海曼在寫給史丹福研究院院長的一封信中，也曾就此著墨描述。於是蓋勒領德卡索到一旁，走進另一個房間。蓋勒要德卡索從一本雜誌選出一幅卡通，由於雜誌圖片較難「接收」，所以他要德卡索動手描繪那幅圖像。兩幅圖像（原版的和手繪複製品）分別擺進了信封套裡。德卡索把裝了原版圖片的信封擺進胸前口袋，裝手繪圖像的封套就擺在肘下，接著蓋勒吩咐教授閉上雙眼，站在他的正後方，兩人相隔很近，伸手可以碰到他，然後準備接收德卡索的思想。蓋勒很快就勝利現身：他畫了一幅火柴棒圖形，正是原版圖像的複本，這項壯舉卻沒有人觀察到，因為房裡只有德卡索一人，而這整段時間，他的雙眼都是閉著的。

海曼滿心困惑：實驗條件為何？為什麼沒有人觀察蓋勒畫圖，確保德卡索並沒有指導他？答案充其量只能說是託辭口實。接著其餘演示繼續進行。蓋勒在旁人仔細檢視情況下並不能或不願表演，有時則雖然做出結果，卻沒有什麼可靠的檢驗來確認。海曼寫道，「塔格和帕索夫，從我在他們實驗室裡與他們日常接觸所見，似乎是兩個笨手笨腳的蠢蛋，不是什麼受尊敬，有成就的物理學家。」

那些演示沒有一項採用了任何科學控制。帕索夫反駁表示，那些實驗本來就不該控制，因為那只不過是演示。即便如此，海曼仍提出質問，為什麼那兩個科學人員沒有在實驗前搜查蓋勒，卻聽憑他宣稱，他只需要動念就能消除一捲膠卷裡面的一格畫面？說不定蓋勒是使用了某種裝置改動膠卷。這個問題的答案，帕索夫告訴海曼，是因為看來不大可能有那種裝置。海曼大受震撼，塔格和帕索夫竟然比較相信蓋勒擁有精神力量，所以能夠消除膠卷畫面，卻不那麼相信他擁有能做這種事情的裝置。海曼相信蓋勒的作為具有所有老練魔術師的典型特徵：友善、轉移注意，和令人目眩。

若說海曼對蓋勒的精神能力心懷質疑，那麼勞倫斯就是憤怒以對。在一次演示時，蓋勒讓指南針偏轉五度。勞倫斯認定蓋勒是跺腳影響指南針，他也依樣畫葫蘆，結果讓指南針偏轉了四十五度。於是這趟巡視大半就這樣過去了。等到勞倫斯和他的隨員離開時，情況已經明朗，帕索夫和塔格是不會得到高研署的心靈研究資助了。

有一次勞倫斯前往西岸調查超自然現象時，獲邀前往日落大道西木區山丘地參加派對。女主人長期掏腰包捐助精神研究。晚宴時勞倫斯有一陣子就坐在艾德・米切爾（Ed Mitchell）身邊。米切爾是個太空人，在那時已經相信自己也有心電感應能力。宴會上一位有錢女士敘述她最近去了一趟印度，那裡有個神祕人物彷彿無中生有，變出了一個手環，送給她做為臨別禮物。她轉頭請教那位太空人，「米切爾上校，你覺得呢？我始終沒有真正明白。他是從元素把它實體化呢，或者你認為他是把它從別的地方隔空傳送過來？」

這是什麼錯亂問題？勞倫斯心想。結果米切爾回答，「我想那大概是隔空傳送來的。」接著他提出一項解釋來說明事情的可能經過。那位女士轉頭請教勞倫斯。

「勞倫斯博士，你覺得呢？你認為那是隔空傳送來的嗎？」

勞倫斯發現自己以大概算是科學的解釋來回答那個問題。「接著我想，我只是坐在這裡旁聽，結果就被捲進去了，而且我還很嚴肅看待。我到底是怎麼一回事？」

若說勞倫斯曾一度認真看待超心理學，那個時候也早就過去了。「這整件事情，」他歸結認定，「完全是垃圾。」

儘管蓋勒在加州那場演示並沒有讓勞倫斯感動，讀取別人心思的想法仍抓住了他的想像力。探訪史丹福研究院那同一年，勞倫斯啟動另一項讀心術計畫：這次不仰賴超自然現象，研究人員將使用可測量的腦信號來控制電腦。勞倫斯從他的超心理學探索找出科學成分。

勞倫斯想像出的腦力驅動電腦很大程度是參考並取材自利克萊德的「人與電腦共

生」構想。倘若利克萊德的人與電腦共生願景算是未來派，那麼勞倫斯名叫生物模控學（biocybernetics）的計畫就是大膽之極。就生物模控學而言，那台機器並不如同利克萊德所設想，只是在人類決策過程當中藉由鍵盤或搖桿輸入的環節；它會使用監測腦活動的感測器直接與人類心智互動。勞倫斯資助研究人員檢視神經信號，好比P300，這是種腦波，能以腦電圖學來探測，而且會發生在腦子辨識出物體約三百毫秒之後。就實際而言，這種研究或許可以解放四肢麻痺患者，讓他們得以設想信息或單詞，或者戴上腦電圖帽藉此來控制機器。高研署官員稱這種頭套為智能圓頂小帽。

高研署在生物模控學主導下，資助大批研究人員刺探腦信號，好比加州大學洛杉磯分校的雅克．維達爾（Jacques Vidal），這位研究員為這項工作創制出「腦機介面」（brain-computer interface）一詞。維達爾在一篇一九七三年開創性論文中寫道，「這些可觀測的腦電信號能不能派上用場，讓它們傳輸人機交流資訊，或用來控制諸如義肢裝置或太空船等外部設備？」不到幾年，維達爾的研究就做出了很有指望的結果：一項實驗受試者單靠思考就能讓電腦螢光幕上的一個電子物件移動，穿越迷宮。

那是段美妙的時光，伊利諾大學接受勞倫斯資助的伊曼紐爾．唐欽（Emanuel Donchin）教授這樣形容那個時代。當時資助這類研究工作的機構不只高研署，不過它是開發那個領域的最重要資助單位。唐欽那時檢視的是大腦皮層慢波，他便曾描述高研署如何能夠凌駕其他的政府出資機構。唐欽還記得有次他列席美國國立衛生研究院一個研究小組，參與審核一筆五千美元獎助，企劃申請人是後來得到諾貝爾獎的神經科學家埃里克．坎德爾（Eric

Kandel)。那群科學家花了好幾個小時爭辯撥款事宜。期間唐欽短暫離開，打了通電話給勞倫斯，簡短討論他的高研署補助金。唐欽需要一萬五千元添購設備，勞倫斯的反應是「沒問題」。唐欽回到會議室時，那群科學家依然為坎德爾那筆五千美元撥款爭執不休。根據唐欽所述，那件事情最能彰顯高研署和其他科學機構的差別所在。

就另一方面，高研署各項計畫，如生物模控學等，對軍事應用往往過於樂觀看待。一則早期計畫說明這樣寫道，「不久之後，舉例來說，只要以電腦監視飛行員（或者執行任務時必須時時保持警戒的其他任何人士）的一種腦電活動，應該就能判定那位飛行員是否不只是見到了警告信號，還了解它的重要性，而且試行做出妥善的反應。」勞倫斯完全明白，那種應用還得歷經多年才能實現。他回顧當時一些比較奇幻的應用方式時說：「那是我虛構出來的。」

就如利克萊德，勞倫斯也很有興趣鑽研如何從根本上轉換人與機器的互動方式，這到最後應該有影響深遠的用途。不過生物模控學的挑戰在於權衡現實處境，一方面是它能帶來種種奇妙應用（腦力驅動電腦和精神控制飛機），另一方面則是這種成果還得等數十年才能落實。舉例來說，根據一九七五年一份摘要論述，高研署期盼能達到根據腦電圖信號來完成八個字母詞彙的翻譯能力。當時那份計畫摘要表示，「生物模控學這整個學門基本上就是高研署創建的。」

勞倫斯的腦力驅動電腦，以及刺探身體自律功能的士兵，都位於最尖端前緣，不過殺死兔寶寶來和潛艦通訊，或者出資贊助以色列魔術師來遙視蘇俄基地的舉措也都是。高研署在一九七〇年代早期是個能容忍甚至鼓勵探索這種怪誕構想的地方，不過有別於其他機構，它還要求必須有好科學。

在討論高研署是否資助超心理學研究的最後一次會議上，勞倫斯和高研署署長盧卡西克以及長期出資挹注的中情局的幾位官員同席。到最後，一位中情局官員轉向勞倫斯說道，「他們應該沒有浪費我們的錢吧。勞倫斯博士，你對這整個有什麼看法？」

在那時候，勞倫斯的精神現象調查已經引領他結識了五花八門的神棍和騙子。「你們一直在浪費錢，」他挫敗爆發，「這每一分錢都是胡說八道。」

現場一片死寂。盧卡西克立刻改變話題，而且根據勞倫斯記憶所及，再也沒有人要他檢視超心理學。高研署也不再撥款挹注精神計畫項目。「我工作了那麼久、那麼努力，應付過那麼多蠢蛋和江湖術士，」勞倫斯後來曾回顧表示，「在我心中毫無疑問，這所有一切全都是空話。」

擁戴蓋勒的人士相信那位魔術師能幫忙美國找出蘇俄潛艦，對勞倫斯扮演的角色大失所望，不過勞倫斯幫忙挽救了高研署的顏面，因為後來事情曝光，原來美國間諜花了好幾千萬美元研究心靈現象，讓情報界陷入難堪窘境。另有些人質疑，高研署這樣採開放式調查來研究超心理學，究竟是不是個好點子，就這些人而言，事實真相是，讓勞倫斯與巫師、靈媒結識的態度也讓他得以投入鑽研腦力驅動電腦，不過在一九七〇年代，那種電腦看來也就像純幻想。知識界對靈媒的支持延續至一九九五年，產生出一些號稱成功的結果，卻幾乎找不到科學界能採信的證據。就另一方面，生物模控學則是蓬勃發展。

那個點子在一九七〇年代早期可說大膽之至，那時閱讀腦信號的能力充其量只能說很簡陋。不過到了二〇一三年，生物模控學已經孕育出一整個腦機介面裝置的產業，製品能發揮五花八門的用途，從商業視訊遊戲和汽車感測器，乃至於為「囚禁體內」的患者（完全無法與外界溝通的人）提供工具，讓他們能夠打出信息，並能控制外部裝置。一度得等待幾十年才能成真的用途，如今已經逐步落實，而且勞倫斯的「虛構」願景也逐漸成為現實。至於超心理學，多年之後勞倫斯便笑稱，當初他或許不該那麼坦率提出批評，也許該讓它多發展一陣子。「最起碼，」他說，「我很可能再結識更多女巫。」

不論如何，那段日子即將結束。就五角大廈這邊，負責監督高研署的柯里愈來愈惱火。他不明白為什麼一個隸屬五角大廈的機構會涉足與軍事用途沒有直接關聯的事項。高研署獨立於五角大廈之外，這就表示它通常不需要高層批准，可以逕自撥款贊助個別計畫，然而現在看來自治簡直就是蠻幹，起碼在柯里看來是如此。報導折彎湯匙研究的新聞是最後幾根稻草之一。柯里認定高研署「徘徊偏離領地」，於是他決定，該讓那個機構做出一些改變。

在新一代國防官員眼中，高研署本該是五角大廈的一個部內實驗室（製造武器的地方），而不是個智庫，也不是科學家的遊樂場，更別提像過去各任署長的做法，把它當成處理戰略層級問題的地方。新的高研署（現在該叫做國防高研署了）往後就會開發出能發現敵蹤、擊殺敵人的技術。

第2篇

戰爭的僕役

第14章
看不見的戰爭

「天啊，他死了，」艾倫・布朗（Alan Brown）看著洛克希德臭鼬工廠（Skunk Works）部門首席試飛員飄降地表，心中這樣想。那位飛行員彈射出來了，但是他的頭古怪地歪垂一側，布朗以為彈射力道奪走了他的性命。

結果他沒死，不過狀況很糟糕。他的鎖骨骨折，人也昏迷不醒，這就表示，一旦飄落試飛場沙地範圍，他就有可能窒息死亡。當時空中已經有一架直昇機載著醫護人員伴隨飛行，這太幸運了，因為他們抵達飛行員身邊時，他的口鼻塞滿沙子，臉色已經轉為青色。直昇機載著他緊急後送南內華達紀念醫院。接著事情變得棘手了。

那架飛機和那次試飛處所都不存在，起碼就官方而言是如此。那是在一九七八年五月四日，飛行員是比爾・帕克（Bill Park），他飛的是最高機密飛機，代號擁藍（Have Blue）。當時由於實驗機起落架受損，不可能安全降落，於是他決定彈射逃生。擁藍的試飛場位於第五十一區，有時也稱為馬伕湖（Groom Lake），位於內華達沙漠內一處長年陷於傳言與祕辛交織之不安處境的機密處所。那處機密測試場在一九五〇年代中期建立，用來躲開諜報刺探，為中情局測試 U-2 飛機。這款飛機由洛克希德的機密部門臭鼬工廠負責建造，部門主管凱利・詹遜（Kelly Johnson）在美國各處考察了好幾片地區，最後決定在內華達一處密布乾湖床的荒漠地帶落腳。他們為它命名為天堂牧場；詹遜後來說，那個名字是個「骯髒技倆」，目的是要吸引人前往那處原本荒僻的地帶。幾十年來，政府始終不承認有那處地點，即便陰謀論人士、媒體和旅客紛紛專程前往禁區邊緣，早就熟知那裡面有機密工作在進行。

這種矛盾不見得真有影響；五角大廈覺得這沒什麼關係，就算民眾知道那是個最高機密測試場，只要沒有人知道裡面究竟在測試什麼，也就無妨。關於那處地區的說法五花八門，真假夾雜，牽扯事項無奇不有，從反重力研究到外星人等，到頭來反而幫了軍方遮掩真正的技術。從五角大廈的觀點來看，民眾相信裡面藏了小綠人，比認定裡面有機密間諜機好多了。部隊軍官也經常為航空謠言加油添醋，向媒體透露假新聞。就算軍方不承認，多數民眾也都知道，內華達州南部那片從拉斯維加斯開車才幾小時距離的處所，正是用來測試機密飛機的地方。然而帕克墜機那天，官方守密措施險些轉變成一場悲劇。

當時也為意外編造了粉飾情節。畢竟，實驗機墜毀實在稱不上難料之事。不過在緊接墜機之後的混亂情況，以及帕克緊急送醫過程，粉飾情節整個被擺到腦後。一名陪同帕克上醫院的空軍安全官脫口說出另一套很難令人相信的說詞，「他爬上腳手架，跌了下來。」

醫院職工看到帕克臉龐周圍有一圈飛行護目鏡輪廓，他們心中起疑。帕克彈射時，頭盔被扯開了，導致他的皮膚因風炙呈鮮紅色，但配戴護目鏡的部位並不受影響。就此提出的解釋同樣荒唐可笑。那位官員說明，「喔，那是他的防毒面具。」[1]

腳手架情節完全沒有說服力。醫院員工開始問更多問題，然後當帕克恢復意識，他也只讓謎團更撲朔難解。那位飛行員傷患拒絕說明事發經過，只說出了他的名字和雇主名稱，洛克希德。他提出的地址是「拉斯維加斯存局待領」。最後有人提醒媒體注意一次可疑的墜機事件。奈利斯空軍基地軍官否認有任何墜機事故的消息。

一週之後，五角大廈終於確認一架飛機墜毀，飛行員受了輕傷。（事實上，那次墜機讓帕克的試飛員事業劃下終點；幾年過後，他在一次訪問時透露，那次輔助醫護人員趕到時，他的心跳已經停止。）媒體很快追蹤報導一次機密飛機墜毀事件，不過箇中細節有些錯了。一份報紙報導，飛行員當時正測試一款機密飛機，稱為 TR-1，那是種高空飛機，旨在「沿一國邊界執行任務，並不進入其空域」。報導是錯的，要不是蓄意洩漏假情報，或者與另一項專案混淆，那項計畫確實稱為 TR-1，而且是 U-2 間諜機的一個型號。

那份專業航空刊物很快就提出另一項理論。《飛行國際》（*Flight International*）報導，墜毀的飛機屬於一項「匿蹤」飛機計畫，領導人是洛克希德著名的飛機設計師詹遜，而且好幾年來，他一直為中情局開發祕密飛機。事實上，這款飛機是由如今稱為國防高研署的機構出資挹注，而那所機構的未來寄於該計畫的成敗。該筆資金額度為一億元，成為該機構歷來挹注的最高額飛機計畫之一，而且對於一所飽受批判，更有人打算遊說要它關門的機構來講，更構成一項巨大風險。根據國防高研署一九八〇年代的代理署長泰格內里亞所述，一九七〇年代晚期，約略就在機密飛機開發之時，一封信輾轉流傳，呼籲廢棄該署。他回顧表示，軍方高層希望「廢棄國防高研署，因為它並沒有為各軍種帶來成效」。這款匿蹤飛機的設計目標，是要讓美國在面對蘇俄正規戰占上風時，享有一項戰略優勢。匿蹤飛機出身自越戰蕭條歲月完成的研究，在國防高研署新近成立的戰術研究處成長茁壯。這款機密飛機是從盧卡西克的願景孕育成行，而他也希望藉此為機構打造出一個戰略角色，這項計畫有機會拯救國防高研署。然而，倘若計畫失敗，結果也可能讓該署就此永遠銷聲匿跡。

那款匿蹤飛機的旅程從一九七四年開始，起點是在盧卡西克辦公室的一次巧遇，會面另一方是個沉迷於隱形兔子的人，國防部空戰局局長，綽號「查克」的查爾斯．邁爾斯（Charles "Chuck" Myers），他在整座五角大廈四處周遊，任何人只要願意聆聽他的構想，他都會宣揚他的新式飛機。邁爾斯隸屬一個自詡顛覆派的軍事專家團體，這群人士號稱戰鬥機黑手黨，和當時盛行的偏好複雜技術戰機的空軍思維正面對壘。戰鬥機黑手黨成功遊說開發出一款高機動性輕型戰機，而且最後還發展成為 F-16 戰隼戰鬥機。

這時邁爾斯這位二戰和韓戰空戰老兵便隻身踏上征途，四處推廣他的一款能規避雷達探測的小型戰鬥機概念，他心目中那款戰機是受一隻名叫「哈維」的隱形兔子的啟迪構思成形。一九五〇年，詹姆斯．史都華（James Stewart）拍了一部同名電影（*Harvey*，片名中譯為《我的朋友叫哈維》或《迷離世界》），哈維是一隻一點八米高的「僕卡」，一種只有故事主角才見得到的神祕生物。邁爾斯的僕卡和史都華那隻十分相像——那是一款隱形飛機，或就是「匿蹤飛機」。到了一九七四年，邁爾斯已經向每個願意聆聽的人推銷了哈維。就像史都華的

《我的朋友叫哈維》，除了邁爾斯之外，沒有人相信有什麼隱形飛機。他的妻子甚至還為他做了一隻「哈維」模型，包括一隻復活節絨毛兔子，頭上添了一頂帽子，一支寶劍型雞尾酒橄欖塑膠叉，還有一條帶子纏繞帽子，上面寫了「匿蹤行走，利杖在手」。

邁爾斯擔心地面雷達和地對空飛彈的威脅不斷升級。蘇製地對空飛彈在越南已經驗證能對美軍飛行員帶來致命威脅；就算沒有和蘇聯直接對壘，越戰已經證明蘇聯的技術正以很高的步調發展。美國把錢投入了一場昂貴的戰爭，在此同時，蘇聯則是把錢投入諸如地對空飛彈等技術發展。越南教訓在一九七三年進一步強化了，當年贖罪日戰爭期間，以色列飛行員就遇上這種蘇俄供應的致命飛彈彈幕。據稱以色列損失了約三分之一軍用航空器。[2] 在人數漸增的軍事專家眼中，這個教訓告示我們，就連先進飛機也對防空系統愈來愈束手無策。「訊跡是作戰系統的最重要特徵，」邁爾斯寫道，不論那是指一架飛機或一個步兵，「進行叢林戰時，如果你的水壺晃盪出聲，而你又散發緬甸牌刮鬍膏的氣味，要想活命，那是機會渺茫。」

五角大廈沒有人對邁爾斯的隱形飛機感興趣，最後是一次與國防高研署的偶然會議，才讓情況徹底改觀。邁爾斯獲邀參與一次會議，來審閱戰術研究處的各項計畫。這個研究處是以高研署的越南工作殘留部分組建而成。當時的副處長是羅伯特．摩爾（Robert Moore），他的國防高研署計畫提報內容無法讓邁爾斯感到振奮。會議之後，邁爾斯攔下摩爾，問他國防高研署可不可能撥款挹注一項「隱形飛機」研究。他拿了一份自己寫的白紙黑字報告書，標題簡單寫著「哈維」。

摩爾讀得入迷，卻也不很信服。他經常聽取情報界官員簡報，還有他們提出的警訊，明白蘇俄開發出極端先進的防空系統。主要顧慮是富爾達缺口，美國飛行員都受訓學習在這片地帶如何規避蘇俄雷達，他們的做法就如摩爾所述，「激烈的操作技術和對策」，這樣的敘述其實有點輕描淡寫，不能道盡飛行員在離地區區一、兩百英尺高度飛越的險狀（相當於低空掠過洋基體育場）接著「躍升並橫滾」。這不只是種複雜技術；它還必須有六架支援機來轉發目標資訊，並干擾敵方雷達。

儘管摩爾並沒有沉迷於哈維隱喻，不過他也明白，一款「匿蹤型」飛機會有何潛力。國防高研署一直使用遙控載具，或就是無人機，悄悄進行自己的匿蹤實驗。國防高研署的越戰時期無人機並沒有催生出任何作戰武器，不過它點燃了開發低成本迷你無人機的興趣。在俄亥俄州萊特–派特森空軍基地，空軍執行先進飛機研究的地方，艾倫．阿特金斯（Allen Atkins）和肯恩．佩爾科（Ken Perko）兩位工程師已經著手以國防高研署款項來從事一款迷你無人機研究，飛機裝進地對空飛彈彈艙發射，沿著射向行進一千一百多公里。抵達目的地後，無人機就脫離彈艙，像蝴蝶破繭而出，伸展機翼並在富爾達缺口繞飛尋找目標。找到蘇俄戰車或地對空飛彈時，它就會把資訊轉發給一架 F-4 戰鬥機，由戰機飛過來摧毀目標。

迷你無人機在雷達眼下並非隱形，不過由於尺寸很小，因此比較難探測，也比較難擊中，特別就地對空飛彈也更難發揮。然而無人駕駛的小型飛機會出現在雷達幕上，而且最新的蘇俄雷達導向防空武器也能把它打下來。佩爾科和阿特金斯向國防高研署提出另一款迷你無人機企劃案，那種飛機經特別設計，能縮小所謂的「雷達散射截面」，或是某物件在雷達下的可視程度。國防高研署同意撥款挹注該計畫，使用麥克唐納—道格拉斯公司製造的小型無人機進行研究。

麥道公司最後製造了六架這種能規避雷達探測的無人機，稱為馬克五型，並在佛羅里達州埃格林空軍基地進行測試，讓它們對抗種種不同的蘇俄武器。這批武器是美軍透過黑市管道取得，隸屬於美國境內蘇俄裝備祕密軍械庫。結果正如國防高研署所望，雷達無法鎖定、追蹤那種小小的無人機。依今天的標準，那種迷你無人機的雷達訊跡算很大，不過表現依然比任何人所期望的都好。它飛越了種種防空系統，全都沒有被探測到，唯一例外是蘇俄的先進雷達導向防空武器，ZSU-23-4「石勒喀河」自行高炮（ZSU-23-4 Shilka）。即便如此，它也只在從上空直接飛越時才會被探測得知。到了一九七四年秋天，佩爾科和阿特金斯知道，他們手頭有了進展。那款無人機的匿蹤性能超過他們的預期。阿特金斯說明，所有人用來預測飛機雷達散射截面的方程式並不是以「真實世界」為本。真實世界有昆蟲、雲和鳥。

摩爾向邁爾斯透露了國防高研署相關工作的些許內情，不過邁爾斯對迷你無人機的概念並沒有留下深刻印象。兩人似乎都同意，最起碼，投入鑽研匿蹤飛機構想是合理的。邁爾斯希望爭取兩百萬美元來挹注他的哈維研究，摩爾告訴他，國防高研署沒有這麼多錢。不過摩爾對邁爾斯的構想相當好奇，於是他要當時已經受雇加入國防高研署的佩爾科調查軍用飛行器公司，看哪家有縮小雷達散射截面的經驗。就在佩爾科踩線探路之時，一份備忘錄擺上了國防研究與工兵局局長柯里的辦公桌。五角大廈首席技術人員手頭有一些錢，卻缺乏新構想。摩爾意識到，像哈維這種匿蹤戰鬥機或許正符所需，說不定它能深入富爾達缺口，閃過華沙公約組織對空火力，執行密接空中支援任務。不過摩爾把哈維改名為「高匿蹤飛機」，接著國防高研署向五家公司徵求提案，包括：諾思洛普（Northrop）、麥道、通用動力、費爾[3]柴德（Fairchild）和格拉曼（Grumman）。接下來匿蹤飛機險些胎死腹中。

*

一九七五年，正當設計匿蹤飛機的構想逐漸瀰漫國防高研署各角落，該署前雇員赫夫也和一度擔任副署長的哥德爾一道坐下進行訪談。赫夫受雇撰寫該署歷史，訪問了他昔日的良師益友與上司。哥德爾服刑期滿之後，進入私人企業建立事業。他回顧在國防高研署服務的日子，並表示計畫經理「多如牛毛」，然而真正能創新的卻很少。接著被問到以現在來講，國防高研署應該做什麼時，哥德爾提議做「探測不到的無人轟炸機」。

哥德爾不可能知道，國防高研署僅只兩年之前才啟動了一項機密研究，檢視如何使用技術來協助克服蘇俄正規戰優勢，不過他無疑知道當時的戰略爭議。尼克森總統尋求緩和與蘇聯的關係，以及相關核武裁減談判，也已經重新掀起華沙公約組織在歐洲正規戰優勢的相關爭議。

哥德爾有關匿蹤飛機概念的先見之明，除了有技術根據之外，同等重要的是他對歐洲政治、軍事形勢的認識：他知道突破蘇俄空防的戰略急迫性。正如全球戡亂在一九六〇年代早期的情況。哥德爾向來都認為，國防高研署的角色必須依循戰略規劃的引導，而這就必須先了解當前的問題，同時還得前瞻審視未來的威脅。這項觀點獲得了最早三位曾經擔任五角大廈國防研究與工兵局局長的科學家的支持。他們是約克、福斯特和布朗，全都是物理學家，也都曾經擔任利佛摩實驗室主任，並支持國防高研署扮演橋接戰略與技術的角色。

就另一方面，柯里就比較貼近工程界和國防發包作業。當時那位工程師已經在休斯飛行器公司升上了研究副總裁職位，隨後才轉換跑道進入五角大廈。他把國防高研署視為五角大廈的產業實驗室，任何在他看來帶了政策或戰略規劃意味的事項，全都會激起他的怒氣。還有，即便對匿蹤飛機構想心懷熱忱，柯里對國防高研署卻很不高興，至少對該署署長盧卡西克很不開心。盧卡西克到世界各處討論軍備控制，出資贊助軍事戰略研究，然後還有超心理學調查。柯里認定盧卡西克這位迄至當時任期最久的國防高研署署長必須走人。接手人選是喬治・海爾邁耶（George Heilmeier），這位工程師原本在RCA服務，後來進入五角大廈，在柯里手下工作。海爾邁耶早就以液晶顯示器之父稱號名聞遐邇，那項技術最後會在種種事物派上用場，含括從駕駛艙顯示幕到家用鬧鐘等產品。或許由於兩人有共通產業背景，柯里和海爾邁耶「一拍即合」。[4]

國防高研署新任署長帶來即刻改變。海爾邁耶認為，國防部長施勒辛格希望國防高研署回歸其根源所在，或起碼回歸施勒辛格心目中的根源所在。「他希望那裡有更多技術，」海爾邁耶說明，「他不希望一個技術機關進行許多外交政策方面的工作。」盧卡西克賦予國防高研署官員前所未見的自由。國防高研署指令，也就是用來授權新計畫的簡短摘述，在盧卡西克看來毫不重要，而且他也很少，甚至從不讀那些指令。[5] 就另一方面，海爾邁耶則是字斟句酌，精心細讀那些指令，還經常發回修訂。他開始耙梳預算，刪除他認為與軍事關聯性有限的計畫。

利克萊德曾提出「星系間電腦網絡」遠景，這個構想業經赫茨菲爾德和盧卡西克一類人士熱情擁抱，到這時候，他猛然發現自己和國防高研署的新任署長發生衝突。講話溫和的利克萊德在一九七四年回到了國防高研署，卻發現眼前這位新任署長並不認同他的電腦科學宏觀願景。「當我看著所謂的企劃案，我心想，『等等，這裡面什麼都沒有。』」海爾邁耶說道，「它只說，『給我們錢，然後我們就會做出好東西。』」

海爾邁耶希望知道研究能怎樣幫助戰車手。他想要一種摩斯電碼解譯方式，想要能與飛行員合作的方法。電腦科學家抗議爭辯，創造人工智慧和製造飛機是不同的，飛機才能訂定在特定日子飛行，不過在海爾邁耶看來，這不該有任何差別。科學家大感驚駭，現在他們寫企劃案時，心中必須先有明確的目標。他說：「那根本就是胡扯。」利克萊德在海爾邁耶上任過後不久，第二次離開國防高研署。[6]

海爾邁耶深信，五角大廈對科學的支持，全都必須著眼於開發某種能在軍界派上用場的特定技術。他的這個技術哲學門路，很大程度出自他在RCA的那段歲月，因為在那裡時，他覺得公司並沒有認可（以及運用）他的液晶顯示器發明。他從個人經驗學到，產生一項革新技術是不夠的；必須提出把技術帶進市場的規劃，不論那是進入商務世界或是部隊。他把自己的工作看成創投事業，投資客投資高風險技術，條件是必須符合一套準則。海爾邁耶編寫出系列問題，他稱之為「教義問答」，這就成為他的石蕊試驗，用來檢測帶來他辦公室的所有計畫。

首先你想要做什麼？
目前它是採用什麼做法，實踐方式有哪些限制？
你採行的途徑有何創新之處？
你為什麼認為這能成功？
假使你成功了，它會帶來什麼影響？
它需要多少錢，得花多久時間？
期中和最後檢測怎樣安排？[7]

來自私營企業的海爾邁耶對為科學而做的科學絲毫不感興趣。他坦承他的觀點確實遇上阻力，特別是來自國防高研署出資挹注的研究單位，因為以往那些人不必提出理由來驗證他們的工作和軍事用途有直接關聯。海爾邁耶說：「你乾脆就設法表演一套辦不到的性愛特技吧？」這就是他對那些人的回應。

國防高研署來了一位對先進軍事技術很感興趣的新署長，匿蹤飛機對他來講似乎是個很理想的計畫，儘管如此，海爾邁耶召喚摩爾來審核戰術研究處計畫組合時，起初依然心存質疑。這位新署長是在整頓內部，而且他清楚表明，摩爾的計畫，甚至他的工作，都遠遠稱不上萬無一失。摩爾回顧表示，「他考察了我的所有計畫，完成其他所有審閱之後，他叫我到他的辦公室並告訴我，只有一項計畫他覺得有問題，那就是匿蹤飛機。」

海爾邁耶說明，他看不出一架飛機怎麼可能靠任何先進技術來規避蘇俄雷達。擔任國防高研署署長之前，他聽過邁爾斯談起國防高研署的提議事項。邁爾斯倡言開發的是一款價格中庸，能減弱訊跡的飛機，打算用它飛進富爾達缺口，輔助其他性能更強的戰鬥機。所謂飛機能「隱形」的構想過於誇張；哈維不會是讓所有敵方雷達都探測不到的飛機，它只是比其他飛機更不容易看到。就另一方面，摩爾的高匿蹤飛機構想才是比較具有雄心抱負的理念：造出一款能夠溜過蘇俄雷達，完全不會被看到的飛機。[8]

摩爾向海爾邁耶解釋，論稱國防高研署的匿蹤概念會影響飛機的整體設計。那不只是在這裡修一下或那裡改一點，好比小型無人機就曾經歷過這種修改。國防高研署所提企劃是一類新式飛機，可以讓雷達散射截面縮小到物理學容許範圍，同時在保持能飛的條件下，採納一切必要的航空動力學設計。這不是哈維，而是種徹底變革的新式飛機。海爾邁耶仔細聆聽，不過摩爾深信，隱形飛機已經死亡。

海爾邁耶對隱形飛機或許心懷質疑，不過哈維還有另一位擁護人。柯里，也就是海爾邁耶的上司，也參與聽取了哈維簡報，而且他對匿蹤抱持熱忱。摩爾、海爾邁耶和柯里開了一次會，解決了這個問題；柯里喜歡這個點子，而且他是海爾邁耶的長官和導師。「我們需要突穿敵方空防，」柯里回顧表示，「倘若我們能夠辦到，而且基本上還能抵銷對我們的雷達威脅，顯然那就是該做的事情。」

回到五角大廈，邁爾斯繼續宣揚他的哈維概念，這時洛克希德臭鼬工廠部門工程師拉斯・丹尼爾（Russ Daniel）順道來到他的辦公室。就在佩爾科兜攬匿蹤飛機，看哪家公司感興趣時，洛克希德還不曾有國防高研署主動聯絡的先例，因為在那時候，該公司並不製造戰鬥機。丹尼爾回報洛克希德臭鼬工廠的新任主管班・里奇（Ben Rich），說明他們喪失了一次機會。結果約略就在同時，里奇也得知了匿蹤飛機的消息。他的部內蘇俄武器專家沃倫・吉爾莫（Warren Gilmour）從戰術空軍司令部一位朋友聽到風聲，得知國防高研署的這項專案並轉告里奇。吉爾莫告訴里奇，「班，我們吃虧大了。」[9]

國防高研署不知道的是，洛克希德曾祕密為中情局研發設計匿蹤型飛機多年，首先是彩虹計畫，該案試圖讓 U-2 高空間諜機較不容易被雷達看到。實驗失敗了，期間還害死了一名飛行員，不過公司在中情局 A-12 偵察機研發上運氣就好一些。這型偵察機就是空軍超音速 SR-71 的前身。A-12 並不真是種匿蹤飛行器，不過那款里奇口中的「眼鏡蛇型」飛機外表塗裝雷達吸收材料，那是種嚴格守護的機密。即便如此，改善效果很有限；雷達訊跡約略相當於一架派珀小熊型（Piper Cub）單引擎飛機。換句話說，A-12 在雷達探測下依然像一架飛機，只不過尺寸較小罷了。

里奇希望參與匿蹤競試，不過洛克希德當時的處境艱難。臭鼬工廠傳奇領導人凱利・詹遜才剛退休；他完成 U-2 和 SR-71 等計畫，建立起崇高的聲望。里奇竭盡心力想留下自己的印跡。「這正是我當時在尋覓的那種計畫，」那位臭鼬工廠的總裁在他的回憶錄中追憶當年，「然而五角大廈卻完全忽略我們，原因是自從韓戰以來，我們還沒有製造過戰鬥機，而且我們製造低雷達觀測度間諜機和無人機的歷史記錄都十分機密，空軍或五角大廈管理高層對那些成果有絲毫認識的人少之又少。」

詹遜依然在臭鼬工廠擔任顧問職，他說服中情局讓洛克希德向國防高研署提報詳述該公司的匿蹤工作。中情局同意，於是洛克希德向國防高研署進行簡報，並爭取參與匿蹤研究的競爭機會。海爾邁耶告誡里奇，眼前已經沒有資金來支付洛克希德的參與費用，不過至少國防高研署會考慮該公司的提案。里奇勇往直前，要求向國防高研署負責匿蹤的官員佩爾科進行簡報。

里奇完成匿蹤簡報之後告訴佩爾科，「我們希望參與這項研究。」「我們已經沒有多餘的錢了，」佩爾科抱歉地回答，「所有錢都花光了。」

里奇提出一項國防高研署官員沒辦法回絕的提議：洛克希德願意以一塊錢代價來進行那項研究，其餘費用由臭鼬工廠負責。那是一項昂貴的賭博，不過里奇意識到，匿蹤飛機計畫很可能讓他留名青史，而且讓臭鼬工廠保持洛克希德執行主管心中寵兒的地位。

佩爾科同意那項提議，接著就如傳奇所述，伸手到口袋掏出一塊錢，兩人當場握手議定。洛克希德加入了匿蹤競賽。[10]

這時國防高研署的新署長也已經上任，不過他同意資助兩架匿蹤原型機是有條件的，空軍必須同意支付半數費用才行。原型機是種非常昂貴的努力成果，就算開發成功，只要軍方有人不願意購買，它也只能淪落在航空博物館積灰塵。原型機費用將達五千萬美元，海爾邁耶希望空軍支付百分之四十九的費用，於是國防高研署就得負責百分之五十一，並握有管理控制權。考量到空軍向來與邁爾斯推銷哈維的努力唱反調，情況看來並不樂觀。

飛行員掌管空軍，飛行員希望飛戰鬥機。讓一架飛機變得「看不見」，卻得犧牲機動性和性能表現，這種理念當下並沒有吸引力。空軍對匿蹤主張向來心懷質疑，就算國防高研署的研究顯示，匿蹤飛機可能造得出來，空軍領導階層依然看不出重點何在：為什麼要配發一款航空動力不安定的飛機？更糟糕的是，匿蹤飛機還會與空軍最高優先的 F-16 戰鬥機爭奪預算。國防高研署官員第一次向負責研究業務的奧爾頓・斯萊（Alton Slay）將軍提報時，這位當時掛三顆星的空軍將領的回應不只是不准，而是絕對不准。空軍對花錢挹注國防高研署計畫不感興趣。沉迷於匿蹤計畫的柯里提出一個交換條件。有次他和空軍幕僚長大衛・瓊斯（David Jones）將軍共進早餐，並在餐桌上亮出他的底牌：「我會竭盡所能在國會上支持你的輕型戰鬥機，不過你得認可匿蹤是一項真實的空軍計畫並出錢贊助，然後我們就這樣前往國會。」[11] 瓊斯同意了，兩人伸手相握。

那次早餐過後不久，柯里和國防高研署的海爾邁耶、摩爾和佩爾科一道與瓊斯將軍和斯萊將軍見面協商。在那時候，除了柯里和瓊斯之外，還沒有人知道他們兩人的協議，而且當國防高研署提出隱形飛機計畫簡報時，瓊斯的表情就「像高深莫測的人面獅身像」。簡報結束時，坐在橢圓長咖啡桌一端的瓊斯宣告，「空軍必須支持這項計畫。」[12] 接著他轉頭問斯萊有什麼看法。斯萊回答，「喔，反對那項計畫，就像反對母性。」

匿蹤勝出了，卻不必然是針對技術論述說服取勝，而是經由一次握手交易。空軍信守承諾，斯萊先前與匿蹤飛機的對立蒸發了，國防高研署官員後來稱頌他是個熱忱的支持者。「這樣的人令人不禁肅然起敬，他奉命做任何事情都毫不做作，」海爾邁耶回顧表示，「他辦到了。」

設計比較能抵禦蘇俄防空系統的飛機並不是什麼新鮮構想；然而困難度卻令人難以置信。自從雷達在二戰期間問世以來，軍方工程師就開始實驗如何讓飛機較難探測。這是個指數等級的難題，意思是，就算大幅縮減雷達散射截面，換算成規避探測的效益卻是相當有限。舉例來說，假使美國工程師想讓蘇俄雷達能測知轟炸機來襲的距離減半，從而讓蘇方預警時間從二十分鐘縮短至十分鐘，他們就必須將雷達散射截面縮減至十六分之一。而就連這樣，也幾乎帶不來絲毫戰略優勢。

就航空多數層面而論，就連百分之十的性能提升都算相當驚人了，不過就匿蹤術語所謂的「低可觀測量」世界來講，百分之五十的縮減量在某些情況下，好比要飛機設法溜過蘇俄防空雷達，換算提升的軍事能力其實並不明顯。就算雷達散射截面縮減折半，飛機依然會被敵方雷達及時探知並擊落。洛克希德當時的首席工程師布朗戲稱，「對蘇俄人來講，差別就在於，他們不再有閒暇來談論莫斯科發電機足球俱樂部的表現是不是比基輔足球聯會更好，或者他們是不是一定能喝完手中那杯咖啡。」接著又說，「不過他們總是有充分時間呼叫地對空飛彈系統和各地機場，並說：『去幹下那些傢伙，他們在十分鐘外。』」

換句話說，倘若工程師希望縮減對飛機的探測距離且達到有用數量，好比減至十分之一，他們就必須縮減雷達散射截面至萬分之一，空軍重要高官認定，這種事情不可能辦得到。調校現有飛機的設計沒辦法成就那種縮減量；必須全盤重新設計才行，而且適合匿蹤的設計，多半不是非常適合飛行。誠如洛克希德臭鼬工廠的前任主管詹遜便在開發早期指出，最適合匿蹤的形狀有時就像一艘飛碟。缺了反重力技術，飛碟不太可能成為一架有效的飛機。

洛克希德或許很晚才加入匿蹤競試，不過它起步時就有很強大的優勢，因為它曾為中情局執行了U-2等航空研發工作。另一項優勢是臭鼬工廠部門的運作方式和國防高研署有點雷同，意思是富有靈活彈性，官僚掣肘程度極低，能很快集結一支專家團隊投入特定計畫。這群專家當中有一位是年輕的電機工程師暨數學家丹尼斯．奧弗霍爾澤（Denys Overholser）。以往試行設計能規避雷達的飛機時，都是先考量航空動力學，匿蹤性能都是事後添加的。奧弗霍爾澤既然身為數學家而非航空動力學家，便採行完全不同的途徑來處理匿蹤飛機的構想。他的思維不擺在高效能飛機的要件，而是主要檢視如何設計出能反射雷達的成果。他提議把飛機設計成系列平板，排列成可以確保雷達能量都偏轉遠離源頭，它就不會那麼容易被探測得知。那些平板讓飛機具有一種獨特的多面式設計，也呈現一種完全違反航空動力學的造型。

奧弗霍爾澤之所以選定那項設計，理由是他在一九七四年時寫了一套電腦程式，能依循物理光學來計算那些平板的反射，然而就極端複雜的部分，好比曲面，那就辦不到了。當時他也沒辦法估算平面邊緣發生什麼現象。不過他後來偶然發現了一篇非機密性俄羅斯科學論文的英譯版本，翻譯單位是美國空軍系統司令部的外國技術部，該部門經常耙梳非機密性的東方集團科學文獻，尋覓軍隊感興趣的成果。俄羅斯科學家彼得．烏菲姆采夫（Petr

Ufimtsev）那篇論文〈以物理繞射理論求邊緣波的方法〉的譯本已經束之高閣多年，後來奧弗霍爾澤才意識到，那篇文章能幫他計算出那些平面邊緣的雷達散射截面。洛克希德首席工程師布朗估計，烏菲姆采夫的理論為洛克希德的匿蹤計算做出約三成貢獻。布朗表示，「那可不是說俄羅斯人救了我們。」[13]

俄羅斯的公式或許當下沒有幫上忙，卻顯然讓奧弗霍爾澤有恃無恐，論稱工程師有辦法預測平板的雷達散射截面。這樣產生的結果，目的是為了試驗匿蹤表現，而不是飛行性能，設計成鑽石狀多面式外觀，而且外型就像後掠式金字塔。「唉，實在很蠢。我們永遠沒辦法讓它飛，」布朗回顧說明洛克希德設計群的反應，「他們給它命名為沒指望的鑽石。」

即便到了最後，洛克希德的設計群把外型修改成有點像是多面式標槍，那個沒指望的鑽石名稱依然沿用了下來。它不可能在任何選美比賽取勝，不過已經足夠讓洛克希德能與諾思洛普角逐一項高度機密計畫，那項方案這時便稱為高匿蹤實驗。兩家公司分別製造了等比縮小模型，架在固定桿上做測試。諾思洛普的飛機採行與洛克希德約略雷同的途徑，使用多面式平板設計來偏折雷達。兩家公司都沒有明顯優勢，不過國防高研署在一九七六年四月時選定由洛克希德勝出，那項決定除了根據實際設計之外，說不定相當程度也取決於臭鼬工廠的聲望。根據諾思洛普一位高層所述，「成年男子在那天哭了，」洛克希德可以動手製造、試飛世界第一款匿蹤飛機的兩架原型機，這時它的代號是擁藍。

一九七七年十二月一日，海爾邁耶站在內華達沙漠觀看擁藍的第一次飛行。國防高研署希望計畫暗中進行，基於機密等級要求，臭鼬工廠的加州棕櫚谷廠址所在地還有愛德華空軍基地都行不通，於是第五十一區便成為合乎邏輯的選擇。

擁藍在黎明時分駛出機庫。飛行員依指示操作：右轉、前行約零點六公里，來到主跑道，再次右轉，接著前行兩千公尺並起飛。跑道上沒有燈光（以免令人聯想到飛機測試），唯一照明來自飛機機輪降落燈（幫忙引導飛行員沿著跑道行駛的三盞燈光）。海爾邁耶站在跑道末端，看著工程師對飛機做最後檢查，接著雙手緊握，看著它開始滑行。沒有任何電腦模擬能取代第一次試飛，成群工程師揮汗進行所有計算，戒慎惕厲以防出錯。

他們對擁藍這顆沒指望的鑽石的期望更強烈，因為這樣一架由電腦控制，航空動力學不安定的飛機來講，許多事情都有可能出錯。空軍工程師阿特金斯開玩笑表示，「空氣之神一點都不喜歡那架航空器。」

飛機從跑道末端起飛時，海爾邁耶俯身從內華達沙漠採集了幾塊粉紅色石塊，擺進口袋做為戰利品。擁藍飛機在飛了，全體人員同歡同慶，全都鬆了一口氣。不單由於它在雷達下是隱形的，也因為它並沒有墜落。

擁藍首飛那天，恰好就是海爾邁耶擔任國防高研署署長的最後一天；他特別選定那天來結束他在該署的任期，也確保他的遺產和那款飛機開發成功連結在一起。擁藍也是凱利．詹遜這位為新世代機密飛機開疆闢土的洛克希德設計師的最後一項計畫。詹遜在慶典上取出一瓶香檳，那是 SR-71 黑鳥機從歐洲運回來的。兩人都在瓶子上簽了名，接著海爾邁耶把它帶回華盛頓。後來他的妻子問那是什麼，於是他回答，「香檳酒空瓶。」

她問道，「就一個空瓶子？你要那個做什麼？」

他告訴妻子，「等有一天我就可以告訴妳。」

她不會等很久。一九七八年當帕克墜機時，匿蹤飛機的報導開始出現在航空業媒體。第二架原型機在一九七九年七月墜毀，飛行員肯恩．戴森（Ken Dyson）平安彈射，不過到那時候，匿蹤的未來已經完全確保了。空軍秉持國防高研署計畫的成功果實，業已著手開發一款實戰飛機，代號「高級趨勢」（Senior Trend），也就是F-117。諷刺的是，儘管F稱號一般都代表那是一款戰鬥機，實際上它卻是專門用來對地攻擊。根據洛克希德的布朗所述，這樣掛羊頭賣狗肉是因為冠上戰鬥機稱號比較容易找到飛行員；空軍的高威望工作是當戰鬥機飛行員。布朗表示，「沒有哪個有自尊的戰鬥機飛行員會想飛攻擊機或上天詛咒的轟炸機。」

匿蹤至今依然是國防高研署最常被引述的成就之一。驗證確認有可能造出能規避雷達探測的飛機之後，匿蹤性能終於納入了種種不同飛機和武器，從轟炸機到直昇機，包括二〇一一年用來侵入巴基斯坦阿伯塔巴德（Abbottabad），突擊奧薩瑪．賓．拉登複合宅第的改裝型黑鷹直昇機。也有人對匿蹤飛機感到失望，包括五角大廈官員邁爾斯，國防高研署的原始計畫就是從他的隱形兔得到靈感。甚至在四十年過後，他仍有被人出賣的感受，他想要的那款雷達訊跡比較微弱，但並非完全隱形的小型廉價戰鬥機，始終沒有製造出來。「我仍然認為哈維是個好點子，」他在多年之後這樣表示，「我們該找個時候來試試看。」

到了一九八〇年，有匿蹤飛機卻不想讓人知道已經是完全不可能了。總統連任大選期間，卡特總統面對有關取消B-1轟炸機的諸般質疑，於是那時的國防部長哈羅德・布朗便決定在這時確認一項當時早已公開的祕密。「今天我要宣布一項具有深遠軍事意義的重大技術進展，」布朗說明，「這種所謂的『匿蹤』技術讓美國得以製造出現有防空系統無法成功攔截的有人和無人飛機。我們已經證實那項技術有用，而且成效很令人滿意。」

擁藍還成就了一件多數人從不知道的事情：它拯救國防高研署不被消滅，在匿蹤飛機飛行時擔任副署長的泰格內里亞這樣說明：「價值千萬美元的計畫搞砸了沒關係，當你投入的是一億元，那就不能搞砸了。」泰格內里亞稱頌像擁藍這類「重大」技術計畫的突飛猛進，保護該署抵禦想讓它關門的批評攻勢。擁藍成功之後，泰格內里亞說：「沒有人質疑國防高研署投資的價值。」倘若這項成功真有個諷刺之處，那就是匿蹤飛機是萌發自哥德爾的敏捷計畫碎片，戰術研究處就是那些殘骸經去蕪存菁、重整拼湊而成。哥德爾的早期成果適時結出果實，趕上了冷戰的最龐大建軍時機。

第15章
最高機密飛行器

一九七九年聖誕節，蘇俄空降部隊在喀布爾著陸，為入侵與占領阿富汗鋪平了道路。在伊朗一處昔日的美軍基地（也是國防高研署的基地），忠於伊朗革命的學生挾持五十二名美國人質，惡夢般的景象每晚都在電視上播出。一九八〇年四月，卡特總統批准一項大膽營救行動，最後卻以難堪失敗收場。連串失誤迫使部隊取消任務，伊朗沙漠中一架直昇機撤離時撞上了一架停放的C-130運輸機，導致八名美國現役軍人喪命。

卡特政府笨手笨腳推出公關補救措施，好比公開匿蹤飛機的發展成果，期能藉此來強化軍隊大無畏形象，結果全都無效。大選年逐漸接近，美國面臨通貨膨脹、失業和經濟衰退三路夾擊。油價在一九七九年十二月漲到高峰，每桶超過一百美元。在海外，美國的處境也沒有比較好，從伊朗到尼加拉瓜，昔日美國卵翼的堅強盟邦逐一在叛亂運動下陷落。就另一方面，蘇聯的影響力似乎逐日膨脹，從古巴拓展到了阿富汗。

面對軍力衰弱和經濟疲軟的指責，一位有魅力的前演員暨加州州長踏上政治舞台，承諾增強軍力來復興美國。美國「已經加入軍備競賽，卻只有蘇俄努力比賽，」雷根在一次競選造勢演說上告訴一群老兵聽眾，「他們的軍事領域開銷超過我們五成，而且戰略力量超過我們的兩倍，有時達三倍之多。」雷根承諾逆轉趨勢，重振軍力，復興美國。那個信息在選民間產生共鳴；雷根以勝選四十四州懸殊比數當選。

雷根獲勝過後不久，國防研究與工兵局次長人選里奇・德勞爾（Richard DeLauer）通知他的朋友，國防科學家鮑伯・庫珀（Bob Cooper）一個大消息：白宮打算在往後五年間加倍五角大廈預算。庫珀回答，「是喔，迪克（Richard 的親暱稱法），對啊，我知道啦，我以前就聽過那個故事。」

德勞爾強調那是真的。雷根堅稱美國應該提高國防開銷，向蘇聯發出一個強烈信號。德勞爾希望庫珀這位以強勢個性著稱的前美式足球選手能回到五角大廈，接掌兩個職務。庫珀會直接在德勞爾手下擔任助理部長，同時也主掌國防高研署，該署在匿蹤飛機成功之後已被當成孕育變革的溫床，類似一種能快速推出軍事技術的部內實驗室。而且有雷根入主白宮，接著就會對新型軍事武器有龐大需求。庫珀同意接受這份工作。

他在一九八一年進入五角大廈，奉派加入負責主要武器撥款決策的國防資源委員會。這個很有權勢的委員會由國防部長、副部長、軍事首長以及其他軍、民高層長官組成。基本上，他的委員會席位為國防高研署搭起一座直通國防部領導高層的橋樑。自從一九六〇年代中期被逐出五角大廈以來，國防高研署頭一次被推擠回到美國軍事決策的樞紐核心。現在有庫珀掌舵，國防高研署不再是個和五角大廈間隔好幾個地鐵站距離的獨立研究機構，這時它的署長能對選擇開發、購買哪些武器的五角大廈決策單位強勢發聲。同時軍事技術也要成為雷根主政下的國家政策焦點。根據庫珀所述，他的工作是要在國防高研署「給被壓抑的技術來一次灌腸作業。」

庫珀上任之後不久，國防部長卡斯帕・魏因貝格（Caspar Weinberger）召開一場會議，邀集他的幕僚和五角大廈其他高官同席議事。魏因貝格起身重申雷根要加倍國防預算的說法。這時庫珀插嘴，「阿卡，這種說法我以前也聽過，不過我不覺得民眾會支持在往後三年內加倍國防預算。」然而魏因貝格堅定不移，他表示，「我們要把預算花個精光。」然而接下來發生的事情，就連魏因貝格也大為震撼。

一九八三年三月二十三日，雷根總統直接向美國人發表講話，警告眼前有一場戰爭以及核子毀滅的陰森威脅，然後他還添了點好萊塢希望信息來取得平衡。雷根向全國擔保，「解決之道完全掌握在我們手中。」

結果那個解決之道卻是五角大廈歷來所採行最昂貴，技術上最稱得上蠻幹的計畫之一：以太空為基地的飛彈屏蔽來抵禦蘇俄對美國與其盟國發動核打擊。「我眼前正督導一項廣博、周密的專案，投入制定一項長期的研發計畫，著手達成消除戰略核導彈所構成威脅的最終目標。」雷根這番發言讓五角大廈的飛彈防禦頂尖專家十分驚訝，因為過去一年來，他們一直告訴總統，那種技術眼前不可能辦得到。雷根的夢想很快就遭奚落冠上「星戰」名稱，從此該計畫一輩子到死都擺脫不了那個名字。

自從國防高研署的一九五〇年代阿格斯計畫（核能太空巨蛋屏障）以來，政府從來不曾投入鑽研建置能保護全國的飛彈屏蔽計畫案。像阿格斯計畫這般奇異的企劃案，從來沒有超過概念發展階段。現在雷根提議建置一套同樣野心勃勃的防禦系統。儘管努力投入了幾次探索，頭二十年期間的飛彈防禦工作大半專注於有機會打下幾枚來襲飛彈的地基攔截設施，而且就連那些系統也都沒有非常重大的進展。這些事項雷根卻絲毫不以為意。弗朗西絲・菲茨杰拉德（Frances FitzGerald）曾就雷根不可能實現的飛彈防禦夢想，鉅細靡遺記載箇中詳情，文中這樣寫道，「畢竟，還有哪位總統有辦法說服全國，採信某種眼前和可見未來都不可能存在的事物？」

針對抱負遠大的飛彈防禦計畫案所抱持的熱忱，大半或多或少出自國防高研署根源，因為在一九六〇年代，該署便曾投入蹺蹺板粒子束研究，還曾出資挹注一項高度機密的雷射研究，稱為第八張牌（Eighth Card），起這個名字是由於那是七張撲克牌戲的勝利牌。第八張牌研究在一九六八年執行，導火線是對空軍一項氣體動力雷射的激情；那項研究不過是想審視未來技術的戰場用途，結果卻激發了氫彈發明人愛德華・泰勒的想像力。到了一九八三年，當雷根宣布他的飛彈防禦規劃之時，泰勒已經在宣揚一項抱負遠更宏偉的計畫，那是一項以利佛摩實驗室的理論成果為本的專案；由熱核爆炸提供動力的X射線雷射。[1]這項很不可行的計畫案包含將一批X射線雷射武器射上太空，用來在半空擊落洲際彈道飛彈。

在五角大廈這邊，國防高研署署長庫珀和包括國防部長魏因貝格在內的其他高官，張口結舌呆坐努力消化總統的演講。總統才剛下達這幾十年來最重要的軍事技術決策，卻沒有諮詢五角大廈負責那項技術的關鍵人員。庫珀回顧表示，「所有人包括德勞爾和我本人都完全措手不及。」

魏因貝格以往就反對倉促推動飛彈防禦系統。他在雷根發布這份宣言短短幾個月之前便曾致函退休將領，擁飛彈屏蔽團體高空邊疆（High Frontier）創辦人丹尼爾．格雷厄姆（Daniel Graham）將軍，「儘管我們能理解您的樂觀態度，認為技術人員會很快想出辦法，我們仍不樂見這個國家投入這種歷程，因為這就必須發展出目前並不存在的能力。」

這時魏因貝格就得建立起那樣的能力，所以他去找國防高研署署長。庫珀說明，「在那之後，我花了接下來十天時間，而且起碼每天好幾個小時，和卡斯帕．魏因貝格商討，告訴他總統的意思。」

諷刺的是，總統的科學顧問曾領導一項研究，部分由國防高研署資助，斟酌飛彈防禦的可行性。就在雷根發表宣言之際，研究已經將近完成，還得出了悲觀的結果，認為在可見未來的任何時期都不大可能開發出任何有用的成果。「當總統發表他的宣言，那份研究也在一陣煙霧中消失不見，猛然之間，總統科學顧問辦公室對導彈防禦迸發狂野熱情，」庫珀說，「而且之後事情進展得非常快速。」

庫珀反對星戰，更反對把國防高研署轉變成星戰機構的理念。往後幾個月間，包括庫珀在內的五角大廈官員，尋思辯論該如何把總統的願景和國防高研署在那個願景裡面所扮演的角色匹配在一起。國防高研署電腦科學家羅伯特．卡恩（Robert Kahn）記得有一次和庫珀與其他官員開會時，盡忠職守的公僕德勞爾對飛彈防禦計畫深感挫敗，不禁留下眼淚，「他對這種處境一點都不開心，」卡恩說，「面對這種狀況，他無能為力。」

國防高研署的命運飄搖不定，庫珀決定召集署內主管到外地開會，他們前往西維吉尼亞州的柏克萊泉，和五角大廈相隔約一百三十公里。他打算就飛彈防禦爭議來一次投票，讓署內最高階層來決定，國防高研署是否該推行一項似乎不可能落實的計畫案。從事科學工作的官員反對，擔心這會吃掉他們的預算，而工作牽涉到比較先進武器技術的人就贊成，在他們眼中，這是爭取更多資金的機會。國防高研署的定向能量處是高能雷射研究的大本營，這次也被捲進了總統的計畫裡面，處內官員就抱持兩可態度，因為不論他們的計畫是否保留在國防高研署內，大概都是有益無害。[2]

到最後，庫珀便決定交出國防高研署的飛彈防禦計畫。[3]五角大廈在一九八四年三月成立戰略防禦先制機構，把五角大廈的飛彈防禦研究大半包攬納入，包括國防高研署的雷射計畫。那是個明智決策；雷射計畫案成本日漸高漲，庫珀後來表示，「把國防高研署生吞活剝。」他告訴遭流放的飛彈防禦科學家，想要的話，他們可以回來國防部高研署，而且「有些人回來了，在狂潮……開始湧現之後。」

不過就國防高研署來講，失去飛彈防禦並不是壞事，況且他們依然從國防支出激增得到好處。五角大廈的預算不只倍增，同時在往後四年期間，庫珀主政下，國防高研署經歷了有史以來最大幅度擴展，而這也強化了該署身為技術工廠的機構形象。很快它就撥款挹注好幾十項飛機和武器計畫，其中許多都列入高機密等級。自從一九五八年創立以來，國防高研署從來沒有這麼明確的任務：製造出能勝過蘇聯的武器。有關叛亂、為外國盟邦提供諮詢或研究人類行為等相關事項全都成為過去。國防高研署將埋頭製造未來的武器庫藏。

就算是無心插柳，雷根對技術和國防支出的熱忱，讓國防高研署死裡重生。從敏捷計畫和越南餘燼重組生成的戰術研究處，成為資金增長的最大受益人，也成為該署新的重心。「我們揮金如土，」庫珀後來表示，「我意思是那太好了。」諷刺的是，後來對戰爭產生大幅衝擊的國防高研署專案，卻是規模小得讓許多主管連想都想不起它的名字。它的根源，就像許許多多國防高研署專案，同樣可以追溯到越南。

一九八〇年代早期，阿特金斯已經在國防高研署任職，有次他前往以色列參加一場研討會並發表談話，並向以色列人簡介該署的一些非機密性專案，包括無人空中載具。阿特金斯記得，當時他坐在旅館大廳酒吧，一個「小胖子」靠過來並向他伸出手，開口說：「我是阿貝・卡雷姆（Abe Karem）。」接著沒再多自我介紹，卡雷姆便一屁股坐在他身邊，開始講述他的無人飛機概念，說它能一次在空中停留好幾天。

自從越戰開始，國防高研署派 QH-50 獵捕越共之後，戰場上的無人機始終沒有多大進展。國防高研署繼續資助小規模無人機計畫，不過軍方就此始終沒有多大興趣。空軍是飛行員經營的軍種，他們可不希望失業，至於陸軍和海軍，儘管對無人機興趣稍濃，也不太能想像那種裝備該如何派上用場。舉例來說，國防高研署曾交付陸軍一款以割草機引擎推動的戰術無人機，稱為「大草原」（Prairie）。後來陸軍稱它使用的版本為 MQM-105 天鷹（MQM-105 Aquila），依規劃該以彈射器發射，並以網子回收。結果陸軍並沒有讓它保持單純，設想出更多事項，指望由那款無人機負責執行。天鷹估計成本增長到二十億，最後陸軍才把它取消。那款無人機始終不曾投入戰場使用。

和美國相比，以色列人早已欣然接受無人飛機，特別在一九七三年贖罪日戰爭期間，當時以色列國防軍便在戈蘭高地使用無人機群誘出敵防空火力並執行偵查。儘管以色列人或許比他們的美國同儕樂於布署無人機，以色列軍方卻沒有錢挹注這抱負遠大的新航空計畫，起碼和五角大廈相比是如此。於是卡雷姆挫敗之餘便轉往美國。卡雷姆是在伊拉克出生的猶太人，曾在以色列擔任飛機設計師，來到美國便在加州開店，到最後改成在自家車庫工作。卡雷姆就在那裡鑽研能長時期在空中逗留的無人空中載具，而那也是當天晚上卡雷姆在旅館酒吧向阿特金斯提出的構想。阿特金斯說：「卡雷姆並不真的在推銷任何特定用途。」他只是對製造無人機很感興趣。

卡雷姆的提案讓阿特金斯著迷。截至當時為止，軍方無人機的最大問題之一就是它們的墜機頻率實在太高。國防高研署派往越南的無人直昇機 QH-50 就是以從天空墜落出名；天鷹也同樣如此。卡雷姆推銷的是可靠性，於是阿特金斯認定那很值得探究，起碼可以派個國防高研署人員前往探究那位以色列發明家的構想。阿特金斯指派羅伯特・威廉斯（Robert Williams），他是位計畫經理，以才氣縱橫出名的航空動力學家，還特別擅長發掘人才。阿特金斯吩咐威廉斯，「就請你去和他談談，看他有什麼點子。」

阿特金斯之所以認為國防高研署或許會感到興趣還有另一個理由，不過那是機密，他不能告訴卡雷姆。一九八〇年時，國防高研署已經啟動一項最高機密計畫，代號「藍綠雨」(Teal Rain),該計畫投入開發系列無人航空載具,打算用來取代U-2和SR-71等間諜機。[4]藍綠雨所屬計畫部分歸入機密,另有些則是公開執行。就算過了三十年,國防高研署官員依然不肯說明藍綠雨的許多層面,只說那是機密。[5]

結果發現,卡雷姆和威廉斯這兩個同樣以專心致志出名的人還滿能契合。卡雷姆是個粗魯的飛機設計師,他的看法沒有什麼轉圜餘地。有一次他在與一家大型國防公司的會議上講,「各位,我在這個房間裡見到的一切,全都毫無意義。」威廉斯是工程師轉任的政府官僚,經管錢,而他對有遠見人士的熱愛,有時會干擾他做出更好的決策。就初步階段,威廉斯資助信天翁號的飛行測試,那是卡雷姆在自己車庫製造的兩百磅重無人機。結果它飛了令人咋舌的五十六個小時。那項設計驗證成功之後,國防高研署便支付給卡雷姆一筆錢,讓他製造琥珀號,那是從藍綠雨計畫項下撥款的一種無人飛機。琥珀號表面上是與海軍協同運作,而且最後還飛了六百五十小時且沒有墜機記錄,依阿特金斯所述,真正的興趣來自中情局。他說:「海軍介入主要是種掩飾。」

到了一九九〇年,國防高研署完成了琥珀號相關工作。身為研究機構,它只能開發原型;接著就要軍方出面來購買生產型飛機。缺了新訂單,卡雷姆淪入破產窘境,不得已把他的公司殘存部分賣給通用原子航空系統。接著中情局買下了蚋號(Gnat),那是琥珀號的衍生機型,也是卡雷姆製造銷往海外的款式,並在波士尼亞戰爭期間用來執行偵察任務。不到十年過後,中情局又買了一款卡雷姆的衍生機型,通用原子航空系統公司製造的掠奪者號。到那時候,卡雷姆和那家公司已經毫無瓜葛,然而他的工作已經催生出一款即將改變美國作戰方式的武器。掠奪者號在九一一事件過後幾天就被派往阿富汗，配備了地獄火飛彈，用來殺死「高價值目標」，大致就是遠溯至越戰時期國防高研署期盼 QH-50 所執行的事項。這次計畫生效了，而且掠奪者號導入了遙控擊殺的時代。不論如何，誠如理查・惠特爾（Richard Whittle）在他的無人機歷史著作當中所述，掠奪者號「改變了世界」。國防高研署也是一樣。

到了一九八〇年代，國防高研署迅速朝機密航空計畫方面擴充。第一款匿蹤原型機擁藍的成功，激勵國防高研署啟動另一項雷達規避型飛機計畫，稱為默藍（Tacit Blue）。默藍原型機以諾思洛普–格拉曼公司當初輸給洛克希德臭鼬工廠的那款設計為藍本。默藍是一款造型古怪的飛機，國防高研署之所以投入，部分是為了確保至少兩家公司有能力製造匿蹤飛機。阿特金斯說：「從側面來看，它的模樣就像一條鯨魚，還帶了魚鰭。」當初他是秉持擁藍經驗，才受聘進入國防高研署來管理這項計畫。

由於造型古怪，默藍被冠上「鯨」暱稱，而且從事這項工作的人員，許多都別上帶有細小鯨魚標誌的金領帶夾，藉此彰顯他們屬於一個精英俱樂部。有些領帶夾甚至還鑲了微小鑽石，代表飛機的側視雷達。默藍是一款間諜機，曾用來測試在發射範圍之外時，窄頻雷達是否就看不見了。「多數人不知道有那種雷達，」阿特金斯說明，「他們以為計畫只是製造一款飛機。」就像先前的擁藍，默藍也是完全藏身「黑暗」之中，只在第五十一區飛行。

一九八〇年代正值所屬黑飛機計畫蓬勃發展之際，國防高研署也經常為掩飾機密軍事原型機製造案而公布幌子航空研究計畫。於是國防高研署也得以發包案件，並購買所需器材而不會啟人疑竇。阿特金斯舉了一個例子來說明，那個計畫他稱為「白色世界」，意思是非機密性的，那是和航太總署協同推行的專案。然而就軍事來看，那項技術也具有一些機密用途。阿特金斯說：「我們製造了一些全尺寸模型，看我們可以怎樣把它軍事化。」那項「黑」計畫，是一款匿蹤旋翼航空器。這個幌子計畫稱為旋翼系統研究飛行器／X翼專案（Rotor Systems Research Aircraft/ X-Wing, RSRA），那是由國防高研署與航太總署共同執行的專案，撥款給塞考斯基（Sikorsky）飛行器公司設計一款直昇機與定翼機混合系飛機。旋翼系飛行器是一項真正的專案，也是個幌子計畫，掩飾國防高研署為開發匿蹤直昇機而推行的較重要嘗試。阿特金斯說明，「黑」計畫推行時得把「旋翼系飛行器的旋翼頭拆下，安置在一架匿蹤航空器上」。直昇機旋葉一般都會生成一種都卜勒頻移。這種頻移很難瞞過雷達，不過國防高研署從X翼得知，這是辦得到的。[6]

接著似乎有一架架「X飛機」，也就是原型機，從阿特金斯的研究處魚貫推出。其中一款稱為環轉起重飛船（CycloCrane），看來就有點像是十九世紀物理學家暨魔術師伊艿—伽斯帕·侯貝（Étienne-Gaspard Robert）夢想出來的密涅瓦飛船（La Minerve）。環轉起重飛船是種比空氣輕的混合型載具，採用納入了直昇機控制元素。那個模樣就彷彿有人把套頭帽頂螺旋槳拿下來，依循戰略原理安置在飛船船體週邊。環轉起重飛船具有高度機動操控性，而且能吊掛大量貨物，國防高研署向海軍提議採行，做為在無港口地區卸載船貨的可能方式。海軍對這款造型奇怪的飛船不感興趣。阿特金斯回顧一位海軍將領曾這樣告訴他，「倘若你有辦法克服那種令人竊笑的因素，就可以成為很棒的航空器。」

另一項外觀定生死的計畫是X-29前掠翼飛機；機翼看來彷彿前後裝反了。這款飛機理論上具有高度機動操控性能，卻始終停留在國防高研署投資階段，部分是由於空軍對它不感興趣。一位四星將領告訴阿特金斯，「不行，那種飛機太醜了。」

就阿特金斯來講，那是國防高研署一段令人振奮的日子，看著資金流入航空計畫，而且一開始就從戰術研究處撥出款項。計畫成長十分迅速，研究處「鯨吞署內預算」，當時的國防高研署副署長泰格內里亞曾這樣表示。所以國防高研署建立了一個獨立的航太技術處，並由阿特金斯擔任處長。把航空業務分出另立新部門不見得能解決問題，因為新的辦事處最終膨脹到十五億美元，超過國防高研署的半數預算。「那時我流失了一個計畫，」接著阿特金斯自行改正，「花了六億美元，結果失敗了，不過我們知道敗在哪裡。」那個計畫也像其他許多案子，依然是個祕密。那些飛機或許沒有成功，因為它們始終沒有催生出軍隊採用的項目，不過它們都是當年支持激發的高風險概念。「你不尋求最小改變或增量改變，」阿特金斯表示，「你尋求的是會迫使民眾擺脫框架來思考的事物。」

機密性和豪邁壯志是一九八〇年代航空計畫的標誌。國防高研署長期管理機密計畫，不過隨著黑色航太研究蓬勃發展，保密性也包覆了機構的大半部分。身為航太技術處的主管，阿特金斯喜愛這些計畫的驚險刺激本質，即使有時這也導致國防高研署和各軍種產生衝突。國防高研署受鼓舞勇往直前，就算部隊軍官反對仍義無反顧。

有一次，阿特金斯需要陸軍次長詹姆斯．安布羅斯（James Ambrose）在軍方與國防高研署的一項黑飛機重大計畫合同上面簽字。安布羅斯是官僚鬥爭高手，即使陸軍已經同意參與，他仍盡可能不想在協議上頭簽字。阿特金斯泰然自若，由安布羅斯的助理取得他的差旅行程，擬定跟監計畫，並在拉瓜地亞機場攔下他。唯一障礙是，那份合約是標示最高機密代號的計畫，所以文件必須由兩名同具相稱國安權限的人士攜行。阿特金斯最後是帶著他的妻子，通過該計畫權限審核的國防高研署祕書娜塔莉同行。到了拉瓜地亞機場，這組跟監夫妻檔在安布羅斯下機時伏擊成功。

安布羅斯被逼得走投無路，同意到一家昏暗的機場旅館坐下談。「當時是安布羅斯面對我，然後（我太太）和我的座位可以看到外界情況，而且我們要他的助理群在外圍圈繞布署，」阿特金斯說道，「他坐在那裡手拿蠟燭，藉燭光設法閱讀文件。最後他轉身並在上頭簽字，然後我重新坐正，把文件裝進一個信封，然後把它封好。」

阿特金斯記得他和安布羅斯另有一次交手，那是在國防資源委員會的一次會議上。安布羅斯以勇猛保護陸軍預算著稱，國防高研署計畫直接威脅到陸軍本身的武器開發作業。國防高研署署長庫珀認為，國防高研署一項最高機密計畫遭安布羅斯掣肘，然而陸軍是應該支持才對（阿特金斯拒絕指出計畫名稱）。

國防部長魏因貝格習慣在開會時閉眼，有些人也因此認為他睡著了或並沒有在聽。不過到冗長討論尾聲，甚至在激烈爭執結束之際，他就會睜開雙眼，下達一項簡單的決定。當庫珀起身在會上提出他的論點，整個兩米高魁梧身軀聳立俯瞰會議室內所有的人，包括依然靜靜安坐，相形渺小的魏因貝格。

「你要扯計畫後腿可以有不只六種做法，這個銅鈴眼狗娘養的全都幹盡了！」庫珀吼道，彎身朝向安布羅斯，伸出一指指著那位陸軍軍官的臉。

魏因貝格說：「鮑伯，你就告訴我們你的真正想法好吧？」

接著魏因貝格轉朝安布羅斯並詢問，「那是真的嗎，吉姆？」

安布羅斯開始為自己辯解，說明他做的事情都是為了保護陸軍的預算，結果這就支持了庫珀的說法。

魏因貝格吩咐，「好的，吉姆，這個計畫我們要做，而且陸軍要和國防高研署一起進行。」

直到今天，阿特金斯依然不肯明講，那次吵吵嚷嚷會議爭執的是哪項計畫，不過三十年過後，一架陸軍匿蹤直昇機搭載海軍海豹部隊侵入巴基斯坦，執行擊殺賓・拉登的任務。在那時候，國防高研署阿特金斯所屬研究處推出的另一款飛機（卡雷姆的無人機）的這支後裔，早已上陣獵殺嫌疑恐怖分子將近十年。

一九八〇年代逐漸推展，雷根的技術樂觀態度瀰漫五角大廈和國防高研署。早先原本會被當成空想遭棄置的計畫，突然之間似乎變得可行了，就連庫珀這個向來對飛彈防禦抱持質疑的人也不例外。一九八三年四月，雷根發布星戰宣言之後幾個星期，杜邦（duPont）家族一位成員來找庫珀，告知一項極音速太空飛機計畫事宜。那個時機恰到好處。太空基地飛彈屏蔽必須能以迅速、廉價方式，把衛星、武器和其他技術製品放上軌道，而這正是航太飛機能做的事情，起碼就理論而言是如此。火箭發射必須花幾個月時間規劃，航太飛機就可以逕自呼嘯上軌道，接著回返地球，降落在跑道上。庫珀熱情地說：「這是國防高研署該做的事。」

東尼·杜邦（Tony duPont）並沒有介入他們家族的同名企業 E. I. du Pont de Nemours and Company，這家公司比較為人熟知的名稱就是「杜邦」簡稱，不過他同樣擁有一種創業精神。他曾經擔任泛美機師，後來當上航太工程師，在道格拉斯飛行器公司（Douglas Aircraft）工作了超過十年。他在那家公司專門從事飛彈和太空系統，特別著眼如何讓那些載具重新進入地球大氣而不至於焚毀。在一九七〇年代，他自力創業，建立杜邦航太公司（duPont Aerospace）。他在航太總署的極音速引擎工作還算成功，不過他還胸懷宏偉壯志，想製造全新類型的飛行器。

杜邦和國防高研署接觸時採行的路徑是經由東尼·特瑟（Tony Tether）。特瑟是當時的戰略技術研究處處長，也是該署未來的署長。特瑟持續參加政府的跨大氣層載具相關會議，討論這種結合了飛行器與太空船特徵的太空火箭，他就在那時結識了杜邦。航太界有些人士認為，杜邦是個奸險的原油業務員，貨沒那麼多，卻過度超賣，不過那位輕聲細語、說話誠懇的工程師卻總能贏得旁人信賴，包括最激烈質疑的人士。特瑟是個科幻迷，初結識就對杜邦以及他的構想產生好感，於是介紹他去見庫珀，接著庫珀把太空飛機案指派給威廉斯，也就是當初擁護卡雷姆（特立獨行的無人機設計師）的那位國防高研署計畫經理人。庫珀形容威廉斯是個「很有想像力的傢伙」，也因此是個「正確人選」，即便極音速並不是他的專業領域。庫珀後來就會反悔自己做出那項判斷。

研發太空飛機的雄心抱負可以回溯至國防高研署創立之初，[7]不過對於杜邦自稱能設計這種載具的說法，仍是有理由提出質疑，因為這就必須以極音速飛行才能突破地球軌道。極音速載具指能以多倍音速飛行的飛彈或航空器，長期以來一直是航太工程師的夢想。有了極音速飛行器，從美國到歐洲或者到亞洲，就比較像是短程火車旅行，而不是得花一整天的行程。極音速飛彈能在略超過一小時期間打擊半個地球之外的敵人。而極音速太空飛機，好比杜邦所提議的那款機型，就可以很迅速、便宜地把人、衛星或武器等事物射上軌道。

建造太空飛機的關鍵之一是超音速燃燒衝壓發動機，簡稱「超燃衝壓發動機」（scramjet）。傳統火箭得攜帶自己使用的氧化劑，也因此像美國太空梭這樣的航天器，發射時就必須帶著龐大的箱槽，裡面裝滿液態氧和液態氫一併升空。至於超燃衝壓發動機，則是從大氣取得氣體。難就難在超燃衝壓發動機只能在六馬赫左右高速時運作。即便如此，讓引擎持續運轉「和讓蠟燭在颶風中燃燒沒有兩樣，」一位作家這樣形容。

不過杜邦相信，他的設計能辦到這點。他的構想是製造一架幾乎完全由一台混合動力超燃衝壓發動機推動的太空飛機，而且發動機周圍安裝一批引射器來引導火箭廢氣。杜邦引擎並不使用大型外部助推火箭，而是採用小火箭來推動飛行器達到充分高速，好讓超燃衝壓發動機啟動，把飛機送進軌道。這是個新鮮的概念，卻也複雜之極。

為什麼幾十年來都沒有人投入研發太空飛機？除了價格高昂和複雜程度之外，理由之一就是有關這種奇特技術的需求依然不很明確。隨著星戰增溫，國防高研署也就有動機支持杜邦的構想。五角大廈卯足全力謀求可見未來的太空武器，而杜邦的航太飛機或許能幫忙把它們擺上軌道。國防部還有另一項高度機密任務要派給太空飛機。

「你能完成這項任務嗎？」威廉斯問杜邦。

「讓我研究看看，」杜邦告訴威廉斯。

「很令人振奮；終於有人感興趣了，」杜邦回顧表示。他整夜不睡，依循他為航太總署完成的極音速研究成果來運算數字，並根據他制定的模型外推判斷衝壓發動機能不能達到二十五馬赫，把極音速飛機送上軌道。幾天過後，他回電話給威廉斯並告訴他：「你可以辦得到。」

在那時候，杜邦獲得了一項研究合同，金額才三萬美元，用來研擬一款能從跑道起飛，接著加速至二十五馬赫的航太飛機的理論設計。那項研究旨在設計出盡可能最小的飛機，讓它抵達繞極軌道並回返地球。這當中的魔術數字是一架五萬磅飛機，還有兩千五百磅酬載，那就是杜邦交出的設計。杜邦交出研究結果的時間是一九八三年九月三十日下午六點鐘，正是會計年度結束瞬間。

庫珀批准五百五十萬美元來擴充杜邦的電腦建模作業，並實際研擬出一款飛行器設計。那就是製造太空飛機的高度機密銅谷（Copper Canyon）計畫的起點。不久之後，威廉斯和庫珀就開始巡迴華盛頓各機構，向白宮和五角大廈的高官簡報國防高研署的規劃。

時至今日，杜邦依然不肯透露那項理論太空飛機機密任務的內情，不過在二〇一三年一次受訪時，他披露了一些細節構成確鑿證據，顯示銅谷的目標是要承續航速超過三倍音速的SR-71黑鳥間諜機。他證實那次機密任務必須用上繞極軌道，也正是間諜衛星通常採用的軌道，因為這樣一來，衛星就能對全球拍攝影像。那項機密任務必須動用兩名飛行員，杜邦戲稱，「來擔保起碼有個人沒有心臟病或消化不良。」

國防高研署開始向國會議員宣揚那個專案。在一次國會聽證會上，署長庫珀形容那很有可能成為一種「環球偵查系統，一種類似超級 SR-71 的體系」。庫珀說明，它甚至還能用來當成一種「長程防空攔截機」，來對付入侵的蘇俄轟炸機。SR-71 能以三倍左右音速飛行，那是令人驚嘆的速度，然而和極音速太空飛機相比，那根本微不足道，太空飛機能在一小時內抵達地球任何位置，脫離軌道十分鐘進行偵查，接著重行入軌並回返美國。這項科技差不多要得手了，庫珀堅稱，接著再過不到十年，就可能造出實際的飛行器。庫珀告訴國會議員，「過去一年來，我們已經說服自己……這是有可能一路攀升到二十五萬到三十萬英尺高空型作業並達到二十五馬赫，也就是脫離地球重力場的速度。」

「說服自己」一詞是非刻意的貼切描述。在那時候，能推動飛機進入軌道的超燃衝壓發動機，從來不曾在飛行時實際測試。然而受雷根啟迪湧現的技術樂觀態度也牢牢抓住一群官員，灌注滿腔熱情。雷根的科學顧問喬治．凱沃斯（George Keyworth）記得在一九八四年時，曾在銅谷對白宮科學委員會提出簡報，結果並沒有出現常見的冗長爭辯，卻是立刻出現支持聲浪，好比「那我們就動手」。

隔年，威廉斯向魏因貝格簡報太空飛機專案，魏因貝格不發一語，靜靜聆聽，到最後他只用一個詞表達看法：「有趣。」雷根的國防開支熱潮洶湧，有趣顯然就夠了。一九八五年，五角大廈首腦批准把銅谷納入重大計畫，而且很快就冠上 X-30 國家航太飛機稱號。它成為國防高研署最廣為人知，也是那十年間後果最悲慘的一項計畫。

一九八六年二月初，雷伊・科拉迪（Ray Colladay）前往拜訪白宮通訊主任帕特・布坎南（Pat Buchanan），討論國家航太飛機事宜。科拉迪當時在航太總署擔任副署長，負責與國防高研署合作該計畫。

布坎南希望和科拉迪討論雷根即將發表的國情咨文演說事宜。布坎南給科拉迪看一段總統演說內容，包括一次重點提到國家航太飛機。科拉迪看了一眼就嚇壞了。國防高研署的銅谷原始概念是兩位飛行員，就連那樣的構想都被視為極富野心。雷根演講草稿談到的計畫是一款極音速客機，那和國防高研署以及航太總署開發的標的如天差地別，甚至在物理學上辦不到。「你不能那樣講，」科拉迪說明，「那根本胡扯。」

「嗯，我們就要這樣說，」布坎南告訴科拉迪，「我們必須向美國民眾說明這項計畫，要用他們能理解的方法敘述。」

二月四日，雷根發表他的國情咨文，首先向最近的挑戰者號受難者致敬；那艘太空梭在起飛七十二秒之後爆炸，七名機組人員全體喪命。總統向全國擔保，那場悲劇不能遏阻美國朝太空邁進。接著他發表驚人宣告，表示政府正「推動研究一款新的東方快車，到了下一個十年期結束之際，它就能從杜勒斯機場起飛，加速達到二十五倍音速，飛抵近地軌道，或者在兩小時內飛到東京。」

銅谷計畫從小型太空飛機成長為一列東方快車，這很妥適地反映出雷根主政下的冷戰過熱處境，他的技術願景，不論是太空武器或太空飛機，完全不受物理定律約束。「東方快車」宣言在國防高研署內部引發的反應是完全驚恐。多數機構都會很高興聽總統在國情咨文演說中挑出他們的計畫來講，然而這麼些年來，國防高研署始終在雷達探測範圍之下運作，也由此獲得好處，因為他們執行的是高風險技術方案，不論成敗，都不致於遭受公開羞辱或高姿態國會質詢。現在雷根卻高舉它的小型實驗太空飛機，納入為國家待辦事項。

國防高研署負責國家航太飛機的人是威廉斯，他也曾領導該署的無人機計畫並取得成功。威廉斯覺得，太空飛機要能成功，就必須化為一個大型計畫，而且得有大型國防公司和航太總署的參與才行。威廉斯告訴杜邦，「讓他們在帳篷內向外撒尿，好過在外面向內撒尿，」解釋讓大公司和實驗室參與能夠協助完成計畫。國防高研署不久就與五家主要國防和航太公司簽約，包括麥道國際、通用動力、洛克丹（Rocketdyne），以及普萊特和惠特尼（Pratt & Whitney），分頭開發載具和它的引擎。「鮑伯和我在這裡意見不合，」航太技術處處長阿特金斯回顧表示，「我說，別介入那些實驗室。別介入航太總署其他任何中心。」

國家航太飛機具備了匿蹤飛行器所沒有的一切特色：巨大、臃腫，而且涉及多個政府機構和好幾家大型公司。就匿蹤飛行器方面，海爾邁耶爭取讓空軍為原型機提供資金，同時堅持要求國防高研署保有管理控制權。威廉斯的做法幾乎完全相反，他認為讓多家機構和公司參與，有助於維繫堅強的遊說力量，能保護計畫預算不遭削減。[8] 一開始他是對的，總統的強烈支持就是明證。

然而隨著參與國家航太飛機的公司數量增多，飛行器的尺寸也隨之放大。從一開始的銅谷計畫，五萬磅設計構想，很快就膨脹成一款二十五萬磅龐然大物，國防公司堅稱，要想不靠多節火箭就抵達軌道，必須那麼大的尺寸才足敷所需。在此同時，成本也飆漲到兩架原型機要價一百七十億美元。銅谷計畫的靠山東尼・杜邦怪罪主要國防承包商，「假使我們堅守〔原始設計〕，我們就能以每磅十美元飛上軌道。」

或許吧，不過許多航太工程師對杜邦的模型仍半信半疑。為節約重量，他的原始設計並沒有把起落架計入。它只納入前往軌道所需燃料，而這就表示太空飛機重新進入大氣時並不能機動操控。事實上，它根本無法機動操控，因為它沒有用來操控的火箭，更別提用來推動火箭的燃料。其他設計師處理這些缺點時，航太飛機的大小和重量便隨之增長。價碼也水漲船高。

一九八七年秋，威廉斯打破所有規章，直接寫信給白宮幕僚長霍華・貝克（Howard Baker），抗議國家航太飛機預算削減。依往例，當中層政府官員打破規章越級上報，信函就會輾轉回到五角大廈領導高層，依循層級一路下行，最後便擺上了國防高研署署長的辦公桌。署長羅伯特・鄧肯（Robert Duncan）大為震怒，立刻拔除威廉斯計畫主管之職。到這時候，當初批准太空飛機的庫珀已經離開政府，從外界驚恐觀看態勢發展。庫珀回憶當時，「當我看著這種情況發生，就彷彿你一個孩子開始吸毒。」

一九八八年二月，國防高研署把國家航太飛機的主導權交給空軍。計畫還會再延續五年，執行到下一位總統任內，部分得歸功於副總統丹・奎爾（Dan Quayle）的熱情支持，隨後才被取消。總計投入了將近二十億美元，嘗試開發一款原型機，也讓它成為國防高研署最昂貴的失敗之一。當初太空飛機獲撥款挹注，目的就在輔助星戰飛彈防禦系統，這個體系的下場還更悽慘，不過國防高研署並沒有直接介入。戰略防禦先制機構採行種種不著邊際的計畫案，從使用太空基鏡片來折射雷射，乃至於派遣神風自殺迷你衛星進入軌道（令人想起國防高研署的「錯亂」斑比計畫）。最後這會浪擲三百億美元民脂民膏，卻始終沒有布署任何稍微稱得上護盾，可以讓核武失效的裝置。

到了一九八〇年代中期，蘇聯踉蹌追趕，試圖跟上美國軍事花費的步調，正如魏因貝格當初預測。消費性商品始終缺貨，由於中央政府把資源導向軍隊，問題更難解決。在此同時，美國冷戰防禦支出達到超過三千億美元高峰，國防高研署利用軍方意外橫財，把越南時期投入進行的原型機等小型計畫拿來運用，轉變成大規模武器計畫。不過也不見得最富野心或最昂貴的項目才取得成功。雷根時期推動的許多航空計畫，好比前掠翼飛行器和外型古怪的X翼飛行器（以及它的「黑世界」袍澤，匿蹤旋翼航空器）連飛都不曾飛過，注定失敗的禍首是讓尖端技術束手的航空動力學。[9]就另一方面，以色列飛行器設計師卡雷姆開發的長續航式無人機是成功了，不過那是在事隔多年，國防高研署退出了這個領域之後，才變得明朗。

短短十年過後，國防高研署就完成了另一項轉型。一九七〇年代早期，國防高研署重新發明了他的叢林戰成果，以這批技術來對抗蘇俄，而且這次那批技術成為五角大廈開發祕密軍械廠計畫的樞紐核心。國防高研署從大方撥款和政治支持獲益，進入冷戰後續階段時，機構的實力似乎也達到了前所未有的巔峰。只有一個問題：國防高研署協助打造了千變萬化的夢幻武器，要對付的敵國卻就要瓦解。

第16章 合成的戰爭

一九八〇年代中期，華沙公約組織的戰車數量以兩輛半比一輛比例勝過北大西洋公約組織，[1]這個無情統計數字讓規劃戰爭的部隊參謀坐立難安。分析師爭辯，蘇俄這項優勢到底有多重要；畢竟，蘇俄往往重量不重質，而美國則專注於開發先進技術，包括國防高研署推動的種種革新，好比匿蹤飛行器和精準武器。即便如此，蘇俄數量優勢依然很難忽略，而且縱然有優越技術能壓倒數量的說法，十多年來，美國卻始終不曾贏得北大西洋公約組織的戰車競技首獎，那項比賽在德國舉辦，稱為加拿大陸軍盃。箇中意含顯而易見：如果美國連和自己盟國對抗的模擬戰爭都無力取勝，那麼一旦投入對抗蘇聯的真正戰爭，它又有何指望呢？

一九八七年，一位美國陸軍裝甲軍官在諾克斯堡安排把國防高研署製造的新模擬器運送至德國，美國陸軍打算在那裡受訓，準備年度戰車競試。參賽隊伍不得在賽前到靶場練習，不過競賽規則容許使用訓練設備。國防高研署向德國運送了四套由機構開發的新模擬器，稱為「仿真網絡」（SIMNET, Simulation Networking），此外還有一套靶場與目標的完整圖像視覺模型。

模擬器的圖像並不特別令人驚嘆：它們並不比一九八〇年代的機台遊戲畫質好多少。早先國防高研署便曾判定，就軍事模擬方面，「逼真度」（fidelity, 基本上意指某件事物看來多麼像是真的）並不必然那麼重要。士兵玩電玩遊戲；他們可以暫時放下懷疑。實際上，模擬器可以具有「選擇性逼真度」（selective fidelity），專注呈現對訓練具有關鍵影響的元素。這些模擬器的關鍵在於，它們是以網絡聯在一起，於是士兵就能練習彼此對抗，就如同多年以後，民眾在網際網路連線遊戲世界和看不見的對手相抗衡。

聯網模擬器是傑克・索普（Jack Thorpe）的智慧結晶。索普是擁有工業心理學博士學位的空軍軍官，長期以來不斷構思，如何讓空軍更善加運用模擬。冷戰期間，空軍也曾練習如何作戰，卻很少採行大型戰鬥實際打仗方式來執行，這得投入好幾百架飛機，必須協調、同步作業，而且事前無法預做規劃，模擬有明顯的好處：能省錢，飛行員訓練時不必付出昂貴的飛行小時；而且飛行員也得以練習實際操演時風險太高的戰術。不過有一點模擬還沒有辦到，那就是設法模擬戰爭爆發頭幾天的戰況，大型飛行作業和不斷改變的戰鬥計畫。

回顧一九七八年時，索普便發行一份白皮書在同僚間流傳，內容推敲大概二十年之後，模擬可能呈現什麼相貌。文中他預測，「數字處理方面的重大突破當能提供充裕的計算資源。廉價、強大的電腦當能促使訓練系統以及相關連的互連網絡激增。」當時空軍已經有飛行模擬器，不過索普的構想是要把這些模擬器連上網絡，讓飛行員能練習一起參加戰鬥。他回顧表示，反應很正面，卻沒什麼具體識見。「嗯，好像是個很棒的構想，」他聽人這樣講，「不過你打算怎樣實際動手？你要怎樣建造出模擬器網絡，讓它發揮那個作用？」

短短幾年過後，到了一九八一年，長年在國防高研署任職的科學家菲爾茲聘雇索普進入該署，負責模擬工作。在那時候，阿帕網已經全力活躍運轉，把全國各地電腦串連在一起，也讓民眾得以進行虛擬互動。菲爾茲深深介入國防高研署的電腦科學工作，而他也明白，同樣這種技術也可以用來把索普的模擬器連在一起。模擬器基本上就是電腦，要把它們連結成大型網絡是種電腦網絡建置問題。一九八三年一個下午時間，索普和菲爾茲草就一個構想，勾勒出該如何把分處不同地點的模擬器串連在一起，創造出一個虛擬戰鬥世界。然而，到最後卻是陸軍而非空軍為國防高研署的構想背書。頭一組聯網的模擬器會納入戰車，卻非飛行器。就在那年，國防高研署與陸軍共同啟動仿真網絡，那是一項三億美元的研究計畫，使用分封交換和電腦網絡建置（都是國防高研署的創新成果）來連結戰車模擬器納入一個虛擬環境。

仿真網絡的真正革新並不在於逼真複製出戰場景象，而是讓使用人可以在虛擬世界中互動。在仿真網絡之前，模擬器就像單一玩家的大型機台遊戲：你可以練習交戰，不過實際上也可以單純對抗電腦，並受一九八〇年代一切限制條件的約束。這時戰車手便可以在模擬戰場上受訓，而且那裡遍布由真實士兵操控的其他戰車。聯網遊戲進入商務市場之前多年，仿真網絡讓陸軍戰車操作員得以在虛擬環境中「玩遊戲」，接著到了一九八七年，美國部隊有史以來第一次競逐加拿大陸軍盃獲勝。就在那同一年，第一套聯網戰車模擬器實際配發美國部隊使用，接著在一九八九年秋，美國境內各地基地建立了六處仿真網絡網點。仿真網絡配發部隊，用來訓練戰車手，而且時機剛好趕上華沙公約組織瓦解，也遇上了歐洲坦克戰爭潛在情節的可能終點。然而，仿真網絡的技術成功為國防高研署的一個新方向鋪設了道路，現在它打算使用電腦來創造出真實戰爭的合成版本。

一九八九年春，接連幾起革命席捲鐵幕後國家，終結了將近五十年的共產一黨專政。分隔東西德的柏林圍牆崩塌，富爾達缺口也從第三次世界大戰假設戰場，轉變成德國一道不起眼的狹長田園低地。那是五角大廈的一道分水嶺，幾十年來，那處機構幾乎癡迷地凝神專注，如何在歐洲戰場對付華沙公約組織軍力。一九八九年時，沒有人真正明白蘇聯會發生什麼狀況，不過顯然它的經濟脊柱崩毀了，而且政治局也花更多精神，努力駕馭它愈來愈愛鬧事的成員國，反而沒有花那麼多力氣設法在技術性武器開發上取勝美國。蘇聯距離最終垮台還有兩年，然而在高科技軍備上與美國比試的那個競爭對手已經死亡。

就國防高研署這個為協助與蘇俄技術較量而創立的機構來講，戰略地貌的轉移也點燃了內部改變。一九八九年七月，菲爾茲這位自從一九七四年便在國防高研署服務，協助創建仿真網絡的科學家，獲遴選為該署首腦。[2] 新任署長很有辦法引發強烈反應，正反兩面都包括在內。「才氣縱橫」是最常用來形容菲爾茲的用詞，他經常展現他的科學涵養，對國防高研署各項計畫的認識鉅細靡遺，讓軍方和情報官員讚嘆不已。「咄咄逼人」是第二個經常用來形容他的用詞。菲爾茲可不願意忍受愚人，而他認為身邊到處都是愚人：在五角大廈、國會山莊，還有在白宮裡面都是。菲爾茲進入國防高研署十五年之後才當上署長，不過他一直棲身「科學」辦公處，和五角大廈領導階層沒有太多互動。他很高興國防高研署能與五角大廈保持距離。「遷離五角大廈在我看來是一場大成功，這就能遠離官方文書表報作業，」後來他接受訪問，回顧起國防高研署在後越戰外放時期時表示，「多麼美妙的成功！」

在菲爾茲看來，未來並不寄託於戰艦或軍機，而是在於電子學和電腦。儘管在一九六〇年代和一九七〇年代，國防高研署已經為個人電腦和現代網際網路奠定基礎，到了一九八〇年代早期，機構的電腦科學工作卻已經萎縮。阿帕網已經轉由國防通訊局接手，國防高研署的後續幾任署長敦促電腦科學處從事眼前迫切的軍事技術工作。菲爾茲一直是與利克萊德密切的同事，協助開拓該署在一九八〇年代重啟推動的電腦科學，包括一項十億美元的人工智慧初創計畫。為合理解釋開銷為什麼大幅增長，國防高研署指向日本，畢竟那時並沒有面臨冷戰，不能再以此自圓其說。一九八一年，日本宣布開發第五代電腦的規劃，宗旨在開創人工智慧，而新的妖魔打擊對象則是當時由大權在握的「通商產業省」（現稱「經濟產業省」）所引導的日本經濟。當時的署長庫珀回顧表示，「我們把日本人當成大敵，然後說我們必須超越日本人，反正就諸如此類的。」

「諸如此類」完全貼切。國防高研署署長私下承認，那是個花招，而且他是為方便考量才選擇日本人。國防高研署制定了一項為期十年，耗資十億美元的人工智慧研發計畫，稱為戰略計算先導計畫（Strategic Computing Initiative）；[3]那會成為自阿帕網以來，國防高研署啟動的最大型，也最富雄心抱負的電腦計算投資案。這項目計畫應該能吸引「亞達利民主黨人」（Atari Democrats），也就是年輕的民主黨技術達人，那群人相信電腦運算能拯救美國經濟，而且它也能通過共和黨人的考驗，他們覺得美國霸權面臨威脅，心中深感煩憂。署長甚至還前往日本，周遊該國，基本上就是在蒐集彈藥。「我回來後，在與參、眾議院私下會談時便拿它派上用場，」庫珀吹噓表示，「我的意思是毫不掩飾地使用。」

儘管資金泉湧流入，開發人工智慧的雄心路途上，很快就會充斥失敗的技術案。國防高研署出資挹注思維機器公司（Thinking Machines Corporation），那是一家以大規模平行處理來製造超級電腦的公司，不幸在政府合約乾涸之後，公司也就走向破產。飛行員的夥伴（The Pilot's Associate）是一款語音型暨思考型電腦計畫，能用來輔助飛行員，如同在X翼戰機上輔助天行者路克的R2-D2，最後仍以失敗收場。原本希望「智能卡車」能自主行駛，結果遇上無法區辨岩石和陰影的問題。十億美元人工智慧先導計畫沒有達成任何一項原始目標。到了一九八九年，《紐約時報》已經為那項計畫寫下了驗屍報告。內容顯示那項工作的涵蓋範圍，和原始人工智慧願景究竟偏離了多遠，文章宣稱，國防高研署就要「放棄它的自主型陸上載具研發工作」，[4]而那項專案也被描述為戰略計算先導計畫「最廣為周知的目標」之一。當初啟動並擁護那項計畫的庫珀被壓垮了，他表示，「它在我心目中已經結束。」[5]

*

國防高研署放棄創造人工智慧，不過日本依然是個很好用的妖魔鬼怪。華沙公約組織瓦解之後，東京在一九八九年已經幾乎完全遮掩了莫斯科的光環，成為華盛頓政策學究界的焦點核心。不過這次問題不出自核武均勢，那群自命專家針對美國對日本日漸增長的貿易逆差提出警訊，並指出在一九八九年，貿易逆差已近五百億美元。對日本崛起（以及美國沉淪）的恐懼，助長推升耶魯教授保羅・甘迺迪（Paul Kennedy）暢銷書《霸權興衰史》（*The Rise and Fall of Great Powers*）登上暢銷書榜，該書內容以美國正面臨赤字支出與經濟停滯帶頭導致國勢江河日下的預測為本。「日本和美國存在根本上的利益衝突，儘管兩國仍有相互友好的需求——而且最好仍是正視面對，好過假裝它不存在，」記者詹姆斯・法洛斯（James Fallows）在《大西洋月刊》（*The Atlantic Monthly*）為文論述，「這項衝突出自日本無力或無意約束它的經濟實力，來遏制這種單方面、破壞性的擴張。」

一九八〇年代，在雷根總統主政下的放鬆管制措施點燃了一場全國辯論，爭執政府在產業管理方面該扮演哪種角色。一群說話很有分量的民主黨人士挺身支持協助關鍵產業。到了一九八〇年代，老布希總統主政時期，國會和白宮就「產業政策」這個含意深遠的用詞吵鬧爭執，辯論政府透過針對性投資來促進私營部門發展所扮演的角色。民主黨參議員，熱心擁戴技術的艾爾・高爾（Al Gore）大力呼籲政府應該投資關鍵領域，好比超級電腦，而民主黨人則抨擊那是企圖以人為來「挑揀贏家和輸家」。民主黨人士論稱，自由市場終將勝出。

國防高研署獲得國會民主黨團的支持，悄悄成為這場辯論的一個環節。該署出資挹注半導體製造技術協會（Sematech），[6]這是一群晶片廠共組的聯盟，成立於一九八〇年代，旨在協助推進半導體研究。《紐約時報》在一九八九年三月刊出一則報導，拿國防高研署和日本通商產業省做比對，儘管通產省和軍事毫無瓜葛。文章說明，「在許多產業都尋求政府協助，致力與亞洲和歐洲競爭者比肩齊步的那段時期，國防高研署踏進了那個無人之境，成為這個國家最像通商產業省的機構。日本那個機關負責組織產業計畫，而日本的高度競爭力，也歸於這些計畫之功。」國防高研署「只局部受本身的選擇推動，踏入扮演美國高科技產業創投資本家的角色。」

然而在一九八九年接掌國防高研署的新署長菲爾茲，則全心擁戴這個新的創投資本家角色。他把焦點擺在高解析度電視市場，論稱這可以讓美國企業維持在超導體界的領先地位。新署長希望把國防高研署安置在產業政策的最前沿，投入鑽研軍民兩用技術，讓美國能在全球經濟享有一項優勢，即便這項願景和白宮反向而行也在所不惜。國會應國防高研署之請，批准投入兩千萬美元，來協助國內高解析度電視產業。菲爾茲堅稱消費性電子產品是維繫美國在半導體業領導地位的關鍵品項，而半導體也是軍事系統的關鍵元件。[7]菲爾茲熱切推動投資消費性電子產品，然而他也很天真，後來繼任國防高研署署長的科拉迪這樣回顧表示。菲爾茲「從來不曾經營私人公司或企業，也不曾主管生產線，或任何能為他帶來經驗的事項，然而得有這些經驗他才能體會，把技術納入產品並讓民眾願意購買是多麼困難的事情。」

一九八九年老布希當上總統時，他把自己塑造成一個共和黨理想主義者，反對政府對市場進行任何干預。菲爾茲對華盛頓的政治氛圍不以為意，成為公開擁護產業政策的支持者。就國防高研署了解菲爾茲的人看來，他決心開拓一個與主管政府直接對立的立場，其實並不令人意外。他的解套對策是一種稱為砷化鎵的技術產物，一種有可能取代矽晶片的化合物。砷化鎵的製造成本高昂，而且生產基礎仍處於初期階段，不過和矽相比，新晶片的速度和效能都更高，而且具備諸如抗輻射等特性，因此深受軍方矚目。國防高研署以往也曾資助砷化鎵研究，不過菲爾茲希望把那項技術當成一個測試案例，用來檢驗他支持產業的相關構想。他下達決策，國防高研署應該投資一家砷化鎵公司。

約略就在菲爾茲插手介入產業政策之時，國防高研署的首席法律顧問理查・鄧恩（Richard Dunn）也正在探索機構該怎麼繞過繁文縟節。鄧恩和一群曾推動五角大廈革新發包實務做法的退休高層軍官時有聯絡，他認為這是個機會點，可以藉此促成他本身的一些構想。其中幾位號稱美國飛彈計畫之父的前任軍官，包括四星上將施里弗，前往參議院軍事監督委員會拜會位高權重的參議員薩姆・納恩（Sam Nunn）。很快，國會便賦予國防高研署法定權限，容許它介入某種號稱「其他業務」的事項，簡單來講，這也就是讓五角大廈在撥款挹注研究公司時，得以跳脫平常軍事合同免不了的煩冗政府規章。在菲爾茲眼中，那項法定權限是個好機會，讓國防高研署可以藉此發揮創投公司的作用，同時他把注意力轉到一家從事砷化鎵相關業務的葛塞勒微電路公司（Gazelle Microcircuits）。鄧恩論稱，既然國防高研署還從來沒有動用這項新的法定權限，最好還是先簽幾張小規模協議，金額大概就幾十萬美元，藉此做個試驗。不過菲爾茲希望讓葛塞勒成為測試案例，於是他帶著這個構想去找赫茨菲爾德。當時赫茨菲爾德已經是國防研究與工兵局局長，而且是國防高研署的上級長官，他熱心支持那個想法。

葛塞勒微電路籌得一千萬美元資金，菲爾茲希望國防高研署被當成一個投資單位。菲爾茲命令鄧恩不得撰寫工作說明書。鄧恩說：「如果那是個創投資金支持的公司，那麼他希望這就像是個創業投資案。」國防高研署一位負責該合約的科學家阿拉蒂・普拉巴卡爾（Arati Prabhakar）列名參加公司董事會議。鄧恩回顧說：「她的運作方式，完全不同於尋常計畫經理人採用的做法。她是在那家公司的內部。」他顧慮那種含混處境，於是找普拉巴卡爾商討，隨後他們決定，最好還是指定資金只限研發使用，讓國防高研署和投資理念有所區隔。結果已經太遲了。一九九〇年四月九日，一則消息發布，公開葛塞勒協議，據此該公司將在十二月期間得到四百萬資金。新聞稿陳述，「國防高研署和葛塞樂的那項協議是同類協定的第一個案例，也是國防高研署依循新近所獲授權，採有別於傳統合同與資助做法的革新方式，來支持高等研發事項的首例。」

葛塞勒打算設計一款每秒十億位元或更快的砷化鎵晶片，而國防高研署則經由投資，得以運用葛塞勒的研究成果和專利。普拉巴卡爾稱頌那項挹注，是國防高研署推動業務的一種新做法。她說明，「葛塞勒是我們過去無法好好合作，做出成果的那種類型的公司。」然而當《紐約時報》著手報導那則故事時，那項交易卻被寫成一項投資，而這也正是菲爾茲向來所推廣的做法。報紙寫道，「國防部經由它的高等研究部門，第一次挹注了一家年輕矽谷公司，從事基本上屬於創業投資的事項。」突然之間，菲爾茲開始接到白宮來的一通通電話，他也陷入驚慌。他吩咐鄧恩，「快把合約拿來給我。」菲爾茲一頁頁閱讀合同，看到了鄧恩和普拉巴卡爾補述的工作說明書，說道：「喔，謝天謝地。」

菲爾茲希望那份工作說明書（他原本不希望納入的那段文字），能幫助他和國防高研署取得公司股權的想法劃清界線。不過到那時已經太遲了。根據鄧恩撰寫的一份國防高研署未公開歷史，菲爾茲博士對砷化鎵這樣的軍民兩用技術「高調公開支持」，讓國防部長理查・錢尼（Richard Cheney）有點不高興。不過還有人更不高興，那就是白宮和總統。

白宮律師群開始魚貫進入署長辦公室時，國防高研署的一位計畫經理丹尼斯・麥克布賴德（Dennis McBride）也正等著見菲爾茲。祕書這樣告訴他，「丹尼斯，你要往後延了，這群白宮律師要見克雷格。」就在麥克布賴德打算離開時，他聽到菲爾茲被開除了。「克雷格，你不該舉辦這次新聞發布會，」一位律師這樣講，「布希總統愛你，結果你卻這樣讓他難堪。」五角大廈官員起初聲稱，菲爾茲已經「被賦予一個機會」，得以在五角大廈做另一件工作。那是個顧全顏面的措施；被撤職離開國防高研署幾週過後，菲爾茲悄悄地永遠離開了五角大廈。後來他始終不肯就這件事情發表評論，甚至事隔將近二十年，在國防高研署委託執行的一次訪談上被問起此事時，他也只簡單回答，「嗯，我想你應該去查查公開記錄。」

菲爾茲被開除時，赫茨菲爾德正與妻子在加勒比海區玩水肺潛水。那時赫茨菲爾德才剛回到五角大廈不久，滿懷雄心抱負。國防研究與工兵局局長一度是五角大廈最具權勢的職位之一，這時只是擁有體面辦公室的高階官僚。一九八六年秋，總統已經在高華德—尼可拉斯國防部重構法案上簽了字，批准自從一九四七年《國家安全法案》以來最大的部隊重新構架措施。這次立法是多年以來針對各軍種無法通力合作問題歷經爭執的最高點。除了其他改變之外，新創設的國防部採購次長職位往後就會成為「武器大王」，而國防研究與工兵局局長會降格成為第二線職位。當時擔任局長的唐納德・希克斯（Donald Hicks）辭職以示抗議。這項改變並不是表面文章；這意味著國防高研署隸屬五角大廈一個較低層級單位管轄。

赫茨菲爾德本該是國防高研署和國防部領導階層之間的直接聯絡管道，結果他卻發現，遇有重大決策自己都遭排擠，也接觸不到國防部長。「有沒有聽說克雷格被開除了？」赫茨菲爾德渡假結束，回到距離國防高研署好幾英里的五角大廈，走進他的E環圈辦公室時，他的軍事助理問他。赫茨菲爾德沒聽說，因為沒有人告訴他。這就明確道出了國防高研署（以及軍事科學與技術整體）在冷戰落幕之際所扮演的角色。那個機構再一次沒有了普遍認同的任務，沒有了政治支持，而且一時之間還沒了署長。即便它的冷戰革新發明正逐步成功進入戰場，國防高研署卻逐漸偏離戰爭，或者說一步步脫離戰爭。

一九九〇年八月二日，約八萬八千伊拉克士兵入侵石油資源豐富的科威特。國際制裁和譴責無法說服伊拉克強人薩達姆．海珊撤兵，於是在不到六個月之後，美國領導在一九九一年一月十七日拂曉前發動攻擊。八架AH-64陸軍阿帕契直昇機從沙烏地阿拉伯溜過邊界，進入伊拉克執行一趟經過精心排練的任務，目標是摧毀伊拉克重要雷達站，為空軍飛機開闢一條安全的空中廊道。「我們完全不可能靠噴射機來開闢一條可供安全通行的廊道，這些地對空飛彈肯定會把我們打下來，」當時負責國防高研署模擬工作的麥克布賴德這樣解釋，「我們必須打掉地對空設施。」

攻擊行動發起之前幾天，阿拉巴馬州拉克堡（Fort Rucker）由國防高研署製造的模擬系統，和中央司令部的同類系統連線，檢討消滅伊拉克防空系統所採戰術。就如麥克布賴德所做解釋，那是一趟「貼地飛行」任務，意思是直升機群必須飛得非常低，貼近地面，來規避雷達探測。唯一能看出任務可能在哪裡出錯的做法就是模擬。負責指揮作戰的諾曼·史瓦茲柯夫（Norman Schwarzkopf）將軍在美國中央司令部總部檢視模擬結果。「我們在模擬中以實例舉證，並說明，『這個構想很不錯，這個就不是很好，』接著還說『理由在這裡，』接著他就會重新調整，」麥克布賴德回顧表示。「他親自和我們共同規劃頭一趟任務，把模擬能力派上用場。」

一月十七日凌晨兩點之後不久，阿帕契機群抵達伊拉克防空設施所在位置，所採飛行途徑首先在國防高研署的模擬器上測繪完成，接著在沙烏地沙漠演練，接著在實戰時摧毀了伊拉克的防空設施。幾小時之後，空軍一架F-117夜鷹（從國防高研署擁藍原型機衍生出來的匿蹤飛行器）安全穿越那條空中廊道。那架F-117的第一枚炸彈摧毀了一處伊拉克空軍設施，第二枚夷平了巴格達市中心一處電信樞紐站。

不到六週之後，第一架「聯合星」（Joint STARS）指揮機發現了伊拉克一支規模龐大的運輸車隊逃離科威特，於是把資料直接轉給攻擊機。最後摧毀了約兩千輛伊拉克載具，而那條脫逃道路也冠上了「死亡高速公路」稱號，《空軍雜誌》（*Air Force Magazine*）也稱頌國防高研署的機載雷達是「沙漠風暴行動很不起眼的英雄之一」。到頭來，波斯灣戰爭變成國防高研署原本為對抗華沙公約組織龐大軍力而開發的各項技術的測試場。它的模擬器協助規劃戰爭。F-117夜鷹執行空中攻擊，空軍這款匿蹤攻擊噴射機，正是國防高研署擁藍的後續機種。聯合星產生自國防高研署的「突擊破壞者」計畫，仍是一款原型機，卻已經改變了部隊的作戰方式。然而五角大廈的官員對國防高研署抱負遠大的各項新計畫卻絲毫不感興趣。

參謀長聯席會議高階軍官喬治・巴特勒（George Lee Butler）告訴維克托・雷斯（Victor Reis），「你瞧，我們現在不需要任何魔法新發明了。」菲爾茲被開除之後，國防高研署署長職位便由雷斯接掌。「我們需要的是能從根本上減少支出的事項。我們知道我們的預算就要刪減。」波斯灣戰爭才剛結束，雷斯承認，對於一個拿自己聲望當賭注，投入開發匿蹤飛機和先進雷達等革命性技術的機構來講，這個觀點有點像是「文化衝擊」，不過這也是個新的現實。波斯灣戰爭或許驗證了國防高研署過去二十年來的創新成果，也鞏固了它的聲望，然而也恰好出現在五角大廈主要著眼省錢的時代。

波斯灣戰爭結束不到幾天，雷斯就接到索普的電話。索普是國防高研署開創模擬工作先河的計畫經理。到一九九〇年時，仿真網絡計畫已經完成，而且儘管長久以來索普都被視為國防高研署最富有想像力的計畫經理之一，這時他卻大半退居邊線。就連在這樣一個以破除繁文縟節著稱的組織裡面，索普依然以違犯規則著稱。當國防高研署接到通知，說他們在肯德基州諾克斯堡的模擬器建築有可能違法，因為軍方所有新建物都必須事先取得國會授權，於是他讓人安裝了一個拖車掛鉤，並聲稱那是個臨時結構。到了一九九一年，索普在國防高研署服務已經十年，這時他在歐洲一間小型辦事處工作。雷斯回顧表示，「他大概是被外放到那裡免得礙事。」

這時索普有個點子，而且似乎能與國防高研署「降低成本」任務相符。他說，波斯灣戰爭大規模坦克戰持續不止，那還只是幾天前的事。索普希望在電腦虛擬世界重現那場戰役，這是先前從來沒有人做過的事情，而且很可能省下訓練費用。不過，關鍵是他希望派遣科學家前往伊拉克一處戰場，看那裡散置各處依然燜燒的伊拉克戰車。「我想我們能夠從那裡做一些事情，」他告訴雷斯，「不過我希望能過去。」

雷斯意識到，這個點子真有先見之明；模擬的一個先天成分就是節約成本，因為在類似電玩遊戲環境下練習會比較便宜，不必花錢消耗真正的燃料並在靶場練習。署長告訴他，「好啊。」於是就這樣，國防高研署啟動了它在後冷戰時期最富雄心抱負的計畫：根據從戰場硝煙廢墟蒐集來的資料，在虛擬世界重現真實的戰爭。

通常在重要戰役過後，部隊歷史學家就會奉派前往採訪參與者，依時序記載事件，做為事發經過的書面記錄。索普要國防高研署派遣模擬專家前往戰場，在燒毀的戰車間行走，採訪曾在那裡戰鬥的美國士兵，接著把資料導入仿真網絡的虛擬實境。整場戰役可以重現，在模擬器中再次上演，更重要的是，這些模擬器還能連上網絡，往返發送資料封包，於是使用人就能參戰重演戰役。索普提議，「那就會很像是一段活歷史。」

索普向陸軍幕僚長戈登．蘇利文（Gordon Sullivan）將軍提出那個構想。很快，蘇利文將軍就與第七軍司令腓特烈．法蘭克斯（Frederick Franks）中將聯絡。法蘭克斯指示國防高研署放手去做，並選定二次大戰以來規模最大的「七三東距」（73 Easting）坦克戰。那場戰役發生在一九九一年二月二十六日，美國陸軍第二裝甲騎兵團在一場沙塵暴中和逃逸的伊拉克部隊精英共和國衛隊面對面。接下來幾個小時，美軍摧毀了幾十輛坦克、裝甲運兵車和卡車。這個七三東距名稱是出自伊軍在那片沙漠中遭大批殲滅的網格位置。

兩天過後，布希總統宣布停火，波斯灣戰爭也至此結束。戰役過後不到一週，一支國防部高研署資助的研究團隊抵達波斯灣，前往戰役發生地點。那群研究人員採訪參與那場戰役的美國士兵，請他們以分鐘為單位追述事發經過。「沙中仍留有行駛痕跡。他們也看得到所有焚毀的伊拉克車輛依然留在那裡，」索普說明，「陸軍工兵已經進駐，精確標記每輛焚毀戰車在哪裡，還有遭摧毀的狀況。砲塔是否炸飛？還有朝哪個方向擺放？」

那支團隊回到美國時，組員便在一間辦公室內工作，拿自黏便條紙貼在一面板子各個部分。就像偵探從一處刑案現場回溯重現事發經過，那群科學家則是重建整場戰役。那項工作花了一年，不過所得結果是前所未有的：真實世界一場戰役的電腦化互動重建，具備了一種號稱「魔毯」的功能，於是使用者可以前往戰役任意片刻，以及戰場任何地點任意縮放視野。索普說：「你可以進入探訪，檢視，並重演模擬，看所有人都在哪裡，他們向什麼目標射擊，甚至進入他們的車輛，或騎乘砲彈，隨它以每秒一英里速度呼嘯飛越。」

從各方面來看，七三東距的數位再生成作業取得了技術上的成功。索普甚至還委託製作了一段好萊塢影片，展示模擬作業成果，影片也採訪了一些實際參戰士兵；他們誇獎模擬器非常逼真。署長雷斯拿那部影片給國防部長錢尼以及參謀長聯席會議主席科林．鮑威爾（Colin Powell）將軍觀看。他還拿著影片到國會山莊，播放給國會議員看。所有人都非常喜歡，特別是錢尼。錢尼說：「唷，倘若我們早一點有這個，我就可以拿去給海珊看，說不定他就會意識到，他的處境究竟有多糟糕，然後就放棄。」而這或許也就預示著他十多年後對伊拉克的樂觀誤解。

索普的仿真網絡早在一九八〇年代便由國防高研署投入開發，至此已經獲得廣泛認可。它改變了陸軍使用模擬器的方式，而且就民用業界方面，也協助實現了後來催生出線上遊戲的技術。[8] 七三東距戰役的再生成作業成為仿真網絡的後續成就，並引發一股風潮，驗證了模擬作業結合真實世界資料所能做出的成果。在技術圈子裡，索普被奉為某種民間英雄，也促使《連線》（*Wired*）雜誌宣稱，發明網路空間（cyberspace）的人不是科幻作家威廉・吉布森（William Gibson），而是捷克・索普。[9] 然而，仿真網絡以及往外推展的七三東距，在軍事上到底具有多大的實際作用，那就不是那麼明確了。事實是，仿真網絡配發使用太遲了，沒幫上參與七三東距戰役的戰車手，不過往後它確實有派上用場。「仿真網絡與我們無關，」在七三東距戰役領導一支關鍵裝甲連的道格拉斯・麥格雷戈（Douglas Macgregor）表示，「我們從沒有用過它。」[10]

問題在於，仿真網絡的後續成果七三東距能拿來做什麼用途？結果發現，以一九九〇年代的條件，答案是能做的不多。可以考慮的構想是運用七三東距再生成作業得出的技術，來進行其他模擬，不過國防高研署和五角大廈領導階層的聯繫已經崩解，而且最尖端的科學和技術，也不再位列國防部待辦事項榜單的最上端。就連退休陸軍將領，模擬訓練的學術界教父保羅・戈爾曼（Paul Gorman）將軍，都質疑一場戰役的虛擬再生成果對軍事能有多大貢獻。「我不知道該怎樣回答這個有關七三東距的問題，」幾年之後，戈爾曼被問起它所帶來的衝擊，當時他這樣回答，「做得很漂亮，也很高興那件事情能夠做成，不過有誰在使用呢？」

儘管七三東距獲得種種美言盛讚，除了重新創造出一場往後起碼一個世代都不可能再打一場的坦克戰之外，它卻完全沒有發展出任何具體成果。戈爾曼曾期許這項模擬以及其他雷同作業能改變部隊的未來備戰方式，從而落實更多成果。使用模擬來練習上一次戰鬥絲毫沒有帶來任何好處。戈爾曼說明，「我們處理的，實際上是硬碰硬，類似勢均力敵的對手。」對抗暴亂時，「你會需要卓越的規劃，然而該死的，就這點它們沒有提供。」

在開發模擬技術進程當中，國防高研署發現自己遇上了難關。當國防高研署努力嘗試把模擬投入處理冷戰戰場之外的事項，努力成果就很有限，因為單憑技術是改變不了政策的。有個從未發表過，牽涉到毒品戰爭的實例。白宮的美國毒品管制政策辦公室在一九九〇年代中期曾經撥款挹注國防高研署的模擬專家，擬出一種毒品非法交易模型，檢視是否有什麼辦法能截斷南美毒品卡特爾集團的命脈。「在那時候還有到現在的最大課題依然是，從中南美洲移動進入美國的古柯鹼，」負責那項工作的麥克布賴德解釋道。他為那項計畫起的名字源出希臘神話，叫做伊奧勞斯（Iolaus），也就是曾協助海格力斯對抗九頭蛇海德拉的幫手。到最後，那個名字比他當初設想還更貼切。

麥克布賴德說：「我們打造出這款極端複雜的端對端模型（end-to-end model），從在南美洲種下種子一路到改變成一種批發商品，歷經各式各樣運輸模式的運輸過程，最終進入美國境內的倉庫。」然而國防高研署投入愈多精神模擬這個問題，結果看來就愈糟糕。就算把一家卡特爾集團打敗了，最終也只是強化了另一家卡特爾的力量。就像希臘神話中的海德拉，砍下一顆頭，從那裡還會長出兩顆。國防高研署做出了答案，然而答案和白宮想要的並不相符。就算美國緝毒局派更多飛機升空，結果也不會有幫助，因為卡特爾集團還有更多飛機。不論國防高研署如何模擬毒品戰爭，它都設想不出任何能截斷毒品供應的情節。「我們擬出了非常大的模型，想盡所有方法來玩弄它。我們說，『讓我們做這個』還有『讓我們做那個』，到最後這個龐大模型就會說，這就是結果，而且那並不是什麼好消息。」

模擬顯示，要想以技術來解決基本上屬於政策層面的問題會遇上哪些侷限：模擬不會教導人如何贏得毒品戰爭，只會證明那是打不贏的，不過政府並不想聽到這種訊息。反應是否認：執法部門必須更加努力。「我不知道我們的現況是不是大幅改善了，是不是因為有了模擬，所以算是能夠了解這個問題了，」麥克布賴德尋思表示，「這就像是全身到處都有巨大傷口；血液從各個部位湧出來。我們可以了解這點，卻對這點束手無策。」

反毒模擬失敗了，原因是技術碰上了政策制定上的限制。其他國防高研署模擬努力則是在比較根本的層級上失敗了。一九九〇年代有一項稱為「戰爭破壞者」（War Breaker）的計畫，原本目標是要針對飛毛腿機動發射車，設想出一勞永逸的對付手法，這是美軍在波斯灣戰爭期間面臨的主要威脅。事實證明，那款蘇俄製的戰術彈道飛彈發射車很難找到並予摧毀。儘管伊拉克很快就被擊敗，飛毛腿仍驗證了它的致命效能。一九九一年二月二十五日一次攻擊，在沙烏地阿拉伯擊斃二十八名美軍士兵。國防高研署發包在華盛頓特區外蓋了一處模擬設施，甚至還雇用了星艦系列《銀河飛龍》（*Star Trek: The Next Generation*）的佈景設計師，模仿企業號艦橋模樣來打造實驗室。模擬製作務求戲劇效果，期盼能令來看的高階軍官信服，然就實際而言，卻遠遠不是那麼令人讚嘆。國防高研署負責戰爭破壞者的計畫經理羅恩・墨菲（Ron Murphy）說道，「若想要炫耀一種飛彈、一款飛機，或者任何你希望賣弄的事物，是可以事先設想出所有事項。你可以把它擺進一種情況，讓它看來相當精彩。」

按照墨菲所述，移動式目標太複雜了，人工模擬很難真實呈現，而且每有一次模擬表現良好，都還有其他更多次的表現不佳。儘管專注戰車訓練的仿真網絡做成功了，國防高研署卻始終無法創造出能結合空中和地面作戰的實際可行模擬。戰爭破壞者一度獲選能得到超過五億美元資助，也是國防高研署在後波斯灣戰爭時期最昂貴的工作事項，最後卻悄悄終結。該署後續文件所有提到這項計畫的部分，幾乎全都被刪除。

國防高研署整個一九九〇年代都花在創造飛機、戰車和飛彈的戰爭合成版本。該署有時膨脹超過了那個範圍，好比毒品戰爭，即便它的焦點是專注於具體事項的建模作業：毒品和金錢。L・尼爾・柯斯比（L. Neale Cosby）是曾經參與仿真網絡和七三東距的前陸軍軍官，他承認有一件事情是國防高研署的模擬作業永遠做不好的，那就是模擬人類。「模擬這個房間很容易，」柯斯比表示，「要把這所有人都納入，讓他們全部待在正確位置，各做各的事，各自獨立思考，然後期望你能實際虛擬複製這個房間，那就很困難了。那就是難以模擬，而且我們依然沒有做得那麼好。」

蘇聯解體之後十年期間情況日益明朗，需要進行建模作業的是人，不是戰車或飛彈。一九九三年，恐怖分子在世界貿易中心北座大樓引爆一枚卡車炸彈，殺害六個人。接著在一九九八年，基地組織幾乎同步發起兩次行動，分別攻擊美國兩處駐非洲大使館。兩年之後，該組織密探攻擊停泊葉門亞丁港的美國科爾號驅逐艦（USS Cole）。

二〇〇〇年，科爾號炸彈攻擊事件的同一年，最近進入國防高研署的中情局前任官員湯姆．阿莫爾（Tom Armour）宣布，該機構要開始鑽研一種新式建模作業和模擬工作。美國面臨源自恐怖分子團體的新威脅，或就是五角大廈口中所稱的「非對稱威脅」。這種「非對稱威脅的實際規模很小，甚至還可能只有一個人，」國防高研署官員阿莫爾說明，「要想預測潛在的行動範圍，分析師就必須模擬該團體的信念和行為模式。」就在那年，國防高研署署長授權發起一項新的計畫，稱為「全面資訊識別」（Total Information Awareness）。計畫尋求的不外乎預測人類行為，特別是恐怖分子的行為。

就在阿莫爾發言之前幾個月，三個以漢堡為大本營的基地組織密探來到了美國，開始接受飛行訓練。他們都隸屬一個更大的恐怖分子行動組，由基地組織派來攻擊美國。阿莫爾提到的行為模式已經出現了。國防高研署切換齒輪，不過就如國安界其他部分，這個動作有點太遲了。到了二〇〇一年，國防高研署的模擬依然在為部隊籌謀坦克戰以及空對空作戰，在此同時，有十九個人在美國接受接管商務客機的訓練，而且配備的武器還不比美工刀更致命。

第17章
塵俗世界

二〇〇一年七月，錢尼副總統幕僚長，司庫特．利比（Scooter Libby）打電話通知國防高研署新任署長特瑟，副總統打算前往巡視，聽取各項計畫簡報。錢尼擔任國防部長的時候就認識特瑟，儘管如此，他來電依然出人意料之外。白宮多年以來還不曾對國防高研署的業務主動表示興趣。

二〇〇一年夏天，這個在四十多年前創辦的機關陷入漂泊處境。現在沒了冷戰敵人對手，國防高研署在一九九〇年代撥款挹注的多是政治權宜計畫，接著在先前十年期間接連虛擲浪費了大量款項。黑星（Dark Star）是國防高研署應五角大廈高層領導要求資助的匿蹤無人機計畫，[1]結果在第二趟飛行時，軟體出了毛病終至墜毀。就海軍部分，國防高研署著手進行一項抱負遠大的船艦計畫，那是一艘浮動式飛彈平台，最後卻在一位支持該計畫的海軍上將自殺之後，工作遭取消。最悲慘的是，國防高研署加入一項考慮欠周全，稱為未來戰鬥系統的陸軍計畫，專案本意是以單一網絡來連結飛彈、無人機和地面車輛（這套複雜過頭的計畫最後也取消了）。國防高研署蹣跚地從一項計畫轉往另一項，卻沒有任何真正的戰略方向或規劃。二〇〇一年七月接任署長的特瑟坦承，「國防高研署在九〇年代後半時期，已經變成了類似化外之地的組織。」副總統突然感到興趣，是改變處境的一次機會。

往後三個星期，特瑟和幾位處室主管日夜趕工，週末也不休息，準備向副總統做簡報。錢尼「是個喜歡圖像的人，他是個非常視覺型的人，」特瑟回顧表示，「所以，準備一張塞滿一堆文字的幻燈片完全就是『喔，哇』，你永遠別拿那個給他。你知道的，你得給他一幅卡通。」特瑟回顧說明，他想要的是能讓副總統大感震撼的東西，所以他為錢尼選定的卡通是超人。

給副總統安排的壓軸戲是超級士兵，國防高研署研究經理麥可．戈德布拉特（Michael Goldblatt）的心血結晶。戈德布拉特原本在速食公司麥當勞服務，曾為該公司主持創業投資部門，大致上也就是那家全美最大速食連鎖店類似國防高研署的分支單位。他在那裡推動自消毒食物包裝材一類的計畫，也嘗試把產品賣給部隊。五角大廈沒有人肯接他的電話。最後他被轉介給國防高研署，當時的署長拉里．林恩（Larry Lynn）同意和他談談，心中以為戈德布拉特是為麥克唐納飛行器公司工作，而非在麥當勞服務。不到幾年，戈德布拉特便開始直接為國防高研署工作，起初是督導該機構的生物武器防禦計畫。

不過來到國防高研署之後，戈德布拉特把注意焦點轉到了遠比食物包裝材更富雄心抱負的事項：他想推動強化人類。[2]戈德布拉特的靈感來源出自類似克林．伊斯威特主演的一九八二年電影《火狐狸》（*Firefox*）等科幻作品，這部片子講述由人類心智操控的武器。[3]國防高研署撥款挹注一群杜克大學研究員，在戈德布拉特督導下為猴腦植入微電極。電極能讀取牠們的腦信號，接著便可以使用那些讀數來操控真實物體，好比自動機械臂。[4]戈德布拉特的其他現行研究計畫看來也都同等奇妙：人類可以在假死狀態熬過嚴重失血，士兵能不吃不睡連續值勤好幾天，擁有超人力量和超強心智能力的戰士。裝備了精神控制武器的超人類士兵，看來正是錢尼的理想卡通。

到了七月底，副總統來到了國防高研署總部，隨行的有國防部長唐納德・倫斯斐（Donald Rumsfeld）和五角大廈首席武器採購官，暱名「皮特」的愛德華・阿爾德里奇（Edward "Pete" Aldridge）。一開始是戈德布拉特和他的強化人，說明他們能忍受重傷和嚴寒，還能不睡不吃連續值勤好幾天，特瑟和他的處室主管向三位來賓簡報了六個小時。他們專注在錢尼身上，他非常喜歡。特瑟說，「這太棒了。」

三人離去之時，特瑟心中明白簡報效果好極了。後來他聽說副總統和國防部長都十分熱衷。獲得五角大廈和白宮高層支持是一回事，該怎麼運用那份支持力量，那又是另一回事了。答案在短短幾週之後出現，而且結果發現，那和超級士兵毫無關係。

若說在過去十年間，國防高研署大半都漫無目標虛度時光，那麼國安體制其餘部門也都是如此。一九九〇年代的「和平紅利」部分表現於國防預算大減，包括撥交國防高研署的部分，這時不再面對蘇聯武裝衝突威脅，也沒有任何單一威脅引發持續關注。就連二〇〇一年春、夏季，當基地組織威脅相關報告蜂擁出現之時，國防和情報官員仍是慢動作演出。約略就在國防高研署對錢尼和倫斯斐進行超級士兵簡報之時，有關基地組織與其行動方面的情報似乎也急遽暴增。基地組織正圖謀某種「駭人聽聞」的行動。攻擊「迫在眉睫」。二〇〇一年六月，白宮反恐大王理查．克拉克（Richard Clarke）發出警告，說明基地組織相關報告已經「逐漸達到高峰」。八月，聯邦調查局開始調查法國國民扎卡里亞斯．穆薩維（Zacarias Moussaoui），因為他虔信聖戰，銀行帳戶裡有三萬兩千美元，而且無法解釋為什麼他那麼興致勃勃學飛波音客機。

這最後一條線索在二〇〇一年八月間，在執法機構和情報官僚組織之間傳來傳去，然而只擁有零碎資訊的官員們並不了解它的含意。聯邦調查局一位明尼阿波利斯外勤辦公室督導提出這項質疑，結果他就追蹤穆薩維的重要性和局總部發生爭執。繼續調查至關緊要，那位大本營在明尼阿波利斯的幹員論稱，「這是要防止某人開飛機撞進世界貿易中心。」

聯邦調查局華盛頓總部駁回那項請求。八月二十三日，中情局局長喬治．泰內特（George Tenet）聽取穆薩維相關簡報，當時他就表示，那是聯邦調查局的業務。情報分析師和執法官員都嘗試把線索拼湊在一起，卻沒有人對情勢有充分了解，也無從預料接下來要發生什麼事情。儘管部分中情局分析師能了解這種逐日增長的威脅，在二〇〇一年夏季，政治領導階層依然不覺得基地組織是個關鍵課題。照講應該直接指向恐怖分子劫機、衝撞之不軌圖謀的明亮光線，卻只在事後回顧才顯得明朗。

九月十一日星期二，上午八點四十六分，華盛頓許多政府人員仍在尖峰時間車陣中掙扎前行，另有些才剛在辦公桌前坐定，這時美國航空十一號班機撞進了世貿中心北座大樓。十七分鐘之後，聯合航空一七五號班機撞擊南座大樓。

不到一小時過後，杜勒斯國際機場的雷達測得一架飛機朝白宮方向飛去，接著隆納・雷根華盛頓國際機場的雷達也測得蹤跡。先前曾爭執數月，討論在混淆線索湧現時該怎麼處理，這時他們只有幾分鐘時間反應。當特勤局準備疏散白宮時，飛機卻突然改變航向。遭劫持班機這時正朝五角大廈飛去，那裡的工作人員聽上午新聞廣播，已經得知紐約攻擊事件消息，卻絲毫不知道，一架飛機正以超過每小時五百英里速度向他們逼近。

當那架遭劫持飛機飛到邁爾堡小道（Fort Myer Drive）上空並開始狂亂下降之時，特瑟也正在國防高研署北維吉尼亞州總部一間頂樓會議室內座位上瀏覽他的電話上的信息。特瑟看到一則信息，說是一架小飛機撞上了紐約世貿中心。「真有趣，」他心中暗想，反映出許多人接收到那第一則錯誤報導時心中的反應。不久之後他收到另一則信息，說是另一座塔樓也被撞上了。

「嘿，看來又一架飛機也撞上塔樓，」他對會議室內其他人講，「有沒有人知道任何消息？」

「沒，」大家反應，「那沒什麼。」

美國航空七十七號班機在上午九點三十七分撞上了五角大廈西側，就在那個瞬間，建築裡面的人，許多都才開始看電視有關雙塔起火燃燒的報導。墜機殺死機上所有六十四人，還有一百二十五名在建築裡面工作的軍民人員。

片刻之後，特瑟的祕書打開會議室門，靜靜比個動作要署長出來。他們一起走過角落，祕書指向窗外，翻騰煙塵從五角大廈升起。特瑟和國防高研署其他官員打開電視，正好趕上收看紐約世貿中心南座大樓坍塌的現場報導，映現出混凝土幻化成灰塵的超現實景象。短短幾分鐘過後，聯合航空九十三號班機在賓州墜毀，事前機上乘客得知他們的飛機是在執行一起自殺任務，於是勇闖駕駛艙，逼迫飛機墜毀。上午十點二十八分，紐約世貿中心北座大樓坍塌。

由於擔心首都上空還有其他飛機，特瑟要職員回家，讓機構關門停業。這便反映了國防高研署這位新任署長在往後七年會怎樣經營該署，特瑟待在建築裡面，把所有來電全都轉接到他的辦公室。他看著當天的新聞開展，特瑟深信，問題並不在缺乏資料，而是沒有把資料集中起來做分析。

國防高研署已經開始探索那道問題，不過只做小規模探討。距離起火燃燒的五角大廈短短兩英里外有一家由國防高研署籌資經營的實驗室，位於華盛頓大道上，就在陸軍的邁爾堡（Fort Myer）對面。那處機構一直悄悄為國防和情報高官演練恐怖分子情節，嘗試說服他們，恐怖分子攻擊可以早在犯下罪行之前就先期探測得知。關鍵乃在於篩檢大量資料，兼顧公開資訊以及情報記錄，來辨認出有可能表明恐怖分子正在預備發動攻擊的活動模式。情報資料可以是來自截獲的電話、電郵或網際網路資訊流。公開的資料有可能包括信用卡交易、看醫師以及汽車租賃記錄。實驗室的設計宗旨是要驗證，倘若所有資料都能鏈接在一起視為單一資料庫來處理，最後能做出什麼成果。

這處「實驗室」整個就是迷霧幻鏡，起碼在二〇〇一年秋季時是這樣。他們雇用了一位好萊塢布景設計師，採用大型光滑顯示幕和閃爍燈光，設計出未來派外觀的指揮與管制中心。嗡嗡作響的電腦並沒有真正處理任何數據。的確有研究在各公司、各大學逐步推展，不過那所實驗室只是個櫥窗，用來說服情報官員，資料（或更重要的，從資料看出模式）能協助預測恐怖分子的下一次攻擊。過去幾年期間，許多後來高升情報界頂峰的官員都曾經歷那所實驗室洗禮，包括後來當上美國國家安全局局長的基思・亞歷山大（Keith Alexander），以及後來成為美國國家情報總監的詹姆斯・克拉珀（James Clapper）。

另一點比那幅好萊塢風格布景還更值得注意的，就是簾幕背後的巫師：曾經擔任雷根總統國家安全顧問的海軍退休將官約翰・波因德克斯特（John Poindexter）。波因德克斯特是位物理學家，擁有博士學位，愛好技術，一九八七年，在調查雷根政府軍售伊朗醜聞的審訊期間，他為自己打造出公共記憶形象，展現吸煙斗證人一派輕鬆的模樣。波因德克斯特協助策劃了那起錯綜複雜的違法交易，所涉款項還用來違法金援尼加拉瓜反政府叛團體「康特拉」（contras）。接著他還在計畫案曝光之後，有條有理地堙滅該案證據。

九一一過後幾個月內，特瑟便聘雇波因德克斯特進入國防高研署，主持一個全新的資訊識別辦公室，規劃在頭兩年期間投入超過兩億美元，還打算推行一項稱為全面資訊識別的旗艦計畫。特瑟之所以覺得自己可以做這麼大膽的事情，竟敢聘用現代國家最大政治醜聞之一的核心人物，甚至還讓他主持一項高調反恐專案，理由和錢尼七月來訪有關。特瑟說：「我們真正是刀槍不入。」

有了錢尼和倫斯斐背書，特瑟不知不覺間把機構捲入了越戰以來最具政治爭議的工作，也讓他的工作和整個機構陷入危機。國防高研署短暫涉足情報和資料探勘，影響了九一一之後的偵監與隱私方面的爭議，而且隨後的爭端也將對國防高研署產生影響，並及於往後十年的大半時期。

波因德克斯特迂迴進入國防高研署，就某方面看來完全合乎邏輯。他的事業生涯就如同國防高研署，也是旅伴號的副產品。波因德克斯特以當屆第一名畢業於美國海軍學院，那是在國防高研署成立的同一年。接著他進入加州理工學院攻讀物理學博士學位，這是當時的海軍作戰部長，海軍上將阿利．伯克（Arleigh Burke）制定的一項特殊計畫的一部分，因為伯克相信，從旅伴號可以看出美國需要更多具有科學專業素養的軍官。

拿到博士學位後，波因德克斯特在海軍體系快速升遷，贏得了技術早期採納者的名聲。在他事業生涯每個階段，他都著手嘗試帶領（有時還硬拉著）政府和部隊進入資訊時代。他的電腦達人名聲，在一九八〇年年初把他推向白宮，並奉派為設於舊行政大樓的危機管理中心進行現代化作業。中心整修後裝備了光纖電纜，為白宮引進了視訊會議。波因德克斯特也把一款名叫「專業辦公室系統便條」（PROFS Notes）的早期版本電郵導入給國家安全委員會員工使用。

一九八五年，波因德克斯特晉升為海軍中將，並奉派擔任雷根的國家安全顧問，於是他也穩穩成為軍售伊朗醜聞調查案的核心人物。伊朗軍售公開之後，他便在一九八六年十一月二十五日辭職。他的副手，陸戰隊中校奧利弗．諾斯（Oliver North）遭開除處分。後來波因德克斯特遭起訴指控犯下五項撒謊、誤導並阻撓國會的罪名，不過上訴法庭裁定，該案須依賴國會證詞，然就此波因德克斯特享有豁免權，於是該裁決遭駁回。波因德克斯特沒有坐牢，但名譽已經嚴重受損。不過他憑著電腦方面的經驗在私營企業找到了工作，逐漸融入華盛頓的幕後技術官僚。

波因德克斯特退出了眾人注目焦點之外，開始追求他的長年愛好，把技術和情報結合，先期探知危機。他的那項興趣可以追溯自一九八三年黎巴嫩陸戰隊軍營爆炸案，那起事故殺害了兩百四十一名軍事人員，而且他相信，倘若有辦法篩檢所有資料，那起事件是可以防範的。一九九五年，機會來了，他打算試行證明這個信念。波因德克斯特經人介紹認識了國防高研署一位計畫經理布賴恩・夏爾基（Brian Sharkey）。夏爾基對於分析資料來協助預測政治危機很感興趣。不久，波因德克斯特就簽約為國防高研署工作。[5]

一九九六年，夏爾基和波因德克斯特共同啟動一項由國防高研署資助的資料分析案，稱為協同危機理解與管理，後來改名為三角帆（Genoa，因為兩人都曾經擔任海軍軍官，喜歡以帆名來為計畫命名）。波因德克斯特說明，「關於這項技術的構想是要採行遠更為系統性的途徑，來處理先期預料危機並在危機出現之時妥為管理的問題。」往後六年間，波因德克斯特悄悄推行三角帆計畫，那個案子接受國防高研署挹注超過五千萬美元。

三角帆的事項之一，是在邁爾堡對面建立波因德克斯特所描述的「實驗室」，「我們打算在那裡做演練，並為國安界人士示範，主要針對情報界，不過也兼及國防部。」他們在那裡演示電腦演算法如何能在資料裡面找出模式，由此推斷未來恐怖分子攻擊的跡象。當中一個情節牽涉到日本恐怖分子奧姆真理教，一九九五年那個邪教在東京地鐵施放沙林毒氣。三角帆之所以使用那個情節，原因是手頭有關於那次攻擊的大量資料。波因德克斯特說：「不可否認，我們這是事後之見。」

到了二〇〇一年，波因德克斯特覺得三角帆的進展儘管順利，短期內卻顯然仍不會被情報界採用。曾經來到「實驗室」參與示範的情報界高官，有些似乎熱情採信波因德克斯特努力展示的點子，不過另有些人就不是那麼熱衷。波因德克斯特描述有一次為國家情報委員會的主委舉辦演示，主委在一小時的視察半途打瞌睡。「結束時，這位主委便說，『喔，約翰，這非常有趣，不過真正來講我們並沒有時間來做這所有事情。我唯一感到興趣的是：〔攻擊過後〕第二天有誰在何時知道何事？』」

在波因德克斯特看來，這個反應並不完全出乎意料之外。「我為他感到遺憾，不過我也承認，這當中有真實的文化問題，這是指情報界，特別是中情局方面，完全沒有利用上資訊技術資料搜尋作業所能帶給他們的能力。」九月十一日的恐怖分子攻擊看來證實了多年以來波因德克斯特所說事項。政府有許多資料，只是沒有辦法理解當中的意義。九月十二日，波因德克斯特去找夏爾基，這時他已經從國防高研署轉到一家國防承包商，科學應用國際公司（SAIC）。他們同意帶一份企劃案一道去找特瑟，向他提議大幅擴張三角帆計畫。

九一一攻擊事件過後短短幾天，波因德克斯特便在國防高研署新任署長對面就坐，向他做簡報，標題是〈對抗恐怖行動的曼哈頓計畫〉。波因德克斯特提出了他就一項對抗恐怖行動的大規模技術案所見，而且那項計畫的規模，可以和第二次世界大戰競相製造原子彈比美。波因德克斯特的構想是創造出一套龐大的資料探勘系統，能整合政府和私營部門所有資料庫，並從中抽出下一起九一一攻擊事件的徵兆。[6]

波因德克斯特還提出了另一項曼哈頓計畫，由政府、學界和產業界頂尖研究人員共組而成。波因德克斯特甚至還半開玩笑表示，他打算把所有人「關進一處用有刺鐵絲網圍起來的複合營區」，這樣裡面的人就必須努力解決恐怖行動問題，否則不得離開。波因德克斯特向特瑟播放的幻燈片當中，有一張特別搶眼：它勾勒出一項一億美元的非機密性白色計畫，稱為全面資訊識別，接著還有一項並行的「黑暗」計畫，而且預算規模將達五倍。這項高度機密的黑暗計畫的運作將嚴格守密，稱為「恐怖行動曼哈頓計畫」。

這個構想在特瑟心中迴盪，不過曼哈頓計畫並不切實際：畢竟，二戰時期的曼哈頓計畫是花了好幾年才建立起來，即便有愛因斯坦寫信給羅斯福總統，告訴他核彈是有可能成真的。不過國防高研署可以很快撥出數千萬甚至數億美元款項來挹注一項計畫，沒有其他機構可以辦得到。特瑟建議，乾脆就運用三角帆計畫，投入更多金錢和資源，讓它走上一條快速道路。問題在於，特瑟希望夏爾基或波因德克斯特能有一人進入國防高研署來主持那項計畫。夏爾基是一家國防企業的高階主管，收入很高，沒興趣減薪進入政府，於是就剩波因德克斯特了，他勉強可以接受。「我知道我在白宮的經歷會帶來爭議，」波因德克斯特回顧表示，「到最後，我同意回來，最多待上幾年，讓事情起個頭。」

回想起來，讓一個名字和政治醜聞劃上等號的人來主持至關重要的反恐計畫，早該觸動警鈴。不過在二〇〇一年時，波因德克斯特不過就是在一家專門承包環線生意的企業任職的前政府官員，起碼就特瑟看來是這樣。再者，沒有人注意到，過去六年來波因德克斯特一直依循合約，悄悄為國防高研署工作，執行一項旨在預測恐怖分子攻擊的計畫。這時波因德克斯特便提出一種做法，把國防高研署直接推進了往後十年期間的一個決定性議題，而且總統小布希最後還為它貼上了「反恐戰爭」標籤。

二〇〇二年一月，波因德克斯特從一九八六年自海軍退伍並面臨未決起訴以來，第一次成為政府雇員。波因德克斯特後來接掌了國防高研署一個專事反恐行動的全新部門，稱為資訊識別辦公室。新辦公室的最大計畫是全面資訊識別，那是系列研究計畫的統稱，其中也包括三角帆，該計畫藉篩檢資料來辨識恐怖分子攻擊的潛在跡象。

特瑟不認為一個參戰的國家會為了誰主掌某項計畫這種瑣事傷腦筋。此外，特瑟後來這樣告訴一位記者，波因德克斯特「從來沒有真正相信過任何事情」，反映出國防高研署這位新任署長就要誤判情勢到何等深遠的程度。起初特瑟對他的新員工的信念獲得證實；隔月《紐約時報》刊出了一則簡短報導，提到波因德克斯特的新職位。不過接著就沒有後續報導。國防高研署的一個處局主管工作，就一位科學家來講或許是個好職位，不過在華盛頓大染缸裡，這根本不會引來多少興趣。

不過有跡象顯示，特瑟對風險的誤判，甚至還可能比波因德克斯特事例還更嚴重，他低估了把一項普通研究轉變成高調反恐行動計畫要面對何等風險。波因德克斯特從他先前的經驗知道，隱私會是個問題。全面資訊識別事關篩檢大量資料，結合情報資料庫與公開資訊。特瑟鼓勵波因德克斯特前往信用卡公司蒐集商務資料，不過波因德克斯特說明，他不願意拿真實世界資料應用在研究方案，因為他知道，這有可能立刻引發民眾反對。儘管這個構想是最終要創造出一套含真實資訊的中央資料庫，波因德克斯特依然決定，眼前仍以使用虛擬的資料為宜。

就本身誤判來說，波因德克斯特是有罪的。一項是他幫忙為新辦公室設計的標誌。那幅設計有個突顯的全視上帝之眼，也就是一美元鈔票上那幅熟見的金字塔圖像。資訊識別辦公室的印璽包含那個標誌，不過還加上了從金字塔之眼向地球射出的光束；最後錦上添花，波因德克斯特還在印璽上添了代表「知識是力量」的拉丁文。儘管金字塔是一幅熟見的影像，這個標誌卻也往往與陰謀論牽扯在一起。不過國防高研署卻似乎沒有人認為那是個問題。

波因德克斯特受聘之後不久，另一位國防高研署熟面孔進入畫面。當年把該署拉出越南泥濘的前署長盧卡西克，離職後進入了科學應用國際公司擔任「謀士」，涉足模擬和建模作業。盧卡西克對於產生情節向來很感興趣，當初他擔任署長時也就如此，審視蘇俄有可能採用哪種做法來攻擊北大西洋公約。這時在九一一事件餘波當中，他也開始思索恐怖分子情節。

盧卡西克在署長辦公室內一次私人會面時告訴特瑟，「我知道六種好方法，可以把核武偷渡進入美國。」時機恰好，因為波因德克斯特才剛開始在全面資訊識別工作。特瑟立刻帶著盧卡西克前往波因德克斯特的辦公室，接著盧卡西克很快就簽約加入一支恐怖分子「紅隊」，試行對美國發動攻擊。紅隊攻擊情節納入了一個「模擬世界」，裡面包含一些真實的地址，不過使用虛擬人物住在那些地址裡面。那是個簡化的美國副本，住了好幾百萬擬像，還有一小群假扮恐怖分子的前官員。波因德克斯特稱之為塵俗世界（Vanilla World）。

若是特瑟想要了解，為什麼國防高研署對中央資料庫表示支持，就會引發隱私怒火，那麼他毋須遠求。一九七五年六月，就在全面資訊識別糾葛還要超過二十五年才會出現之前，幾次聳動新聞報導接連提出警告，提醒注意歐威爾式電腦技術，有可能被用來產生出美國人的個別檔案。「這項技術對各位的意義乃在於：現在聯邦政府已經有辦法在幾分鐘內就能針對你，或者針對幾乎所有美國人，組成一個電腦檔案，」《NBC晚間新聞》特派員福特・羅文（Ford Rowan）報導說，「這項新電腦技術的關鍵突破，開創單位是國防部一個名不見經傳的部門，高研署。」

這當中所涉及的技術是阿帕網。形形色色的新聞報導都宣稱，政府正在使用阿帕網，經由一套連到白宮、中情局、國防部、聯邦調查局和財政部的祕密網絡，來產生中央檔案。這沒有一則是真的。儘管當時政府機關已經開始使用電腦網絡建置技術的若干元素，阿帕網在一九七五年主要仍只連接學術機構。不過這些報導是在後越戰時期，緊接著情報機構偵監濫用爭議，以及電腦普及與全國性資料庫擴散之後數年就出現，況且那些爭議還促成了《一九七四年隱私法案》（Privacy Act of 1974）。將近三十年之後，相同顧慮在九一一攻擊之後也會跟著出現，而且最早發現這些問題的人，正是一位國防高研署資助的電腦科學家。

二〇〇一年十月十二日，攻擊事件短短一個月後，國防高研署資訊科學和技術（Information Science and Technology, ISAT）研究組組員齊集進行他們的腦力激盪年度聚會。會議氣氛比先前幾年都陰沉得多。研究組組長進入集會廳，放出一組幻燈片。投影螢幕放出一九九八年賓．拉登頒布的對付猶太人和十字軍的法特瓦（fatwa，伊斯蘭教令）。他告訴會場的科學家，「我不想影響任何人的思維，不過這就是今年我們要面對的狀況。」

資訊科學和技術組在一九八〇年成立，那是在戰略計算先導計畫推行的時期，成立目的是做為國防高研署的顧問小組，焦點擺在電腦科學專業。這個資訊科學和技術組有別於傑森團隊，也就是當初協助建立越南麥納馬拉防線的那支科學家精英團隊，它並不是獨立運作的顧問團體；它只針對國防高研署的諮詢提出見解。[7] 資訊科學和技術組的一位組員埃里克．霍維茨（Eric Horvitz）早就開始思索，該如何使用電腦來協助篩檢大量資料，來預測未來事件。不過就在那年，霍維茨這位在微軟服務的人工智慧傑出專才看見一個機會，能把這項工作成果應用在連帶有關的資料探勘和隱私議題。他的願景著眼於一種稱為選擇性披露的手法。

依循霍維茨的架構，政府當著手蒐集資料，不論情報、執法或商務資訊都含括在內，並將結果納入一個中央資料庫裡。沒有人可以直接存取該資料庫，只有電腦演算法可以篩檢個人資料，著手審視有可能顯示恐怖分子攻擊的模式。一旦找到這種模式，依霍維茨的想法，政府就能取得搜索令，容許「選擇性披露」個人資料。他說：「基本上，這個理念就是，你該怎樣做才能把個人資料披露程度減到最低，同時仍能支持對乾草尋針具有重要作用的分析。」

資料探勘系統的運作方式就像個上鎖的黑箱。箱裡，「你基本上有感興趣的待查詢問題，由自動化電腦代理人巡視一批批資料，」霍維茨說明，「你蒐集資料，不過除了電腦程式之外，沒有人獲准看這筆資料，而且不論何時，當你發現一些問題或顧慮事項，系統就會警醒一位操作員，接著它說，『我找到了某種現象，那有可能是個問題。』」

最終免不了會有個人開始審閱結果，不過每次有人窺探內部時，系統都會監視並留下記錄。霍維茨描述他的概念是一種「監看監看人」的系統，意思是能存取資料庫的人，自己也是隨機審核的監視對象。他認為，這或許就能發揮「鏡聽」的作用，所有人都有可能監看其他所有人。[8]霍維茨關於「鏡聽」的構想，很快就來到了波因德克斯特的辦公桌上，這時他才剛搬進他的國防高研署辦公室。波因德克斯特希望國防高研署能贊助私人研究，做為全面資訊識別的一環，由此檢視可以把哪些安全防護措施納入資料探勘系統，而霍維茨的提案也正是主張研究這點。

霍維茨的概念和波因德克斯特有關資料庫搜尋如何貢獻全面資訊識別的見解也非常接近。在波因德克斯特看來，電腦演算法不必然得專注於某特定恐怖分子事件，因為那些情況太罕見了，沒辦法先期預料，演算著眼的是有可能顯示恐怖分子正預備攻擊的活動模式。執法或情報機構毋須前往美國外國情報監控法院或其他司法機關申請特定人士的資料，只須請求授權來搜尋特定模式即可。誠如波因德克斯特所述：「倘若你就該模式的搜尋回報有十萬次符合，區辨能力就顯得不足。你改進模式；你拿到〔司法機關的〕許可。或許你用這個版本可以得到十次符合。在這時候，你經由某種自動化系統回報法院，然後說，『好的，我們有了，十次符合。現在我們希望獲得許可，來找出這十次相符狀況的詳情。』」

由於波因德克斯特認為，具有隱私機制對於自動化搜尋來講相當重要，因此他主動資助資訊科學和技術企劃。他甚至還參加了維吉尼亞州亞歷山卓國防分析研究所辦公室舉辦的二〇〇二年夏季研究會議，資訊科學和技術組邀請兩位隱私倡言人來觀察這次會議，包括電子隱私資訊中心主任馬爾克・羅騰貝格（Marc Rotenberg）。波因德克斯特和羅騰貝格在一九八〇年曾經起過衝突，當時波因德克斯特還在白宮，羅騰貝格則是國會工作人員。羅騰貝格當時擔任佛蒙特州民主黨參議員派屈克・雷希（Patrick Leahy）的律師，他反對白宮一項主張由國安局協助私營公司保障網絡安全的國安決策指令。國會山莊的反對派，包括羅騰貝格在內，認為這是種國安局侵入行徑。波因德克斯特說：「那是老大哥要監視你還有其他所有這些廢話。」

在資訊科學和技術組的二〇〇二年會議期間，羅騰貝格靜坐旁觀，後來波因德克斯特在休息時向他走來，兩人交談很客氣。波因德克斯特謝謝他來參與，並說國防高研署真誠期盼能蒐集有關平衡安全和隱私的種種觀點。根據波因德克斯特所述，羅騰貝格曾說他明白，還補充表示他認為有必要多加監督。波因德克斯特把那當成鼓勵的徵兆。不過他錯了。

羅騰貝格從完全不同的視角來看待這次會議。就他的觀點，波因德克斯特和涉入這項計畫的其他人，並不了解隱私代表什麼意思。像波因德克斯特這樣的官員認為，內部審核機制（從事偵監的國家所屬人員監視自己本身）就能保障隱私。羅騰貝格論稱，《一九七四年隱私法案》的根源在於民眾對於針對自己所蒐集的資料擁有控制權，而不只在於資料如何使用。他在參與有關全面資訊識別的另一場研討會時，更加深了他對國防高研署計畫所產生的顧慮。這場研討會在史丹福舉行，宗旨是要檢視一項國防高研署計畫提案，該案目的是要創造出「eDNA」，往後也就有可能追蹤網際網路上的每次按鍵，而且追溯到特定使用者。羅騰貝格形容這是「完美的偵監，而且完全瘋狂」。

儘管羅騰貝格對隱私深感憂心，國防高研署的計畫依然向前推展，在當年稍早便曾公開就資訊識別辦公室的網際網路領域徵求企劃案，包括波因德克斯特所稱的「隱私保障裝置」。接著在九一一之後，反恐行動開銷的水閘大開，光是三角帆的預算就不只倍增，從二〇〇二年的七千萬美元，增加到二〇〇三年的一億五千萬美元。二〇〇二年上半年全期，波因德克斯特都致力組建出全面資訊識別初步原型，並與其他國防和情報機構接觸，邀請他們建立資料網絡「節點」。中央節點將由國防高研署負責控制，不過分配出去的節點，則可供不同機構存取網絡，測試計畫的各種工具。而且不出所料，國安局擁有的節點數超過其他任一機構。

到了二〇〇二年夏末，所有片段逐漸聚攏，不過從外界看來，它展現的相貌或許有別於從內部所見。資訊識別辦公室的主管嫌惡伊朗軍售人士，單位印璽出現了一個代表光明會陰謀論的圖符，還有個建立中央資料庫的雄心願景。這個新的辦公室準備好要公開露面，而且是到迪士尼樂園登台亮相。

國防高研署技術研討會（DARPATech）是每半年舉辦一次的研討會，一度是個中規中矩的技術會議，向來選在丹佛和達拉斯一類都市舉辦，這次特瑟卻想要譁眾取寵，所以在二〇〇二年，他把會場移到了加州迪士尼樂園。「我們這次專題論壇辦得十分有趣，」特瑟在發表主題演講時說道，「部分樂趣來自各處室都動手找出一項迪士尼類型的主題，來說明他們在做什麼。」（資訊識別辦公室的主題是《星際大戰》的類人機器人 C-3PO 和 R2-D2。）

正如特瑟看不出，要波因德克斯特到信用卡公司蒐集財務資料的提議有什麼問題，他也沒有看出，容許波因德克斯特在住了真實尺寸古菲狗和米老鼠的幻想世界推出資訊識別辦公室會惹出問題。於是在二〇〇二年八月，就在蒞臨觀禮的國防高研署所資助的研究人員和幾位記者面前，波因德克斯特向大家介紹了資訊識別辦公室：

交易空間是必須予以開採來發現、追蹤恐怖分子的重要新資料來源之一。倘若恐怖分子組織打算規劃、執行攻擊來對付美國，他們的人就必須交易，而且他們會在這個資訊空間裡面留下訊跡。這個空間是一張交易類別列表，而且內容原本就該兼容並蓄。就目前而言，恐怖分子可以在世界各地自由行動，必要時躲藏起來，還能籌措資金和支持，接著以小建制獨立單位各自運作，久久才出擊一次，利用群眾效應和媒體反應做為武器來影響政府。我們很痛苦地得知他們採用的部分策略。這種低強度／低密度戰爭形式有一種資訊訊跡。我們必須設法從雜訊中挑出這種信號。某些機構和喉舌談到了連連看，不過這當中的一個問題是，得先知道該把哪些點連在一起。從這些資料採擷出的相關資訊，必須製作成大規模存儲庫並導入增強的語義內容來提供民眾使用，以方便進行分析並完成這項使命。交易資料當能彌補較傳統式情報蒐集作業之不足。

波因德克斯特在演講中承認，隱私方面存有隱憂，不過他也承諾要設法解決。「技術可以依循好幾種做法來幫忙保障權益和民眾隱私，同時協助讓我們所有人都更安全。」

國防高研署技術研討會開幕、接著閉幕，只引來了稀疏的新聞報導，大半集中說明，特瑟宣布國防高研署將資助在加州沙漠舉辦一場「機器人競賽」，那其實是自駕車的演示活動。當時似乎沒有人注意到波因德克斯特的演說，他介紹的內容，不盡然就是在介紹什麼新鮮事。超過兩年之前，夏爾基便曾在先前一次國防高研署技術研討會上談過「全面資訊識別」，不過在那時候，那還比較算是個概念，不是一項計畫。至於波因德克斯特，他在一次小型國防研討會上現身，似乎也沒有什麼新聞報導價值，特別是參與採訪的媒體人士還多半是專注科學和技術領域的新聞人。

然就隱私倡言人羅騰貝格，早先他就幾度和《紐約時報》技術領域記者約翰．馬可夫（John Markoff）討論了他的顧慮。到了十一月，馬可夫刊出一篇報導，文中描述全面資訊識別是「一幅巨大的電子拖網，四處獵捕恐怖分子，同時也搜尋個人資訊，作業範圍遍及全球——包括美國在內」。文章引述波因德克斯特的迪士尼演說，也提起了羅騰貝格的演講內容。報導還描述國防高研署計畫要打造出一套「針對美國民眾的全國偵監系統」。

就連那篇文章也沒有引來太多關注。隔週，《紐約時報》專欄作家威廉．薩菲爾（William Safire）對全面資訊識別宣戰，稱之為對美國生活方式的公然侮辱。「每次用信用卡購物，每次訂購雜誌，每次拿醫療處方去買藥，去過的每個網站，收發的每封電郵，收到的每張學業成績單，每次到銀行存款，預約的每趟旅遊，還有參加的每場活動——這所有交易和通訊，全都會進入國防部所說的『一個虛擬、中央化的宏偉資料庫中』，」他寫道，「這個針對你私人生活並得自商業來源的電腦化相關檔案，加上政府擁有的有關你的所有片段資訊，包括：護照申請、駕駛執照和過橋費繳交記錄、司法和離婚紀錄、雞婆鄰居向聯邦調查局投訴舉報、你的終生文件記錄，再加上最新的隱藏攝影機監控畫面，於是你就有了超級偷窺狂的夢想：針對所有美國公民的『全面資訊識別』。」

薩菲爾的專欄是事實和幻想的結合：全面資訊識別是運用虛構資料來進行的研究計畫，而且就算假定那項技術最後獲得採用，基於眾多法律上的理由，部分資料仍須排除。就另一方面，薩菲爾的描述是個合理寫照，能如實道出波因德克斯特的抱負見識。那篇專欄觸發了風暴，又經過華盛頓傳聲筒擴大解讀：引發連串論述，許多還引述了薩菲爾的報導。該署發言人告訴特瑟，只要不予理會，怒火終將熄滅。國防高研署官員堅拒對波因德克斯特的工作或該計畫發表評論。隨著更多文章紛紛推出，特瑟更是深感震驚，這反映出他就民眾對國防高研署事務的可能觀感竟是這般渾然無知。在他看來，全面資訊識別不過是一項研究計畫。然而那些文章卻把那項計畫寫成彷彿那是一套已經投入運作，用來收集所有人醫療記錄的系統。「我讀著這些東西，也知道是什麼狀況，不過我開始想，老天，說不定我不知道狀況！結果我們卻沒有回應，」後來他這樣告訴一群記者，「我們搞砸的地方是我們沒有回應。我們根本就沒有採取主動立場，站出來說，『嘿，胡說八道，』你知道，然後到各地確保所有人都知道我們是在做什麼，等到後來就太遲了。」

不過不只是媒體，國會也開始要求進行簡報，於是帶來了一個全新的問題。波因德克斯特先前曾對國會撒謊被判有罪，現在要挑個人派往國會山莊，回答議員提問並平息他們的怒氣，他肯定不是個好人選。波因德克斯特建議由他的副手鮑伯・波普（Bob Popp）去簡報，結果特瑟卻堅持親自對國會議員發言。結果就是一場災難。「東尼對計畫認識不夠透澈，無法深入解釋細節，」波因德克斯特嘆道，「結果事與願違，看來我們是隱密得遠超出我們想要的程度。」

隨著批評環伺波因德克斯特，有關全面資訊識別的爭議也同時加劇，然而特瑟卻絲毫不肯退讓。畢竟，國防高研署有國防部長和副總統在上面頂著。一時之間，五角大廈領導階層也為國防高研署撐腰。然而隨著文章數量激增，國會便要求五角大廈提供完整報告，詳述資訊識別辦公室以及它的所有計畫。國會工作人員耙梳報告時，其中一項計畫特別引起他們注意：那是一項小型研究案，探究一種稱為「未來地圖」[9]的事項，該計畫檢視使用「群眾智慧」的可能潛力，並以自由市場投資客來代表群眾，循此來預測未來的政治事件。未來地圖的根源其實是出自美國國家科學基金會的一位研究員，那位學者對開放市場的預測能力很感興趣。國防高研署也曾賦予幾項非常初步的工作合約，用來資助研究人員動手測試，讓民眾以真錢押注未來的政治活動是否能構成準確預測。[10]

網易所（Net Exchange）是參與該計畫的公司之一，他們創建了一個網站，納入了「多采多姿的實例」，好比「刺殺阿拉法特、北韓飛彈攻擊」。那是群眾資源預測的一項早期作業，十年過後會變得司空見慣。對國會來講，未來地圖就足夠滿足他們的迫切期望，找到藉口來趕走波因德克斯特，去除他的計畫。奧勒崗州民主黨參議員羅恩・懷登（Ron Wyden）

表示，「設立一家專賭暴行和恐怖行動的聯邦博奕館，這個點子荒謬愚蠢，怪誕可笑。」

未來地圖插曲幾乎就是越戰終止前夕敏捷計畫逐字照抄的翻版，在那時候，國會成員也曾細密篩濾國防高研署報告，希望能找到難堪的內容。「向來對那項計畫挑剔批評的國會議員和參議員，聽說了（依他們的說法）我想要建立一所博奕館時，他們都惱怒了，」波因德克斯特說道，「我就在那時候告訴東尼，我該離開了，於是我離職了。」

波因德克斯特在二〇〇三年八月寫了辭職信遞交特瑟，採單行間距，達五頁篇幅，內容詳述國防高研署的源起，創辦目的，還有它的成就。他回顧資訊識別辦公室的歷史，為它的活動提出毫無歉意的詳細辯解，並抨擊「華盛頓那種激昂的政治性環境，油腔滑調、『金句』和象徵符號」層出不窮，卻沒有理性辯論。他表示，期望國會能挽救他的辦公室處理的部分工作。

隔月，國會投票取消國防高研署全面資訊識別計畫，並關閉資訊識別辦公室。全面資訊識別宣布死亡，起碼就官方而言。實際上它並沒有死：它就要轉變成某種非常不同，而且可以說是糟糕得多的事物。

波因德克斯特回顧他在國防高研署最後那段日子，他不再拿他的註冊商標煙斗來抽，就如同三十年前，他在軍售伊朗醜聞審訊時的情況。波因德克斯特說：「國會宣稱他們已經關閉我的辦公室，結束全面資訊識別計畫，不過實際狀況卻是，他們把全資識的所有構成要素挪出了國防高研署，擺進了情報界裡面，而且最終還納入了國防部預算的機密。」[11]

那麼可不可能就像波因德克斯特最早在二〇〇二年向特瑟提出的建議，全面資訊識別其實只是個幌子計畫，用來掩飾一項規模龐大的黑計畫？波因德克斯特說，到最後，他們決定不進行那項黑計畫，因為他們希望延攬大學研究人員加入，那些人並沒有接受安全權限審核，而且「要花太久時間才能通過所有必要審核，開始投入這種機密計畫」。不過，把計畫搬到情報界達到了大半的相同作用：全面資訊識別終究沒有死亡；它只是轉成黑計畫，如同波因德克斯特從一開始的提議。原資訊識別辦公室的所有計畫幾乎全都由國安局的高級研究與開發行動處接手，唯一例外是隱私保障研究。波因德克斯特指出，對此「我們遭受到世上最嚴厲的批評」。

以往波因德克斯特經常被描繪成狡猾政府密探的典範，如今他依然經常被人這樣形容，也就是《紐約時報》薩菲爾針對他所稱的「戴軍校戒指的大騙子」。真正的波因德克斯特（儘管不拘絲毫歉意，不過依然和藹可親，就連面對懷疑他的人也不例外）絕對不是批評者口中所說的那般惡毒。不過就他的願景，不論該如何受到隱私倡議人指責，則是根源自對國家安全的深刻（儘管受了誤導的）關注。

倘若全面資訊識別繼續由國防高研署推動，原本計畫是要擴張塵俗世界，也就是官員練習找出恐怖分子的模擬世界。波因德克斯特設想出櫻桃塵俗世界，接著是法國塵俗世界，各自增添了複雜性和現實性層次。然而國防高研署的研究始終不曾超出簡化的虛構世界。這裡面的基本科學問題是，電腦演算法能不能從結合私人與公共部門的資料檔中找出恐怖分子的活動模式，就這方面始終沒有獲得證實，起碼公開而言是如此。

十年之後，波因德克斯特堅稱，全面資訊識別計畫成功了，從根本上改變了情報界處理資料時著眼的焦點和方向。[12]波因德克斯特說明，「儘管全資識在二〇〇三年遭國會刪剪，我想基本上我們是達成了當初我發起要達成的事項，那就是宣揚技術觀念，開發出一些早期版本，以供後續改進，並檢視一種供情報分析使用的新程序。」

對於我們需要在隱私與安全之間求得平衡的信念，波因德克斯特是真誠的，不過他對於很大部分美國民眾心中認定的隱私，卻存有一項根本誤解，這也導致他陷入不利處境。有關政府資料蒐集、電腦和隱私方面的顧慮，可以遠溯至一九七〇年代，而且那些顧慮是在手邊資料規模擴大之後，才隨之加深。「有些政府官員企圖施展技倆來擺平隱私議題，他們堅稱個人記錄和資料一般都不會分享出去，也不會任由人類觀察者來檢視，於是他們論稱，這並不會真正侵犯隱私，」倡議隱私的美國科學家聯合會成員史蒂芬．阿夫特古德（Steven Aftergood）在狂濤過後不久這樣寫道，「不過那並沒有觸及問題核心。只要遭到不受歡迎的監視，就算那是台機器做的，個人隱私都會受損害。」

最後結算顯示，全面資訊識別留下的遺產，比國防高研署任何單一計畫所產生的影響都更深遠。這場爭議不只終結了相關的隱私研究，還把資料探勘深深推進情報圈機密世界，為一個大規模分析、蒐集系統奠定了知識基礎，那套體系在十年之後，由國安局一位約聘人員對外披露，他的名字叫做愛德華．史諾登（Edward Snowden）。

就國防高研署而言，這也引發了長久延續的反響。戈德布拉特，國防高研署那位前麥當勞科學家轉任的經理，發現他的超級士兵研究一度是錢尼寵兒，如今卻也遭受國會人員抨擊，因為那些人迫切想在國防高研署身上找到更多污垢。他的疼痛疫苗開發工作，以及能熬過失血的士兵，則被解釋成瘋狂科學家策劃的陰險圖謀。「他們認為我們要把人類打造成機器人。他們完全誤會了，」他回顧說，「這裡我承受了很多壓力。」不過就如全面資訊識別的情況，那項工作並沒有結束。「美妙之處在於，我們改了名字，然後計畫繼續進行。」戈德布拉特笑著說道。

或許戈德布拉特在事後覺得那起事件很有趣，不過在那時候，他是深深感到失望。他致力打造未來士兵的努力，兩年前曾獲副總統熱情接納，如今卻成為國防高研署的包袱。他在二〇〇三年辭職，同一年，波因德克斯特也為了全面資訊識別離去。戈德布拉特甚至還告訴特瑟，有關機器人士兵的爭議可以歸咎於他。「我們擺脫了瘋子戈德布拉特，」他教特瑟這樣對國會說明，「他失控了，他是個牛仔，想方設法殺害我們所有人，把我們灌飽毒品。」

國防高研署署長很快也遭遇了自己的危機。就在爭議過後不久，前參議院議長紐特．金瑞契（Newt Gingrich）來訪，還帶來一則直接信息，來自很少與國防高研署署長直接溝通的國防部長倫斯斐：「我來告訴你，首長說，你〔被開除〕的日子近了。」[13]特瑟保住了工作，不過國防高研署失去了他口中所稱機構的「最大戰略推力」。這也表示，起碼就可見未來，國防高研署不會再涉入和反恐戰爭有關的高調研究。未來飛行器還算合宜，至於拿機構的電腦科學專長應用於反恐行動研究，那就不行了。[14]

部分人士認為國防高研署應該只專注於未來發展，就這些人士而言，偏離正軌十年、二十年，失去一項至關重要的反恐任務並不是悲劇。然而這個機構在幾個月間就率先研發出總統座車防護，而且在不到幾年期間就打造出革命性核武監測系統，還曾經領導一項全球戡亂計畫，就這個機構來講，這就標誌了機構任務的大幅縮減。走過全面資訊識別事件東山再起的國防高研署，仍將以其技術成就受人景仰，卻已經很大程度遭到排擠，無緣從事國家安全第一線工作。由於害怕批評，又渴望得到關注，國防高研署改把目光轉朝幻想。

第18章 夢幻世界

「我堅信，最好的國防高研署計畫經理內心必須有想要成為科幻作家的渴望，」特瑟答覆他有關國防高研署經營哲學的問題時提筆寫道，「像H. G. 威爾斯（H. G. Wells）這樣的作家就是個例子，他在他的一九一四年小說《獲得自由的世界》（*The World Set Free*）中記述核子動力並談論原子彈，還為它起了個當今所採用的名稱，而且他會是個優秀的國防高研署〔計畫經理〕。」

回溯一九八〇年代，也正是基於這份對科幻的熱情，特瑟才投入宣揚杜邦的夢幻太空飛機。而且回顧二〇〇一年，也基於同樣這個理由，他才選擇了戈德布拉特超級士兵和精神控制武器，做為迎接錢尼來訪的開場演出。那種技術驚悚材料正能投特瑟所好。「想像距今二十五年之後，像我這樣的老傢伙戴上眼鏡或頭盔，然後睜開眼睛，」特瑟在一次國防高研署技術研討會上發表演說，指稱戈德布拉特的辦公室所從事的工作，「那裡某個地方會有一台機器人，而且會睜開它的眼睛，然後我們能看到那台機器人看到的景象。我們將能遙控俯瞰一處洞穴，然後在心中默想，『讓我們下去那裡，大大施展一番。』」

最重要的是，特瑟熱愛迪士尼樂園。這個即將成為該署任期最長署長的人認為，米老鼠的老家和迪士尼的提基神殿（Walt Disney's Enchanted Tiki Room）展現出他為國防高研署勾勒的完整願景。那處樂園就是國防高研署全面資訊識別在二〇〇二年初次亮相的地方，也是後來國防高研署持續使用的開會地點。在他將近八年署長任內，特瑟總共在迪士尼樂園舉辦了四次國防高研署技術研討會，在那裡發表演說，也夾雜呈現《星際大戰》主題音樂，並分發免費紀念品，包括印了國防高研署裝飾花樣的撲克牌、客製國防高研署標識高爾夫球，以及印了武裝無人機圖樣的T恤衫。「歡迎來到我們的世界！」在二〇〇四年三月開幕式上，特瑟眉開眼笑對著觀眾說，「來到這個科幻化為真實的世界。」

二〇〇四年三月的第二次國防高研署技術研討會，也標誌了美國領導的伊拉克入侵行動滿一周年。原本料想迅速重建的一年，卻變成了一場血腥衝突，美軍陷入困境，不是對付他們準備好要應付的正規軍，卻是近乎無影無蹤的叛亂分子。最後三月成為特別慘烈的月份：武裝分子發布了一段影像，顯示美國人質尼古拉斯．貝爾格（Nicholas Berg）遭斬首的情景；美國安全顧問公司黑水國際（Blackwater Worldwide）的四名雇傭兵在費盧傑（Fallujah）遇害，他們的焦黑屍首遭人在街道拖行；一枚炸彈在巴格達市中心一家旅館引爆，炸死好幾十人。當月期間，伊拉克計有五十二名美軍士兵死亡，許多都在駕車行駛時遭遇簡易爆炸裝置攻擊，這種手工自製炸彈的使用頻率愈來愈高了。

不過在迪士尼樂園，計畫經理正在分發國防高研署壓花的 M&M 巧克力糖，一片歡欣氣氛。特瑟認為他的使命是要讓該署「恢復舊觀」，再次成為員工「總是給署長找麻煩」的地方。而那也正是當初波因德克斯特和全面資訊識別所引發的狀況。特瑟熬過了國會和民眾的反彈，這也意味著國防高研署在反恐研究中扮演的角色就要割讓給情報界。

儘管參與頂級國家安全課題的指望破滅了，特瑟的其他願景，包括比重均等的幻想和間諜傳奇則枝繁葉茂，為機構開創出全新的觀感。他資助種種構想，好比一款無人極音速戰鬥機稱為黑燕（Blackswift），能以六倍音速飛行，成為先前失敗的國家航太飛機的後續機種。他還熱情接受種種新鮮事物，好比「聚合冰」（polymer ice）[1]，那是種合成物質，可以從悍馬車向後拋出，讓敵人滑出路面。不過他的某些構想在科學上就比較令人懷疑。舉例來說，他支持一種頗富爭議的「鉿炸彈」（hafnium bomb），這種裝置使用放射性物質，每克威力有可能達到傳統爆裂物的數萬倍，不過科學家得先找出引爆方法。沒有人辦得到。

特瑟知道他需要某種大動作，才能從歐威爾樣式的資料探勘事件恢復過來，而且甚至在醜聞上演當中，他已經設想出一個科幻樣式的構想：機器人賽車。這場競賽安排讓機器人汽車進行一趟崎嶇沙漠道路賽，路程約兩百四十公里，從加州巴斯托（Barstow）延伸到內華達州普里姆（Primm），和拉斯維加斯相隔才六十五公里。比賽號稱大挑戰（Grand Challenge），獲勝機器人的製造單位可以贏得百萬獎金。特瑟準備前往加州為比賽揭開序幕之時，他心中明白，機器人賽車進行順利的話，有可能幫國防高研署擺脫盤繞不絕的批評。倘若進展不順利，那麼國防高研署也就未來堪虞了。

特瑟在二〇〇三年二月一個週六飛抵洛杉磯，參加一場為大挑戰賽潛在參賽單位所舉辦的「產業日」活動，當時他陷入了一場恐慌。那場比賽是一場賭博，國防高研署投注鉅額費用，租下威爾希爾大道上的彼得森汽車博物館（Petersen Automotive Museum），館內收藏奢華車款和經典名車。他回顧表示，「唉，說不定所有人都會是我們自己的人。假使現場還有其他五個人，那我就得到外面洛杉磯街頭，要無家遊民進來塞滿這地方，讓這裡看來有人參加。」

特瑟那一代工程師是看著金・羅登貝瑞（Gene Roddenberry）的《星際爭霸戰》長大的，最後則是投入從事雷根的星戰工作。這位未來的國防高研署署長在一九六九年，也就是阿波羅十一號登月任務的同一年，拿到史丹福大學的電機工程博士學位，接著就進入日漸增長的冷戰軍工複合業界工作，當時那類機構吸收工程師的速度和大學產出速度一樣快。那時還沒有矽谷來爭搶頂尖畢業生；金錢、職位和振奮激情，全都在國防和航太業內。特瑟接續進入好幾家國防公司，最後到了一九八〇年代，雷根擴增軍力的時代，他才受聘進入國防高研署，主掌高度介入飛彈防禦的戰略技術研究處

特瑟工作十分勤奮，星期六在他看來只是另一個工作日，他希望能在一九九〇年代當上國防高研署的署長，結果卻敗給了一個政治任命官。他在二〇〇一年又得到一次機會，於是他奮起掌握了這次良機。特瑟戴著超大工程師眼鏡，梳一頭油亮髮型，天衣無縫融入華盛頓環線（Washington Beltway）的技術產業複合體。不過他對未來技術也抱持一份真誠，幾乎稱

得上小孩子氣的熱愛，而這也在他初嚐國防高研署工作，推動像杜邦和太空飛機這樣的人物和概念時映現出來。他描述令人振奮或驚訝的事物時，最愛講的語句是「哇賽！」

在當上國防高研署首腦，或甚至在當上工程師之前，特瑟曾擔任富勒刷（Fuller Brush）全職業務員一段時期，挨家挨戶推銷個人護理用品。「我總愛說，〔那是〕我曾經接受的最好教育，」特瑟後來告訴國防高研署雇用的一位訪員，「當你是個富勒刷人員，動手敲人家大門，這時你只有一、兩秒時間來好好評估應門的是誰，還有你要怎樣進入那間房子。」銷售富勒刷關乎讀懂聽眾，或就如特瑟所說的，「講述正確的故事」。

特瑟孤注一擲，只能期望大挑戰賽是正確的故事，不過他擔心，就連和武器或軍事沒有直接牽連的機器人賽車都可能激發反彈，或起碼導致民眾不來參賽。儘管曾在史丹福讀研究所，特瑟眼中的西岸仍是個奇怪的地方，充斥一群自由主義者，他們完全沒有理解到世界在九一一之後出現了哪些變化。後來他反思說明，「民眾，特別是美國西部地區的民眾，我覺得他們真正認為對紐約的攻擊行動就像電影，《哥吉拉入侵》，你知道，《紐約市》或類似那種情節，卻沒有真正領會到，我們是真的開戰了。」[2]

不過，起碼就賽車而言，他的顧慮是太超過了。特瑟蒞臨汽車博物館時，現場出現一條長龍，蜿蜒繞過街區。約八千民眾參加了。「哇賽！」特瑟心中默想，「結果還真的可能做成大事。」

國防高研署的大挑戰並不是國防高研署某位科學家的心血結晶，而是一度擔任該署首席法律顧問鄧恩的智慧產物，他不斷發明創意機制來規避官僚體制。不論是想辦法來雇用員工從事特殊合約，或者規避正常的政府程序，來與小公司合作，他已經成為專門幫國防高研署剪除繁文縟節的某種「修理舖」獨行俠。大挑戰，或者起碼賽事的架構，也是鄧恩的一項革新，仿效的模型是紐約旅館業者雷蒙德・奧泰格（Raymond Orteig）提供的奧泰格獎（Orteig Prize），該獎項提供兩萬五千美元給第一位單人駕機飛越太西洋的贏家。

二〇〇〇年鄧恩從國防高研署退休過後不久，他說服國會授權國防高研署提供「激勵獎金」，不過並沒有制定比賽類別規格。[3] 機器人學是早期提議之一，鄧恩回顧說明，不過那個構想原本是關於能攀登建築物的機器人。當特瑟接掌國防高研署，懸賞授權仍懸而未用，他心中另有個構想：機器人賽車。「嗯，這個國家所有人都有車。所有人都能買這些電腦，」他推理說明，「感測器你都能買到。致動器甚至在殘障市場上都買得到。所以對普通人來講，進入的門檻很低。」

原本特瑟希望比賽在洛杉磯都會區的安那翰（Anaheim）舉辦。他設想一場路程四百公里的賽車，從洛杉磯沿著公共道路直抵拉斯維加斯。就如一九三〇年代已經能搭機飛越大西洋，理論上而言，製造自駕駛汽車所需各項技術，也全都可以取得，不過把它們組合在一起，似乎還像是種幾近不可能的壯舉，或至少是以往從沒有人做過的事情。這會成為心理學上的重大進步，而且能與技術進步相提並論，特瑟期望比賽能點燃全國對機器人學的興趣。然而到最後，一位受聘來管理後勤事項的空軍上校告訴他，要封閉通往洛杉磯的道路是辦不到的，就連晚上也不行。不過上校建議改到巴斯托，那處奄奄一息的加州沙漠小鎮主要只有沙漠灌叢和甲基苯丙胺毒品製造場。通往巴斯托的道路要封閉並不會太難。

二〇〇四年三月十三日，十五組競賽選手在巴斯托起跑線上就定位：頭彩一百萬大獎，頒給能在最短時間橫越莫哈韋沙漠（Mojave Desert）崎嶇地形，完成一百五十英里賽程的選手。全國媒體從國內各地蒞臨巴斯托，來記載這次歷史性事件。樂觀期許持續不到八英里。參賽車輛逐一退出，有的被石頭卡住，有的困在路堤，有的軟體出問題，或者就如當中一次事例，戲劇性翻滾壓過一道籬笆。最看好的選手是一輛悍馬車，創下了七．三二英里最遠路程，最後「車腹卡在一處坡道外緣，前輪空轉，車輛起火，」《科技新時代》（*Popular Science*）雜誌這樣報導，有關那次賽事的頭條標題是〈沙漠災難〉。

大挑戰從一開始運氣就不好。沒有人請領那一百萬獎金。不過回頭想，奧泰格獎從懸賞開始到林白贏得獎金也是花了八年時間。可取之處在於，它不像奧泰格獎奪走了好幾位競爭者的性命，沒有人死在那次沙漠賽車。特瑟沒把這次失敗看得太重，答應再辦一次大挑戰，並責怪媒體誇大宣傳這第一次比賽。他說：「我知道你們把氣勢醞釀得很高，〔然後〕只走了七英里，你們感到很困窘，不過可別以為我們也這樣。」

就在特瑟舉辦大挑戰，把機器人學的前沿向前推展，國防高研署支持的科學家則著眼檢視科幻迷的另一面。特瑟虔誠追隨海爾邁耶，篤實奉守他的「教義問答」（包含七道問題，當時的署長就是據此來評估是否啟動某項計畫），甚至在國防高研署技術研討會上分發的巧克力條，包裝紙上都印了這組教義問答。就如海爾邁耶，特瑟也想要突破，而且他希望這些突破能依照時刻表產生，他稱這些時點為成敗點。沒辦法如期（好比六個月或一年期限）達到特定目標的計畫，全都立刻終止。習慣長期撥款的大學研究人員遭受衝擊。《紐約時報》報導，國防高研署在二〇〇五年大幅刪減挹注學術界的電腦科學資助；到了二〇〇四年，金額從二〇〇一年的二億一千四百萬美元，降到了一億兩千三百萬美元。特瑟為裁減辯白，表示他沒看到電腦科學系所提出任何新鮮點子。特瑟面對批評時這樣還擊，「這些怨言所含信息似乎就是，電腦科學界過去表現很好，因此有資格得到它所習慣的那種水平的資金挹注。」

這並不是特瑟第一次和科學界產生牴觸。二〇〇二年時，他突然終止了國防高研署和傑森團隊長達四十年的關係，取消資助那支獨立科學顧問團隊。[4] 特瑟從來沒有公開說明，究竟是什麼原因促使他決定切斷關係，不過根據好幾份記載，雙方衝突出自該團體成員的身分，因為有些五角大廈官員覺得，他們偏向年紀較大的物理學家。國防部長倫斯斐希望傑森團隊增添特定成員，「幾位三十歲的年輕矽谷類型」，後來他在一次訪問時這樣告訴《財星》（*Fortune*）雜誌。傑森團隊長年以自行遴選成員感到自豪，拒絕了，於是特瑟取消了他們的合約。接著上國會強烈抗議之後，五角大廈的國防研究與工兵局局長資助該合約；傑森團隊活了下來，不過與國防高研署的決裂永不再重圓。

傑森爭議加上與大學電腦科學系所切斷關係，開始把特瑟塗抹上反學術相貌。不過特瑟堅稱國防高研署並沒有縮減對各大學的挹注；只是把資金重新分配，導往跨學科研究，因為他認為這能產生重大突破。他在一次國會聽政會上強調的實例之一是能讀取人類心思的電腦，或就是國防高研署最後所稱的「增廣認知」（augmented cognition）。

「增廣認知」一詞出自霍維茨，也就是從學理上為全面資訊識別構思出「鏡廳」隱私裝置的那位微軟科學家。在二〇〇〇年一次由國防高研署資助的會議上，霍維茨提出一款能直接適應人類心理狀態的電腦構想，那是利克萊德「人與電腦的共生」之夢想的延伸。利克萊德希望使用電腦來協助下達決策，因為電腦能以超過人腦的速度計算。幾年下來的核心焦點都是專注讓電腦的威力更為強大，然而人腦卻依然保持原樣。比起利克萊德的時代，如今的電腦已經遠遠更快，也更聰明，問題則是人腦趕不上了。霍維茨希望把認知心理學和電腦科學結合起來，找出讓人腦能以更高速與電腦合作的方法。

霍維茨設想的電腦能夠察覺一個人是否疲累了、負荷過重或者忘東忘西，然後做出反應，好比重新調校顯示幕，或者提供聽覺線索，來警醒精神渙散的使用者。為示範這個願景，他和他的資訊科學和技術研究組同事們，甚至還安排在一次會議上展示「讀心」頭盔，用來驗證增廣認知的一個層面：使用感測器來偵測腦信號。這個想法是要在某人頭上戴了裝置電極的頭盔，用來偵測神經信號（或者以紅外線感測器指向腦子，檢視血流變化），接著使用那項資訊來調節電腦的資訊提供作業。

增廣認知引來迪倫．施莫羅（Dylan Schmorrow）的注意。施莫羅是國防高研署的新任計畫經理，資助了一項正式研究。霍維茨設想增廣認知是基本科學和工程學的混合產物，所以那是一項含括寬廣範圍的研究計畫，專研人類如何把各種感測器所得資訊整合起來。那項研究能改進人類與電腦的互動方式，好比設計出能因應使用者特性並彰顯重要資訊的顯示器。施莫羅喜歡這個構想，不過他還更喜歡那種頭盔。國防高研署開發的增廣認知計畫最終專注於單一應用：一種能偵測某人認知狀態並做出反應的裝置。「我們真的認為它依然有趣，不過我們感到驚訝的只是，怎麼著眼焦點那麼窄小，」霍維茨說明，「不過話說回來，那項計畫很能呼應國防高研署對硬體、裝置和在某人頭上戴個頭盔的興趣。」

霍維茨和施莫羅起初並沒有意識到，增廣認知在國防高研署原本就有個前驅計畫，稱為生物模控學，那是一九七〇年代由喬治．勞倫斯領導執行的研究計畫。[5]當國防部高研署先前就有個相關計畫的風聲，終於輾轉傳進施莫羅耳中，他便打電話找唐欽（當初國防高研署資助的生物模控學研究人員之一），請他來國防高研署討論他的早期工作。唐欽來到國防高研署設於北維吉尼亞州的總部時，心中相當震驚。回顧一九七〇年代，唐欽偶爾會來到國防高研署探望勞倫斯，商討腦力驅動事宜，不過他也會探頭伸入利克萊德的辦公室，或者與其他計畫經理人閒聊雷同興趣。在那時候，國防高研署是一處開放式建築，起碼就非機密性計畫案是開放的，探訪一位研究經理，也等於是獲邀能與其他官員見面閒聊，交換意見。「我去看迪倫（施莫羅）時，大廳有安全人員，」唐欽說，「除了和迪倫．施莫羅交談之外，我不能和其他任何人講任何事情。那種轉變相當驚人。」此外唐欽還感受到其他震撼，國防高研署官員對於該機構過去曾經參與的雷同工作一無所知。「他們的生物模控學計畫相關資訊等於零，國防高研署完全沒有機構記憶能力。這是非常奇怪的事。」

生物模控學的焦點並不著眼於工作裝置，而是在於投資一個新的科學領域。一九六〇年代晚期和一九七〇年代早期，神經信號探測技術還很簡陋；國防高研署那項初步計畫過後四十年，技術已經演進，然就這些信號的詮釋方面，科學家卻依然沒有取得共識。舉例來說，科學家已經開發出探測 P300 的更好做法，那是種腦信號，受了某一刺激，如特定畫面或聲音，相隔三百毫秒之後就會出現。然而國防高研署對增廣認知的願景，卻假定這種仍屬於實驗室研究對象的腦信號，眼前就可以開始用來為部隊製造相當於讀心頭罩的事物。那就是科幻，一點都不誇張。

為彰顯機構願景，該署徵召亞歷山大．辛格（Alexander Singer）來為它效力。[6]辛格是好萊塢電視導演，最著名的作品是星艦系列《銀河前哨》（*Deep Space Nine*），這次請他來是要創作一部半小時迷你影片來介紹增廣認知。那部影片靈感來自星艦系列全像甲板，開場就是一段描繪開創型科學家的連續鏡頭：演化論之父達爾文、以操作性制約成名的 B. F. 史金納（B. F. Skinner）、還有發明腦電圖學的漢斯．伯傑（Hans Berger）。接著鏡頭轉到國防高研署的施莫羅，稱頌他是增廣認知之父。科幻故事線帶出了一位網路安全官克勞迪婭，她必須攔阻一場目的在癱瘓非洲的網路攻擊。克勞迪婭配備一頂用來監測她認知狀態的頭戴裝置，還有電腦解析資訊來加速她的決策，偶爾還會出現類似尤達大師的（正在渡假釣魚的）網路長官介入進行電傳會議。「我們眼前有可能就是個異常事例，問題嚴重了，」克勞迪婭宣布。

艾倫．格文斯（Alan Gevins）深感不解。格文斯是神經科學家，也是長期鑽研腦機介面的研究員，他的四十年事業生涯跨足國防高研署的原始生物模控學計畫，這次也受邀參與增廣認知案，然而計畫只重科幻願景卻看輕實驗，令他大失所望。他表示，「我是以資料為本的人，我不是個哲學家。」國防高研署把研究人員稱為「演出人員」，這說得沒錯，格文斯開玩笑表示，因為國防高研署的約聘研究員部分表現就像馬戲團的演藝人員。格文斯記得自己看著一位國防高研署資助的研究人員示範如何使用腦信號控制游標，在電腦螢幕上移動，篩檢那種信號必須嚴謹控制並熟悉設備，然而那位研究人員想讓游標移動時卻只是跺腳，導入一則刻意「人為的」或就是錯誤的結果。（諷刺的是，這正是自稱擁有心靈能力的尤里．蓋勒在三十年前遭指控採用的相同手段。）「那顯然是作假，而且毫無微妙可言，」格文斯說，「我指出這點，結果也沒有產生任何影響。這真正令人震驚。」國防高研署花了鉅額資金投注那些事項，產出相當可疑的科學結果，卻沒有採用任何同儕審閱措施，這點令格文斯深感駭異，於是他很快就退出那項計畫。

增廣認知計畫比較重視的是開發硬體，比較欠缺探索科學領域的興趣。計畫第一階段的終點是國防高研署所稱的增廣認知技術整合實驗，這個項目測試約二十種不同認知狀態尺標，範圍從腦電圖學到瞳孔追蹤等。受試者一邊玩電玩，一邊接受監測，那款電玩名叫戰艦指揮官任務（Warship Commander Task），可以考驗一個人面對飛行器威脅時的反應能力。從某種意義上來講，那就像是操作一款老式雅達利（Atari）電玩，遊戲主要目標是找出敵方飛行器並予摧毀，同時避免擊落友軍飛行器。遊戲進行時，感測器會監測玩家的認知狀態，辨識腦子是否「超載」，接著採行最有效做法來解析資訊。在一篇描述那項工作的縱論文章當中，施莫羅和兩位同事說那些結果「很有指望」，還表示結果指出，使用這類感測器投入實際運用「具有高度潛力」。

不過不是所有人都那麼樂觀。腦機介面專家瑪麗．卡明斯（Mary Cummings）審閱二〇〇三年實驗時便注意到，就連公開發表的結果也顯示，研究人員檢驗的「超載」跡象沒有一項在測驗的所有三種變化版本（研究人員改變飛行器數量、難易程度以及權限）都一致相符。還有，在遊戲兩種變化版本一致相符的兩項可測量信號（滑鼠點擊和按壓），和某人的認知狀態也都只有間接關聯。她針對國防高研署所稱成功結果公開發表一篇評論，文中指出種種實驗錯誤、資料問題以及最重要的是，逕自開發軍事裝備有可能產生一種荒謬現象，戰士使用那種設備必須攜帶十五、六公斤重器材，戴上腦電圖頭罩，還得在頭皮上黏貼凝膠感測器。

卡明斯的批評特別尖銳。她是海軍第一位女性戰鬥機飛行員，後來深造拿到系統工程學博士學位，接著就進入麻省理工學院服務。身為一位老練飛行員以及人與電腦互動方面的專家，她比多數人都更熟知，如何開發出能同時通過科學審核並在現實軍事環境派上用場的軍事技術，然而就這兩方面，國防高研署的增廣認知計畫都讓她感覺乏善可陳。當被人問起，她有沒有見到照本宣科的演示，好比跺腳動作時，卡明斯笑了。她答道，「我還有什麼沒見過的？」

她記得曾經聽取一家國防高研署所資助公司的簡報，該公司已經花了好幾百萬美元資助款項進行眼動追蹤研究（觀察凝視動作和眨眼速率），研究結果可以用來評量一個人對電腦螢幕上種種特徵的注意力程度，或甚至用來判定一個人是否有精神超載現象。那家公司的高層職員宣稱，使用眼動追蹤可以改善反應時間達一個數量級，看來十分令人讚嘆。「當我要求他們拿出實驗結果——那些結果，數百萬美元資金的主要成果，我發現接受測試的對象只有兩人——那套系統的發明人。」

到了二〇〇七年，增廣認知計畫已經放緩，不過國防高研署仍繼續進行兩項相關技術，包括應該能幫士兵偵測可能威脅的讀腦護目鏡，還有一款可以讓情報分析師快速篩濾影像的頭戴式裝置。兩項計畫都以P300（當一個人在潛意識中辨認出一件物體時會觸發的神經信號）之偵測作業為本。就護目鏡事例，那款裝置會發揮某種「第六感」作用，提醒配戴者搶先在意識大腦警覺之前，先行注意可能威脅，好比狙擊手或某人正在安置炸彈。就情報分析師這邊，這能動用他或她的潛意識思維，快速篩濾幾千幀影像。

國防高研署官員托德・休斯（Todd Hughes）坦承，需要一些想像力才能看出那種應用方式，休斯正是開發出影像分析師專用可戴式讀腦裝置的計畫負責人。那項技術必須使用凝膠把電極黏貼在頭皮上——多數政府雇員恐怕都不會想要這樣工作。休斯開玩笑表示，他的願景是籌組一支分析師特勤小組：「到時會有十二個人剃了光頭；他們會戴上特種臂章。當發生墜機，找不到飛機哪裡去了，他們就會跑進實驗室，戴上他們的頭戴裝置，開始搜尋影像，直到他們找到飛機為止。然後他們踏出辦公室時都變成了英雄。」

到最後國防高研署把影像分析師裝備移交給美國國家地理空間情報局，讀腦護目鏡則交給陸軍的夜視實驗室。就技術上而論，那就表示兩項計畫都「轉移了」，根據國防高研署的說法，那是指成功交給部隊的技術，不過看來兩項始終都沒有在實驗室外派上用場。

做為一項研究計畫，增廣認知是個好構想，卡明斯堅持這點。她說明，計畫的問題在於研究人員被要求在仍然屬於基本科學的領域，做出具體的成果。「國防高研署翻身落海的時間點，正是他們開始嘗試要讓它派上實際用場，準備發揮某種操作性成果之時。」科幻的誘惑，沒有了嚴謹科學的制衡，導致大有可為的增廣認知領域跌落兔子洞。[7]問題是，機器人汽車是不是也有這種情況。

*

回顧一九八〇年代，國防高研署參與推動戰略計算先導計畫時，便曾撥款挹注一款號稱「智能卡車」的自主駕駛陸地車輛，而且歷史學家亞歷克斯・羅蘭（Alex Roland）也曾描述那是一款「難看的大型方盒怪物」。那款車輛前面沒有擋風玻璃，卻配備了一個「單一巨眼」，裡面裝了機器人感測器。它的模樣並不像魔鬼終結者，更像是一九五〇年代的野營科幻產物，不過外觀並不重要。重要的是在卡車玻璃纖維外殼裡面堆疊成列的電腦，以及理當能判讀外界狀況的演算法。那些演算法的運作並不是非常好。

卡車配備了電視攝影機，圖像由車上電腦分析並產生出所謂的「電腦視覺」，也就是代表電腦如何處理、分析影像的術語。人腦這方面功能很強，因此這就讓我們知道，好比一棵樹和樹影的差別。智能卡車的這方面功能很差，所以研究人員發現，做測試最好在沒有影子的正午陽光下。當卡內基・梅隆大學的研究人員帶卡車出來到匹茲堡辛雷公園兜風時，他們必須使用膠帶來標示邊緣，因為卡車的電腦視覺沒辦法分辨無生命物體（好比樹幹）和道路鋪面邊緣的差別。真要讓機器人上路的話，電腦視覺就必須大幅改進，超越智能卡車的水平。

第一屆大挑戰當年，主修物理學的拉里・傑克爾（Larry Jackel）來到了國防高研署，接管該署的機器人計畫。他最早做的事情之一是為自己買了一台自主真空吸塵器 Roomba，這台清潔器材催生出好幾千部 YouTube 影片，其中許多都牽涉到機器人和民眾寵物的互動。Roomba 是 iRobot 的產品，這家公司也製造軍用機器人，包括它的旗艦產品 PackBot，這款機器人在一九九〇年代以國防高研署資助款項開發而成。二〇〇二年，PackBot 在阿富汗現身，協助清剿洞穴，結果效能並不是特別好（機器人失去聯絡還困在洞裡）。很快那款機器人就發現了另一種更高需求，用來處理爆炸性軍械。最後有好幾千台改裝型 PackBots 被送往伊拉克和阿富汗，協助拆解路邊炸彈。不過 PackBot 的民用表親 Roomba 卻讓傑克爾大感挫敗：在他的紐澤西家中，它被現代的絨毛地毯困住了；它遇上電腦電纜，不知如何是好；它在椅子四腿間動彈不得，就算能動，仍是困在裡面，彷彿陷入了隱形高牆築起的虛擬監獄。挫敗之餘，他只好放棄了 Roomba，重新啟用普通吸塵器。

機器載具（或甚至機器人戰士）在通俗文化中經常被描繪成異世界產物。武裝魔鬼終結者的威脅成為論戰課題，彷彿五角大廈已經打造出那種部隊。國防高研署的計畫都專注推展機器人學的不同層面，並不是著眼製造戰爭機器人。舉例來說，國防高研署資助的波士頓動力公司（Boston Dynamics）製造一款四足載具「小狗」（LittleDog），而且它看來不怎麼像狗，還更像隻蟲子，設計目標是要跨越崎嶇地形。小狗之後是大狗（BigDog），能攜帶部隊物資的較大型版本，就像種機器騾。科技部落格和通俗雜誌經常稱那種無頭大狗為「戰爭機器人」，實際上稱它為實驗室機器人還比較合宜。大狗的目的是要演示一種特定能力，就這個案例是如何讓有腿機器人跨越崎嶇地貌。大狗並非命中注定上戰場。

二〇〇〇年時，就連國會也沉迷於技術樂觀心態，甚至立法規範到二〇一五年時，所有軍用地面載具都該改為無人駕駛。那是個野心勃勃甚至遭受誤導的目標。那股熱情根源自使用日漸頻繁的無人航空器。在二十一世紀頭十年期間，無人機迅速取代有人飛行器，於是看來無人地面載具也是合乎邏輯的下一步。然而國會並沒有迅即了解，無人航空器和無人地面載具究竟有什麼差別。無人機的危險多半出自與其他飛行器相撞，特別在高海拔處更是如此。就地面的情況，機器人必須應付種種類型和大小的障礙。區辨岩石和它投落的影子，就連最先進的機器人也可能很難辦到，這點在一九八〇年代已經從國防高研署智能卡車演示證實。二〇〇四年大挑戰更以車胎噴火的血腥鮮明事例，驗證了這項技術的所有侷限。

不過在大挑戰之外，國防高研署還有一些正規機器人學計畫，這時都由傑克爾主管，而且他很快就學到了最先進自主載具的侷限。一款由國防高研署資助開發，暱稱風火輪車（Spinner）的機器人，基本上就是一台巨大的多用途休閒車，設計目標是表現「極高移動性」，意思是它能穿越一些最崎嶇的地形。「這意味著它能夠翻個身然後顛倒行駛，」傑克爾說，「貨艙裝在一根樞軸上：倘若車輛上下翻倒，貨艙就可以翻轉過來。」看來很棒，不過後來風火輪車前往沙漠測試，然後所有人都意識到，那台超過萬磅的車輛要翻倒過來實在太難了，也完全沒有理由安裝那些複雜的機械裝置來讓它做那樣的操作。傑克爾說明，「那根本不需要。」

機器人的較大問題不在於敏捷度，而是在於腦子。視覺（或欠缺視覺）是國防高研署的一九八〇年智能卡車在匹茲堡辛雷公園陷入狼狽困境的根源。二十年後，國防高研署依然嘗試解決基本問題，試行提供機器人處理所見景象，並行駛繞過障礙物的能力。這些年來，機器人載具已經添上了種種不同感測器，好比能發出一束雷射，接著測量反射光來感測物體的光學雷達。不過就多數地面機器人來講，傑克爾發現，遇上一件障礙物時，它們就會倒車，接著往往會撞上另一件障礙物，然後再向前撞上原本那件障礙物，於是基本上它就困在一個迴圈裡面，就像他的 Roomba 被椅子腿困住的情況。

傑克爾繼承了一項名為感應者（PerceptOR）的計畫，其目的是要改進機器人導航性能，後來國防高研署是否做出重大進展，那就不清楚了。接著有一天，傑克爾帶著他的兩條美國愛斯基摩犬散步，他帶著狗走進屋後樹林，看著牠們蹦跳向前。狗的立體視覺和人類的很像，侷限於四十或五十英尺範圍。不過看著自己的狗瞧見有趣事物，好比類似動物的東西，然後全速向前飛竄，輕鬆繞過林木，他滿心驚奇。「我心想，『哇，我不知道那兩條狗在做什麼，不過牠們並不是靠光學雷達在奔跑，而且也不是靠立體視覺在奔跑。』牠們因故就能詮釋那幅影像。狗並沒有四處走動，標明這是一棵樹，這是一叢灌木。」

這成為傑克爾一項新計畫的靈感來源，那項計畫稱為「應用於地面載具的學習」（Learning Applied to Ground Vehicles），縮略為 LAGR，專注於機器學習。LAGR 機器人不必辨識各個特定物體，而是經由經驗學習如何導航穿越地形，在遠方測繪出一條路徑。這類機器人的做法是使用立體相機，觀看前方約九公尺處，在這個能夠比較輕鬆分辨障礙物的距離之外，先期產生三維模型，接著就拿它來和較遠處景象（那裡的物體就沒有那麼容易辨識）的顏色和光影做比對。於是機器人就能辨識出一條清楚的路徑。這項計畫最終就可以讓機器人把它們的有效視覺向外擴展到一百公尺。傑克爾說：「我們始終沒有把它們做到像狗那麼好，不過仍比剛開始時好很多了。」

二〇〇五年，特瑟回到巴斯托啟動第二屆大挑戰賽。觀眾和媒體依然激動興奮，特瑟則是比他在二〇〇三年前往彼得森汽車博物館時還更緊張。他後來回顧表示，「我從來沒有對國防高研署任何人說起任何事情，不過我知道，我們必須讓某人跨越終點線，或者起碼我們得讓某人真正靠近那裡。」

第一屆大挑戰的參賽選手許多也爭相參加第二次比賽。卡內基・梅隆長久以來在機器人學領導群倫，也是比賽熱門人選，這次派了兩輛載具參賽。第二次比賽路線更具挑戰性，還把啤酒瓶隘道等路徑納入，那處艱險窄道兩側被一片岩嶺和一面峭崖包夾。此外還有一組新的參賽者，來自史丹福大學，德國出生的電腦科學家塞巴斯蒂安・特倫（Sebastian Thrun）所領導的一支團隊。史丹福團隊的載具是一輛不起眼的藍色福斯 Touareg 車，命名為斯坦利（Stanley），車上配備了光學雷達、照相機、全球定位系統和一套慣性導引系統。特倫和其他幾位競爭者，都曾參與傑克爾的電腦視覺計畫。[8]

就如第一屆大挑戰賽，國防高研署也在開賽前一刻提供全球定位系統定位點，用來引導車輛沿著賽道行進。然而，當車輛必須在岩石、灌叢和其他沙漠障礙間行駛，或甚至設法做大角度轉彎以及避開偶爾遇上的懸崖時，全球定位系統就沒有什麼用處了。有些載具專注辨識個別障礙物，斯坦利的感測器則掃視道路，而且不只集中注意特定物體，而是檢視前方，辨識最好的路線。就像傑克爾跳躍移動的狗，斯坦利也不需要分別辨識各個障礙；它只需要選擇一條夠好的路線，讓它能以合宜速度前進即可。那種機器學習的應用做法正是特倫和他的團隊一直在沙漠中練習的事項。他告訴《紐約客》雜誌記者，「那是我們的祕密武器。」

即便如此，第二屆大挑戰也稱不上高速機器人拉力賽。斯坦利的平均速度約為每小時三十公里，卻也足夠領先它的主要競爭對手，卡內基・梅隆的兩輛載具。斯坦利奪得頭籌，卡內基・梅隆則拿到第二和第三獎。路易斯安那州一家保險公司的資訊技術經理領導的黑馬候選團隊贏得第四名。斯坦利跨越終點線時，特瑟深吸了一口氣。他對自己說：「哇賽，我們辦到了。」

史丹福團隊把兩百萬美元大獎拿回家。總計五輛載具跨越終點線，而第一次賽事則一輛都沒有。獲勝團隊究竟為什麼能領先其他隊伍，理由很難判定。根據傑克爾所述，所有團隊都從研究第一屆大挑戰賽學得經驗，也能料想第二次比賽時會遇上什麼情況。不過有一點是不能忽略的，那就是史丹福和卡內基・梅隆兩支獲勝團隊，多年來都曾經接受國防高研署的大力支持並投入機器人計畫。[9]

大挑戰並沒有產生出任何新技術；它的成功只在於驗證了自駕駛汽車是可行的。不過這次驗證本身就是一項重大成就，傑克爾猶豫難決，不知道該不該堅定給予背書。他論據說明，獎勵賞金能帶來好處，但也不該取代資助的研究。頭兩屆比賽時，選手必須自行籌資或找公司贊助。傑克爾擔心這種競賽對研究以及研究支持機構的存續會帶來什麼長遠影響。「到了某個階段，就得有錢流入系統才行。」

傑克爾知道研究機構的支持可以是多麼不可靠，就連廣受全國敬重的資助也是如此。

傑克爾就是個「難民」，來自貝爾實驗室，也就是貝爾電話公司那個著名的研發部門。「貝爾媽媽」（Ma Bell，那家壟斷事業體的親暱稱呼）把它那所實驗室當成半學術機構經營，讓它的科學家在工作時享有高度獨立性。科學家受鼓舞投入研究電信業所面臨的問題，不過他們的研究成敗是根據科學功績來評斷，而非以革新產生的金錢收益來計算。傑克爾說：「基本上，美國民眾經由他們的電話費帳單來資助貝爾實驗室。」

貝爾實驗室在鼎盛時期產出了最早的電晶體，也促成一場電子裝置的革命。這所實驗室還是好幾位科學泰斗的大本營，好比資訊論之父克勞德・夏農（Claude Shannon），他的工作協助催生出數位電腦。大體來講，貝爾實驗室在貝爾媽媽看來，就如國防高研署在五角大廈眼中是個問題解決組織，而且享有寬廣自由來探索科學和技術解決方案。這種方式可以運作得相當好，條件是貝爾得在電信界占有壟斷地位，就如同五角大廈在經營部隊方面也占有壟斷地位。當電話業壟斷地位破除，實驗室就縮編了，它的自治權也幾乎完全消滅。

大挑戰是機器人學的優良公關宣傳，對國防高研署也如此，不過傑克爾擔心，這會遮蔽了支持長期研究的需求。缺了對早期科學探索的挹注，挑戰就無法大幅突破。比賽開銷遠超過一、兩百萬美元獎金；國防高研署還得支付後勤費用，那才是比賽的最昂貴開銷。然而這當中沒有金錢挹注研究。「這並不是自給的，」傑克爾說明，「你可以根據某種已經存在的事物來做，不過假使我們做的完全就只是面對挑戰，那麼到了某個時刻就只會停滯。」

二〇〇七年，國防高研署又舉辦了一次大挑戰，這是第三屆，也是最後一屆，稱為城市挑戰（Urban Challenge），進行地點在加州維克多維爾（Victorville）的一處前軍事基地。這次不只沿著單一道路進行，參賽隊伍有六個小時可以在類都市環境的路線上導航。這不盡然就是《玩命關頭》一類情境；重點在於遵守交通規則同時避免碰撞，所以平均時速大概是二十二．五公里。到了某個階段，麻省理工學院和康乃爾大學的參賽車輛出了一場古怪的慢動作碰撞，而兩車以區區八公里時速龜速行駛。

卡內基．梅隆拿到第一名。到那時候，大挑戰已經引來全國熱情關注，出現在雜誌封面，也拍成電視紀錄片。而且由於不幸的偶發事件，到頭來它還獲稱頌為具有先見之明。二〇〇七年，路邊炸彈是造成伊拉克和阿富汗參戰美軍和盟軍死傷的最大起因。特瑟說：「想像若是我們的車隊是機器人駕駛的呢？」

大挑戰關乎國防高研署的未來多過於關乎機器人。二〇〇三年，就在全面資訊識別陷入紛爭期間，該署以毫髮之差，險險避開了國會干預，否則他們就會徹底終結了機構的獨立性。「以全面資訊識別的那種處境，坦白講，我險些失去了那個機構，」特瑟說道，「大挑戰真正救了國防高研署。」那個不到幾年前才遭一位加州參議員譴責，說他們為「喬治．歐威爾美國」鋪設道路的機構，如今成為了政治家、技術專才和科幻愛好者的英雄。特瑟說：「大挑戰是最偉大的公關作為之一，我的意思是在全球範圍，而且還瞬間扭轉了國防高研署的整體形象並恢復舊觀。」

大挑戰不只是恢復了機構的形象。特瑟很快就會著手主持國防高研署自成立以來最大幅的預算增長。二〇〇一年當特瑟接管時，國防高研署的預算每年穩定約為二十億美元，不過這時便開始隨五角大廈其他預算一道高漲，到二〇〇五年已達每年三十億美元。特瑟這位前富勒刷推銷員，確實看準了顧客心情。[10]

到了二十一世紀頭十年中期，國防高研署面對兩難困境：它宣揚自己是個科幻機構，眼前卻是一場死傷慘重而且軍事將領要求立刻解決問題的戰爭。大挑戰或許是拯救了國防高研署，或起碼救了機構形象，然而它對阿富汗以及伊拉克的戰事卻沒有即刻影響，其實它也沒有這個打算，因為能走出賽車道的機器人載具，還得等到未來多年才能成真。

由於人員損失大半是自製炸彈造成的，五角大廈對死傷的即刻反應是籌設一個機構，稱為「擊敗簡易爆炸裝置聯合組織」。幾位前任官員質疑，為什麼五角大廈不去找國防高研署，那個單位本身具備的技術專長還能繞過官僚體系，迅速投入工作，原本可以成為執行反炸彈任務的理想地點。看來五角大廈根本沒有人考慮過那個選項。[11]

越戰期間，國防高研署曾派遣社會科學家到戰場，這次則是雇用他們待在國內，設計電腦程式來預測未來衝突。[12]陸軍派遣人類學家前往伊拉克和阿富汗，卻沒有要國防高研署支援或介入。國防高研署對這場戰爭有貢獻，不過都是零星地做。它布署了幾項技術，好比黃蜂（Wasp），那是手持式無人機，部隊可以把它擺進背包攜行。不過就助戰努力方面，國防高研署最廣為周知的公眾形象是口語翻譯機（Phraselator），那是一款手持式翻譯裝置，在二〇〇一年美國入侵阿富汗之後緊急運往當地。往後數年期間，特瑟經常在聽證會上以及訪談時推介口語翻譯機，頌讚那是國防高研署戰場創新的一項典範。技術媒體也對國防高研署的「通用翻譯機」讚譽有加，即便那項裝置其實並不做翻譯；它基本上是預先加載了一些詞句，並能以語音識別同意義英語或者採手動選擇來啟動。口語翻譯機成為國防高研署在阿富汗最廣為人知的成就之一。

距離迪士尼樂園約八千英里之遙，肯恩．澤馬奇（Ken Zemach）和駐阿富汗美軍一起徒步巡邏，他們遇上了一位阿富汗村民，於是美方士兵決定拿他來試用口語翻譯機。澤馬奇是個博士工程師，擁有麻省理工學院學位，在一個名叫「快速裝備部隊」的陸軍組織工作，該機構成立於二〇〇二年，旨在緊急運送技術到阿富汗（隨後也包括伊拉克）提供士兵使用，這樣就不必經由常規部隊官僚體系，空等好幾年或幾十年時光。澤馬奇和同袍做的事情，就有點類似一九六〇年代國防高研署在越南執行敏捷計畫的做法，在戰爭地帶實戰測試剛出爐的或快速開發的技術。

口語翻譯機在九一一攻擊事件過後不久，便啟程踏上了參戰之路，也就在那時，特瑟呼籲落實有可能快速布署部隊實戰使用的國防高研署技術。國防高研署一位從事自動語音辨識的計畫經理，便曾建議選出一款手持式翻譯機，於是該署和一家總部設在馬里蘭州，名叫 Voxtec 的公司簽訂了一份價值百萬美元的合約，投入製造後來所稱的口語翻譯機。到了二〇〇二年，那款看來很沉重的裝置開始在阿富汗出現，接著在兩年之後的國防高研署技術研討會上，特瑟還稱讚口語翻譯機是國防高研署協助部隊的典範成果。

國防高研署再次試行派送技術參戰，不過這次並沒有連同布署支援人員或任何較大型戰略。然而在澤馬奇心目中，那款配發阿富汗與伊拉克，後來還成為國防高研署戰時努力「最廣為周知公眾形象」的實戰技術，很快就讓他愈來愈不抱持指望。口語翻譯機在華盛頓被吹捧成巨大的成功，不過澤馬奇提出了不同的評價：「它很爛。」

在那處阿富汗村莊巡邏時，澤馬奇手舉口語翻譯機，看來它不怎麼像什麼通用翻譯機，卻比較像是星艦系列片中使用的三度儀。那款裝置用當地話吐出幾個句子，口語翻譯機只說明，它要問一些問題，並指示對方舉起一手代表是，舉起兩手代表否。第一個問題是，對方有沒有聽懂。那個阿富汗人微笑，舉起一手。下一個問題是，那個地帶有沒有外國戰士。那個人舉起兩手。沒有。那個地帶有沒有布雷區？那個人舉起兩手。再次表示沒有。

接著那組人員叫來一位當地口譯員。突然之間，那個人的答案改變了。他報告指出，那個地帶有個布雷區。他不算是在撒謊，經歷多次雷同經驗之後，澤馬奇歸結說明；問題完全在於，要阿富汗人向電子裝置提供資訊會讓他們感到不自在。澤馬奇在十年之後回顧表示，這種情景在一個個村莊裡面一再重演。

那款裝置的設計宗旨是要辨認特定英語詞句，把它們翻譯成普什圖語（Pashto）、達利語（Dari）或阿拉伯語等不同語言。儘管最終期望是要製造出一款雙向裝置，讓它也能翻譯答案，口語翻譯機卻是單向的，只能發出簡單指令和問題。即便有這些限制，口語翻譯機依然送到阿富汗配發部隊使用，發出問題來把阿富汗人搞糊塗，他們經常發現眼前這台裝置講的是他們聽不懂的方言。就連身處華盛頓一棟辦公大樓淡定氛圍之中，試用口語翻譯機的部隊軍官和執法官員也聽得糊里糊塗。一位海軍測試員表達心中挫折，甚至經過五次嘗試，口語翻譯機依然翻不出「你講不講英語？」這樣的簡單問句，竟然翻成了「跟我來」、「放手」，還有「你能不能走路？」這樣的句子。

更嚴重的是，口語翻譯機缺了部隊真正需要的內容。口語翻譯機裡預先加載的句子大多都屬於是非題問句，詢問有沒有外國戰士，或者就是直接命令，好比吩咐對方高舉雙手。部隊需要的一般都是簡單指示，用來在肅清村莊時協助化解潛在衝突。「你實際上是入侵的軍隊，」澤馬奇說，「你闖進一個人家中，帶著武器出現在他的家人面前，然後翻遍他的東西。這完全讓人喪失男子氣概。」

他們需要能說明這些士兵是美國人，還有他們必須搜尋村莊和村裡住家的句子。當然了，那些語句可以載入口語翻譯機，不過實際上那種價值好幾千美元的客製裝置是沒必要的。澤馬奇吩咐一位口譯員把他們需要的語句錄進一台口袋電腦，接著必要時就可以使用網頁介面來叫出句子。這樣做完全不花錢，也不需要動用額外技術。「你不需要這種功能，」他談起口語翻譯機，「你需要簡單的事物。」

然而在口語翻譯機導入之後好幾個月，甚至好幾年期間，那款會開口的「常用外語手冊」依然經常在國會山莊聽證會上和五角大廈會議室內被拿來炫耀，而且那些人往往都不講寫進程式的那些外國語言，也從來不曾在運作情境下使用那款產品。二〇〇九年，一份陸軍報告收集了實戰士兵的調查結果，結果找不到針對那項裝置的任何正面評價。「花太久才翻出正確詞句」、「翻譯結果錯的比對的多」、「翻出的詞句錯了」、「遇上『激動時刻』，它的作用就不大了」。

澤馬奇說他在幾年過後，處理國防高研署另一項配發伊拉克實戰使用的快速反應技術時，也碰上了相同問題。那項裝置是種聲學系統，用來探測狙擊手，稱為迴力鏢。「國防高研署信誓旦旦，說是在七個月測試期間，他們從沒有發現任何一次錯誤正判，」他說明，「等他們從科威特到了伊拉克，他們已經有五千次錯誤正判。」國防高研署建議每週下載更新，卻沒有意識到，許多使用那項裝置的士兵在當時都不是那麼容易連接網際網路。國防高研署最終完成修復迴力鏢，然而該署對戰爭欠缺了解，導致過程充滿折騰。澤馬奇表示，他想告訴國防高研署「你們沒有權力布署那個東西」，因為「你們完全不了解戰爭是怎麼一回事」。

事實上，國防高研署在二十一世紀頭十年期間對自然語言處理的資助，確實取得了一項重大成功。國防高研署在一項號稱學習型個人化助理的計畫底下，撥款挹注含括廣泛的人工智慧研究，那項計畫資助在史丹福國際研究院進行的工作。軍隊對那項工作不感興趣，於是國防高研署計畫終止，不過史丹福國際研究院把那項技術分離出來，成立了一家稱為 Siri 的公司，而且最後被蘋果公司購併並納入 iPhone。國防高研署的自然語言處理研究不見得能幫助士兵對阿富汗人講話，不過它能幫忙美國人找到最靠近的星巴克。

澤馬奇並不反對國防高研署支持像口語翻譯機這樣的研究項目；他只是覺得它不該上戰場。澤馬奇總結說道，「當戰爭開打，國防高研署就面臨壓力，必須因應配合，這就帶來了問題，因為國防高研署並不擅長因應配合。」

那個看法反映出國防高研署在二十一世紀早期的形象：了不起的科幻機構，不過在戰時並不是五角大廈會找上門的地方。這個看法和國防高研署成立後頭二十年間的狀況並不相符，也反映出了在隨後那幾年間發生了多大的變化。談到美國參戰部隊最重大的現代威脅，好比路邊炸彈使用激增，國防高研署的角色只沾上一點邊，或者說是只著眼開發，好比，只會在多年之後的未來才幫得上忙的無駕駛汽車。[13]

二〇〇八年四月，副總統錢尼（規劃伊拉克戰爭的首要建築師之一）為國防高研署辦了一場盛裝晚宴，席設華盛頓希爾頓酒店，廣邀一千六百名嘉賓，同賀該署成立五十週年紀念。在那時候，特瑟已經是任期最久的署長，歸功於錢尼和倫斯斐的政治支持。事實上，在晚宴定調演說中，錢尼還稱頌該署在各領域開創的成就，好比無人機，如今它已經成為政府長期反恐戰爭的一項標誌。「有個東西我們在沙漠風暴行動用得不多，那就是無人航空載具，」錢尼說道，「不過感謝國防高研署，那項技術在九〇年代早期進步得很快。如今不管任何時候，我們在阿富汗和在伊拉克都能投入使用——進行偵察，遙距感測以及打擊敵人。」

就華盛頓環線圈外而言，鞏固國防高研署創新美名的成果，不見得就是無人機或匿蹤飛機，而是網際網路。該署這項最重要發明已經為國防高研署的歷史地位蓋棺論定，即便它是從四十年前一項小小努力脫穎而出。不論二〇〇八年的國防高研署有沒有能力創造出一九六八年萌現的那類革新（泰勒便是在那年發布阿帕網計畫），那都不是各界廣泛爭辯的課題。自我反省並不是現代國防高研署的一項特點。特瑟當初想發起活動來慶賀機構創辦五十週年時，他委外撰寫系列文章，描述國防高研署的各項成就。最後一篇作品由一家私營公司發表，內容還夾雜了國防廠商的一些付費廣告。國防高研署還雇用一家影視製作公司來採訪所有前署長，剪輯成一段簡短的促銷影像，做為週年慶的一部分。未編輯的訪談內容（經過了一次《資訊自由法》訴訟之後才終於釋出）讓世人洞察該署在過去幾十年來經歷了多大的變化。

訪談問起國防高研署在反恐戰爭扮演的角色，那場戰爭在二〇〇八年打得如火如荼，特瑟看來稍顯遲疑。「儘管我們正在遏制那種事情，但你確實需要有辦法介入並真正從三、四歲兒童開始，設法進入他們心中，並基本上就教導他們，『嘿，這不是壞事。和非穆斯林打交道並不是壞事，』」他說道，「而且在這個國家，類似芝麻街這樣的節目，基本上已經朝著促進國家團結做出長足進展，也促使我們的孩子成長，並說，『嘿，黑人和白人和紅人和所有人——這沒關係，和他們一起玩是沒關係的！』」

特瑟以極簡化形式正中反恐戰爭的根本問題：以技術不可能打贏那場戰爭。國防高研署的感測器和無人機能找出、擊殺恐怖分子，卻無從圍堵日漸增長的極端主義支持力量。然而國防高研署卻似乎找不到其他任何路徑，除了發明武器和技術之外，別無其他鑽研課題。國防高研署在後九一一時代以它的奇巧工具和小玩意倍受稱譽，並在媒體被描繪成受科幻啟迪激勵的超酷炫機構，而且他們還打造通用翻譯機、無駕駛汽車和腦控制型義肢。然而，國防高研署不再是它一度扮演的解決國家層級問題的首選對象。國防高研署領導人曾建請總統和國防高層，派遣數百員工到泰國、越南、黎巴嫩和伊朗外勤辦公室工作，還有在一次暗殺事件之後提議幫忙為總統座車安裝裝甲，這些全都遭人遺忘了。

國防高研署曾幾度攀登頂峰：它的猴子精神控制游標研究發展成一項人類精神控制義肢

的開發計畫。儘管真正的神經假體（neuroprosthetic）還得等候多年，到了二〇〇八年，國防高研署資助的研究人員起碼示範了一款靠抽搐胸肌來控制的非常簡陋的臂肢。在那時候，國防高研署已經花了超過一億五千萬美元，做出的製品絲毫稱不上是天行者路克所激發的義肢。儘管如此，有鑑於數千遭截肢者紛紛從伊拉克和阿富汗戰爭返國，國防高研署計畫仍是很有道理的。

比較接近成功的是大挑戰。二〇一二年，Google推出了一款無人駕駛車輛，以史丹福教授特倫的作品為藍本開發而成。特倫就是二〇〇五年大挑戰賽獲勝隊伍的隊長。那次無人駕駛汽車比賽完全達成了國防高研署心中期許：高舉一項大膽的技術目標，證明它確實可行。若說奧泰格獎開創了現代跨大西洋航空時代，那麼大挑戰賽也可以自詡促成自主駕駛汽車的曙光。這就是特瑟的最偉大遺產，即便它對伊拉克和阿富汗並無絲毫影響。

國防高研署的迪士尼樂園化很難和現代戰場的現實性兩相協調。國防高研署重新設想自己是一所未來戰爭機構，負責生產有可能在十年之後派上用場的技術。這項使命仍算成功，卻已經不再關乎戰爭，或者起碼無關乎美國在伊拉克和阿富汗遇上的那類戰爭。特瑟在最後一年國會作證過程，只有一次直接提到該署最近就戡亂方面的貢獻，指稱一項翻譯技術。美國面對的更大問題超出了現代國防高研署的職掌。「這個問題反過來講，是一場漫漫無期的戰爭，」特瑟在一次署內委辦的採訪中這樣表示，「我不確定這是誰的工作，不過，基本上，我們努力去做的就是開發技術來控制情勢，來控制這種威脅，這種全球性威脅。」

他再提出另一個想法：「我們不能到那裡把他們全部殺死，這你也知道的。」

第19章

佛地魔東山再起

阿富汗東部唯一的南島風情酒吧採用一套很稀奇的支付方案。位於賈拉拉巴德（Jalalabad）城中那處設施裡面有一幅標誌，簡單寫了「提供資料，你就可以領啤酒」。這個想法是，任何人（或就是任何外國人，因為阿富汗人不准喝酒）都可以上載資料存入店裡泰姬陵賓館的一兆位元組硬碟，就可以換到一杯免費啤酒，提供單位是協同打擊力量（Synergy Strike Force），就是經營那家店的美國平民團體的非正式名稱。

顧客可以貢獻任何類型資料——地圖、PowerPoint幻燈片組或者影像、照片等。他們還可以拷貝硬碟裡面的資料。那項所謂的「啤酒換資料」方案牽涉到資料合併作業，資料則得自人道主義工作者、私營保安約聘人員、部隊以及任何願意貢獻的人士。協同打擊力量並不是個軍事單位，也不是政府機構，連私營公司都稱不上；它只是一群三教九流西方人士自己選定的名稱，那群奇特人士在開設那家南島風情酒吧的旅館工作並從事各項開發計畫（另有些人是志工）。

協同打擊力量的資料換啤酒交易方案是技術烏托邦美夢的純粹體現，落實了近年來萌發自駭客界的自由資訊和公民賦權意識。只是沒有人料想到，這處烏托邦竟然是在阿富汗混亂情勢下創造出現，更別提那座賈拉拉巴德城還一度是賓・拉登的大本營。或者更不敢讓人相信的是，協同打擊力量很快就會引起國防高研署的注意，在那時候，該署正掉頭回顧過往歷史，再次觸及它的敏捷元素，重啟它最富雄心壯志也最具爭議性的暫時研究作為。

國防高研署對開放源頭資源之潛力的興趣，在阿富汗一個關鍵時點萌現。二〇〇九年一月，歐巴馬宣誓就任美國第四十四任總統，阿富汗戰爭已經進入第八年，然而當初二〇〇一年美國入侵後迅速瓦解的塔利班政權，這時也東山再起，在各省挑戰脆弱的統治權威。幾十年前在越南推行的戡亂教條，這時也重新成為時尚。

越南過後將近四十年，彼得雷烏斯將軍和他的追隨者重新高舉高研署的「光榮失敗」元素，化為一套現代化的戡亂論（counterinsurgency，縮略COIN），並視之為一種「心理和精神戰」，強調為當地民眾提供安全保障。根據記者弗雷德・卡普蘭（Fred Kaplan）所述，「對彼得雷烏斯的思維帶來最大影響的著述」是一部戡亂著作，那是在一九六〇年代早期，國防高研署在敏捷計畫名目下資助法國軍官加呂拉撰寫的專書。[1] 加呂拉默默無聞數十年，這時才獲彼得雷烏斯提拔，讓他的作品重見天日，把其中一些元素納入一部新的戡亂手冊。手冊經常引述的「目標是民眾」句子，正是出自加呂拉在國防高研署資助下完成的阿爾及利亞研究。在伊拉克，戡亂獲稱頌為一次成功，把彼得雷烏斯和新一代「戡亂達人」（COINdinistas，這是那群新崛起的專家自封的稱號）抬舉到接近搖滾巨星的地位。《華盛頓郵報》記者葛雷格·賈菲（Greg Jaffe）寫道，「到了二〇〇九年，〔戡亂〕也被舉奉為緩和美國在阿富汗日漸慘烈苦難的解答。」

國防高研署在二〇〇九年也回歸戡亂。該署在那年發起一項抱負遠大的資料探勘先導計畫，正是當初在上個十年期間，釀成該機構流傳最廣公關災難的那項工作。不過國防高研署這次的計畫焦點有別於全面資訊識別的意圖，並不試行剷除美國境內的恐怖分子，而是著眼於阿富汗。國防高研署最後把兩項資料探勘計畫帶進了阿富汗：一項是高度機密的資料分析案，目的是預測叛亂分子攻擊，而其依循藍本則是亞馬遜等公司用來預測顧客購買行為的「大數據」科學；另一項計畫則是以一種社會網絡新興科學為本，試圖在人道主義工作假面矯飾下，徵募不知情的阿富汗平民百姓來為美國軍隊刺探情報。於是國防高研署在越南之後的第一次戰地布署行動，便從一群用意良善的信念駭客開始，在阿富汗唯一的南島風情酒吧拿啤酒交換他們的資料。

二〇〇九年二月，歐巴馬就職後隔月，特瑟奉命辭職，讓位給新任國防高研署署長。即便特瑟待在國防高研署的時間已經比其他任何署長都更長，他記得接到那則卸職命令的時候依然感到震驚。歐巴馬敲定接掌國防高研署的人選在二〇〇九年七月宣布，成為該署的一道公共分水嶺：蕾吉娜·杜根（Regina Dugan）成為國防高研署第一位女性署長。

一九九〇年代，杜根擔任國防高研署計畫經理時已經贏得大膽無畏的聲望（有些人則稱之為魯莽），她曾前往雷區和戰區測試炸彈探測技術。當她開始以國防高研署署長身分在華盛頓環線巡迴拜訪，她選擇的衣著（短裙、細高跟鞋和皮夾克）惹來的流言蜚語，和她的優異記錄等量齊觀。[2]杜根的財務和家族企業緊密依存，而且該公司還接受國防高研署炸彈探測器合約，這層關係肯定為批評人士增添糧秣，不過她堅稱五角大廈律師已經簽收了她經管該公司的利益迴避書。杜根自詡為技術愛好者，喜歡談論創新理論，好比巴斯德象限（Pasteur's Quadrant），那種途徑著眼科學探索和實際應用之結合，強調須找到一種理想化的研究類型。她的演說風格往往比較適合進行通俗技術演講會的TED世界，卻不適宜在老派的部隊簡報室發表。杜根推行的一項明顯變革取消了國防高研署技術研討會，當時成為了特瑟時代象徵的迪士尼盛會。「做白日夢有時間和地點。不過不該發生在國防高研署，」她告訴國會，「國防高研署不是夢境沉思或空想的地方，不是自我沉溺於願望和希望的地方。」

杜根的一項最早期措施是雇用出色的大學電腦科學家彼得．李（Peter Lee），進入國防高研署主掌一個重要部門。李是卡內基．梅隆電腦科學系主任，而且他和杜根原本就是朋友，儘管如此，起初他並不願意前往上任。當初為阿帕網披荊斬棘的資訊處理技術研究室，到這時早已不再支持基礎電腦科學研究，它的焦點轉移了，改專注於比較傳統的武器技術，好比「自主實時全方位地面監視成像系統」，或稱為「百眼巨人成像系統」（Autonomous Real-Time Ground Ubiquitous Surveillance Imaging System, ARGUS-IS），這款十八億像素攝影機能由無人機搭載升空，用來持續監看整座城市。身為電腦界聯合會會員，李曾與人合著一篇題為〈重新構思國防高研署展望〉（Re-envisioning DARPA）的論文，裡面提出了種種點子，尋思如何將該署帶回到開發阿帕網和電腦網路的黃金期根源所在地。李回顧表示，杜根「開始依賴我」接掌那個職位，主管國防高研署的資訊處理技術研究室。不過就在原訂接掌之前一個月，李和杜根共進晚餐，討論國防高研署事宜。晚餐後他送杜根回家，下車時她卻說，「你知道嗎，彼得。我想你不該接掌資訊處理技術研究室，」接著她又說，「你應該直接開設一處新部門。」杜根沒有解釋那個新部門要做什麼，只說明那應該是「國防高研署可以是什麼的〔一種〕純粹表現」。李完全不明白那代表什麼意思。

接著就在李應該在國防高研署展開工作之前一週，杜根打電話找他，請他立刻前來華盛頓特區。國防部長羅伯特・蓋茲（Robert Gates）預定前來國防高研署總部視察，她想安排李和部長見面。從匹茲堡開車前往華盛頓途中，李開始緊張起來。他是個象牙塔學者，寫了一篇論文向國防高研署提出他的見解，告訴他們該怎麼做，現在他卻真正要成為國防高研署的高階官員，他意識到自己並沒有什麼計畫。接著他超速被攔下，這時他的憂慮變嚴重了。他想像拿到好幾張罰單，最後駕照遭吊扣。「天啊，到時我就要在匹茲堡和華盛頓特區之間往返開車，然後我卻沒有駕照。」

結果超速事件卻讓李湧現新部門相關靈感。最近他得知有一款稱為 Trapster 的智慧型手機應用軟體，用戶可以使用全球定位系統來測繪、分享測速陷阱資訊。Trapster 讓一支虛擬密探隊伍得以創作出一張實時地圖，來警告各地區駕駛，警方有可能在哪裡守株待兔。就李的情況，他感興趣的是社交網絡建置技術，不過就避開測速陷阱方面，Trapster 為他帶來一個點子，而且他認為五角大廈首腦有可能會感興趣。他想像有一款類似 Trapster 的應用軟體，不過並不繪製測速陷阱，而是在阿富汗追蹤潛在炸彈攻擊。

群眾外包式資料可以讓數百萬民眾在實時監控事件。目前已經有許多民眾社群在線上合作追蹤核擴散，找出北韓的可能核試位置。人道主義者也使用群眾外包做法來監視選舉以及對自然災害的反應。若群眾外包可以測繪出測速陷阱，看出選舉舞弊，或許也可以在戰區使用。李提出那項構想時，國防部長似乎很喜歡。杜根也一樣，她鼓勵李繼續深究。那就是李所主管部門的開端，稱為「轉換趨同技術研究室」，這個極端彆扭的名稱，看來就像是為了隱藏機密計畫才特別擬定的。

杜根之所以熱情接納李的構想有其特定理由。群眾外包是蓬勃發展的「大數據」領域的一部分，而且在當初波因德克斯特的全面資訊識別引發民眾騷動過後十年期間，國防高研署大半時間都避開那個領域。波因德克斯特的工作已經成為那個機構的佛地魔，「不得被提起名稱的那個計畫，」杜根表示，「那個領域在以往本署並沒有投入從事許多工作。這完全沒有道理，這個領域很有爆發力。」

大數據確實呈爆發增長，而且不只在私營部門被用來預測消費者租影片和購買圖書等行為，在軍事方面也派上了用場，投入解析監控伊拉克和阿富汗的感測器所截收的大批數據。鮑伯・伍德沃德（Bob Woodward）在他的《戰中之戰》（*The War Within*）書中晦澀地描述了一項機密計畫，目的是耙梳資料，在伊拉克「定位、瞄準、擊殺關鍵人物」。伍德沃德在訪談時吹捧這項技術是「絕對最高機密」，而且是伊拉克戰爭的「真正突破之一」。後來他在接下來的一本書中透露了更多細節，包括名稱為「實時區域閘」（Real Time Regional Gateway），那是國安局的一項電腦計畫，不過它的縮略 RTRG 還比較為人熟知。其設計旨在把許多資訊來源匯集在一起，包括從截聽的電話到炸彈攻擊資訊等所有事項，接著分析資料據以辨識叛亂分子網絡並預測攻擊。

一旦伍德沃德隨著實時區域閘公開露面之後，高級情報官員便開始添入這項最高機密計畫的更多細節。根據曾協助開發那項技術的退休空軍上校，暱名「皮特」的佩德羅．拉斯坦（Pedro "Pete" Rustan）所述，實時區域閘起初是在伊拉克推行的情報計畫案，用來追蹤叛亂分子，實際做法是截聽電話，並採三角測定找出叛亂分子所在位置。這套系統經由實時收集、分析資料流，接著精確定位找到叛亂分子所在位置。「只要你夠聰明，懂得在實時整合所有資料，就能判定李四在外面哪裡，」當時在國家偵查局服務的拉斯坦這樣說明，「他在那裡的二十三區，而且他剛說他要放炸彈。」

回到國防高研署，李絲毫沒有朝獵捕叛亂分子更接近；他依然致力想讓自己的構想得以實現。當他來到該署，就如他所說，面對的是「源源不絕的不見得值得信賴的國防承包商，一個接一個帶著構想進出我的小辦公室」。依他所述，那是一段「騷亂時刻」。

李的運氣很好，除了辦公室外那隊油腔滑調的國防廠商主管之外，他還有其他人可以仰仗。杜根已經指派給他一群軍官，短期在國防高研署工作，有點像是專業實習做法，稱為「軍種主管研究員計畫」。通常這群軍官遊走各處部隊實驗室，並不執行多少具體工作，不過杜根要他們和李合作，實際擬出一項計畫。不久，李和那群研究人員腦力激盪，以國防高研署大挑戰為藍本，構思出一項競賽，不過這次不是機器人汽車大賽，角逐者使用社交媒體來進行國家尋寶一類的競賽。研究人員提議，讓各隊伍競逐尋覓國防高研署打算在美國各地施放的紅色氣象氣球所在位置。李對這個構想沒什麼把握：讓選手追獵氣球，看來有點古怪，就算是國防高研署也一樣，不過杜根鼓勵他。「構想或許有點愚蠢，不過那是你昨天提出來的，所以你就要執行，」他記得杜根這樣對他講。

就像大挑戰，這項稱為網絡挑戰賽的活動也是場角逐戰，不過規模較小。國防高研署提供一筆四萬美元獎項，頒給能在指定日期搶先確認散布全美的十枚氣象氣球所在位置的隊伍。比賽構想是由各隊伍使用社交媒體來協助確定氣球位置。挑戰賽測試各隊伍的網絡運用能力，看他們如何設法激勵民眾參與，同時剔除可能的冒牌目擊事例，而且完成得比其他競爭隊伍都更快。二〇〇九年十二月五日，挑戰賽當日，李的最大憂慮是沒有隊伍能找出所有氣球，破壞了這場挑戰的用意。到最後，麻省理工學院一支隊伍只花了九個小時就獲勝。他們使用一種滑動獎酬制度擊敗對手，那種做法獎勵的對象不只是看到氣球的人，也包括召募其他成功看到氣球人士的人。獲勝隊伍領導人是麻省理工學院電腦課學教授，暱名「桑迪」的亞歷克斯．彭特蘭（Alex“Sandy”Pentland），他稱這趟任務是「小事一樁」。

彭特蘭這麼自信是有理由的。他已經建立起高度聲望，號稱「大數據」界全國領導科學家之一。早在Google眼鏡問世之前，彭特蘭已經為文記述了能記錄使用者眼見、耳聞和親身體驗一切事項的可穿戴感測器。他的專長是篩濾資料來預測人類行為模式，這個領域他稱之為「社會物理學」。彭特蘭團隊設計出一套新穎的獎酬體系，其基本假設是，支配民眾行動的因素不完全就是利潤，還包括了一些無形效益，得自能強化某人在社會網絡中所占位置的交易。彭特蘭說，「檢視一下誘因模型，或者軍隊、公司和經濟等方面的管理模型，你就會看到，它們全都是關乎個人誘因，卻忽略了社會結構。剛才我有關紅氣球的說法，重點在於那和經濟無關；那是關於社會結構。」

彭特蘭依學理推斷，某人在網絡中的位置（一個人的社會地位）是主要的激勵因素。在他的計算中，民眾會採取行動來強化他們的社會結構，不見得只是為了賺一點錢。「我幫你一點忙。說不定將來你也會幫我一點忙。那就是這件事情的推動力量，那是思考事情的一種非常不同的方式。你不著眼關注個人，而是著眼關注人際關係。」

接著下一步是要把從網絡挑戰賽學來的知識，轉變成國防高研署的正式計畫，而且李再次交上一些好運。先前曾涉足大數據的國安局官員蘭迪．蓋瑞特（Randy Garrett）最近轉到國防高研署服務。蓋瑞特在國安局時便擔任實時區域閘關鍵人物，在那個協助追蹤、擊殺伊拉克叛亂分子的計畫案中扮演要角。蓋瑞特也曾投入資料雲創建工作，期能藉此讓分析師得以在情報機構擷取情資時進行實時搜尋。蓋瑞特說明，這朵資料雲將包括「基本上就是所有類型的數據」。國安局工作和網路挑戰賽之間存有一些明顯相似之處。蓋瑞特的國安局工作焦點著眼在實時整合大量資料流，目的是發現感興趣的事項，好比叛亂分子。網絡挑戰賽大致也從事相同事項，不過使用的是社交媒體資料來尋找紅氣球。國家安全機構手頭擁有大量的實時資料，最大的來源然就是國安局，因為他們除了攔截從電郵到 Skype 通訊等各式各樣的網際網路傳輸之外，每天還在全世界截聽好幾百萬通電話。阿富汗在十年戰爭之後，已經成為美國國安局截聽行動電話的首要標的之一。[3] 這時有些資料就要提供給國防高研署取用。

「有人做了觀察，並提醒我注意，國防高研署有可能以將近實時方式，直接取用得自阿富汗戰場的好幾百種情報資料，」李回顧表示，「我心想這還真有趣。多數資料饋源都只歸入機密等級。有些甚至屬於非機密的。眼前一道問題就是，倘若我們對這所有資料源做大規模資料探勘，有可能得出什麼結果？」李開始聯絡所有他知道的資料探勘專家，包括亞馬遜首席技術官華納．沃格爾斯（Werner Vogels），而且他「提供了許多框架，提點我們該如何鑽研這道問題，因為它和亞馬遜對本身顧客進行的那種資料探勘非常相似。」

到最後，李是以商業界最近做出的預測分析工作成果為本，擬出了一項資料探勘計畫案，不過使用的數據則是得自阿富汗的軍事資料。李說：「舉例來說，我們曾經嘗試了解當地市場馬鈴薯價格，是否與後續的塔利班活動、叛亂活動連帶相關，就像亞馬遜也可能想要知道，在 Amazon.com 上的某些點擊行為，是否與衣著以及手提袋以及電腦的較高銷售額連帶相關。」

那時大數據就要被納入一項計畫，用來預測阿富汗某一村莊是否就要被塔利班接管，或者叛亂分子可能打算在何時發動下一起攻擊。更重要的是，大數據就要帶領國防高研署回頭加入戰局。

二〇一〇年二月，就在李的紅氣球比賽結束短短兩個月之後，杜根做了一件越戰過後從來沒有國防高研署署長做過的事情：她前往戰區視察該機構可能做出什麼貢獻。擊敗簡易爆炸裝置聯合組織（五角大廈所屬對付炸彈威脅的機構）的領導人麥可．奧茨（Michael Oates）

將軍邀請杜根到阿富汗巡視三天。軍事人員對她來訪表示驚訝。「妳是國防高研署來的，」她回顧他們的一般反應，「等我們遇上三到五年問題時再找妳。」

杜根回到華盛頓特區時，她召集各處室主管和他們的副手，給他們一個月時間來尋思技術構想，好讓國防高研署能立即對阿富汗戰爭做出貢獻。杜根自己也已經有了阿富汗相關計畫構想。杜根在她創辦的家族經營企業 RedXDefense 時，已經開發出一套炸彈探測理論，而且提出了一項有版權保護的標語，叫做「書擋」（Bookends）。「書」是指叛亂分子使用的武器，「擋」則是動手製造並安置炸彈的恐怖分子組織。她的理論是，要擊敗簡易爆炸裝置必須指認出製造炸彈的人和設施，而非單只嘗試探測炸彈。（這並非獨一無二的理論：五角大廈的炸彈對抗機構本身的標語就是「擊敗網絡」。）從阿富汗回來之後，杜根製作了一份幻燈片簡報，總結了她的構想：

> 大突破……書擋指出，在書中戰鬥是錯的……唯一有用的事項是人／狗……倘若強化書中表現的關鍵，只在於我們有更多眼睛關注目標？
>
> 更多鼻子？

杜根在那同一份簡報中，描述了好幾項針對阿富汗的國防高研署提案。其中一項稱為「更多鼻子」（More Noses），預計派遣好幾百條配備了感測器和全球定位系統追蹤器的犬隻。[4] 通常當偵爆犬嗅到爆裂物時，牠們都依訓練坐下向領犬員警告有潛在威脅。根據杜根所提計畫，好幾百條狗會在阿富汗某特定地區分散開來，不戴韁繩，四出嗅聞哪裡可能有炸彈。當一條狗坐下時，也就是說牠嗅出那裡可能有炸彈時，身上配備的感測器就會發信向待在遠處監視資料的人員回報。「更多鼻子」為犬隻配備感測器；另一項新計畫「更多眼睛」（More Eyes）則為人員配備感測器。那些人（明白講是阿富汗人）都配發智慧手機，可以用來發回可能威脅的相關資訊。依杜根所述，「更多眼睛」會使用「最新的社交網絡」技術來打造出「一種平民百姓回報能力」。「更多眼睛」加上「更多鼻子」，就能創建出一套「攻勢」系統，追蹤簡易爆炸裝置。

到了四月，國防高研署已經確認約十二項能對戰爭即刻產生作用的計畫，接著杜根便將這些項目縮減並列出最後清單。這些技術類別從一款爆炸測量儀（這可以裝進士兵頭盔，用來探測是否暴露於簡易爆炸裝置的爆炸波）乃至於一款成像感測器。後面這項計畫稱為高海拔光學雷達操作實驗（High Altitude LIDAR Operations Experiment），可以用來創造出阿富汗的三維地圖。不過杜根的最高優先新計畫，則是以李的大數據工作為藍本，稱為「連鎖七型」（Nexus 7），這能協助預測發生在阿富汗的叛亂事件。八月時，杜根和參謀長聯席會議主席見了面，制定了國防高研署的阿富汗計畫。她在簡報中指出，資料探勘計畫當能「讓這個國家的大規模計算技術界和社會科學界的大群領導研究人員陷入無用武之地」。她稱連鎖七型為「潛在的巨大勝利」。

連鎖七型團隊的關鍵成員都來自彭特蘭的麻省理工學院人類動力學實驗室，他們擷取當初促使團隊贏得氣球競賽的構想，拿來運用於整個社會。彭特蘭形容他的貢獻是非正式的，提供的大體是個智識架構，而非實務基礎要項。他說：「連鎖七型啟動時，我有些學生就前往加入計畫。我的角色是讓大家意識到，我們可以完成不同的事情，某種在性質上有別於以往一切成果的事項。」

四十年前，另一位麻省理工學院科學家以昔爾．普爾（Ithiel Pool）便曾向國防高研署擔保，他能以科學幫助五角大廈認識叛亂的動力學。杜根或許並沒有意識到這點，不過國防高研署才剛研擬出了新版的擬態自動化（一九六〇年代的「人機」）。彭特蘭稱他的版本是「電腦式戡亂」（computational counterinsurgency）。

二〇一〇年夏，連鎖七型是以《銀翼殺手》（*Blade Runner*）片中仿真機器人型號為名的資料探勘計畫，啟動時是由一位前國安局官員領軍。就像在國安局時的工作，蓋瑞特的國防高研署計畫目標是「實際建構出這個大數據整合環境，一朵雲，接著就看你能怎麼使用」。根據一位參與創建連鎖七型的科學家所述，這項計畫是直接轉移自國安局所啟動的一項工作。

預算文件拐彎抹角形容連鎖七型是一項結合了資料分析，並以社會網絡分析來從事預測的計畫。「就部隊來講，社會網絡提供了大有可為的模型，循此來認識不依共通地理範圍為基礎，而是藉由參與協同活動之相關性來建立聯繫的恐怖分子基層組織、叛亂團體，以及其他無國家行為人，」該描述這樣說明，「連鎖七型兼採傳統與非傳統資料源，投注於世界那些地區和任務系列，並以有限的情報、監視與偵查常規作業，來支持新興的軍事任務。」

國防高研署延攬了從事連鎖七型工作的研究員和約聘人員，包括電腦科學家、社會科學家、經濟學家和戡亂專家，總計約二十四人，還一度為一場腦力激盪活動接管了該機構總部十樓。那次集會邀來了彭特蘭等等大數據大師來提供技術建言，還有退休陸軍軍官L.尼爾・柯斯比（L. Neale Cosby）來提供實務操作視角。柯斯比說，問題是「我們該怎樣把傳入的所有資料，依分、秒逐批串流導入〔國安局所在地的〕米德堡和其他地方，並使用那些資料來合理評估阿富汗這類地方的村莊安全實務？」

國安局和國防高研署的直接關係是連鎖七型的標誌之一，不過這也是最大問題所在，因為動用來自國安局的資料，必須通過重重法規要求的迷宮，這也經常導致政府機構無法共享、整合資料。至於為什麼國防高研署會想要國安局資料，柯斯比援引著名的銀行搶匪威利・薩頓（Willie Sutton）：「為什麼搶銀行？因為錢都在那裡。」國安局就是銀行；資料全都在那裡。

杜根相信，只要把工作侷限在戰區以內，她就能避開曾在二〇〇三年把國防高研署捲進全國隱私爭議的全面資訊識別醜聞。全面資訊識別希望找出可能潛藏美國境內的恐怖分子，這必然讓隱私倡議人士深感憂心，不過連鎖七型專注於阿富汗。更重要的是，她還將整個計畫保密。當一群年輕電腦科學家在國防高研署總部開設營運處時，署內一牆之隔的工作人員幾乎完全不知道這是怎麼一回事。李說：「我們必須擬出瞞人的幌子情節，以防各色各樣環線人士來我的辦公室找我，還得走過這團混亂場面。」

就許多方面而論，連鎖七型計畫都有別於普通的國防高研署計畫。就一般而言，國防高研署合約都發給大學或企業，然就連鎖七型，它的核心是彼得．李，計畫創辦人並在他的辦公室實際運作的人。「連鎖七型就是一堆辦公桌、筆記型電腦和保安電腦，而且名符其實就擺在我辦公室外走道上，」李說，「那裡是個動物園。」

不過也不是所有工作都在國防高研署進行。機構聘雇一位澳大利亞戡亂專家大衛．基爾庫倫（David Kilcullen），他曾擔任美國政府顧問，諮詢官員包括彼得雷烏斯將軍。基爾庫倫在二〇一〇年已經轉入私營部門，主持一家名叫卡俄茹斯聯合企業（Caerus Associates）的公司，向政府客戶銷售服務。連鎖七型和基爾庫倫的信念兩相契合，他認為凡是度量數值，從運輸成本到異國蔬菜的價格等類型，都可以用來測度一個族群容易滋生叛亂的程度。

國防高研署創設的這項情報計畫，野心遠遠超過波因德克斯特在十年前推行全面資訊識別時所做的任何嘗試。當年的工作重點是著眼預測大規模恐怖分子事件，也就是或許必須經過複雜、長期規劃的密謀。連鎖七型是在亂草中尋覓日常生活模式，並針對阿富汗現地局勢做出特定預測。李說：「我們實際上是著手使用最新近的準實驗設計研究、機器學習，以及名符其實針對好幾百組情報饋源做的資料探勘，來推斷接下來會發生什麼狀況。」

根據杜根所述，連鎖七型在運作八十二天之後開始產生「第一批發現」，或就是做出了有意義的預測。預測結果進來的那個週末，杜根向參謀長聯席會議副主席，陸戰隊將軍詹姆斯．卡特賴特（James Cartwright）做了簡報，取得連鎖七型正式授權，准予人員向阿富汗布署。卡特賴特對技術相當熱衷，欣然採納她的構想和她的門路。依杜根所述，他的反應是「前進，加速前進」。

連鎖七型來到阿富汗之前，計畫創辦人彼得・李突然離開國防高研署，上任還不到一年，就前往微軟擔任研究總管。二〇一〇年九月，就在他離職前往西雅圖上任新職那天，連鎖七型團隊也啟程前往阿富汗，其中部分成員十分年輕，才只有二十五歲上下。他懊悔表示，「我應該和他們待在一起。」

國防高研署最後在阿富汗各處布署了超過一百人，投入連鎖七型和其他技術計畫案。杜根後來回顧說明，「那是越戰之後國防高研署的第一次作戰布署。」接著杜根陪同卡特賴特將軍往返阿富汗，而且那項計畫也成為她的最高優先事項。二〇一一年國會作證時，杜根並沒有使用連鎖七型這個名稱，她只描述那是「一項九十天的臭鼬工廠活動」，其中牽涉到科學家和戡亂專家，投入從事「群眾外包和社會網絡建置技術」。

連鎖七型從初創到執行只相隔了幾個月，而且也不是沒有頓挫。連鎖七型啟動時，駐阿富汗國際維和部隊的司令是斯坦利・麥克里斯特爾（Stanley McChrystal）將軍，他對國防高研署推行的資料驅動工作很感興趣。然而到了二〇一〇年，《滾石》雜誌刊出一篇側寫，報導他和他的幕僚譏諷白宮高層領導人，導致他被迫辭職。彼得雷烏斯將軍返回阿富汗接手，然而他對連鎖七型並不那麼熱衷。彼得雷烏斯和杜根在阿富汗的一次悽慘會面，險些讓計畫就此終止。國防高研署就演算法方面的提案，在那位自詡寫下戡亂聖經（這是隱喻，也完全是事實）的將軍眼中，並不是什麼好點子。

不過在那時候，連鎖七型背後已有卡特賴特將軍的支持，而且不久之後，國防高研署團隊，也就是杜根所稱的「國防高研署的技術怪傑部隊」，也開始在阿富汗現身。他們都很年輕，沒有軍事經驗，而且文化衝擊很快變得明顯。喀布爾的部隊長官很不樂意和才剛踏出研究所的電腦科學家分享情報，就算提供了情報，也稱不上漂亮精簡，好比消費者資料等。到了阿富汗之後，分析師開始竭力盡量蒐集最多情報：國安局電話記錄、部隊雷達饋源，以及情資報告。不過輸進連鎖七型的資料，卻大半屬於定性而非定量的，很不容易納入電腦程式。就算資料是定量的，好比來自雷達的部分，也很少在不同時間涵蓋完全相同的位置。

到了二〇一〇年年底，國防高研署已經在五角大廈內部吹捧連鎖七型的成功，不過並不清楚到底成就了什麼事項，甚至根本沒有。團隊成員在一處軍事基地以部隊和情報資料饋源做數字運算時，另一個約聘人員團隊協同打擊力量在阿富汗各省工作，拿啤酒交換資料，並動用了紅氣球追獵行動磨練出來的群眾外包技術。

協同打擊力量始終比較像是個概念，而不是什麼正式組織，那是個龍蛇混雜的群體，由人道主義者、信念駭客和技術嗜好者共組而成，在阿富汗賈拉拉巴德設了個營運處所，座落在原本由澳洲雇傭兵占用的泰姬陵賓館。這支雜牌軍包括一群希望把矽谷風氣帶進阿富汗的技術狂。那裡有幾位「燃燒人」，也就是年度火人祭（Burning Man festival）參與者，不過裡面也有科學家、保全約聘人員，還有一個潛心投入的團體，成員都來自麻省理工學院自造實驗室（MIT Fab Lab）。自造實驗室是種製造技術，就像太陽能和 Wi-Fi 網絡，使用的是自己動手做工程學。

有一段時間，泰姬陵賓館成為某種阿富汗西方人的非正式聚會場所，還有人稱之為「宇宙邊緣的南島風情酒吧」，協同打擊力量成員斯馬里・麥卡錫（Smári McCarthy）在一次錄影訪談便這樣說明。麥卡錫自封為資訊自由行動主義派，他稱泰姬陵賓館是「賈拉拉巴德邊緣的一片小綠洲，那裡有一種奇怪的組合，有軍事人員、私營保安約聘人員、非政府組織人士和想在休假時候到外面那裡營造基礎設施的瘋狂人物。這三教九流的種種人物，在正常情況下是永遠不會見面的。」

當協同打擊力量接管泰姬陵賓館，南島風情酒吧也開始吸引各種適應不良人士、藝術家以及幫倒忙的改革家，若是沒有其他因素，或許理由就是整個楠格哈爾省就只有這麼一家酒吧。那個被形容為「超能力怪傑」的雜牌團體，著手為阿富汗人建造自己動手做的 Wi-Fi 網絡，以及其他小規模技術計畫案。有時我們很難明白他們為什麼團結起來，或許只是基於一個信念，那就是開放來源技術即便不能拯救世界，起碼能夠從根本上讓它變得更好。

到了二〇一〇年，約略就在國防高研署考慮在阿富汗做資料探勘之際，協同打擊力量領導人之一托德・霍夫曼（Todd Huffman）在華盛頓湊巧參加了一次會議，經人介紹結識了一些國防高研署官員。霍夫曼當時才剛從海地回來，之前在那裡是為「證言」（Ushahidi）工作，那是個開放源緊急事故地圖組織，進入海地協助找出二〇一〇年地震受害者。霍夫曼蓄鬍，熱情支持火人祭，而且他的頭髮在任何一天都有可能染成漸層紅、黃色澤，然後他開始談起海地的群眾外包做法，還有大選期間他在阿富汗做的類似事情。聽他所講內容，似乎與國防高研署希望以「更多眼睛」計畫推行的事項雷同。不久之後，負責國防高研署派駐阿富汗外勤新單位的官員賴恩・帕特森（Ryan Paterson）便出現在泰姬陵賓館，和那群燃燒人和無政府主義群眾共處了一個月；他甚至還親自照料酒吧。

協同打擊力量最出名的，大概就是它的資料換啤酒計畫，不過它在阿富汗也做了群眾外包工作，來找出選舉舞弊事件。協同打擊力量和拘留在軍事基地裡面篩濾連鎖七型資料的年輕電腦科學家並不一樣，他們腳踏實地（也就是俗話所說的，在鐵絲網外）和阿富汗人合作收集資料。「更多眼睛」的一位區域協調員表示，「我們被稱為一群古怪的國防高研署人員。」就國防高研署而言，「古怪是一項真正的成就。」

不久之後，國防高研署出資贊助在阿富汗舉辦迷你版網絡挑戰賽。依循「更多眼睛」計畫，協同打擊力量成員在二〇一一年分散到阿富汗各處，把行動電話交給參賽者，用來測繪楠格哈爾省和巴米揚省所屬各地區的地圖。阿富汗參賽者通常都出自人道主義者和開發業界，比賽提供的手機帶有全球定位系統功能，接著還指示他們標誌出建築和街道的位置。就像紅氣球競賽，這組實驗通常也有經濟誘因：獲勝隊伍能保留他們的行動電話。參賽者並沒有被告知，「更多眼睛」旨在為部隊提供情報，而且國防高研署也從來沒有公開宣布那項計畫。

儘管有些實驗涉及蒐集政治或醫療保健方面的資訊，但主要著眼的是蒐集對軍事行動有用的資料。「一般來講，就截聽行動電話通訊並將發現納入情報體系方面，美軍向來都做得非常成功，」一家環線國防承包商發表的一份未註明日期報告指出，「然而，這些行動只是冰山一角，採群眾外包等合作技術能做到的事情還很多。」

類似證言這樣的團體在海地推行的群眾外包計畫都致力於人道主義行動，有時甚至和軍方合作。至於「更多眼睛」則披露了群眾外包和情報蒐集的重疊之處。根據一份由國防高研署帕特森撰寫的未發表白皮書所述，群眾外包的作用，好比讓阿富汗公民得以舉報車隊的攻擊事件。接著那項舉報就可能觸動一架無人機，最後則是一趟軍事打擊。帕特森也指出，「更多眼睛」直接與國防情報局合作推動一項稱為「阿富汗天電」（Afghanistan Atmospherics）的計畫，該案涉及使用「選定的當地人，被動觀察並回報他們日常活動中見到、聽到的事項」。

帕特森描述「更多眼睛」是「促使地方民眾產生『白』資料，用來從（區域、省、地區和村莊等）多方層級來評估穩定性」的一種做法。這種白資料的優點在於，相對於情報黑暗世界，它是「本地民眾自發生成……不受外人的影響所污染。」換句話說，「更多眼睛」徵募的是不知情的間諜。

國防高研署顯然擔心，徵募本地阿富汗人來提供情報可以看成一種公民間諜刺探活動。「更多眼睛」文件告誡反對使用境外電話，「由於它們的外觀，或者先進功能性，顯得特別醒目，有可能成為與外國人勾結的指標，還可能引來本地叛亂分子威脅。」國防高研署那篇白皮書建議，手機應配備能刪除資料的應用軟體，並可採手動或遙控為之，推測是為了保護資訊，以免被叛亂分子發現。有些協同打擊力量的泰姬陵賓館成員經常在部落格貼文，發布他們的經驗，不過他們從來沒有提過國防部，或許是由於許多團隊裡的信念駭客和技術嗜好者都覺得，他們的開發工作者自我形象和軍事約聘人員身分格格不入。[5]

協同打擊力量是種古怪的文化聚合現象。就在全球駭客不滿美國政府試圖對維基解密等自命的資訊自由組織施以重擊，雙方產生嫌隙之際，協同打擊力量的資訊行動主義分子著手從事一項計畫，協助國防和情報界在阿富汗收集資料。那個團體以「阿富汗自己動手做網際網路把網絡帶進飽受戰火蹂躪的城鎮」等標題來吹捧它的工作，而且它動用國防高研署的錢來為當地各大學安裝太陽能板，然而，「更多眼睛」其實關乎情報收集。儘管資料換啤酒的作為從來不曾正式納入國防高研署計畫，協同打擊力量則很樂意把那顆一兆位元組硬碟提供給五角大廈。就連自己動手做網際網路也是探勘資料的機會，根據一位領導該計畫的科學家所述，這帶來了一個寶庫，裡面是國安局夢想收集的阿富汗網際網路訊息。那項計畫購買具有遠端存取功能的筆記型電腦供阿富汗省級政府官員使用，包括賈拉拉巴德省省長。「更多眼睛計畫成不成功？」那位科學家自問自答，「喔，我們看看，我才剛把一台外來電子感測器擺進了省長的臥室。」

然而到了最後，計畫卻不如預期，無法驗證阿富汗的群眾外包成效。根據國防高研署帕特森撰寫的白皮書所述，連串實驗顯示，「更多眼睛」高估了阿富汗人在阿富汗連上網際網路以及取得行動電話服務的能力。「『更多眼睛』團隊很快就得知，只有百分之四人口能連網，而且具有必要的聯網技能來運用網際網路，」他寫道，「農村人口甚至還更低。」國防高研署合約在二〇一一年將近年底時結束，之後並沒有續約。

協同打擊力量和它的南島風情酒吧「綠洲」同樣很快走到了終點。賈拉拉巴德的暴力情勢在二〇一〇年和二〇一一年期間不斷惡化。在泰姬陵賓館為外國人工作或與外人來往的阿富汗人受到了死亡威脅，酒吧的西方訪客試圖先期防範的叛亂，席捲了那處設施。二〇一二年八月十一日，兩名機車騎士攔下了梅拉勃・薩拉傑（Mehrab Saraj）開的車子。薩拉傑是泰姬陵賓館的經理，也是「更多眼睛」許多工作人員的朋友，他熬過了蘇俄入侵、塔利班統治，又熬過了美國入侵行動，這次他胸部中彈身亡。[6]

當初哥德爾為了收集戰略邑計畫資料，踏上了那趟不幸的越南行程，將近五十年過後，信念駭客和人道主義者嘗試測繪阿富汗地圖也失敗了。哥德爾投入現金和禮物來交換資料；協同打擊力量提供免費啤酒和行動電話。然而到了最後，最驚人的一點卻是，國防高研署在阿富汗投入的努力和越戰相比，竟然顯得微不足道。國防高研署的阿富汗布署和敏捷計畫所含元素兩相呼應，規模上卻始終望塵莫及。再者，大家都忘了一點，哥德爾版本的戡亂原本是設計來協助當地部隊，好讓美國不必派兵。就阿富汗這邊，戡亂（以及國防高研署的貢獻）則被看成一種助戰手段，用來支援早已身陷外國戰事的美軍。

彼得雷烏斯重新導入戡亂理念，在幾年期間獲得成功評價，起碼就伊拉克而言。這項稱譽終究是短暫的。就和越南的情況一樣，當地政府無法有效治理伊拉克，最終加劇了叛亂活動。在中央政府更無力的阿富汗，到了二〇一三年，戡亂已經成為廣遭戲謔的失敗戰略。到了最後，彼得雷烏斯的途徑也陷入了越南後期戡亂作業的相同致命缺陷：到頭來必須提供安全保障的仍是地方政府，而非外國勢力。伊拉克和阿富汗都是戡亂不成反遭顛覆的實例。

國防高研署從來沒有公開討論「更多眼睛」，儘管五角大廈後來吹捧連鎖七型取得成功，卻沒有證據說明它對作戰產生了任何有用的影響。「沒有模型，也沒有演算法，」一位匿名官員告訴《連線》雜誌，痛訴計畫在阿富汗的布署慘況。《華爾街日報》發表了一篇比較樂觀的評價，引用一位未指名前任官員所述，指稱連鎖七型的阿富汗攻擊預測，準確次數約六、七成。「這是最終極的相關性工具，」官員告訴那份日報，「名符其實能預測未來。」兩種說法都不能為辯論增添具體內容。不過有件事情倒是很清楚：就像麥納馬拉防線，連鎖七型也沒有改變戰爭進程。[7]

二〇一二年三月，杜根離職轉到Google的Motorola部門服務，她的工作是在公司內部創辦一個類似國防高研署的單位。她擔任署長不到三年，這樣的任期不算反常，不過和她的前任特瑟相比就顯得很短。五角大廈總監察長深入調查她和RedXDefense長期的財務牽連，那家爆裂物偵測公司是她的家族企業，而且獲國防高研署授予合約，導致她在迷霧籠罩下離職。總監察長的報告在兩年後發布，判定杜根推廣該公司的專屬成果，違反了道德規範，不過調查並沒有發現她曾嘗試引導資金流入該公司的證據。[8]

到了二〇一三年，國防高研署在阿富汗的工作已經接近尾聲，不過一度做為「更多眼睛」策動基地的泰姬陵賓館存續下來，成為該署善意落空的象徵，它期盼駕馭科學為戡亂服務，努力終究失敗了。泰姬陵賓館在那年名義上依然營業，為稀有的客人供應不新鮮的玉米片，破裂水泥地上擺了鏽蝕的草坪椅，來賓可以在那裡坐下打發時間，俯瞰早就放空的游泳池。池畔邊緣裝了一些太陽能板，但完全不為任何東西供電，只滿心期盼地傾斜面朝太陽。阿富汗唯一的南島風情酒吧所留下的一切，就只剩一堆腐朽的名片，還有訂在一塊木頭上的協同打擊力量的戰鬥標章，這就是常來店裡拿資料換啤酒喝的西方老顧客的最後殘跡。在這處國防高研署出資扶植的技術樂觀主義一度棲身的綠洲外面，阿富汗人一如千年傳承，在那裡生活、作戰。裡面酒吧空無一人，這是科學可以讓戰爭改頭換面，卻沒辦法平息戰火的持久明證。

尾聲

光榮的失敗，不光彩的成功

軍事作業各情報層面一再增長，增長又增長，直到看來整個作業必定瓦解，被自己的癱腫和全然笨拙壓垮。在這個角力場上，科學和技術似乎已經狂亂，也完全不清楚，那種資訊量有沒有淹沒克雷超級電腦，迷惑了分析師，犧牲了消費者信用度，還幾乎破壞了系統的自我理解能力。

——威廉．哥德爾

二〇一三年二月，當我來到國防高研署新建總部大樓，面見署長普拉巴卡爾之時，我心中深感驚訝，怎麼該署竟然座落於五角大廈產業偏遠一隅。維吉尼亞州阿靈頓郡倫道夫北街那棟建築是國防高研署的第四處總部；每搬一次，都讓該署更偏離五角大廈領導階層，實質上和心理上都是如此。

該署的第一處地點位於五角大廈精英E環圈內側，和國防部長辦公室相隔才幾步路。

第二處是位於維吉尼亞州羅斯林區內的建築師大廈，和五角大廈相隔不遠。第三處設在維吉尼亞廣場，位於華盛頓地鐵好幾站之外。國防高研署在二〇一二年遷進鮑爾斯頓站附近一處量身設計的建築，那是一項花了好幾年才落實的計畫。新建築強化了安全，並在地面層設了一處客製化的會議中心，而且這時國防高研署每個處室都有自己的樓層。頂層設有安裝毛玻璃門的執行主管專用辦公區，供國防高研署署長和幕僚辦公使用。就如所有宏偉計畫，營造工程深受混亂謠言困擾；浴廁門關不起來，窗子起初並沒有染上合宜顏色來保障機密文件安全。隨後在他們遷入之後，有些員工抱怨，建築布局讓所有人都待在關閉的門後工作，相互之間的往來減少了，更別提外部的研究人員。

對於一家自詡催生出過去幾十年來最奇特技術的機構來講，它的辦公室在過去始終都毫不搶眼，甚至可說寒酸。幾十年來，拜訪國防高研署（起碼就以「白色世界」或者非機密部分而言）都只須簡單走進大樓並直接向辦公室走去就行了。這種情況在一九八〇年代終結了，當時有名男子從街上走進大樓，進入一間辦公室，然後脫下褲子，向一位毫無防備的國防高研署官員亮出屁股。

那段日子早已過去，不只是對國防高研署，對所有政府機構全都如此。九一一之後的時期，到那些機構拜訪得通過金屬探測器、X光檢查，就許多情況，還得留置所有電子裝置。我到國防高研署總部探訪，首先得經過一段儀式，在華盛頓環線內做生意的人士對此都很熟悉，要通過層層保全、徽章和重重約束：我清空了我的電子設備袋子。

「我們得解除妳的照相機功能，」警衛邊檢查我的 iPad 邊說。我盯著看，一邊擔心國防高研署（開創網際網路根基並推動了好幾項機密等級網路計畫的機構）的那位保全專業人員，會不會對我的 iPad 執行某種不可逆轉的程序。結果警衛只拿了一段膠帶貼在照相機鏡頭上，接著就把 iPad 交還給我。

「背後還有一個照相機，」我主動告知。

「那我們也把它解除功能，」他說著又拿了一段膠帶，貼在背側照相機上。

來到國防高研署頂樓署長專用辦公區，普拉巴卡爾邀我到會議桌旁坐下。她擔任署長不到一年，已經深受喜愛、景仰，特別是有些人覺得，經過杜根任內好幾年動盪，現任署長好多了。如果說有批評的話，唯一問題就是，沒有人真正知道普拉巴卡爾對機構究竟有什麼打算。所以我問她，她對國防高研署的當前任務有什麼想法。她答道，「我想這並沒有改變。不論過去和未來，任務始終都是防範，開創令人詫異的技術發展。」

不過她承認，近幾年來國防高研署的任務已經變得比較困難。一九八〇年代中期，她進入國防高研署之初，軍方主要著眼於蘇聯，推斷冷戰會永無止境下去。「面對那樣的威脅，那個單一嚴重威脅，多少也就把國家安全複雜性的其餘部分全部淹沒了，」她說道，「當然了，當年國防高研署連同其他所有人的想法，幾乎完全專注於那單一威脅。這可不是說世界並不是比較複雜了，只是我們把它當成比較不那麼複雜的東西。」她的觀點是可以理解的。普拉巴卡爾在一九八〇年代進入國防高研署工作時，該機構早已走上一條逐年縮窄的道路。

諷刺的是，即便使命所及範圍縮減，國防高研署的聲望卻高飛沖天。這個開創了網際網路和匿蹤飛機根基的機構，如今獲稱譽為「五角大廈的寶石」，更被吹捧為政府革新的楷模，而且同獲民主黨和共和黨的嘉許。普拉巴卡爾也直接得知，試行為國防高研署重新定向會遇上什麼風險。她在一九八〇年代曾不自覺地主導國防高研署投入一項失敗的嘗試，扮演創投公司角色，取得一家砷化鎵初創企業的股權。當我問起那次導致國防高研署史上唯一一次署長解雇事件時，普拉巴卡爾很快改變了話題。[1]

如今機構眼前面臨的危險無關乎國家安全。二〇〇三年，駐伊拉克美軍發現，最大的威脅不是戰車、飛彈，而是路旁炸彈，然而五角大廈並沒有依循往例，責成國防高研署這個擁有大批頂尖技術人員，累積了幾十年炸彈探測經驗的機構來投入處理，反而建立了一個全新的組織，而且國防高研署長期具備的科學和技術專長，那個新組織大體全都欠缺。接下來的事情就一點都不讓人吃驚了：花了數十億美元，炸彈釀成的傷亡人數卻繼續增加。

如今該機構的過往投資已經在戰場現身：琥珀號的後裔掠奪者號，讓美國得以從遠處從事按鈕戰爭，在美國境內的空調拖車內舒舒服服地擊殺敵人。匿蹤飛行器是國防高研署的又一項革新，可用來溜過邊界，執行精確打擊和隱蔽作戰行動。聯網電腦把「擊殺鏈」（kill chain）縮短至短短幾秒鐘，有了精準武器，美國更可以在任何地方發動攻擊，就連人口密集的都市地帶也不例外。

不過問題在於，這些新奇裝備是否成功達成了國防高研署一度打算實現的目標：創造技術以確保美國不必參戰，或者果真發動戰爭，也能迅速致勝。或許沒有任何事項比一九六〇年代的戡亂研究投資更能闡明那種差別。戡亂研究旨在防範所謂的有限戰爭發展成大規模正規戰。到了二〇〇六年，戡亂理論東山再起，成為一種工具，用來協助常規武力發動戰爭來對付叛亂分子，正是當初國防高研署計畫所要防範的情況。把科學和技術魔法運用於戰爭的魅惑力量，似乎只是讓參與武裝衝突的引誘更具吸引力，從而讓美國陷入一場「永遠的戰爭」。

若是只看頭條報導，關乎國防高研署的任何憂心在表面看來都不值一提，而該署看來也處於巔峰狀態。它的計畫，就像無駕駛汽車，四處散見雜誌封面和技術網站，它們刊載令人咋舌的報導，敘述該機構從腦移植乃至於治癒心理疾病等形形色色的計畫。過去十年間，國會議員在國會聽證會上除了讚美國防高研署，稱之為政府資助革新的楷模之外，就很少有其他作為。政治家、經濟學家和技術專家經常高舉「國防高研署模式」，即便這個模式究竟指什麼，其實並不明朗。

先前幾屆署長確曾擔心國防高研署和它的官僚體系增長現象。國防高研署在一九五八年創始之時，並沒有自己的建築。機構高層官員分配到了五角大廈幾間辦公室，技術幕僚則進駐建築內側環圈的無窗戶辦公室。初創幾年期間，員工名錄只須一張標準索引卡就足敷所需。如今，名錄規模接近一本小型電話簿。國防高研署誇稱它的技術人員只包括了一百四十位科學家，不過他們有大批約聘人員在旁輔佐，許多人的職掌幾乎相當於固定員工，而這正是它理當避免的現象。即便它的新總部，似乎也和機構一度特別講求的極簡風格背道而馳。

國防高研署前署長雷斯曾引述一則帕金森定理，不是說明一項工作會匹配可用時間長短而擴大的那則，而是講述組織萎縮和營造「理想」總部那則。五角大廈直到第二次世界大戰將近結束之際才完成。梵蒂岡的聖伯多祿大殿蓋了一百多年才完成，等竣工時，教宗聖伯多祿的影響力早就式微。雷斯說：「等到真正建築竣工時，這個組織也就終止了。」[2]

不僅只是建築，雷斯對國防高研署不停宣揚自己的成就也表達憂心。「聽他們開始吹捧自己有多棒，我就稍微感到不安，你知道我的意思吧？」他這樣告訴我，那時我和他是在華盛頓特區下城他的簡樸政府辦公室會面。

然而如今，國防高研署的名聲已經根深蒂固，於是近幾年來，政府接連推行有瑕疵的計畫案，嘗試在其他政府機構「複製」國防高研署模式。國土安全部笨手笨腳推行自己的版本，結果只徒具虛名。能源部的高研署也稱為能源高研署（ARPA-E），它的預算只有國防高研署數額的一小部分。情報高研署（IARPA）身受官僚體系約束。這些機關的職掌範圍或抱負，沒有一家算得上名符其實。

複製國防高研署的企圖，掩飾了吸取管理科學相關美妙教訓的誘惑。[3]組織該不該像國防高研署那樣，每隔三到五年就拋棄所有員工？科學機構該不該仿效國防高研署常有的作為，為了追尋革命性構想而摒棄同儕評論？當一個文化把解析降格為條列重點、頌揚 TED talks 的智識簡化論，還在 PowerPoint 的祭壇上祈禱，這時就非常有必要記得，並非所有事項都可以化約為組織結構圖。國防高研署不該被視為可以套上任何組織，來讓它更具創新性的黑盒子管理工具。

把國防高研署化約為一幅諷刺畫是個誘人想法。事實是，國防高研署的遺產沒辦法簡單包裝成一個「盒裝革新」。它的成功（和失敗）始終是它的獨有官僚形式的產物，而這出自它身為國安問題解決機構的歷史性角色。重新安排組織結構圖上的小方框，或者重組辦公室裡小隔間，並不會產生出另一個國防高研署。除了擁有負責管理研究的技術人員以及一位署長之外，該機構從來不曾具有固定的組織結構。

事實上，國防高研署的風格往往和講求協同合作的含糊管理理論背道而馳。國防高研署所謂的「歡慶時刻」，其實十分難得一見。除了部分明顯例外，計畫經理人通常都鮮少知道其他辦公室的同仁在做些什麼。有次一位計畫經理人告訴我，他在五角大廈接駁車上遇到一位陌生人，結果讓他頗感震驚，原來兩人都在國防高研署工作了好幾年。倘若是數千人的情況，這倒不會令人驚訝，然而對這樣比較小型的機構而言就很少見了。就如一位署長所稱，國防高研署是「一百四十名計畫經理人，全都由同一家旅行社約束在一起」。[4]

就國防高研署能學到的每一項管理教訓，都有一項反教訓：該署開創了一款新穎的核試探測系統，也促使地震學領域現代化。那是一項龐大的計畫，引來白宮高層關注。至於阿帕網則是由一位心理學家創始，而且當初雇用他是來推動該署領導階層並不特別在乎的研究項目。他把自己隔離起來，追尋自己的宏偉計畫，推行一種「星際電腦網絡」，最後促成了阿帕網，並為現代網際網路奠定基礎。兩項計畫都能出自那單一機構，這應該可以讓潛心尋求管理、革新簡單解答的人停步思索。

國防高研署短短幾里之外，就是盧卡西克的北維吉尼亞州住宅，那棟房子俯瞰巴克羅夫特湖，也就是大約五十年前，哥德爾的一雙幼女試用為東南亞水道設計的「耶穌鞋」在水上行進的同一片水域。特瑟也是盧卡西克的巴克羅夫特湖湖畔鄰居。儘管態度親切，這兩位前署長還稱不上朋友。

兩人有一次見面時，盧卡西克問特瑟，「你想在國防高研署做什麼？」

特瑟回答，「我們希望好好整頓，這樣一來只要能找到他們，也就能殺掉他們。」

特瑟大概是在開玩笑；就算是他的科幻版本，國防高研署也絕對不只是關乎開發殺戮機器而已。然而，他的答案卻觸及盧卡西克的核心顧慮：似乎完全沒有在思考國防高研署應該解答的首要問題；它只是在產生技術。

盧卡西克在過去四十年來不斷尋思國防高研署就國家安全方面留下的遺產。他的地下室四壁整潔排了一些書，含括從史達林主義到網路戰爭等題材。當中明顯缺了管理理論書籍，那是盧卡西克公開嘲弄的主題，即便那也經常是民眾想和國防高研署前署長討論的課題。如今盧卡西克已經八十多歲，有時他的孫子女的朋友會發現，原來他當過國防高研署負責人，不禁湧現敬畏神情，畢竟那所機構做出的發明經常出現在介紹未來派武器的快節奏電視節目上，遇上這種情況，他有時仍會感到不知所措。盧卡西克對國防高研署的遺產深感驕傲，不過他對於自己協助塑造的機構，被看成一所受科幻激勵開發奇巧產品的實驗室，仍公開表示失望。他對國防高研署的願景依然不變，期盼它能成為解決重大國安問題的機構。「就是這點讓我對國防高研署愈來愈感到不安，」盧卡西克告訴我，「並不是由於國防高研署身為研究機構，做的事情卻無關宏旨，問題是出在，國防高研署是否投入推行它為這個國家的安全所應該做的事情？」

儘管有些官員論稱，如今國防高研署和從前任何時期都一樣好（就科學和技術的品質方面，這很可能就是事實），然而也不能否認，過去十年來，有關國家安全方面的爭議主要集中於恐怖行動和叛亂的論述，國防高研署大致上都缺席了。二〇一四年，盧卡西克建請國防部吩咐國防高研署啟動一項新的長期戰略規劃研究，著眼為檢視未來的國防技術，而這也正是該機構在他任內所做的事情。五角大廈同意了，甚至還沿襲「長程研究和開發規劃方案」舊名（簡稱「長程研究和開發案」）。不過態度很清楚，新的研究啟動，卻沒有讓國防高研署加入。

如今國防高研署只專注於技術問題，著眼十分狹隘，我們很難看出，以它的使命，如何容許它在阿富汗設想出比電腦演算法更富創意的成就。連鎖七型是一項重要嘗試，它企圖運用最先進的科學和技術來解決眼前的戰爭和叛亂問題。這也是自越戰以來，國防高研署首次布署人員到一處戰區。然而它的狹窄範疇也彰顯出事情改變了多少。國防高研署在越戰期間設法認識社會的基礎和叛亂的根源；到了二〇一一年，國防高研署在阿富汗只求能夠預測下一次簡易爆炸裝置攻擊。當初由於對人類行為廣泛探究，促使雇用了利克萊德，這種情況在今天看來是不太可能了，畢竟這個機構對社會科學的觀點只侷限於會吐露預測結果，彷若佐爾塔算命機（Zoltar Fortune Teller machine）的電腦程式。「這或許還更像是種『能趨疲』（entropy）的歷程，」盧卡西克說明，「一旦朝那個方向前進，那麼你就朝更細緻的方向前進，如果是這樣的話，你就面對了變得更無關宏旨的風險，因為你的生存手段是政治靈巧反應，卻不是技術卓越和解決重要問題。」

這種能趨疲歷程的證據在二〇一三年六月被突顯出來，《衛報》和《華盛頓郵報》都刊出美國國安局相關報導，新聞藍本取材自史諾登提供的洩密文件。那批文件披露了該機構在後九一一時代從事大規模偵監的深度和規模。盧卡西克指責國防高研署失去了全面資訊識別（波因德克斯特的資料探勘計畫），還說那就是釀成那次慘敗的因素之一。那項研究大可以交給國防高研署，也應該交給該機構來公開執行，結果卻「轉變成侵入性的政府政策」，盧卡西克在他的個人回憶錄中寫道。

時至今日，我們只能猜想，當初啟動國防高研署原始戡亂計畫的哥德爾，看著該署新聞稿吹捧能協助士兵攀登玻璃帷幕摩天大樓的裝置，美軍卻在主要都是泥造房屋的國家打仗，不知道他會怎樣看待當今這個機構。在哥德爾看來，技術是較宏大戰略的一部分，不是種狹隘的作戰策略。敏捷計畫失敗了，不過誠如赫茨菲爾德所稱，那是一次「光榮的失敗」。相形之下，連鎖七型無論如何都是失敗的，甚至也不是由於技術有毛病，而是由於它試行解決的國家安全問題（也就是叛亂）根本不可能以任何演算法來解決，不論設計得多麼優雅都一樣。就算能奏效，充其量只是個不光彩的成功。

九一一攻擊事件之後，經歷了超過十五年，冷戰結束之後也過了二十多年，國防高研署陷入兩難困境，試圖找出一項能匹配得上它的過往成就，也體認到它陰沉失敗的新任務。二〇一四年時，機構宣布創辦生物技術研究室，主要專注神經科學研究，並以國防高研署自一九六〇年代以來出資挹注的工作為本。它的新研究隸屬白宮一項較大型腦科學先導計畫，至此也受到了廣泛關注。新研究室的一項高尚目標是協助遭受腦傷重創破壞性影響的士兵恢復，這是值得國防高研署關注，也是它目前所投入鑽研最令人振奮的研究領域之一。

二〇一六年，當我訪問該研究室代理副主任賈斯汀・桑切斯（Justin Sanchez）時，他清楚知悉國防高研署早期在這個領域的工作成果。他指出，從生物模控學出現迄今，四十年來的科學和技術已經歷經演變，該署的焦點也同樣如此。過去幾年期間，國防高研署曾公開表示，它的目標是開發出讓腦直接控制武器的做法。如今國防高研署官員傳達該署醫學應用方面的工作時都變得謹慎了。桑切斯告訴我，焦點是「著眼讓受傷的戰士恢復過來，那就是最近的動機，因此我們才會試行了解我們所從事的那類腦功能研究。」

該機構有一項稱為復原主動記憶的計畫，目的是開發神經假體，基本上就是種神經植入物，用來幫忙修復受損的腦子。短短兩年之後，國防高研署已經開發出原型醫療裝置，接著工作就轉移給涉及人類樣本的研究。桑切斯說：「我們已經有一些初步測試，檢視與神經假體介接會如何影響形成與回想記憶的能力。」還有一項名叫「新興療法之系統基底神經技術」（Systems-Based Neurotechnology for Emerging Therapies, SUBNETS）的雷同計畫，目標是為罹患種種不同神經精神症狀的患者製造可植入式醫療裝置，處理從創傷後壓力疾患到憂鬱症等障礙。這裡桑切斯又一次引述發展進程，「我們也已經進入人類受試階段，而且得出了一些初步證據，說明我們可以理解某些與焦慮有關的神經訊跡，而且可以針對腦子的焦慮狀況來調節。」

藉由神經植入物來調節人腦，很有可能用來治療好幾種疾病和損害，不過這理所當然也引來了道德家質疑，擔心讓五角大廈插手觸及人類本質核心的領域，很可能潛藏了一些風險。我請教桑切斯相關問題，好比，國防高研署會不會考慮撥款挹注神經技術機密工作，這時他提出了一項嚴謹的答案。「我想我可以說，這些在眼前沒有一項是機密。我們總是睜大眼睛，永遠不希望在那個戰線喪失警覺，措手不及。我們只是主動觀察空間，看機會在哪裡。我想，當我們更深入認識神經技術如何發揮作用之後，就必須做出那些決定。」

所有熟悉五角大廈人類試驗歷史的人，都應該對機密神經科學研究的可能後果停步深思。此外，儘管桑切斯和國防高研署其他官員都致力淡化該機構神經科學研究摧生出武器的可能潛力，我們依然不可能無視現實，仍得體認，若當前工作取得成功，自然能在那些領域派上用場。這個世界仍在適應無人機革命；它是否真的準備好要面對腦控制型飛行器？這項技術有可能仍須等候十年，不過就這方面工作，仍有其他課題必須考量。倘若國防高研署取得成功，結果確實有可能徹底改變神經科學。然而倘若它失敗了，或者捲入醜聞，好比人類受試研究出了差錯，那麼對機構的潛在強烈反衝，有可能和全面資訊識別所引發的衝擊同樣嚴重。

如同國防高研署眾多工作的情況，這項研究的終極問題也是，機構是否能獲准（或者是否應該獲准）來鑽研真正具有這般高度風險的事項。如同國防高研署過去曾經鑽研的眾多高度抱負領域，從戡亂到電腦網絡建置，它的神經科學工作也可能徹底改變醫學，從而讓世界改頭換面，而且還可能催生出改變未來作戰方式的各式武器。至於那個世界是否變得更美好，那就不清楚了。

致謝辭

是什麼促使我撰寫一本談國防高研署歷史的書籍？倘若真能追溯到過去某特定時刻，那大概就是在二〇〇四年，我在華盛頓特區和朋友羅伯特．沃爾（Robert Wall）的一次談話。當時我們爭辯的是，若仔細審視國防高研署，檢討它留下的遺產，有可能披露什麼。那是個天才製造廠嗎？五角大廈消費公帑的蚊子機構嗎？庇蔭狂人的地方？超過十年之後，我仍然沒有明確的解答，不過我在本書提出的許多問題，都是依循當初和羅伯特的那次談話引申而成。

那個在一家咖啡館醞釀出來的構想之所以能轉為一份正式書本企劃案，得歸功於我的出色代理蜜雪兒．泰斯勒（Michelle Tessler）。蜜雪兒溫和敦促我把構想落實在紙上。至於執行企劃，把它轉變為一本首尾貫串的書，功勞最大的人是我的克諾夫出版社（Alfred A. Knopf）編輯安德魯．米勒（Andrew Miller），他引導我走過好幾輪修訂，幫忙為一所終身插曲不斷的機構撰述出一段敘事情節。我還要感謝克諾夫出版社的編輯助理艾瑪．德賴斯（Emma Dries）就草稿提出了寶貴的意見。

除了羅伯特之外，還有好幾位朋友和同事讀了手稿並就各個版本提出高見，分享人脈關係，並為我指點較好的方向。我的朋友安・芬克拜納（Ann Finkbeiner），加爾文粉絲俱樂部（Garwin Fan Club）終身聯合總裁，就草稿提出了重要見解。史蒂芬・邁爾斯（Steven Lee Myers）幾度在特別艱難時刻給予支持，並且慎重校訂完成的手稿。我還要向理查・惠特爾（Richard Whittle）表達深摯謝忱，感謝他以無數方式出手幫忙，還要謝謝諾亞・沙特曼（Noah Shachtman），你是我永遠的「工作配偶」。

本書撰寫期間縱貫居無定所的好幾年時光，當中我住過華盛頓特區、波蘭克拉科夫（Kraków）、紐約市以及麻州劍橋。在華盛頓時，我數度與賓州大學的喬納森・莫雷諾（Jonathan Moreno）討論而且獲益良多。我還曾與好幾位人士私下交換意見，學到了很多東西，這些人包括馬克・劉易斯（Mark Lewis）、理查・范阿塔（Richard Van Atta）和大衛・斯帕羅（David Sparrow）三位都是國防分析研究所人員，以及美國科學家聯合會的史蒂芬・阿夫特古德（Steven Aftergood）。肖恩・哈里斯（Shane Harris），圈子裡人最好也最精明的國安記者，大方分享知識和人脈關係。遷離華盛頓之後，承蒙我的朋友阿斯科爾德・克魯雪尼斯基（Askold Krushelnycky）和伊雷娜・查盧帕（Irena Chalupa）在我幾度回到那裡研讀文獻時做東，提供居處。我還要向國際新聞學程的約翰・施德洛夫斯基（John Schidlovsky）致意，感謝他的支持，這裡也要特別向勇敢無畏的華盛頓律師傑弗里・賴特（Jeffrey D. Light）致上謝忱，他把我的《資訊自由法》申訴案帶上法庭，還打贏官司。

在克拉科夫時，馬雷克・維圖拉尼（Marek Vetulani）是孕育構想很重要的共鳴板，而日常起居則有賴沃捷克·柯拉爾斯基（Wojciech Kolarski）和阿嘉塔·柯拉爾斯卡（Agata Kolarska）伉儷，讓我得以在城裡自在生活。《新聞週刊》的妮娜·伯利（Nina Burleigh）致力不讓我整天宅在家裡寫書。我也要向網路媒體《攔截》（The Intercept）全體員工表達深摯謝忱，特別是總編貝琪·里德（Betsy Reed），感謝她讓我藏身麻州劍橋九個月，潛心完成手稿。在劍橋時，我要感謝麻省理工學院的蘇布拉塔·哥肖羅伊（Subrata Ghoshroy）以及哈佛大學的凱文·帕克（Kevin Kit Parker）對我的課題那麼感興趣並提出卓見。最後我要謝謝羅麗塔·奧利弗（Loretta Oliver）幫忙抄謄本書使用的大半訪談內容；她在這段漫長旅途始終扮演我的虛擬同伴。

我的家人始終是支持我的力量，事無大小都不例外。我感謝我的手足馬爾克·魏因貝格（Marc Weinberger）和他的妻子凱西，謝謝他們在我前往加州訪問時對我的鼓勵，也謝謝他們喜歡閱讀的孩子伊萊（Eli）和塔莉亞（Talia）；希望有一天他們會喜歡閱讀我的書。我也感謝我的父親，這本書就是獻給他，謝謝他教導我熱愛構想。

我也要向內森·霍奇（Nathan Hodge）致上深摯謝忱，感激他在本書早期關鍵階段提供高見並給我鼓勵，這裡也要感謝他的父親布萊恩·霍奇（Brien Hodge）分享他的思維以及在越南擔任軍事顧問的過往經歷。內森還寄來照片和筆記，裡面記述了泰姬陵賓館和那家南島風情酒吧的悲慘命運，標誌了美國在阿富汗的辛酸失敗象徵。

*

本書是我首度有機會和國家檔案和記錄管理局（包括總統圖書館）的出色員工廣泛合作。眾多工作人員都幫過我的忙，不過我要特別向大學公園市國家檔案分館的大衛・弗爾特（David Fort）致意，謝謝他協助處理我的《資訊自由法》申請案。

誠如我在文獻出處所稱，哥德爾的長女凱瑟琳・哥德爾—根根巴赫十分大方地分享她父親親撰的未發表回憶錄中有關國防高研署的部分篇幅。她還答覆了無數有關她父親事業生涯方面的問題，並告知哪裡有檔案可供參考，沒有她的指點，那些我自己是永遠找不到的。我敬佩凱瑟琳如此全心全意保存歷史記錄，致力保護她父親的遺產。我努力權衡兩種考量，一方面是哥德爾家庭保障隱私的希望，另一邊則是一項歷史責任，那就是闡明哥德爾為國防高研署歷史留下了哪些遭人忽略的貢獻。

我還要感謝京都賞研討會組織（Kyoto Symposium Organization）的迪克・戴維斯（Dick Davis）和稻盛基金會（Inamori Foundation）的傑伊・斯科維（Jay Scovie），感謝他們表現深厚交情，讓我前往日本參與京都賞研討會，於是我也得以在那裡訪問了蘇澤蘭。我還要感謝天普大學東京校區當代亞洲研究所所長羅伯特・杜加里克（Robert Dujarric），以及我在日本的口譯員太田優里（Yuri Ota），訪問一位長崎生還者就是太田出的主意。我也要謝謝國防高研署的戰略通信處處長理查・韋斯（Richard Weiss），他知道故事正確比情節討喜還更重要。

國防高研署許多前雇員都同意和我討論，即便得知這本書打算對該機構歷史和遺產提出批評，這裡要感謝他們付出時間和真誠的表現。我深感遺憾，接受我訪問的人士當中好幾位在我完成本書之前去世了，包括一九七五年國防高研署歷史的協同作者赫夫。我對已故的戴契曼永遠感懷在心，他在臨終前一段時日，努力確保他能給我的資訊全都託付給我。最後，我十分感激盧卡西克，他撥給我的時數比其他任何國防高研署前署長都更多，而且他心中也不預期我寫出的情節能反映他的觀點或想法。他委託撰寫一九七五年歷史，而且對本書貢獻良多，這兩件事情並非巧合。

我還得益於兩所偉大機構的支持：伍德羅．威爾遜國際學者中心和哈佛大學拉德克利夫高等研究院。本書大半研究和訪談都是在二〇一二至二〇一三年間進行的，當時我正是威爾遜中心的研究員。我很感謝那裡的全體員工，特別是肯特．休斯（Kent Hughes）和羅伯特．立特威克（Robert Litwak），感謝他們相信我的計畫。科爾．托馬斯（Cole Thomas）和賴恩．里克斯（Ryan Ricks），我在那裡的實習生，為研究做出寶貴的貢獻，而且在那一年和我共事的蘿拉．戈梅茲—梅拉（Laura Gomez-Mera）也不斷給予精神支持和友誼。

到了本書最後階段，二〇一五至二〇一六年間，拉德克利夫研究院接納我填補職缺。那裡的主任朱迪絲．維奇尼亞克（Judith Vichniac）和院長麗莎白．科恩（Lizabeth Cohen）等院內人員，共同為學者、作家和藝術家創造出無與倫比的氛圍。我有幸在拉德克利夫結識了才氣縱橫的研究夥伴，特別是保羅．班克斯（Paul Banks），感謝他嚴謹查證事實，才讓我大大減少了令人難堪的錯誤（若仍有錯，那也完全不能歸咎於他）。我也要向我的其他夥伴致謝，包括迦勒．劉易斯（Caleb Lewis）、帕特．奧哈拉（Pat O'Hara）和喬丹．費里（Jordan Feri）。

這裡要特別感謝拉德克利夫的朋友和同事，尤其是二樓「雪利時光」成員，包括愛莎．喬德里（Ayesha Chaudhry）、埃利奧特．柯拉（Elliott Colla）、安克利斯汀．杜海姆（Ann-Christine Duhaime）、溫蒂・甘（Wendy Gan）、莎拉・豪（Sarah Howe）、威廉・赫斯特（William Hurst）、勞爾・希門尼斯（Raúl Jiménez）、菲利普・克萊因（Philip Klein）、瓦萊麗・馬薩迪安（Valérie Massadian）、斯科特・米爾納（Scott Milner）、麥可・波蘭（Michael Pollan）和露西亞・費爾德（Licia Verde）。他們教導我從阿拉伯詩歌到高分子物理學等種種不同課題。他們鼓勵我追求我的癡迷。最重要的是，他們引我發笑。在那九個月間，我虧欠最多的，或許就是他們吧。

莎朗・魏因貝格
麻塞諸塞州劍橋
二〇一六年三月

注釋

緒論　槍砲和金錢

1. 這個數字以作者取得的一份一九六八年高研署駐泰國人員通訊錄為本。該數字也獲國家檔案和記錄管理局館藏文件佐證，不過該通訊錄提出了最明確的數字。

2.《阿爾及利亞綏靖行動，一九五六至一九五八年》（*Pacification in Algeria, 1956–1958*, Santa Monica, Calif.: Rand, 1963）。到了二〇〇六年，為了因應對加呂拉戡亂著作日漸增長的興趣，蘭德重又發行了一部新著。原作和重印版本都確認，為該書所做研究曾獲得高等研究計畫署的支持。

3. J. 魯伊納，高研署四七一號指令，一九六三年四月十五日；J. C. R. 利克萊德，高研署第九十三號計畫方案，一九六三年四月五日。這裡有必要指出，這些文件都隸屬某尚未解密之記錄系列的一部分，文件由大學公園市國家檔案和記錄管理局公布上網。

第1章　知識就是力量

1. 最可靠的估計顯然為二萬一千噸。參見 John Malik, *The Yields of the Hiroshima and Nagasaki Nuclear Explosions* (Los Alamos, N.M.: Los Alamos National Laboratory, 1985)。

2. 估計結果迥異，要得知準確數字是不可能的。這個數字得自美國能源部（Department of Energy）的《曼哈頓計畫：一部互動歷史》（*Manhattan Project: An Interactive History*），參見 www.osti.gov。

3. 採行的一項指導原則是「在檢查德國工廠和實驗室的同時，可別忘了知識成就，不過第一要務則是編纂一份清單，羅列機具、工業工程設備和儀器的類別和數量。」參見 Chertok, *Rockets and People*, 2:218。
4. 早期一份技術報告便提出了引燃大氣之可能性。參見馬文和泰勒的 E. J. Konopinski, C. Marvin, and E. Teller, "Ignition of the Atmosphere with Nuclear Bombs"(Los Alamos National Laboratory, LA-602, 1946)。不過後來泰勒駁回了這種可能性。亞瑟・康普頓（Arthur Compton）在他的回憶錄中討論了爆炸會引發海洋連鎖反應的想法，參見 *Atomic Quest: A Personal Narrative* (New York: Oxford University Press, 1956)。

第2章　一群狂人

1. 有關那次雞尾酒會暨餐會，拿梅達里斯和蓋爾的說法來比較會很有趣。儘管就事實方面是相同的，梅達里斯認為他和馮・布朗在當晚成功說服了麥克羅伊，讓他們放手執行一次太空發射，而蓋爾的記錄卻清楚說明，麥克羅伊離去時並沒有明確下達決策，甚至不覺得有決策急迫性。
2. 只有美、加兩國參加的職棒賽程——譯注
3. 總計九名非洲裔學生遭州長派兵攔阻，隨後總統令一〇一空降師護送學生入學——譯注
4. 見麥克杜格爾著述（McDougall, *Heavens and the Earth*, 184）。不過麥克杜格爾也寫道，實際上蘇俄在所有領域都落後，唯一例外是大型推進器和太空醫學。
5. 「自從珍珠港以後，還沒有任何事件在民眾生活引發這等反響，」麥克杜格爾寫道。見 *Heavens and the Earth*, 142。
6. 偶有人誤以為籌設高研署是基利安提出的點子，實際上現有證據全都指出，那是麥克羅伊的構想，不過他確實曾經和基利安討論。參見赫夫和夏普著述：Huff and Sharp, *Advanced Research Projects Agency*, II-4。

第3章　瘋狂科學家

1. 高階行政官員「從沒想過它能存續」，哥德爾後來這樣表示。「那是個權宜之計，目的是要幫〔五角大廈和〕

白宮釋壓。」哥德爾，與赫夫訪談內容。

2. 見羅伯特．佩里（Robert L. Perry）著《國家偵查計畫之管理》，一九六〇至一九六五年（*Management of the National Reconnaissance Program*, 1960-1965. Chantilly, Va., NRO History Office, 1961）。楚阿克斯實際上是在中情局計畫副局長里奇．畢塞爾（Richard Bissell）底下擔任技術顧問，他在退伍之後，還開創了多采多姿的事業生涯，包括協助伊弗爾．尼夫爾（Evel Knievel）從事時運不濟的愛達荷州蛇河縱躍演出。哥德爾便曾在回憶錄中，描述楚阿克斯是個「火箭迷」。

3. 馮．布朗與羅傑．比爾斯坦（Roger Bilstein）和約翰．貝爾茨（John Beltz）的訪談內容。參見 Glen E. Swanson, ed., "*Before This Decade Is Out--*": *Personal Reflections on the Apollo Program* (Washington, D.C.: National Aeronautics and Space Administration, NASA History Office, Office of Policy and Plans, 1999)。根據他為航太總署撰寫的一篇報告所述，火箭科學界對高研署的貢獻評價沒有那麼高，宣稱那款推進器是他的團隊提出的構想，五角大廈只不過「心情恰好」樂意出資挹注。參見馮．布朗的論述：Wernher von Braun, "Saturn the Giant," in *Apollo Expeditions to the Moon* (Washington, D.C.: NASA's Scientific and Technical Information Office, 1975)。

第 4 章　蘇聯超前矯正會社

1. 引自標示為最高機密且上呈美國國家安全局局長的〈每月活動彙編〉（Monthly Activity Digest, Nov. 7, 1957）。依循《資訊自由法》案號 75066A 釋出提供作者。根據該文件，哥德爾當時擔任羅伯遜委員會主席。

2. 蘭德．亞拉索克（Rand Araskog）回顧表示，哥德爾「經由情資管道涉足高研署」。亞拉索克任職五角大廈特種作戰辦公室時曾在哥德爾底下做事，隨後又跟著他的老闆進入高研署。亞拉索克能講流利俄語，當年才二十六歲，而且已經在國安局待了兩年，負責截聽蘇聯卡普斯京亞爾靶場的飛彈發射情資。高研署建立過後不久，亞拉索克奉命對羅伊．約翰遜簡報蘇俄技術。約翰遜對亞拉索克印象深刻，於是要他調任高研署，也答應會安排他高昇。亞拉索克的主要職掌是讓機構了解蘇俄飛彈技術的最新進展，不過很快他也察覺，其實自己已經是奉派擔任約翰遜的首席文膽。引自亞拉索克與作者的訪談內容。

3. 約克，與美國物理聯合會（American Institute of Physics）馬丁・科林斯（Martin Collins）的訪談內容。儘管約克和媒體報導都認為「軌道中繼設備信號通信」（SCORE）出自約翰遜的貢獻，然而更可靠來源則清楚說明，那是哥德爾的構想。這些文獻包括巴伯協會（Barber Associates）歷史以及哥德爾本人的回憶錄。發射過後不久，《時代雜誌》刊出一篇十四頁報導，專門介紹 SCORE，並以獨家照片和嚴謹編排的圈內人視角來深入檢視這次發射。該雜誌表示，總共有一百五十名記者和攝影師為這篇報導奉獻心力。

4. 哥德爾說蘇利文之所以想進入高研署，是由於聯邦調查局局長胡佛要他前往古巴當臥底，蘇利文認為接受那項任務很不明智，最好能夠避開。

5. 發射之後，空軍宣稱只有三十五人知情，就實際情況那是不可能的。事實上，根據哥德爾的記錄，到了發射當天，那個數字增長到兩百多。

6. 哥德爾並沒有提到 RCA，不過巴爾伯里的回顧情節有第一手文獻支持。該計畫一位名叫 M. 沃爾特・馬克士威（M. Walter Maxwell）的工程師留下著述佐證這點。參見 M. Walter Maxwell, *Reflections: Transmission Lines and Antennas* (Newington, Conn.: American Radio Relay League, 1990)。馬克士威寫道，高研署「把隨擎天神升空的整個通信套件發包給紐澤西州普林斯頓 RCA 實驗室設計、製造，SDRL 工程師則在旁監看我們進行」。

7. 不過這段故事的另一個版本則堅稱，錄音帶原有聲音是蒙茅斯堡 SCORE 團隊一位成員錄製的。參見哈羅德・布朗准將論文：Harold McD. Brown, "A Signals Corps Space Odyssey," *Army Communicator* (Winter 1982)。

8. 顯然起碼有一家新聞通訊社預先得知總統的聲音會上廣播。參見 United Press International, "Eisenhower's Voice May Be Beamed to Earth Stations from Outer Space," *Rome News-Tribune*, Dec. 17, 1958, 1。

9. 事實上，蘇俄在一九六〇年已經擊落一架 U-2。飛行員加里・鮑爾斯跳傘在蘇聯境內著陸遭俘。

10. 第二組四隻小鼠的下場也沒有好多少。發射差一點因為座艙內濕度感測器失控而取消。結果發現，感測器很倒楣就安裝在老鼠籠下方，結果小鼠恰好就尿在它上面。發射如期進行，不過裝了活鼠的座艙最終落入海中。參見國家偵查局出版品：National Reconnaissance Office, "Early 'Discoverer' History" (Oct. 20, 1966), 1。

11. 有種說法表示，工程師擺進了真正的老鼠糞便。參見 Edward Miller and George Christopher, "The Spitsbergen Incident," in *Intelligence Revolution 1960: Retrieving the Corona Imagery That Helped Win the Cold War*, ed. Ingard

Clausen and Edward A. Miller (Chantilly, Va.: Center for the Study of National Reconnaissance, 2012), 97。

12. 引自 Buhl, *An Eye at the Keyhole*。哥德爾在一次與赫夫進行的未發表訪談中堅稱，蘇俄始終沒有找到座艙。往後多年期間，並沒有出現任何足以顯示蘇俄找到座艙的證據。

13. 德韋恩・戴伊（Dwayne Day）稱，高研署對日冕並沒有真正的影響力，不過他的說法是以空軍消息來源為本。引自戴伊與作者的通信。

14. 約翰遜的最後備忘由哥德爾以及高研署一位高官勞倫斯・吉斯（Lawrence Gise）修改並完稿。參見 Huff and Sharp, *Advanced Research Projects Agency*, III-71。

第5章　歡迎來到叢林

1. 任務之後那年，一項針對梅爾比的調查啟動，他對中情局的批評，惹來比德爾・史密斯（Bedell Smith）對他敵視。史密斯是艾森豪任內的中情局局長，以壞脾氣名聞遐邇。引自梅爾比與亞夕內里（Accinelli）進行的口述歷史。後續引言也出自哥德爾的未發表回憶錄。參見 Buhl, *An Eye at the Keyhole*。

2. 哥德爾致蘭斯代爾，一九五六年二月十日，收藏單位 Hoover Institution Archive, Stanford。哥德爾和蘭斯代爾還是從二次世界大戰就結識的朋友，兩人當時都都從事部隊情報工作。引自哥德爾─根根巴赫與作者的電郵通訊。

3. 中情局前局長科爾比把蘭斯代爾列入十大頂尖間諜之林。參見 Nashel, *Edward Lansdale's Cold War*, 16。

4. 諷刺的是，蘭斯代爾能贏得美國戡亂泰斗令名，大半和格雷厄姆・格林（Graham Greene）在一九五五年發表的《沉靜的美國人》（*The Quiet American*）書中人物奧爾登・派爾（Alden Pyle）連帶有關。據稱派爾一角就是以蘭斯代爾為範本寫成，書中把他描寫成一位抱持理想主義，在越南從事助理工作的中情局年輕官員。

5. 這句話是以弗羅施的說法為本。引自唐・赫斯（Don Hess）和哈羅德・布朗與作者的訪談內容。三人都擔任高階督導職位，有的在高研署，另有的在五角大廈，而且坦白講，他們對於哥德爾的計畫都沒有什麼深入了解。

6. 參見 Lawrence Grinter, "Population Control in South VietNam, the Strategic Hamlet Study," unpublished paper, May

1966, Pool Papers, MIT Archives。法國最早於一九五一年在印度支那從事異地安置，把柬埔寨貢布（Kampot）和茶膠（Takeo）地區約五十萬農民移置他方。

7. 哥德爾在法庭作證說明，那個名稱出自「德國」Q型船，不過他也可能只是口誤。也或許是由於哥德爾能講德語，對德國版本比較熟悉所致。

8. 參見 Nashel, *Edward Lansdale's Cold War*, 54-55。「戰鬥神父」成為國際矚目焦點，是發生在蘭斯代爾奉甘迺迪總統指示，在《星期六晚郵報》（*The Saturday Evening Post*）發表一篇匿名報告談論該村莊之後，刊出日期為一九六一年五月。

9. 參見 Buhl, *An Eye at the Keyhole*。不是只有這些限制。要想接收聲音，首先必須在發射範圍內用收音機收聽。

第6章　平凡天才

1. 一九六〇年七月，中情局局長杜勒斯向甘迺迪做了一次情資簡報，那時中情局已經藉由 U-2 飛行取得比較好的情報。參見 Dwayne A. Day, "Of Myths and Missiles: The Truth About John F. Kennedy and the Missile Gap," *Space Review*, Jan. 3, 2006。

2. 魯伊納在幾次訪談期間，一再反覆講述這相同情節。引自魯伊納與作者的訪談內容。哈羅德也曾為文論述那次晉見甘迺迪的經過，參見 Harold Brown in *Star Spangled Security*, 91。

3. 魯伊納，與芬克拜納訪談內容。勝利女神宙斯型研發計畫持續進行到一九六二年，不過最後始終沒有布署。陸軍繼續鑽研勝利女神 X(Nike-X)，這套系統使用的雷達，追蹤性能較好，不過說起來它仍是沒有發揮作用。

4. 高研署國家實驗室（National Advanced Research Projects Laboratory）與國防部（或高研署）的關係，如同核實驗室與原子能委員會的關係，像是種科學人才和理念生成的儲藏庫。就惠勒看來，那所實驗室應該「遠大於洛斯阿拉莫斯和利佛摩的規模」。參見 Aaserud, "Sputnik and the 'Princeton Three'"。

5. 那個構想是先向核武潛艇提出預警，告知可能有核發射命令。該案原本稱為巴松計畫（Project Bassoon），必須動用一支八千五百英尺長天線，以及威斯康辛州的大半地帶。

6.「惠勒研判，緊急狀況已經消弭，而小小的緊急事件，也不是學界人士該處理的事情。」參見 Aaserud, "Sputnik and the 'Princeton Three,'" 224。

7. 參見 Finkbeiner, *Jasons*, 39–40。哥德爾在他與赫夫訪談時也堅稱，金羊毛玩笑話起初是在成員開始向高研署宣揚他們自己的計畫時出現。那項主張自然是有若干憑據。威廉・尼倫伯格（William Nierenberg）是那個團體的一位卓越成員，他的檔案裡面混雜了傑森會議筆記以及向高研署提出的一項企劃案，該案提議布署浮動式中洋基地，並由他所屬大本營機構，斯克里普斯海洋學研究所（Scripps Institution of Oceanography）負責執行。引自一九八七年四月十六日尼倫伯格致菲爾茲信函，收藏單位：Scripps Institution of Oceanography Archives。

8. 克雷薩，與作者的訪談內容。傑森團隊確實提議繼續推動雷射計畫。參見 JASON, Project Seesaw (Alexandria, Va.: Institute for Defense Analyses, 1968), 3。

9. 倘若我們認定蹺蹺板是在一九五八年啟動，那也就表示到了一九七二年時，該案已經成立十三年，而且很可能繼續保持高研署最長命計畫的紀錄。

10.「赫茨菲爾德毫不含糊地告訴我們，那裡〔阿雷西博天文台〕是一處完全為科學籌資設立的開放式設施，不容從事機密研究，我們提那種問題也太冒失了，」後來國安局一位密碼專家格森這樣表示。參見 N. C. Gerson, "SIGINT in Space," *La Physique au Canada*, Nov./Dec. 1998, 357。（該文前曾發表於 *Studies in Intelligence* 28, no. 2。）班福德也曾在著述中引述這段對話，參見 Bamford's *Puzzle Palace*。

11. 結果維拉的兩個最重要部分是維拉旅館和維拉統一。維拉山脊涉及用來探測太空核試的地基探測器，最終便納入維拉旅館。到了最後，維拉的部分工作並沒有真正動用上任何特殊的科學。舉例來說，水下爆炸探測作業並不真正需要什麼新研究。高研署使用傳統炸藥來執行水下測試，作業代碼為 CHASE，這是個縮略詞，代表「鑽洞沉水」（cut holes and sink'em）。參見赫夫和夏普著作：Huff and Sharp, *Advanced Research Projects Agency*, VII-15。弗羅施說道，「海洋探測系統不是個問題。」引自弗羅施與作者的訪談內容。

12. 羅姆尼堅稱那次修改並不是肇因於系統性錯誤，而是由於資料累積更多所致。他向來仰賴蘇俄大型核試的歷史性資料，接著據此外推來估算較小型測試偵測結果，這是因為小型核試有可能與地震混淆。羅姆尼堅稱，

「那次改變是肇因於我們得到更多資訊所致。」引自羅姆尼與作者的訪談內容。

13. 約翰・鄧布列爾（John Dumbrell）便在他的《詹森總統和蘇俄共產主義》（*President Lyndon Johnson and Soviet Communism*, Manchester, U.K.: Manchester University Press, 2004）書中指出，就在核武禁止擴散條約談判期間，詹森總統批准進行那次歷來最大規模的地下核試，一千三百萬噸級的「棚車行動」（Operation Boxcar）。

第7章　非凡天才

1. 利克萊德有可能是指「彈頭自轉穩定」（Gyrojet）手槍，一款能發射小型火箭的實驗性武器。高研署曾介入資助那款武器，做為村莊防衛使用。參見高等研究計畫署出版品：Advanced Research Projects Agency, "Caliber .50 Gyrojet Hand Pistol," Oct. 25, 1962, Project AGILE, RG 330, National Archives, College Park。

2. 利克萊德和亞斯普雷（Aspray）與諾伯格（Norberg）的訪談內容。當中提到的拉法耶特廣場，在訪談時始終沒有解釋，不過想必是指利克萊德的預算被用來藏匿其他計畫使用的機密資金，這是高研署常用的策略。

3. 把高研署的工作和核戰存活能力直接聯繫起來的文獻，最早在一九九〇年中期出現。然而到了晚近，這種混淆處境更頻繁出現在喬治・戴森所寫的一部原本具有深刻見解的電腦歷史論述當中。參見 *Turing's Cathedral*, 330。

4. 「阿帕網和它的後裔，網際網路，和支持或熬過核戰毫無關聯——從來無關，」凱蒂・哈夫納（Katie Hafner）寫道。哈夫納協同撰寫了一本《巫師半夜不睡覺》（*Where Wizards Stay Up Late*），按照時序撰述電腦網絡作業的誕生。參見 Hafner and Lyon, *Where Wizards Stay up Late*, 10。不幸的是，這種看法要能成立，我們就必須完全漠視五角大廈支持阿帕網的背後理由。

5. 在利克萊德掌權時期，行為科學辦公室並沒有介入東南亞。一九六四年時，（曾經擔任高研署駐泰國代表的）赫夫接手之後就開始出資挹注該領域工作。引自赫夫與作者的訪談內容。亦見 Huff and Sharp, *Advanced Research Projects Agency*, VI-52-3。

6. 魯伊納追憶表示，儘管事後回顧經常假定，高研署享有的自由是特別賦予的，該機構成立才只幾年，對任何事情都沒有預設立場。那個時期對高研署是一段獨特的歲月。「我有很大的自由；〔倘若〕我希望造一條橋，從查塔努加（Chattanooga）通往西雅圖的話，那我也可以辦到，」將近五十年後，他在一次訪談時回顧表示，「回顧我那段歲月，我並沒有真正領會當年我有多大的自由，能盡可能去做我原本可以做的許多好事，還有對國家、對高研署很好的事情。我完全沒有意識到，那些歲月是多麼特殊的時光。」引自魯伊納與作者的訪談內容。

第8章　惹火上身

1. 參見希基的論述（Hickey, *Window on a War*, 99）。哈羅德．布朗寫道，他不記得希基的簡報內容，「不過他自然說得對，我和政府其他多數人，對越戰的本質和前景都很無知。」引自布朗與作者通信內容。
2. 戴契曼與作者的訪談內容。「在越南，狗都被當成乞丐，從來不拿來當寵物，」戴契曼說明，「而且牠們都被看成食物。」
3. 戴契曼回顧表示，「那些桶子發散的蒸氣，把〔研究發展外勤單位〕複合建物周遭一英里範圍內的市區植被全都殺光。」引自戴契曼與作者的訪談內容。
4. 殺傷力辯論到四十多年之後依然持續，當時在伊拉克和阿富汗作戰的士兵，對武器性能提出質疑。參見 Anthony F. Milavic, "The Last 'Big Lie' of Vietnam Kills U.S. Soldiers in Iraq," *American Thinker*, Aug. 24, 2004。
5. 越戰期間北越及越共發起的最大規模攻勢，行動從一月底延續至九月底。——譯注
6. 參見 Wolfgang W. E. Samuel, *American Raiders: The Race to Capture the Luftwaffe's Secrets*, Jackson: University Press of Mississippi, 2004。比方說，二次世界大戰過後，A級幹員習慣以現金支付被帶來美國的德國科學家，好讓他們不受蘇俄染指。
7. 所有直接提到哥德爾審訊的內容，全都引自哥德爾／懷利審訊謄本。另一位原本也在本案受指控的五角大廈高官約翰．洛夫提斯（John Loftis）則成功訴請分案受審，結果獲判無罪。
8. 對除草劑專案的最佳技術評估刊載在二〇〇年一期《自然》期刊，見 Jeanne Mager Stellman et al., "The Extent

and Patterns of Usage of Agent Orange and Other Herbicides in Vietnam," Nature, April 17, 2003, 681-87。作者是以國家檔案和記錄管理局記錄為本，來重建除草劑的使用經過。文件坦承準確用量很難確定，因為在某些情況下，只有採購量記錄下來，這和實際噴灑數量不見得相同。

9. 如今高研署會拿自己的失敗來開玩笑，好比打算用來跋涉穿越越南森林的機械象，至於橙劑就始終不曾在任何官方材料中提及。在這部詳細論述該署早年經歷的文稿當中，唯一提起化學落葉處理的篇幅是一則簡短注釋，說明曾使用化學物質來「清理道路和邊界地區，而且有可能破壞越共的食物來源，最終還促成一項有限的作業測試，『最後產生出大體上並不明確的結果。』」引自 Huff and Sharp, *Advanced Research Projects Agency*, V-42。

10. 哥德爾甚至還認為，從戡亂面來看，AR-15（後來獲稱譽為敏捷計畫最大成功果實）其實是一次失敗。美國陸軍採用 AR-15 引發的爭論，只讓為南越部隊提供該武器，協助他們在森林作戰的計畫偏離了正軌。把 AR-15 轉變成供美軍使用的武器完全顛覆了核心要點。哥德爾說道，「美國陸軍需要什麼我全無所知，而且關我屁事。」引自哥德爾與赫夫訪談內容。

第9章　全球實驗室

1. 引自 National Academy of Sciences, *Biographical Memoirs, Volume 80* (Washington, D.C.: National Academy Press, 2001), 162。看來查爾斯．赫茨菲爾德的祖父卡爾．赫茨菲爾德（Karl Herzfeld）也改變信仰，誓言成為一位「醫療界反猶太領導人物」。參見沃爾特．摩爾（Walter Moore）的著作 *Schrödinger: Life and Thought* (Cambridge, U.K.: Cambridge University Press, 1992)。亦見 Arthur Schnitzler, *My Youth in Vienna* (New York: Holt, Rinehart and Winston, 1970), 307。

2. 引自 Huff and Sharp, *Advanced Research Projects Agency*, VII-19。歷史指出，「到了一九六六年年尾，由於國家優先考量影響，推動全面禁止核試驗的驅動力量，基本上已經不再存在。」

3. 在一九八八年一次訪談時，他被問起他前往各處檢視網絡建置作業，他回顧描述幾度前往麻省理工學院，還有到戰略空軍司令部視察軍方電腦，不過計畫詳情顯然超出了他的日常權限。赫茨菲爾德在他的回憶錄中只撥出了不到兩頁篇幅來討論電腦網絡建置，那個領域深深受到他的影響，卻沒有占用他太多的時間。

4. 引自赫茨菲爾德與作者的訪談內容。不過赫茨菲爾德並沒有申論越南的樹木為什麼生病，說不定是肇因於高研署所發動並延續兩年的化學落葉處理所致。

5. 這段引言以多種型式反覆出現在回憶錄以及與作者的訪談內容中，還出現在高研署歷史。這個版本引自史塔克的回憶錄，參見 *Many Faces, Many Places*, 123。

6. 克里斯托菲洛斯致福斯特信函，一九六六年八月二十九日，敏捷計畫 RG 330，國家檔案和記錄管理局，大學公園市。從信頭可以看出克里斯托菲洛斯是代表傑森團隊發函，管理單位為國防分析研究所。

7. 儘管高研署檔案並沒有說明是否曾經探究那個構想，不過後來福斯特在一次訪談時提到，高研署曾有一項使用「一種新頻率、一種諧波」來探測氧化物的計畫。引自福斯特與威廉斯／傑拉德（Williams/Gerard）戰略通信機構訪談內容。

8. 結果在事後多年，史瓦茲柯夫運用他的憲兵隊成功經歷，協助中情局策動其成功政變。引自 J. Dana Stuster, "The Craziest Detail About the CIA's 1953 Coup in Iran," *Passport* (blog), *Foreign Policy*, Aug. 20, 2013。

9. 引自 Advanced Research Projects Agency, Report, "ARPA Research in Iran," April 26, 1970, Project AGILE, RG 330, National Archives, College Park。儘管報告的焦點在伊朗，內容也談到高研署的「中東、非洲和東南亞」計畫（計畫名稱原文 Middle East, Africa, and Southern Asia，縮略 MEAFSA）。

10. 赫茨菲爾德在他的回憶錄中追溯，協議破局的原因是詹森總統對巴基斯坦和印度的緊張局勢深感憂心。國家檔案和記錄管理局的敏捷計畫檔案隱約提及高研署的印度工作相關爭議。根據檔案中其他備忘文獻，顯然國務院對高研署涉足外交事務心存顧忌。

11. 引自弗羅施與作者的訪談內容。布朗和作者通信時寫道，「我或者做出了那項評述，不過這並不表示那項努力不夠認真。」

12. 儘管「護星」這個代號曾在高研署一九七五年歷史一項腳注中扼要確認，有關高研署對總統安全方面貢獻的詳細記載，卻是直到二〇一三年十一月，才由國家檔案和記錄管理局因應作者請求而釋出。

13. 高研署對特勤局欠缺技術專業深感挫敗，由於這項缺失，他們提議開發的武器，看來彷彿就是直接從《嗶嗶鳥》（*Road Runner*）卡通冒出來的，好比一款能夠立刻讓群眾中一名潛在刺客喪失行動能力的非致命武器。當高研署真的試作出財政部心目中的幾款武器，好比從忍者取得靈感的一款末端尖利且能以高速彈出的伸縮型警棍，他們卻發現，實作時它沒有用。那支警棍要不是在幾次使用之後自行縮短，不然就是使用人握不牢棍子。

14. 引自沒有簽名的備忘記錄，由「約翰」致艾莉斯，想必這是指長年擔任敏捷計畫祕書的艾莉斯・佩克斯（Alyce Pekors），遞交日期是一九六四年四月十六日。備忘中描述了高研署員工提出的好幾個不同構想。引自 Project Star , RG 330, National Archives, College Park。

15. 其他擬議的武器，好比一款噴射催淚瓦斯的氣霧槍，使用人若是沒有提前戴上防護面罩，自己就很可能喪失行動能力。不過這種挫敗感受是雙向的。財政部指責高研署自己也提出詹姆斯・龐德式建議，儘管在技術上可行，操作上卻不切實際。例如在總統加長禮車的鍍鉻條帶上通電，以防群眾翻倒車輛。財政部反駁道，裝甲車輛太重了，不論如何都不會被翻倒。

16. 一九六七年時，一位署長依然把化學落葉處理列為敏捷計畫的一項現行方案。

17. 引自 ARPA, "Task Force 'Isolation in South Vietnam.'" 這篇報告本身並沒有標注日期，不過隨著該報告還有一封由高研署偏遠地區衝突計畫處（Remote Area Conflict program）處長撰寫的傳遞信函，信中說明那是一篇「研究論文」，由高研署為國防研究與工兵局局長哈羅德・布朗撰寫。參見 Major General R. H. Wienecke, "Memorandum for Brigadier General John Boles, director, JRATA (Subject: Border Security--S. Vietnam)," March 27, 1964, Project AGILE, RG 330, National Archives, College Park。

18. 哈羅德・布朗的戡亂業務助理戴契曼審閱之後寫道，「我相信成本遠遠被低估了。」引自 Deitchman, "Memorandum for the Director, ARPA," March 24, 1964, Project AGILE, RG 330, National Archives, College Park。

第10章　都是巫師闖的禍

1. 當麥納馬拉在一九六一年獲遴選主掌國防部，他也把作業研究帶回五角大廈，連帶也引進了一批「奇才」，決意改革軍方的做事方式。參見 Kaplan, Wizards of Armageddon, 256。

2. 高研署通常都會避開這類提案，有時是由於構想不切實際，有時則是因為想法愚蠢，還往往由於哥德爾不覺得理念能起作用。有一次哥德爾寫道，他寧可撥款挹注「著眼道德觀和敏感性的社會科學研究」，來探究越南人如何看待不同「訊問技術」，也不願資助開發測謊機。引自哥德爾撰寫的未標注日期備忘，參見 Godel (attached to General Electric proposal on polygraph), Project AGILE, RG 330, National Archives, College Park。

3. 引自 Herman Kahn and Garrett N. Scalera, *Basic Issues and Potential Lessons of Vietnam: A Final Report to the Advanced Research Projects Agency*, vol. 5, *A Summary of Economic Development Projects That Might Have or Might Still Be Helpful in Vietnam* (Croton-on-Hudson, N.Y.: Hudson Institute, 1970), 50A。這個想法是營造水道，當成「屏障」來保衛戰略邑。卡恩的提案似乎比較適合用來防禦殭屍，對付叛亂戰爭就不是那麼合宜，施工時得「用上小型疏浚機來營建屏障水道，環繞三角洲內已綏靖的戰略邑，同時截斷阻絕現有水道，在戰略邑和相鄰區域外圍產生出一片阻隔地帶」。考量到戰略邑計畫到這時候已經明顯失敗，就算為它們設置阻隔工事實際可行，卻也不清楚那能發揮什麼作用。

4. 許多地方都記載了卡美洛的故事，有時還誤解那是高研署的功勞。可參見當時的一份文獻 George E. Lowe, "The Camelot Affair," *Bulletin of Atomic Scientists*, May 1966。

5. 擬態自動化的報告表示，觀察員的報告經翻譯成英文，有些案例還列為機密，接著「依種種不同反應和評述的頻率製成統計表格」。細部結果在報告草稿當中並未提及。

6. 普爾的確用上了他的政治人脈關係，直接向白宮申訴，還遊說那裡的官員，以「越南化」為幌子，在越南設置一所社會科學研究中心。當然了，擬態自動化會成為那所中心的主要約聘單位；普爾手寫擬出一份預算，顯示大半開支都直接列為經常費用。為協助達成他們的目標，擬態自動化敦請越南那位學神父代筆，寫信給阮文紹總統的政治顧問簽名，要求成立該中心。就連該公司的總裁格林菲爾德都意識到這做得太過火了。「他們會看穿這個技倆，從項目就能看出，那是學神父寫的，」格林菲爾德寫信給普爾說明，「一旦他們瞧出線索，結果就可能適得其反。」引自 Greenfield to Pool, Aug. 15, 1968, Pool Papers, MIT Archives。

7. 引自 Rohde, "Last Stand of the Psychocultural Cold Warriors," 233。羅德（Rohde）這篇論文為擬態自動化在越南

的不良行險舉措提出了最週延的文獻記載。

8. 赫茨菲爾德宣稱，高研署「協助泰國人維繫了泰國的正直」。幫忙在那裡創設計畫的赫夫認為，那裡的叛亂之所以能受控制，大半是泰國政府的功勞。他說，美國官員有「一種傾向，往往低估與他們合作的人士」。引自赫茨菲爾德和赫夫與作者的訪談內容。

9. 引自 Huff and Sharp, Advanced Research Projects Agency, VIII-50。赫茨菲爾德在二〇一三年與作者談話時，一再說到「光榮的失敗」。

第11章　胡作非為

1. 根據丘奇委員會報告所述，MKULTRA 的原始許可證的確納入了輻射，不過並不清楚中情局是否曾經進行微波和行為實驗。參見美國參議院 *Select Committee to Study Governmental Operations with Respect to Intelligence Activities* (Washington, D.C.: Government Printing Office, 1976), bk. 1, 390。

2. 事實上，測試結果比希薩羅的設想還更含混得多。後來有一批解密文件便顯示，希薩羅提到的猴子每天工作十小時，每週工作七天。當表現在第十二天降低，希薩羅便歸結認定這是輻射所致後果（而非疲憊造成的）。猴子停止工作之後，輻射又持續了兩天，接著才關閉。沒有輻射再過三天之後，猴子恢復正常工作。於是希薩羅又表示，這個結果是停止輻射所造成的（而非休息五天，無關乎輻射）。希薩羅指出，猴子恢復正常工作事項之後，情況持續五天都沒有輻射，到這時輻射再次出現並再延續八天，接下來猴子的表現又開始低落。希薩羅還把工作停滯歸咎於輻射。簡單斟酌就能看出，希薩羅這種邏輯令人不敢苟同。第一輪實驗時，猴子持續接受輻射照射，工作表現在第十二和十三天時變差。到了第二輪，猴子接連工作五天，沒有輻射照射，接下來八天接受照射，接著在第十三天，牠的表現下降了。換言之，實驗結果大致相同，並與輻射無關：猴子的表現約在第十二或第十三天時變差。這些試驗的相關描述，可參見 U.S. Senate, *Radiation Health and Safety*。

3. 引自 Peter Papadakos, "QH-50 Evolution," www.gyrodynehelicopters.com。不過最後這並沒有成真，因為 QH-50 是

奉阿利・伯克上將的命令才投入開發，這位海軍作戰部長對無人機擁有超乎尋常的狂熱，等他退休之後，軍方對 QH-50 的熱情也隨之消弭於無形。

4. 夜豹搭載了大批感測器，好比日／夜型電視攝影機、追蹤移動目標的雷達，以及一台雷射指示器。後來高研署還做了繫留氣球實驗，氣球也是高等感測器研究室開發的，用來轉播 QH-50 的影像，擴大它的發射範圍。整體看來，高研署自行或與軍方共同研發了九種不同組態的 QH-50，採用諸如「迪斯耶茲」(Desjez，此為縮略詞，全稱為 Destroyer Jezebel，即「摧毀者耶洗別」）以及低空打擊（Blow Low，使用一款機密光電感測器的型號）等名稱。參見 Michael J. Hirschber, "To Boldly Go Where No Unmanned Aircraft Has Gone Before: A Half-Century of DARPA's Contributions to Unmanned Aircraft," *48th AIAA Aerospace Sciences Meeting Including the New Horizons Forum and Aerospace Exposition, 4–7 January 2010, Orlando, Florida* (American Institute of Aeronautics and Astronautics, 2010)。

5. 夜羚的最後命運如何並不清楚，不過和盧卡西克與帕帕達科斯以及其他人的訪談內容則確認該機已經墜毀。

6. 第一台稱為營地哨兵二型，其他五台雷達則為營地哨兵三型。參見里德・范阿塔（Reed, Van Atta）與戴契曼著作：Reed, Van Atta and Deitchman, 國防高研署 DARPA Technical Accomplishments, 1:15-2-5.

7. 出自維克納與作者的訪談內容。事實上，總共有約六台雷達送到越南，所以維克納的評論有其可取之處，卻也該心存質疑。

8. 參見 Marlene Cimons, "Infertility Doctor Is Found Guilty of Fraud, Perjury," *Los Angeles Times*, March 5, 1992。我們也可以說，後來這些不當行為和他早期在國務院的工作無關，不過輻射調查相關祕密，以及欠缺同儕審閱的情況，仍招致草率的結果。最起碼，雅各布森博士後來的工作令人對他的判斷力存疑。

9.《紐約客》作家保羅・布羅德（Paul Brodeur）在他的《死亡電流》(*Currents of Death*, New York: Simon & Schuster, 1989）書中描述麥基爾韋恩認定莫斯科信號不產生影響的判斷「神祕難解」。麥基爾韋恩的見解全無神祕可言；他不過做了數學推算。

第12章　把它給埋了

1. 國防高研署名稱縮略 DARPA 中的D有個普遍反覆出現的迷思，認為添加那個D字是用來表示該署朝國防應用轉移。這是錯的；與該時代官員訪談時發現，高研署當時代的機構歷史以及記錄，全都顯示那是個行政管理上的改變。

2. 盧卡西克表示，轉採用 ARPA 是直到一九七五年海爾邁耶當上署長之後才成真。引自盧卡西克與作者的訪談內容。

3. 二〇一四年，五角大廈宣布，打算把入侵伊拉克之後創辦的對抗炸彈機構「擊敗簡易爆炸裝置聯合組織」的名字改掉。這是個典型實例，代表裁撤那個組織踏出了第一步。

4. 引自科德斯曼與作者的電話交談內容。甚至在他收到檔案中有關他工作事項的解密信函時，他依然拒絕發表評論。

5. 戰術研究處有個前身機構。短短幾年之前，當飛彈防禦被挪出國防高研署之時，前署長便創辦了個戰略技術研究處，根據高研署歷史，那個單位鑽研「真正奇特的武器概念」，好比雷射和粒子射束。戰略技術研究處的預算不到七千萬美元，不過就像先前的守護者計畫，依然占了當時高研署預算的最大部分。

6. 赫茨菲爾德在他的回憶錄《全速生活》（*A Life at Full Speed*）中說明，高研署的高等感測器研究室曾參與炸垮橋樑那款雷射導向炸彈的開發作業。不過高研署官員或空軍軍官都沒有人能證實這點，也沒有任何文件能佐證這個說法。高研署在越戰時期無疑曾投入探究雷射導向炸彈，不過根據現有資料來源，看來該署並沒有直接介入這次作戰行動使用的炸彈。

7. 維克納表示那個數字是超過百分之五十，不過這很難確認，因為傷亡統計數字一般都由各師提出報告。不過肯定有些師的計算顯示，地雷和詭雷造成了超過百分之五十的傷亡。

8. 研究室最後裁撤了，而原有任務就由創設於一九七三年，由安德魯・馬歇爾（Andrew Marshall）領導的網路評估研究室接手。

9. 除了沃爾斯泰特之外，約瑟夫・布拉多克（Joseph Braddock）和唐・希克斯（Don Hicks）也都參與了這項研究，後面這兩位物理學家都隸屬經常向五角大廈提供核政策諮詢的科學家團隊。

10. 突擊破壞者全力推展，陸軍卻不見得願意放棄它的戰術核武。一九八三年情況明朗，原來陸軍試圖把戰術核武安置在突擊破壞者飛彈上，這基本上就是破壞了那套系統的根本目的，因為計畫目標是要減輕對核武的依賴。《華盛頓郵報》引述一位陸軍軍官的說法，「你不能作繭自縛。」

第13章　兔子、女巫和戰情室

1. 有關創建阿帕網的相關複雜動機，最好的解釋之一可參見盧卡西克的論文，Stephen Lukasik's article "Why ARPANET Was Built," IEEE Annals of the History of Computing, July - Sept. 2011, 4 - 21。
2. 勞倫斯與作者的訪談內容。儘管題材和時間都看似重疊，勞倫斯卻說，潘朵拉推行時，他其實一無所知。即便他在沃爾特．里德陸軍研究院以及後來在高研署的工作期間，和該計畫時程不謀而合，而且後來他還與接受潘朵拉資助的羅斯．阿迪（Ross Adey）等研究人員互有往來，不過由於潘朵拉是最高機密計畫，所以他的說法仍是可信的。
3. 這是勞倫斯根據高研署研究所提結論，而且他曾在北大西洋公約組織研討會上發表，參見 NATO conference Dimensions and Stress, June 29 - July 3, 1975。George Lawrence, "Use of Biofeedback for Performance Enhancement in Stress Environments," in *Stress and Anxiety*, vol. 3, ed. Irwin G. Sarason and Charles D. Spielberger (New York: Hemisphere/Wiley), 1976。

第14章　看不見的戰爭

1. 阿特金斯與作者的訪談內容。艾倫．布朗就那些事情的記憶情節相同，不過他說他對官方掩飾情節或者向醫院人員提出的說詞並無所知。他同意醫院人員並不相信那種說法。引自布朗與作者的訪談和私人通信內容。
2. 準確數字（以及損失原因）依然存有爭議。不過這些損失的最主要理由一般都沒有受到質疑。引自 Simon Dunstan, *The Yom Kippur War: The Arab-Israeli War of 1973* (Oxford: Osprey, 2007), 30。
3. 摩爾表示，他是與國防高研署一位海軍軍官聊天之後才採用了「匿蹤」一詞。邁爾斯也在他本身談哈維的部分論文裡面使用了「匿蹤」一詞。引自摩爾與作者的訪談內容。

4. 引自柯里與作者的訪談內容。盧卡西克一聽說自己就要被換掉，便在一九七五年年初請辭，接著幾個月過後，海爾邁耶才接手繼任。引自盧卡西克與作者的訪談內容。

5. 「高研署指令不是良好的資訊來源，它們是聰明人寫給呆子看的，這是指必須簽名認可或閉嘴不提質疑的所有官僚們，」盧卡西克堅稱，「那些指令根本就是推銷宣傳。」引自盧卡西克和作者的訪談內容。

6. 利克萊德寫道，「我想我們正位於高研署資訊處理技術研究室歷史的一個分水嶺。」這是轉述新任署長海爾邁耶上任之後不久和他幾度商談所提內容。引自利克萊德致艾倫·紐維爾（Allen Newell）電郵 "Subject: Request for Advice," April 1, 1975, Carnegie Mellon University Libraries Digital Collections。

7. 引自海爾邁耶與作者的訪談內容。海爾邁耶教義問答有幾種不同措辭，不過全都是從這七道問題的某個版本研擬而成。這個版本出自作者與海爾邁耶訪談時的逐字抄謄內容。

8. 摩爾與作者的訪談內容。有關匿蹤的概念，長期以來都不很明確，連名稱都很混淆。儘管某些文獻以「哈維」一名來指稱初始研究，看來國防高研署卻始終不曾正式以那個名字相稱。邁爾斯認為國防高研署那項研究是要鑽研哈維，然而國防高研署從一開始就是朝不同方向推展。

9. 引自 Rich and Janos, *Skunk Works*, 23。里奇對匿蹤競賽早期年代記載有些事實論述錯誤，所以很難知道最早是誰提醒他匿蹤競賽活動。國防高研署研究方案在那時候並不是機密，所以消息有可能從多方來源流出。

10. 引自阿特金斯與作者的訪談內容。里奇在他的《臭鼬工廠》（*Skunk Works*）書中表示，那一塊錢出自海爾邁耶，而且他實際上還婉拒收款。所有文獻很可能存有幾分事實。海爾邁耶肯定不會不先與計畫負責人佩爾科諮詢，就提議與洛克希德簽約。相同道理，佩爾科也不會不先獲得海爾邁耶批准，就容許洛克希德加入計畫。

11. 柯里與作者的訪談內容。向瓊斯的提議是虛張聲勢。柯里說，不論如何他都會支持 F-16，因為那是國防部長最喜愛的計畫。

12. 這段對話是以與海爾邁耶、摩爾、柯里和邁爾斯的訪談與通信內容為本重建而成。「母性」引言出自邁爾斯論述，刊載在 Stevenson, *$5 Billion Misunderstanding*, 21。

13. 引自布朗與作者的訪談內容。有關烏菲姆采夫對匿蹤做出多少貢獻的爭辯延續至今。奧弗霍爾澤曾說，擁藍初步設計完成之後，烏菲姆采夫的理論便納入了回波電腦方案（Echo computer program）。參見 Aronstein and Piccirillo, *Have Blue and the F-117A*, 72。不過情況相當明朗，烏菲姆采夫的理論起碼早自一九七四到一九七五年，已經為奧弗霍爾澤的思想提供了資訊。亦參見 Stevenson, *$5 Billion Misunderstanding*, 17。

第15章　最高機密飛行器

1. 泰勒計畫是雷根宣布之前數週、數月期間接觸過的好幾項建言之一。引自 FitzGerald, *Way Out There in the Blue*, 206。
2. 為解釋定向能量處處內官員的看法，卡恩引述了有關早餐火腿蛋的「雞和豬」寓言討論內容。「雞參與了，而豬則是犧牲投入了，」卡恩說，「定向能量處犧牲投入了。他們不論如何都會參與，因為那是他們的技術。他們是豬。」引自卡恩與作者的訪談內容。
3. 最可能的情況是轉進前往西維吉尼亞開會，比較可能是庫珀為嘗試蒐集資訊所下決定。庫珀的副手，後來當上國防高研署署長的林恩這樣說明，「倘若各處室主管認為機構有民主可言，那也是經由頻繁討論，不訴諸投票管理手段所得出的結果。」引自林恩與作者的通信內容。
4. 引自 Van Atta and Lippitz, *Transformation and Transition*, vol. 2。國防高研署官員迄今依然不願討論藍綠雨項下開發的某些特定機型，不過兩位官員確實指出，目標是最終要換下 U-2 和 SR-71 等飛行器。
5. 好比有人飛行器計畫，有些非機密性計畫其實是用來掩護機密項目。舉例來說，國防高研署表面上撥款挹注開發一款波音造龐大無人機，那種高飛行高度的長航程無人飛行器稱為神鷲（Condor），翼展達六十公尺，和波音七四七相當。不過只造出了一架原型機，而且那款飛行器看來是用來掩護一項後來取消的機密軍事任務。
6. 依阿特金斯所見，一項教訓就是，使用固定槳葉很重要，因為揮旋的槳葉肯定會洩漏行蹤。引自阿特金斯與作者的訪談內容。
7. 回顧一九五八年時，在國防高研署失去它的太空計畫之前，機動可回收太空航行器始終沒有超越概念階段。在那時，空軍也有一項名叫 X-20 動力倍增器（X-20 Dyna-Soar）的工作項目，而且最終也取消了。

8. 引自東尼・杜邦與作者的訪談內容。這個版本的事發經過同樣有國家航太飛機的好幾段歷史可為佐證。

9. 阿特金斯表示，太空梭在一九八六年一月二十八日失事，七名乘員罹難，也為國防高研署的X翼匿蹤直昇機劃下終點。他論稱，在挑戰者號事故餘波中，該署並不希望啟動任何高風險飛行試驗，更別提實際上是用來掩護機密軍事飛行器的計畫案。引自阿特金斯與作者的訪談內容。就另一方面，科拉迪則表示，那款飛行器的航空動力學仍有缺憾。引自科拉迪與作者的通信內容。

第16章　合成的戰爭

1. 清點戰車數量是冷戰期間軍隊分析師的一項執著，而且得出的數字都遭人挑戰。不過也沒有人會質疑華沙公約組織占了數量上的優勢。引自 Jack Mendelsohn and Thomas Halverson, "The Conventional Balance: A TKO for NATO?" *Bulletin of the Atomic Scientists* 45, no. 2 (1989): 31。

2. 菲爾茲的漫長終身聘生涯也非全無批評。艾倫・布魯（Allan Blue）就菲爾茲的漫長終身聘生涯評論，「那是犯罪行為。」布魯是位科學家，曾在一九七〇年代主掌國防高研署資訊處理技術研究室。出自布魯與查爾斯・巴貝奇研究院（Charles Babbage Institute）的威廉・亞斯普雷（William Aspray）的訪談內容。

3. 計畫領導人是羅伯特・卡恩（著名未來學家赫爾曼・卡恩〔Herman Kahn〕的表親），他和文頓・瑟夫（Vint Cerf）共同開發出網路傳輸協定，為現代網際網路奠定根基。他在一九七九年回到國防高研署，領導資訊處理技術研究室，期能重啟利克萊德的願景，振興能革新電腦科學的基礎研究。

4. 下一任國防高研署署長科拉迪和戰略計算先導計畫幾無絲毫互動。該計畫在他上任時已逐漸沉寂，結果他卻說它「大為成功」。理由並不清楚。引自 Andrew Pollack, "Pentagon Wanted a Smart Truck; What It Got Was Something Else," New York Times, May 30, 1989。

5. 也難怪，庫珀在一九八三年為爭取國會支持而大肆炒作的日本威脅論，到頭來也不過就是一場海市蜃樓。

6. 半導體製造技術協會的資金來自會員會費，後來又得到國防高研署約五億美元挹注，並獲稱譽幫忙挽救了美國的晶片生產基礎。

7. 然而批評者指出，這些數字並不支持他的說法。電子產品市場只占了美國半導體產量的一小部分——根據部分報告約為百分之五——高畫質電視只占百分之一。就算使用更樂觀的預測，也很難看出，讓五角大廈補貼消費性市場，對半導體產業能有什麼實質幫助。引自 Marc Busch, *Trade Warriors: States, Firms, and Strategic-Trade Policy in High-Technology Competition* (Cambridge, U.K.：Cambridge University Press, 2001), 104。

8. 仿真網絡對線上遊戲產業有多大的貢獻仍有待商榷。這是由於當時那些技術是平行發展成形。舉例來說，總部設於西雅圖的軟體公司 Rtime 便以其仿真網絡成果為本，開發出了分布式遊戲技術，並取得專利。引自 Teresa Riordan, "Patents: A Dangerous Monopoly?," *New York Times*, Feb. 1, 1999。

9. 《連線》雜誌曾刊出兩篇文章來報導仿真網絡和索普，包括該雜誌第二期。引自 Bruce Sterling, "War Is Virtual Hell," *Wired*, March/April 1993; Frank Hapgood, "SIMNET," *Wired*, April 1997。

10. 麥格雷戈表示，七三東距坦克戰的致勝因素不在於技術，而是對人投資所取得的成果。他特別提到了在德國使用真正彈藥的實彈練習，以及在沙烏地阿拉伯的密集訓練。引自麥格雷戈與作者的通信內容。

第17章　塵俗世界

1. 還得再兩年時間它才能飛行，然而到那時候，國防高研署已經打算把它移交給空軍。一九九九年，五角大廈取消黑星計畫。國防高研署前署長加里．丹曼（Gary Denman）說：「那不是個成功的設計，就讓它保持這樣吧。」引自丹曼與作者的訪談內容。

2. 引自戈德布拉特與作者的訪談內容。戈德布拉特對這項課題的興趣關乎個人。他的女兒患了腦性麻痺，起因是腦部發育時受了損傷，一位哈佛醫學院朋友告訴他，那是不治之症，讓他感到十分喪氣。

3. 我們可以設想，國防高研署的腦機介面的靈感是源自《火狐狸》一類的科幻作品，不過更可能的情況則是，《火狐狸》的靈感源頭實際上是出自國防高研署在一九七〇年代的一項計畫（那本書在一九七七年出版，就在不久之前，五角大廈的機密匿蹤飛行器消息才洩漏給媒體，而且勞倫斯的生物模控學計畫和「腦控制型武器」概念也才開始傳揚。）

4. 參見 Nicolelis, *Beyond Boundaries*。戈德布拉特的單位在當時撥款挹注杜克大學神經生物學家米蓋爾・尼可利斯（Miguel Nicolelis），為一隻熱愛電玩，名叫奧羅拉（Aurora）的猴子植入電極。二〇〇三年，尼可利斯的團隊宣布，它成功讓奧羅拉單靠運動意念就能移動一隻機器人臂肢，彷彿那就是牠自己的肢體（接著就獎勵牠喝果汁）。奧羅拉學習使用搖桿來操控電腦螢光幕上的游標，也控制另一個房間裡的機器人臂肢。隔一陣子之後就把搖桿拿掉，這時奧羅拉已經把搖桿和游標運動連結在一起，於是牠單憑設想運動，就能繼續操控游標（以及機器人臂肢）。

5. 晚近那幾年，五角大廈的科學工程技術助理工作人員數量呈爆炸性增長，分別投入五花八門的工作事項，從低階行政助理到高階技術諮詢等，波因德克斯特就屬於顧問類案例。

6. 與作者一次訪談時，波因德克斯特堅稱他所提企劃是種模式分析，而非現在已經帶了貶意的資料探勘一詞。不論如何，那個時代的簡報資料（包括波因德克斯特那份在內）都指稱國防高研署所資助的工作是資料探勘，所以在這種情況下使用，似乎是合宜的。

7. 迄至二〇〇二年，傑森團隊的資金很大部分是由國防高研署挹注；該團隊是個獨立單位，可以向其他機構爭取工作計畫。就另一方面，資訊科學和技術組則是由國防高研署經營，也只為國防高研署工作。

8. 實際上霍維茨描述的比較像是種圓形監獄，至於關乎混淆與影像變形的「鏡廳」，由於就隱私顧慮方面仍存有若干誤解，所以在某個程度上仍算合宜。

9. FutureMAP，全稱 Futures Markets Applied to Prediction，即「期貨市場之預測應用」。——譯注

10. 波因德克斯特指出，該計畫的另一個層面是要找出，除了金錢之外，政府員工還能使用其他哪種獎勵（由於當時大家認為不能接受使用真錢）。引自波因德克斯特與作者的通信內容。

11. 若說波因德克斯特鑽研的全面資訊識別課題存有某種諷刺意味，那就是他實際上是最早因為相關罪證（以早期版本的電子通信方法蒐證成案）遭起訴的嫌犯之一。軍售伊朗醜聞案在一九八六年十一月展開調查時，波因德克斯特刪除了超過五千筆電子信息。那些信息從一套兩週量備份系統取回，並成為起訴他的關鍵證據。參見勞倫斯 Lawrence E. Walsh, *Final Report of the Independent Counsel for Iran/Contra Matters, vol. 1, Investigations and Prosecutions* (Washington, D.C.: Government Printing Office, 1993)。

12. 要想量化波因德克斯特的衝擊相當困難。最貼切的描述出自哈里斯的論述，他誇讚波因德克斯特是今日資料蒐集系統先驅的「一種哲理引力根源」。引自 Harris, *Watchers*, 363。
13. 引自特瑟與威廉斯／傑拉德戰略通信機構的訪談內容。特瑟在訪談時表示，倫斯斐是透過金瑞契等中間人來與他溝通。大致來講，倫斯斐對國防高研署的興趣低略，在他的政府事業生涯線上文獻材料的欠缺就能看出。那個看法也同樣由海爾邁耶驗證確認，海爾邁耶在國防高研署的服務時期，與倫斯斐當國防部長的第一屆任期部分重疊。
14. 九一一過後幾年，國防高研署撥款挹注一系列快速反應計畫來協助布署軍力，不過大半都牽涉到特定作戰技術，好比一款狙擊手探測系統。

第18章　夢幻世界

1. 構思出這個點子的國防高研署計畫經理米切爾．薩金（Mitchell Zakin）說：「我們畫了一幅敵人滑倒跌落建築物樓梯的圖像。」特瑟立刻批准計畫。引自薩金與作者的訪談內容。
2. 引自特瑟與威廉斯／傑拉德戰略通信機構的訪談內容。由於這場爭議是《紐約時報》一篇專欄特稿掀起的，我們也就很難認同特瑟所見，他認為全面資訊識別相關隱私顧慮，完全肇因於西岸自由主義者與戰爭真相脫節所致。
3. 酬賞科學或技術成就的獎項並不是新鮮事；英國政府便曾在十九世紀懸賞徵求地理經度計算方法來協助船隻導航。優勝者包括開發出經緯儀的約翰．哈里斯（John Harrison）。不過美國政府之前還不曾提出懸賞。
4. 傑森成員剛開始多半都是物理學家，幾年下來逐漸多樣化，增添了諸如生物學、化學和電腦科學等學科的成員。不過和年長成員相比，較年輕團員往往比較繁忙（知名度一般也都比較低），所以感覺就是傑森團隊逐漸老化，並與國防部所感興趣學科脫節的物理學家團隊。他們依然有才華橫溢的聲望，卻也以傲慢自大出名。
5. 勞倫斯記得曾在退休派對上巧遇特瑟，當時勞倫斯提到了生物模控學，特瑟很驚訝會聽到這門學問。勞倫斯說，特瑟邀請他前往國防高研署談那項計畫。「後來我打了電話，」勞倫斯表示，「對方反應非常高傲，彷彿我是試圖走偏門搶合約的承包商。『特瑟博士究竟是怎麼對你講的？你是什麼意思？這是多久以前的事？他很忙。』」引自勞倫斯與作者的訪談內容。

6. 冷戰期間，部隊經常製作資訊影片來介紹高度雄心的計畫，螢幕上播出軍事試驗實況鏡頭，並以死板軍官配出旁白。晚近幾年，國防高研署和部隊雇了專業公關公司來打造光鮮亮麗的行銷影片，並納入了真實演員、動畫和特效。

7. 國防高研署增廣認知計畫最奇特的部分大概就是，在那同一棟建築裡面，戈德布拉特的國防科學研究處也資助腦機介面的迥異研究途徑，這次是以植入腦中的實體感測器來做研究。當被人問起，這兩項看似相關的計畫是否有任何牽連或合作關係，戈德布拉特只表示，「沒有，我就言盡於此。」引自戈德布拉特與作者的訪談內容。

8. 引自傑克爾與作者的訪談內容。特倫在「應用於地面載具的學習」完成第一階段之後就退出計畫，專心準備大挑戰。

9. 卡內基・梅隆打造出「應用於地面載具的學習」計畫載具，而史丹福的特倫則一度是接受資助的研究團隊之一。

10. 引自 *Department of Defense Fiscal Year (FY) 2005 Budget Estimates February 2004, Research, Development, Test, and Evaluation, Defense-Wide*, vol. 1, *Defense Advanced Research Projects Agency*。國防高研署的預算和整個五角大廈的預算有連帶關係，所以當軍隊預算開始隨著反恐戰爭升溫而增長，國防高研署也跟著水漲船高。

11. 倫斯斐圖書館（倫斯斐收藏他公僕生涯信函文獻的線上文庫）很少提到國防高研署。

12. 五角大廈在後九一一時期派人類學家到伊拉克和阿富汗的計畫稱為人類地貌系統（Human Terrain System），令人回想起國防高研署的越戰時期工作，不過該系統和現代時期的國防高研署毫無關係。「國防高研署，如你所知，具有特定的組織文化，在東尼・特瑟主導下時，那是非常反社會科學的，」該計畫創始人蒙哥馬利・麥克費特（Montgomery McFate）被問起國防高研署為什麼從不參與那項工作時這樣寫道，「國防高研署在計畫經理人鮑伯・波普掌管下，正執行一項社會科學方案，稱為〔衝突前先期預料與塑形（Preconflict Anticipation and Shaping）〕，該案涉及開發模型來預測政治動盪。東尼・特瑟對此並不真的支持。」引自麥克費特與作者的通信內容。

13. 當伊拉克的戰爭轉變為一場全面叛亂，而且路邊炸彈也成為美國部隊頭號殺手之時，國防高研署「大有可能，卻沒有扮演主要角色」來解決簡易爆炸裝置問題，國防高研署前任副署長這樣論述。結果陸軍卻自行籌組團隊，稱為快速裝備部隊，接著國防部長辦公室也建立了一個對付炸彈的專職機構，稱為擊敗簡易爆炸裝置聯合組織。引自摩爾與作者的電郵通信內容。

第19章　佛地魔東山再起

1. 根據卡普蘭所述，彼得雷烏斯讀的那本書是加呂拉的《戡亂：理論與實務》（*Counterinsurgency: Theory and Practice*），而且那並不隸屬敏捷計畫的部分項目。不過《戡亂》一書之前，加呂拉還有另一部更務實的作品，國防高研署支持的《阿爾及利亞綏靖行動》（*Pacification in Algeria*, 1956-1958）。加呂拉曾參與高研署資助的一九六二年戡亂研討會，那次與會對他的著述產生了深遠的影響。參見 Ann Marlow, *David Galula: His Life and Intellectual Context* (Carlisle, Pa.: Strategic Studies Institute, 2010), 7-9, 48。
2. 杜根被描述為「神氣活現，追求時尚，長一頭濃密黑髮，眼神銳利，熱愛牛仔裝、皮夾克和圍巾。」引自 Miguel Helft, "Google Goes DARPA," *Fortune*, Aug. 14, 2014。
3. 二〇一四年間，史諾登洩漏大批文件，連帶也披露了國安局截聽、記錄並儲存阿富汗幾乎所有行動電話通信的行為。引自 "WikiLeaks Statement on the Mass Recording of Afghan Telephone Calls by the NSA," May 23, 2014, wikileaks.org。
4. 基於沒有公開解釋的理由，更多鼻子始終沒有走出設計桌。引自國防高研署公共事務處官員里奇・韋斯（Richard Weiss）在二〇一四年十一月十四日與作者的交談內容。韋斯說明，「它始終停在理念構思階段。」
5. 一位「更多眼睛」計畫約聘工作人員解釋，一旦名字和軍事承包牽連在一起，就很難在援助和開發業界「功成名就」。引自一位匿名人士與作者的訪談內容。
6. 引自 Peretz Partensky, "Basketball Diaries, Afghanistan," *N+1*, Dec. 5, 2012。薩拉傑遇害的原因不明，不過塔利班經

常瞄準幫外國人工作的人士，而且美國政府發包項目屬於民間或軍方的細微差異，大概也不會有什麼影響。

7. 作者在二〇一二年訴請國防部依《資訊自由法》提供連鎖七型文件，迄今未能如願。二〇一三年，在與作者一次訪談時，普拉巴卡爾拒絕談論該計畫細節，並指那是基於種種安全理由。

8. 由於杜根已經離開政府公職，總監察長建議不再根據報告結論採取任何行動。

尾聲　光榮的失敗，不光彩的成功

1. 那是個敏感話題，因為進入國防高研署之前，她原先是在美國創投夥伴（U.S. Venture Partners）任職，那家矽谷公司的投資組合也納入了太陽能新創公司 Solyndra，該公司從政府拿到五億美元貸款，最後宣告破產。

2. 引自雷斯與作者的訪談內容。帕金森寫道，「計畫布局要達到完善地步，只有瀕臨瓦解的機構才辦得到。」他的論點在於，「在充滿振奮發現或進步的時期，不會有時間來規劃完善的總部。那個時機在隨後才會來臨，而那時所有重要工作全都完成。完善，我們都知道，是個終局；終局就是死亡。」引自 Cyril Northcote Parkinson, *Parkinson's Law, and Other Studies in Administration* (Boston: Houghton Mifflin, 1957), 60–61。

3. 二〇一三年時，杜根描述她的工作是要在 Google 上創立一個類似國防高研署的組織。她的「國防高研署模型」焠煉出區區三個要素：「雄心目標」、「臨時計畫團隊」和「獨立性」。然而她忽略了國防高研署模型的一個基本：擁有一個願意採納並實際使用眼前無商業前景之技術的「客戶」。沒有那個關鍵，她引述的實例，好比匿蹤飛行器和衛星導航，永遠不可能超越原型階段。就連 Google 那麼深的口袋，也不大可能投資必須幾十年後才具有商業用途的技術。引自 Regina Dugan, " 'Special Forces' Innovation: How DARPA Attacks Problems," *Harvard Business Review*, Oct. 2013。

4. 這句話到一九八〇年代都還曾被國防高研署官員引述。更晚近以來，這個說法還曾在二〇〇二年一次訪談時為特瑟引用。引自 William New, "Defense Research Agency Seeks Return to 'Swashbuckling' Days," *Government Executive*, May 13, 2002。

文獻出處

起初在二〇一一年展開這項計畫的時候，幾位和國防高研署有關的人士提出質疑，既然無法取用該署的機密計畫資料，我又該怎麼寫出一部歷史，畢竟，那些文件構成了該署很大部分的遺產。我的例行回答總是，遠比國防高研署還更隱密得多的美國國家安全局和中央情報局等機構，都曾經以解密記錄以及和其他人的訪談內容為本，寫出了機構歷史，相同做法也可以運用在國防高研署。我當時最大的顧慮是，國防高研署官員有可能決定不參與這部不是由該署委任撰寫的歷史。事後發現那兩項顧慮都是不必要的。

到了最後，這本書證明了，就算無法全面取用機密記錄，甚至沒有獲得機構合作，依然能夠寫成該機構的歷史。儘管沒有歷史是完備的，本書研究除了與國防高研署前官員進行了超過三百小時的訪談之外，還涵括了廣泛的檔案材料。就訪問對象，則是從一九五八年該署早期的工作人員，乃至於現任署長都包含在內。我聯絡的國防高研署或五角大廈前任官員幾乎全都同意接受訪問，而且往往撥出了很長的時間。

結果發現，儘管有關取用機密材料的顧慮並非空穴來風，卻也並非不能克服的障礙。本書使用的一九七三年之前的素材，大半得自馬里蘭州大學公園市的國家檔案和記錄管理局，特別是第三三〇號全宗（Record Group 330），其範圍含括國防部長室。檔案管理人從一開始就提醒我，第三三〇號全宗的很大部分都依然列為機密，其中也包含國防高研署的許多記錄。他們說的對，不過好幾十箱機構記錄在近幾年來已經解密，如今也終於可供研究人員取用。國家檔案和記錄管理局的國防高研署館藏記錄，提供了該署頭十五年期間的細部寫照，也讓我們能夠和訪談內容交叉參照並做事實核查。國防高研署的前官員接受訪談時，都竭盡所能追憶四十年前，有時還更早達五十年前的事件。

不過有個狀況令人有些不安，好幾份先前釋出供查閱的文件，如今卻在國家檔案和記錄管理局的後九一一「有顧慮記載」審核作業下遭撤回。經常遭撤回的文獻，很少具有任何歷史重大關聯。這些一般都是隸屬較大檔案集當中的特定文件。舉例來說，國防高研署一份一九六五年標題為〈抗代謝物的研究現狀〉的非機密報告，就是二〇〇二年眾多遭撤回文件的典型代表。遭質疑的研究，隸屬國防高研署調查（或有可能在越南使用的）癱瘓型化學物質的作業環節。推測該報告遭撤回的原因，是要防範潛在恐怖分子利用那項資訊為惡（這裡有必要指出，檔案附隨注釋指出，抗代謝物無法拿來當成有用的武器）。這種想法實在荒謬，恐怖分子哪有可能潛心鑽研半世紀的非機密性報告來製造武器，這種信念本身就驗證了守密如何遮蔽了常識。這實在可笑，沒有兢兢業業處理檔案素材，哪能讓它們呈現在公眾眼前。我不能代表所有記錄，不過就國防高研署的檔案而言，撤回顯然是資源的一種可恥浪費，對國家安全也幾乎沒有絲毫貢獻。

除了大學公園市的記錄之外，本書還從國家檔案和記錄管理局的其他設施取材，包括甘迺迪總統館藏、艾森豪總統館藏，以及尼克森總統館藏。我還仰賴哥德爾的審訊和附隨記錄，收藏於國家檔案和記錄管理局（審訊記錄平常都收藏於費城，不過由於我查詢時那裡正進行整修，藏品暫時轉移到亞特蘭大）。這些記錄包括審訊抄本以及一套不完整的相關素材，為哥德爾的部分越南活動提供了最佳洞見。特別是兩名南越官員的證詞，闡釋了哥德爾在該國的任務，也罕見地秉持越南視角來審視國防高研署在那裡的作為。

此外我也使用了其他檔案資料，包括華盛頓特區的史密森尼學會檔案館藏；華盛頓特區麥克奈爾堡（Fort McNair）美國陸軍軍史中心；賓州卡萊爾營區（Carlisle Barracks）美國陸軍軍史研究院館藏；麻省理工學院檔案館，以及加州大學聖地牙哥分校曼德維爾特藏圖書館（Mandeville Special Collections Library）。

本書所含素材涵括從一九七〇年代中期以及往後階段，這段期間的官方記錄尚無法從國家檔案和記錄管理局取得，因此大體都以我與前任及現任官員的訪談內容為本，此外還有從各方管道（包含不同個人與其他各檔案館）所提供的非機密性素材。我還仰賴歷史學家與前國防高研署官員進行的訪談，包括收藏於查爾斯·巴貝奇研究院和美國物理聯合會的內容。好幾位學者和作家大方與我分享他們的文獻素材。芬克拜納把她執行的國防高研署訪談謄本，連同她討論傑森團隊的書本一併給我參考。杜克大學的羅蘭與我分享他為寫書執行的訪談所得成果，那本書的論述主題是國防高研署的戰略計算先導計畫。還有L·道格拉斯·基尼（L. Douglas Keeney），他寫了一部見識高明的戰略空軍司令部歷史，還與我分享他依循

《資訊自由法》取得的司令部歷史資料。所有三位都提醒我們，做學問就是分享資訊，我深深感謝他們的學術慷慨舉止。

相當數量的素材都是使用《資訊自由法》才從國防部取得，在這批寶藏當中，有一份是未發表的哥德爾訪談記錄，內容論述國防高研署的早年歷史。援用《資訊自由法》提起訴訟三年過後，國防部終於又向我釋出一套前所未見，沒有經過編校的完整訪談記錄，受訪對象是先前各任國防高研署署長，隸屬該署四十五和五十週年誌慶活動環節。（國防高研署拒絕釋出兩份訪談資料，採訪對象是赫伯特．約克〔Herbert York〕和約翰．福斯特二世〔John S. Foster Jr.〕，兩份都隸屬這套素材，他們聲稱，資料不在我的申請範圍之內。所幸盧卡西克的個人藏品中正好有這兩份缺失謄本的副本，於是他很慷慨地提供我使用。）

儘管我已經訪問了大多數的現存前任署長，由於這些額外訪談是奉國防高研署指示進行，所得資料有時也反映出較公允的視角。前任署長當中有兩位（特瑟和菲爾茲）拒絕為本書與我談話，他們的訪談資料開啟了一道窗口，讓我得以見識他們對國防高研署的看法。

我也從好幾位人士提供的私人素材得到很大助益，包括哥德爾未發表回憶錄的好幾個篇章，提供人是他的女兒，凱瑟琳．哥德爾─根根巴赫博士。應她要求，從這部回憶錄引述的文字，我都使用她父親的出生名布爾二世（H. A. H. Buhl Jr.）。由於這部回憶錄手稿仍在編輯，我沒有標記出引用文字的頁碼，這是考量到現有頁碼和往後完成的出版版本或者存檔版本的頁碼有可能不相符。

鄧恩，國防高研署的前任首席法律顧問，也提供我一份他自己的國防高研署未發表歷史，還有盧卡西克殷勤寄給我一份他為家族撰寫的私人自傳，內容敘述他在國防高研署的那段歲月，同時也提供他私人收藏的其他素材。

由於本書既是新聞報導也是歷史，所以我選擇使用兼顧兩種專業層面的引用慣例。鑑於素材整合的複雜性，必須融合多處檔案館藏、我的訪談、其他作家和學者做的訪談、私人檔案收藏，以及根據《資訊自由法》取得的文件，加上偶爾從未指名來源取得的資料，我嘗試讓讀者能準確得知素材來源，凡是能公開取得的材料，我也提供充分資訊，指點讀者如何找到原始根源文獻。然而，由於許多檔案文件會隨時間而改變位置，我不見得都提供箱號和文件名稱。而且依循發行人的建議，在大半情況下，遇有線上文獻，我也不把該 URL 出處納入。書中有幾次我寫出了網址，理由很簡單，因為此外就沒有其他方法能指明資料出自何方。

記載國防高研署歷史的最大挑戰，就是國防高研署本身，自從一九七五年起，它就不曾以任何有意義的方式來記錄過往。其他國家安全機構都曾編纂、解密眾多卷冊，披露他們歷史上的不同篇章，然而國防高研署的唯一機構歷史，就是赫夫與夏普共同執筆的巴伯協會研究，而本書也廣泛參考了那部文獻。他們的深刻洞見和持平論述具有寶貴無比的參考價值。機構歷史，就連巴伯協會歷史這般優良的著述，也都有其侷限。那部歷史是秉持非機密性研究寫成，至於本書則得以取用新近解密的越戰時期文獻，填補了更多空缺。還有，儘管巴伯協會歷史就國防高研署活動眾多層面都適度提出批評，卻也避開了敏捷計畫若干較陰暗的層面，特別是該機構在化學落葉處理上所扮演的角色。我試圖糾正這部分的遺缺。

國防分析研究所也在研究員范阿塔領導下做了好幾項出色的研究，詳述國防高研署的計畫工作事項，包括一九九一年報告《國防高研署技術成就》（*DARPA Technical Accomplishments*）。那篇報告很有價值，不過焦點側重各項計畫，而非專注論述國防高研署這個機構。可惜的是，國防高研署其他投入記載本身歷史的努力，都只產出了浮誇的公關材料。

在此同時，國防高研署的歷史名符其實逐漸凋亡。庫珀在二〇〇七年去世。嘗試藉由社會科學來解決戡亂問題的戴契曼在二〇一三年過世，得年九十。海爾邁耶在二〇一四年過世。其他好幾位曾接受本書訪問的前任署長和關鍵官員，有些在我動筆撰寫之後離世，另有些則陷入了失智症的陰霾中。

最後，不論源頭材料的侷限為何，政府機構的歷史由外部人士撰寫，可以從獨立能力獲得很大的好處。我的缺憾是不能取用機密材料，優點則是能自由撰寫國防高研署的計畫相關事項。國防高研署更晚近歷史的機密計畫，有些很可能就要曝光，為該署的貢獻提供更多深刻洞見。舉例來說，銅谷的任務，明白講就是極音速太空飛機，有一天或許就能確認，在藍綠雨項目下撥款挹注的多款機密無人飛行器也都可能如此。再次強調，我懷疑這樣解密曝光真能改變我這裡描繪的機構相貌。事實是，開發失敗的機密計畫往往一直保持機密，因為通常並不會有披露內情的理由，至於成功的計畫，好比擁藍和默藍，最後在軍事作戰派上用場時就不再能保持隱密，終於對外界公開。機密性和歷史重要性之間，不見得存有連帶關係。這裡要指出一款噴射腰帶的有趣事例，那是一九六〇年代由國防高研署資助的項目，如今幾乎一整箱資料依然列為機密。這肯定不是由於那款噴射腰帶成功了。它並沒有成功，起碼就可以讓士兵在戰場四處飛行的軍事技術方面而論是如此。

然而，記錄的解密和釋出當能澄清越戰時期哥德爾在國防高研署所扮演的角色，這是個長年未解問題。好幾位熟識哥德爾的人都認為，他在國防高研署的工作隸屬高度機密情報作業的一環，而敏捷計畫就是該作業的一個幌子。果真如此，那麼它也實在太隱蔽了，顯然連負責管理國防高研署，後來還高陞擔任國防部長的布朗，都不清楚它的真正目的。更可能的是，哥德爾的工作所含隱蔽元素，誠如本書所述，就是他扮演的全權代表角色，而他背後則是試圖影響吳廷琰總統的蘭斯代爾和美國其他深受景仰的戡亂人士。全面解密並釋出政府文件可以解答一項謎團，這些文件與導致哥德爾調查和審訊案的事件有關，也涉及在他死後四處流傳的謠言。

哥德爾在二〇〇〇年死後不久，獨立記者約瑟夫．特倫托（Joseph Trento）和哥德爾的家人接觸，並堅稱哥德爾一直為蘇俄當臥底。特倫托和他的妻子在一九八九年發表了一本爭議性書籍，論述蘇俄臥底中情局的間諜。他們那本書還有一位協同作者，派駐國防高研署的海軍陸戰隊軍官柯森，後來他還在一九六五年詐欺案審訊時提出不利哥德爾的證詞。依特倫托所述，柯森是為中情局工作且負責調查哥德爾的密探。除了據稱為柯森所述的證詞之外，那項主張就毫無證據可言，而柯森又和哥德爾在同一年死亡。不論如何，特倫托在二〇〇一年的《中情局祕史》（*The Secret History of the CIA*）中發表了那項論述。

中情局相不相信哥德爾是蘇俄的臥底間諜？根據現有文件無法評斷，不過據稱柯森的知己詹姆斯・安格爾頓（James Angleton）就是中情局著名的蘇俄臥底獵人。歷史記錄並沒有顯示哥德爾在中情局樹敵，調查作業和他的後續審訊出現之時，安格爾頓也瘋狂掀起多起反情報調查——有些的確有根據，另有些則是偏執和政治報復推動的。相同道理，柯森和中情局的連帶關係有憑有據，不過他在那個間諜機構的真正任務仍未明朗。

哥德爾遭罷黜，間諜嫌疑扮演了什麼角色，迄今依然埋藏在機密記錄裡頭，而且儘管長久以來一直有根據《資訊自由法》提出的申請案，聯邦調查局和中情局到現在依然不願披露那些記錄。倘若記錄終於釋出，對國防高研署的歷史地位有可能沒什麼影響，不過當能協助闡述哥德爾為何垮台並導致家庭瓦解。倘若你從未接觸公開供人取用的政府記錄，進入那種卡夫卡式光怪陸離的世界，也就很難道出當你嘗試取用政府希望隱瞞的文件，那時心中湧現的極度挫敗，還有獲得文件時那種難以置信的滿足。有時，取得記錄的感性意義勝過實質方面。

哥德爾死前不久，他的長女凱瑟琳・哥德爾—根根巴赫設法至少取得一份和父親個人歷史有關的文件：他的原始出生證明，文件彌封並寫上他出生時的名字，赫爾曼・阿道夫・赫伯特・布爾（Hermann Adolph Buhl）。她在父親死前不久把那張出生證明拿給他看。

她寫道，「他哭了。」

國家圖書館出版品預行編目資料

軍事科技幻想工程：五角大廈不公開的DARPA，從越戰、冷戰到太空計畫、網際網路和人工智慧／莎朗.魏因貝格(Sharon Weinberger)著；蔡承志譯. -- 初版. -- 臺北市：商周出版：家庭傳媒城邦分公司發行, 2019.03
面；　公分. -- (莫若以明；15)
譯自：The imagineers of war : the untold history of DARPA, the Pentagon agency that changed the world

ISBN 978-986-477-616-0(平裝)

1.軍事科學 2.國防戰略 3.國家安全 4.美國

591.952　　108000407

軍事科技幻想工程——

五角大廈不公開的DARPA，從越戰、冷戰到太空計畫、網際網路和人工智慧

THE IMAGINEERS OF WAR: THE UNTOLD HISTORY OF DARPA, THE PENTAGON AGENCY THAT CHANGED THE WORLD

作　　者／莎朗．魏因貝格（Sharon Weinberger）
譯　　者／蔡承志
責任編輯／余筱嵐

版　　權／林心紅
行銷業務／林秀津、王瑜
副總編輯／程鳳儀
總 經 理／彭之琬
發 行 人／何飛鵬
法律顧問／元禾法律事務所 王子文律師
出　　版／商周出版
台北市104民生東路二段141號9樓
電話：(02) 25007008　傳眞：(02)25007759
E-mail：bwp.service@cite.com.tw
Blog：http://bwp25007008.pixnet.net/blog
發　　行／英屬蓋曼群島商家庭傳媒股份有限公司城邦分公司
台北市中山區民生東路二段141號2樓
書虫客服服務專線：(02)25007718；(02)25007719
服務時間：週一至週五上午 09:30-12:00；下午 13:30-17:00
24 小時傳眞專線：(02)25001990；(02)25001991
劃撥帳號：19863813；戶名：書虫股份有限公司
讀者服務信箱：service@readingclub.com.tw
城邦讀書花園：www.cite.com.tw
香港發行所／城邦（香港）出版集團有限公司
香港灣仔駱克道193號東超商業中心1樓
E-mail：hkcite@biznetvigator.com
電話：(852) 25086231 傳眞：(852) 25789337
馬新發行所／城邦（馬新）出版集團【Cite (M) Sdn. Bhd.】
41, Jalan Radin Anum, Bandar Baru Sri Petaling,
57000 Kuala Lumpur, Malaysia.
Tel: (603) 90578822 Fax: (603) 90576622
Email: cite@cite.com.my

封面設計／李東記
排　　版／極翔企業有限公司
印　　刷／韋懋印刷事業有限公司
經 銷 商／聯合發行股份有限公司
電話：(02) 2917-8022 Fax: (02) 2911-0053
地址：新北市231新店區寶橋路235巷6弄6號2樓

■2019年3月7日初版　　Printed in Taiwan
■2020年9月14日初版1.8刷
定價580元